高等学校电子信息类精品教材

计算机仿真技术
——基于 MATLAB 的电子信息类课程
（第 4 版）

唐向宏　岳恒立　郑雪峰　编著

电子工业出版社

Publishing House of Electronics Industry

北京·BEIJING

内 容 简 介

MATLAB 语言具有使用方便、输入简捷及编程效率高等特点，在国内已广泛应用于教学与科研。本书结合电子信息类课程的教学特点，系统地介绍 MATLAB 语言在高等数学、信号与系统、数字信号处理、自动控制原理、数字通信、电路和电子线路等课程中的应用。全书共 8 章，第 1、2 章为基础部分，主要介绍 MATLAB 语言的工作环境、基本语法和基本计算功能及图形功能等内容；第 3 章着重介绍 MATLAB 在高等数学中的应用，主要涉及矩阵分析、函数分析、数值积分等内容；第 4、5、6 章详细讨论 MATLAB 在信号处理、自动控制及数字通信领域中的应用；第 7 章着重介绍 Simulink 的应用；第 8 章介绍 MATLAB 在电路及电子线路等课程中的应用。

本书内容丰富，针对性强，仿真实例多，易于学习。可作为高等学校电子信息类课程的教材或教学参考书，也可供电子信息领域的科技工作者或其他读者自学参考。

未经许可，不得以任何方式复制或抄袭本书之部分或全部内容。
版权所有，侵权必究。

图书在版编目（CIP）数据

计算机仿真技术：基于 MATLAB 的电子信息类课程 / 唐向宏，岳恒立，郑雪峰编著．—4 版．—北京：电子工业出版社，2019.8
ISBN 978-7-121-36621-5

Ⅰ．①计⋯　Ⅱ．①唐⋯　②岳⋯　③郑⋯　Ⅲ．①计算机仿真—Matlab 软件—高等学校—教材　Ⅳ．①TP391.9

中国版本图书馆 CIP 数据核字（2019）第 095572 号

责任编辑：韩同平
印　　刷：三河市双峰印刷装订有限公司
装　　订：三河市双峰印刷装订有限公司
出版发行：电子工业出版社
　　　　　北京市海淀区万寿路 173 信箱　邮编　100036
开　　本：787×1092　1/16　印张：22　字数：704 千字
版　　次：2006 年 7 月第 1 版
　　　　　2019 年 8 月第 4 版
印　　次：2022 年 12 月第 8 次印刷
定　　价：75.90 元

凡所购买电子工业出版社图书有缺损问题，请向购买书店调换。若书店售缺，请与本社发行部联系，联系及邮购电话：(010) 88254888，88258888。
质量投诉请发邮件至 zlts@phei.com.cn，盗版侵权举报请发邮件至 dbqq@phei.com.cn。
本书咨询联系方式：(010) 88254525，hantp@phei.com.cn。

第4版前言

如何利用计算机来加深对所学知识的理解和掌握、运用所学的理论和方法进行仿真、解决在学习中所遇到的问题，这是电子信息类专业的学生特别关心的问题。MATLAB是一种面向科学与工程的计算软件，它将不同领域的计算以函数的形式提供给用户，并为用户提供一个计算仿真平台。用户在使用时，只需在此平台上调用这些函数并赋予实际参数就能解决实际问题。

本书作者结合多年从事电子类课程的教学经验，在吸取目前国内外许多优秀MATLAB教材的基础上，编写了本教材。本教材第1、2版的书名为《MATLAB及在电子信息类课程中的应用》，分别于2006年、2009年出版；第3版于2013年出版，并更名为《计算机仿真技术——基于MATLAB的电子信息类课程》。本书出版以来，承蒙广大师生的厚爱，先后被数十所院校选为教材。

这次的第4版在前三版的基础上，从MATLAB编程和Simulink仿真的角度，以工程应用为背景，增加了MATLAB的工程应用实践内容和工程仿真实例，使得教学内容更丰富，体系更完整，涉及的课程更多，应用面更广；同时，根据读者的要求，对教材中相关程序做了进一步的注释和说明，以便于读者对程序的理解和掌握。

本书主要涉及MATLAB在高等数学、信号与系统、数字信号处理、自动控制原理、数字通信等课程中的应用。全书共8章，第1章、第2章是MATLAB基础部分，主要介绍MATLAB语言的工作环境、基本语法和基本计算功能及图形功能、MATLAB的文件管理系统、M文件的编制与调试等内容；第3章着重介绍MATLAB在高等数学中的应用，主要涉及数据分析、矩阵分析、多项式运算、函数分析、数值积分等内容；第4章着重介绍MATLAB在信号处理领域中的应用，涉及信号与系统和数字信号处理两门课程，主要内容有信号表示、信号的基本运算、线性时不变系统（LTI）的时域响应和频域响应、傅里叶变换及滤波器的设计，以及多采样率信号处理等；第5章侧重介绍MATLAB在自动控制原理中的应用，主要涉及控制系统的描述、控制系统的时频域分析、控制系统的根轨迹、系统的优化设计等内容；第6章重点介绍MATLAB在通信中的应用，主要涉及信源编/译码、差错控制编/译码、模拟调制/解调、数字调制/解调、通信系统的性能仿真，以及多采样率FDM系统设计与仿真等内容；第7章重点介绍Simulink的使用，主要涉及Simulink工作平台的启动、仿真过程、模块库，以及仿真模型的建立和模块参数与属性的设置等内容，并介绍Simulink在微分方程、数字通信、自动控制等领域的仿真实例；第8章从MATLAB编程和Simulink仿真的角度，系统介绍MATLAB在电路及电子线路等课程中的应用。

在本书的编写中，我们力求理论联系实际，加强针对性和实用性，根据各门课程所涉及的相关理论、原理和方法，列举了大量仿真实例。希望通过这些程序的仿真，使读者把各门课程的概念真正连贯起来，融会贯通所学理论，帮助读者加深对课程的理解和所学知识的运用。

本书文字符号说明：按国家规范，变量用斜体，矩阵、矢量（向量）等用黑斜体表示，考虑到本书主要内容以 MATLAB 及其应用程序为主，为保持文字符号表示与程序中一致，本书中涉及 MATLAB 语言调用格式或程序中的变量符号统一用正体表示。

本书第 1、2、7、8 章由唐向宏编写，第 3、4 章由郑雪峰编写，第 5、6 章由岳恒立编写，全书由唐向宏统稿。

由于编者水平所限，不足之处在所难免，欢迎读者批评指正。

作者的 E-mail：tangxh@hdu.edu.cn

编著者

目　录

第1章　MATLAB语言概述 … 1
1.1　MATLAB语言及特点 … 1
1.2　MATLAB的工作环境 … 2
- 1.2.1　MATLAB系统的安装 … 2
- 1.2.2　MATLAB系统的启动 … 2
- 1.2.3　MATLAB的命令窗口 … 3
- 1.2.4　工作空间窗口 … 6
- 1.2.5　命令历史窗口与当前路径窗口 … 6
- 1.2.6　图形窗窗口 … 8
- 1.2.7　文本编辑窗窗口 … 8

1.3　MATLAB的基本操作命令 … 10

第2章　MATLAB的基本语法 … 14
2.1　变量及其赋值 … 14
- 2.1.1　标识符与数据格式 … 14
- 2.1.2　矩阵及其元素的赋值 … 14

2.2　运算符与数学表达 … 19
- 2.2.1　算术运算符 … 19
- 2.2.2　关系操作符 … 21
- 2.2.3　逻辑运算符 … 21
- 2.2.4　其他逻辑函数 … 22
- 2.2.5　数学表达式的MATLAB语言描述 … 22

2.3　控制流 … 23
- 2.3.1　if语句 … 23
- 2.3.2　switch语句 … 24
- 2.3.3　while语句 … 25
- 2.3.4　for语句 … 26

2.4　数据的输入/输出及文件的读/写 … 27
- 2.4.1　交互输入/输出命令 … 28
- 2.4.2　文件输入/输出命令与函数 … 30

2.5　基本数学函数 … 38
- 2.5.1　三角函数 … 38
- 2.5.2　指数、对数、幂运算 … 41
- 2.5.3　复数的基本运算 … 42
- 2.5.4　数据的取舍与保留 … 42

2.6　基本绘图方法 … 43
- 2.6.1　图形窗口的控制 … 44
- 2.6.2　二维图形的绘制 … 44
- 2.6.3　多条曲线的绘制 … 52
- 2.6.4　复数的绘图 … 54
- 2.6.5　三维曲线和曲面 … 54
- 2.6.6　图形窗口的编辑功能 … 61

2.7　M文件及程序调试 … 63
- 2.7.1　M文件的结构 … 64
- 2.7.2　局部变量与全局变量 … 67
- 2.7.3　程序的调试 … 69

第3章　MATLAB在高等数学中的应用 … 71
3.1　矩阵分析 … 71
3.2　多项式运算 … 81
- 3.2.1　多项式表示及其四则运算 … 81
- 3.2.2　多项式求导、求根和求值 … 83
- 3.2.3　多项式拟合与多项式插值 … 86

3.3　数据分析与统计 … 91
- 3.3.1　数据基本操作 … 91
- 3.3.2　协方差与相关系数 … 94
- 3.3.3　有限差分 … 96

3.4　函数分析与数值积分 … 97
- 3.4.1　函数在MATLAB中的表示与函数的绘图 … 98
- 3.4.2　函数的极点、零点分析 … 100
- 3.4.3　函数的数值积分与微分 … 102
- 3.4.4　常微分方程的数值求解 … 106

第4章　MATLAB在信号处理中的应用 … 114
4.1　信号及其表示 … 114
- 4.1.1　连续时间信号的表示 … 114
- 4.1.2　工具箱中的信号产生函数 … 114
- 4.1.3　离散时间信号的表示 … 119
- 4.1.4　几种常用离散时间信号的表示 … 119

4.2　信号的基本运算 … 120
- 4.2.1　信号的相加与相乘 … 120
- 4.2.2　序列移位与周期延拓运算 … 121
- 4.2.3　序列翻褶与序列累加运算 … 122

4.2.4 两序列的卷积运算 ………………… 123
4.2.5 两序列的相关运算 ………………… 123
4.3 信号的能量和功率 ……………………… 124
4.4 线性时不变系统 ………………………… 125
    4.4.1 系统的描述 ……………………… 125
    4.4.2 系统模型的转换函数 …………… 127
    4.4.3 系统互连与系统结构 …………… 129
4.5 线性时不变系统的响应 ………………… 133
    4.5.1 线性时不变系统的时域响应 …… 133
    4.5.2 LTI 系统的单位冲激响应 ……… 137
    4.5.3 时域响应的其他函数 …………… 139
4.6 线性时不变系统的频率响应 …………… 141
4.7 傅里叶变换 ……………………………… 143
    4.7.1 连续时间、连续频率——傅里叶
        变换（FT）………………………… 143
    4.7.2 连续时间、离散频率——傅里叶
        级数（FS）………………………… 144
    4.7.3 离散时间、连续频率——序列傅里叶
        变换（DTFT）…………………… 144
    4.7.4 离散时间、离散频率——离散傅里叶
        级数（DFS）……………………… 145
    4.7.5 离散时间、离散频率——离散傅里叶
        变换（DFT）……………………… 146
4.8 IIR 数字滤波器的设计方法 …………… 148
    4.8.1 冲激响应不变法 ………………… 149
    4.8.2 双线性变换法 …………………… 150
    4.8.3 IIR 数字滤波器的频率变换
        设计法 …………………………… 151
4.9 FIR 数字滤波器设计 …………………… 155
    4.9.1 窗函数设计法 …………………… 155
    4.9.2 频率采样法 ……………………… 158
    4.9.3 MATLAB 的其他相关函数 …… 161
4.10 多采样率信号处理 …………………… 166
    4.10.1 抽取 …………………………… 166
    4.10.2 内插 …………………………… 166
    4.10.3 有理数倍采样率转换 ………… 166
4.11 离散信号处理系统设计分析
     实例 …………………………………… 171
    4.11.1 双音拨号信号的频谱分析 …… 171
    4.11.2 去噪处理 ……………………… 173
    4.11.3 多采样率频谱分析 …………… 174

第 5 章 MATLAB 在自动控制原理中的
        应用 …………………………………… 180
5.1 控制系统模型 …………………………… 180
    5.1.1 控制系统的描述与 LTI 对象…… 180
    5.1.2 LTI 模型的建立及转换函数 …… 181
    5.1.3 LTI 对象属性的设置与转换 …… 184
    5.1.4 典型系统的生成 ………………… 187
    5.1.5 LTI 模型的简单组合与复杂模型
        组合 ……………………………… 189
    5.1.6 连续系统与采样系统之间的转换… 192
5.2 控制系统的时域分析 …………………… 193
5.3 控制系统的根轨迹 ……………………… 198
5.4 控制系统的频域分析 …………………… 203
5.5 系统的状态空间分析函数 ……………… 208
    5.5.1 系统可观性与可控性判别函数 … 208
    5.5.2 系统相似变换函数 ……………… 209
5.6 极点配置和观测器设置 ………………… 211
5.7 最优控制系统设计 ……………………… 213

第 6 章 通信系统仿真 ……………………… 219
6.1 通信工具箱函数 ………………………… 219
6.2 信息的量度与编码 ……………………… 222
    6.2.1 Huffman 编码 …………………… 222
    6.2.2 MATLAB 信源编/译码方法 …… 224
6.3 差错控制编/译码方法 …………………… 227
6.4 模拟调制与解调 ………………………… 230
    6.4.1 带通模拟调制/解调 …………… 230
    6.4.2 基带模拟调制/解调 …………… 243
6.5 数字调制与解调 ………………………… 246
    6.5.1 带通数字调制/解调 …………… 247
    6.5.2 基带数字调制/解调 …………… 250
6.6 通信系统的性能仿真 …………………… 253
    6.6.1 通信系统的误码率仿真 ………… 253
    6.6.2 误码率仿真界面 ………………… 256
    6.6.3 眼图/散射图 …………………… 258
6.7 扩频通信系统的性能仿真 ……………… 260
    6.7.1 直接序列扩频（DS-SS）系统 … 260
    6.7.2 跳频扩频系统（FH-SS）……… 262
6.8 多采样率 FDM 系统设计与
     仿真 …………………………………… 266

第 7 章 Simulink 的应用 …………………… 275
7.1 Simulink 工作平台的启动 ……………… 275

7.2 Simulink 仿真原理 ·················· 275
7.3 Simulink 模块库 ·················· 277
   7.3.1 连续模块库（Continuous）·········· 277
   7.3.2 离散模块库（Discrete）············ 278
   7.3.3 函数与表格模块库
       （Function & Table）············· 279
   7.3.4 数学模块库（Math）············· 280
   7.3.5 非线性模块库（Nonlinear）········· 280
   7.3.6 信号与系统模块库
       （Signals & Systems）············ 281
   7.3.7 信号输出模块库（Sinks）·········· 282
   7.3.8 信号源模块库（Sources）·········· 283
7.4 仿真模型的建立和模块参数及属性的
    设置 ························· 283
   7.4.1 仿真模块的建立 ··············· 283
   7.4.2 参数与属性的设置 ·············· 284

   7.4.3 Simulink 仿真注意与技巧 ··········· 290
7.5 其他应用模块集和 Simulink
    扩展库 ······················· 293
7.6 其他应用模块及仿真实例 ············ 297

第 8 章 MATLAB 在电子电路中的
应用 ························· 304

8.1 基本电气元件简介 ················ 304
8.2 MATLAB 在电路及电子线路中的
    计算与分析 ···················· 306
   8.2.1 在电路中的应用 ··············· 306
   8.2.2 在电子线路中的应用 ············· 315
8.3 基于 Simulink 的电路设计与
    仿真 ························ 318
   8.3.1 电子元件功能模块库简介 ··········· 318
   8.3.2 电路设计与仿真 ··············· 324

参考文献 ························ 344

第 1 章　MATLAB 语言概述

1.1　MATLAB 语言及特点

MATLAB 是"MATrix LABoratory"的缩写（矩阵实验室），它是由美国 MathWorks 公司于 1984 年正式推出的一种科学计算软件。1988 年推出了 3.x（DOS）版本，1992 年推出了 4.x（Windows）版本，1997 年推出 5.1（Windows）版本，然后就是 6.0 版本和 7.0 版本。随着新版本的推出，MATLAB 的扩展函数越来越多，功能越来越强大。

MATLAB 语言是一种以矩阵运算为基础的交互式程序语言。它集成度高，使用方便，输入简捷，运算高效，内容丰富，并且很容易由用户自行扩展。与其他计算机语言相比，MATLAB 具有以下显著特点。

（1）MATLAB 是一种解释性语言

MATLAB 以解释方式工作，输入算式立即得出结果，无须编译，对每条语句解释后立即执行。若有错误也立即做出反应，便于编程者马上改正。这些都大大减轻了编程和调试的工作量。

（2）变量的"多功能性"

- 每个变量代表一个矩阵，它可以有 $n\times m$ 个元素；
- 每个元素都被看作复数，这个特点在其他语言中也是不多见的；
- 矩阵的行数、列数无须定义，MATLAB 会根据用户输入的数据形式，自动决定一个矩阵的阶数，而在用其他语言编程时必须定义矩阵的阶数。

（3）运算符号的"多功能性"

所有的运算，包括加、减、乘、除、函数运算都对矩阵和复数有效。

（4）语言规则与笔算式相似

MATLAB 的程序与科技人员的书写习惯相近，因此易写易读，易于在科技人员之间交流。

（5）强大而简易的作图功能

- 能根据输入数据自动确定坐标绘图；
- 能规定多种坐标（极坐标、对数坐标等）绘图；
- 能绘制三维坐标中的曲线和曲面；
- 可设置不同颜色、线型、视角等。

如果数据齐全，往往只需一条命令即可给出相应的图形。

（6）智能化程度高

- 绘图时自动选择最佳坐标，以及按输入或输出变元数自动选择算法等；
- 做数值积分时自动按精度选择步长；
- 自动检测和显示程序错误的能力强，易于调试。

（7）功能丰富，可扩展性强

MATLAB 软件包括基本部分和专业扩展部分。基本部分包括：矩阵的运算和各种变换，代数和超越方程的求解，数据处理和傅里叶变换及数值积分等，可以满足大学理工科计算的需要。扩展部分称为工具箱（toolbox）。它实际上是用 MATLAB 的基本语句编成的各种子程序集，用于解决某一个方面的专门问题，或某一领域的新算法。现在已经有控制系统、信号处理、图像处理、系统辨识、模糊集合、神经元网络及小波分析等20余个工具箱，并且还在继续发展中。

MATLAB由于其强大的功能，在欧美等国家的一些大学里，MATLAB已经成为诸如数字信号处理、自动控制理论等课程的主要工具软件，同时也是理工科本科生、研究生必须掌握的一项基本技能。近年来，随着我国教育事业的不断发展及与国外著名高校的接轨，许多高校都开设了这门课程，MATLAB这一功能强大的软件逐渐被越来越多的人所了解和使用。

为了帮助理工科本科生、研究生更好地学习和掌握MATLAB，在本书中重点讲解MATLAB基本部分，对于工具箱的应用，则重点介绍在信号处理、自动控制、通信和电子电路仿真等四个方面的应用，涉及的课程有高等数学、信号与系统、数字信号处理、自动控制原理、数字通信等。

1.2 MATLAB的工作环境

无论MATLAB 3.x之前的DOS版本，还是MATLAB 4.x以后的Windows版本，MATLAB的一切操作都必须在MATLAB系统中进行；即要使用MATLAB语言，首先必须安装MATLAB系统，只有在启动MATLAB系统之后，方可进行操作。不同版本的MATLAB要安装在不同的操作系统下。MATLAB 3.x之前的版本使用DOS操作系统，而MATLAB 4.0以后的版本都以Windows操作系统为基础。下面我们着重介绍在Windows操作系统下，MATLAB系统的安装。

1.2.1 MATLAB系统的安装

MATLAB系统的安装非常简单，只要按照安装程序步骤和提示，根据具体需要一步一步地进行下去即可。下面以MATLAB 6.1为例简单地介绍一般的安装过程。

（1）将MATLAB 6.1的安装盘放入光驱中，找到setup.exe文件，双击它开始安装（或机器自动执行安装文件）。

（2）按照安装向导的提示进行。在【Select MATLAB Components】对话框中选择用户需要安装的选项，可选择的MATLAB部件包括MATLAB、Simulink和各种工具箱必须安装的文件，以及各部分的帮助文件（包括HTML和PDF两种格式）。

（3）在【Select MATLAB Components】对话框中选择安装的路径。安装程序默认的路径为"C:\MATLAB"，单击【Brows...】按钮，可以设置安装路径。

（4）单击【Next>】按钮，进行文件的解压和复制过程。

（5）接下来安装向导会提问是否安装MATLAB Notebook。如果用户的计算机上已经安装Microsoft Word，那么就可以安装MATLAB Notebook。单击【Yes】按钮确认安装，单击【No】按钮取消安装。如果安装MATLAB Notebook，下一步可以选择Word的版本号，以及指定它的位置。

（6）安装完毕。如果在安装的选项中选择了【Excel Link】，那么为了运行MATLAB，必须重新启动计算机。用户可以选择【Yes, I want to restart my computer now】（立即重新启动计算机）或【No, I will restart my computer later】（以后启动计算机）。单击【Finish】按钮结束安装。如果系统安装成功，将在桌面上形成如图1.1所示的图标。否则表明安装失败，需重新安装。

图1.1 MATLAB应用程序图标

1.2.2 MATLAB系统的启动

MATLAB系统是一个高度集成的语言环境，使用起来非常方便；但要使用它，首先必须启动 MATLAB 系统。启动 MATLAB 系统的方法如下：双击（或单击）桌面上（或"开始/程序/MATLAB"中）的 MATLAB 6.1 应用程序图标（如图 1.1 所示）。MATLAB 6.1 启动后，将显示如图 1.2 所示的操作界面，它表示 MATLAB 系统已建立，用户可与 MATLAB 系统进行交互操作。

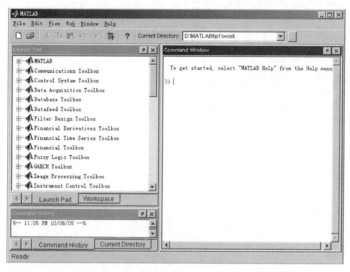

图 1.2 MATLAB 命令窗口

通常情况下，MATLAB 的工作环境主要由命令窗口（Command Window）、当前路径（Current Directory）窗口、工作空间（Workspace）浏览器窗口、命令历史（Command History）窗口、启动平台（Launch Pad）、图形（Figure）窗口和文本编辑（Editor）窗口组成。启动平台窗口是 6.x 版本的新特点，它为用户提供 MATLAB 工具箱。用户可以方便地打开工具箱中的内容，包括帮助文件、演示示例、实用工具及 Web 文档等内容。

1.2.3 MATLAB 的命令窗口

1. 命令窗口中的菜单与功能

MATLAB 命令窗口是用户与 MATLAB 系统交互的主要窗口。在该窗口中，用户可以运行函数、执行 MATLAB 的基本操作命令，以及对 MATLAB 系统的参数设置等操作。为了灵活使用 MATLAB，下面我们将对命令窗口中的各项菜单的功能和作用进行简要介绍。

在命令窗口的菜单条下，共有 6 个下拉子菜单：File,Edit,View,Web,Windows 和 Help。

（1）File 菜单

File 菜单所包含的选择项如图 1.3 所示，各选项的含义分述如下。

【New 及其子菜单】：允许用户打开一个新的文件（M 文件）、新的图形窗（Figure）、仿真模型文件（.mdl）和图形用户界面文件（GUI）。

【Open…】：从指定的相应路径和文件名打开一个已经存在的文件。

【Close Command Window】：关闭命令窗口。

【Import Data…】：在 MATLAB 工作空间中生成一变量，并从指定的路径和相应的文件中获取数据。

【Save Workspace As…】：将工作空间中的所有变量数据保存在指定的路径下的相应的文件（.mat）中。

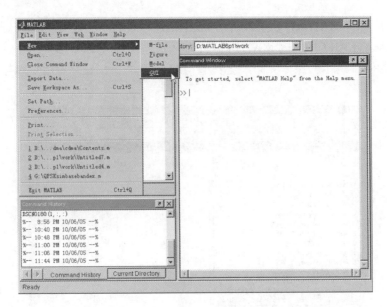

图 1.3 命令窗口下的 File 子菜单

【Set Path...】：设置 MATLAB 的搜索路径。
【Preferences...】：允许用户对系统的一些性能参数进行设置，如数据格式、字体大小与颜色等。
（2）View 菜单
View 菜单所包含的选择项如图 1.4 所示，各选项的含义分述如下。

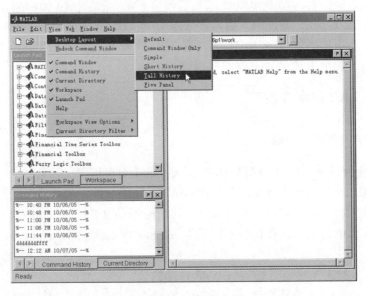

图 1.4 命令窗口下的 View 子菜单

【Desktop Layout 及其子菜单】：允许用户在桌面上同时显示不同的窗口。
【Undock Command Window】：单独显示命令窗口。
【Current Directory Filter 及其子菜单】：允许用户设置当前目录浏览器中浏览的文件类型。
【Workspace View Options 及其子菜单】：允许用户设置工作空间窗口中所显示变量的属性（大小、比特数、变量类型），以及显示变量的方式（按变量名、大小）。
至于 Edit、Web、Windows 和 Help 菜单的用法，由于它们与其他一些常见的应用软件用法相同,这里就不再介绍。

MATLAB 6.1 命令窗口的工具栏如图 1.5 所示。

图 1.5 MATLAB 命令窗口的工具栏

工具栏中各按钮的含义分述如下。
- 打开一个新的.m 文件编辑器窗口。
- 在编辑器中打开一个已有的 MATLAB 相关文件。
- 剪切。
- 复制。
- 粘贴。
- 撤销上一步操作。
- 恢复上一步操作。
- 创建一个新的 Simulink 模块文件。
- 打开 MATLAB 的帮助。

2. 命令窗口的编辑特殊功能键与命令窗口的设置

命令窗口是 MATLAB 的主窗口。当用户使用命令窗口进行工作时,在命令窗口中可以直接输入相应的命令,系统将自动显示信息。例如在命令输入提示符">>"后输入指令:

  >>ty=[1,2,3;4,5,6;7,8,9];

按回车键(Enter)后,系统即可完成对变量 ty 的赋值。在命令输入过程中,除了可以采用常规编辑软件所定义的快捷键或功能键来完成对命令输入的编辑外,MATLAB 还提供以下特殊的功能键,为命令的输入和编辑带来方便。

  ↑ 调出上一个(历史)命令行
  ↓ 调出下一个命令行
  Esc 恢复命令输入的空白状态

这些功能在程序调试时十分有用。对于已执行过的命令,如要做些修改后重新执行,可不必重新输入,用"↑"键调出原命令直接修改即可。

当输入命令的语句过长,需要两行或多行才能输入时,则要使用"…"作为连接符号,按回车键转入下一行继续输入。

当用户使用命令窗口进行工作时,用户可以根据自己的习惯与要求,设置命令窗口的显示方式。

设置命令窗口时,首先要选择【File】菜单中的【Preferences】项,打开如图 1.6 所示的参数设置对话框,单击【Command Window】标签即可进入命令窗口的设置。

(1)Text display

该选项组用来设置命令窗口中的数据格式、窗口数字显示与 Tab 制表符的字符数。【Numeric format】下拉列表框用来设置数字显示格式,MATLAB 可显示的格式如表 1.1 所示。【Numeric display】下拉列表框用来设置命令窗口的文字显示格式,选择【Compact】选项表示以文字紧缩形式显示;选择【Loose】选项表示以文字宽松形式显示。【Space per tab】文本框用来设置 Tab 制表符的宽度。

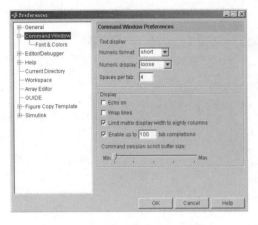

表 1.1 数字显示格式（对同一数据）

显示形式	范例(215/6)	说明
short（默认）	35.8333	两位整数，4 位小数
long	35.83333333333334	16 位十进制数
short e	3.5833e+001	5 位十进制数加指数
long e	3.583333333333334e+001	16 位十进制数加指数
hex	4041eaaaaaaaaab	16 位十六进制数
short g	35.833	5 位十进制数
long g	35.8333333333333	15 位十进制数
bank	35.83	两位小数
+	+	正、负、零
rat	215/6	分数近似

图 1.6 命令窗口参数设置对话框

（2）Display

该选项组有以下复选框。

【Echo on】：在执行 M 文件时，如果想将执行的命令显示在命令窗口，则可以选中该复选框。

【Limit matrix display width to eighty columns】：如果想在命令窗口中显示 80 列输出，则可以选中该复选框。

【Enable up to 100 tab completions】：如果选中该复选框，则可在命令窗口输入函数时使用 Tab 键。

【Command session scroll buffer size】：该滑杆用来设置命令窗口中卷轴缓冲器的大小。

1.2.4 工作空间窗口

工作空间窗口（Workspace）是 MATLAB 6.x 版本的新特点；以前的工作空间只是一个对话框，可操作性差。MATLAB 6.x 版本的工作空间作为一个独立的窗口，其操作性相当方便。它允许用户查看当前 MATLAB 工作空间的内容，如图 1.7 所示。它的作用与命令"whos"相同（"whos"的作用是：在命令窗口中直接输入"whos"，回车后即可在命令窗口中查看当前 MATLAB 工作空间的内容），不同的是用图形化的表示方法来显示。而且，通过它可以对工作空间中的变量进行删除、保存、修改等操作，十分方便。

在工作空间中，用鼠标双击所选变量（也可用鼠标先对一个或多个变量完成选择后，再单击工具条中的图标），则进入数组编辑器（Array Editor），如图 1.8 所示。此时用户可对变量的维数、内容等进行修改。若在工作空间选择某变量后，再单击鼠标右键即可弹出如图 1.9 所示的操作菜单，实现对该变量的曲线、曲面等图形的绘制。

图 1.7 工作空间窗口

1.2.5 命令历史窗口与当前路径窗口

命令历史窗口（Command History）主要显示曾经在 Command Window 窗口执行过的命令。

当前路径窗口（Current Directory）主要显示当前工作在什么路径下，包括 M 文件的打开路径等。当前路径窗口允许用户对 MATLAB 的路径进行查看和修改，如果修改了路径会立即产生作用。通常启动 MATLAB 系统之后的默认当前路径是"\MATLAB\work"，如果不改变当前目录，用户自己的工作空间和文件都将保存到该目录。

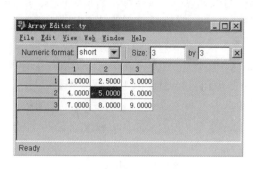

图 1.8　数组编辑器

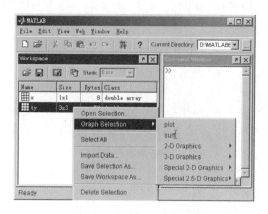

图 1.9　工作空间操作菜单

需要注意的是，在"\MATLAB\bin"路径的目录下存放着 MATLAB 的许多重要文件，如果用户操作不慎，比如误删了一些重要的系统文件，MATLAB 的运行就可能出现意想不到的问题。所以对 MATLAB 初学者来说，这一点更应引起注意。

另外，MATLAB 是采用路径搜索的方法来查找文件系统中的 M 文件的。如果在命令窗口中输入命令

　　　　>>test　　　（回车）

MATLAB 对这一命令的搜索顺序为：

（1）检查"test"是否为存储在工作空间中的变量。若为工作空间中的变量，则返回该变量的内容；

（2）检查"test"是否为 MATLAB 的内部函数。若为内部函数，则返回要求输入到该函数的参数信息。例如在命令窗口中输入命令

　　　　>>fft

则得到下面的反馈信息：

　　　　??? Error using ==> fft　　　（错误使用 fft 函数）
　　　　Not enough input arguments.　　（没按要求格式输入）

（3）检查当前目录中是否有 test.m、test.mex 或 test.dll 文件；

（4）检查 MATLAB 搜索路径上是否存在 test.m、test.mex 或 test.dll 文件；

（5）如不满足上述任何一个条件，则返回出错信息。

如果在搜索路径中存在两个或多个同名函数时，则只能发现搜索路径中的第一个函数，而其他同名函数不被执行。此搜索的顺序只是一般情况下的顺序，而实际的搜索规则要复杂得多。

对于初学者来说，有时会出现在运行自己编写的程序时，MATLAB 系统告之该程序不存在的情况，并出现如图 1.10 所示对话框。这是因为该程序不在 MATLAB 的搜索路径中。为了运行该程序，用户可以选择对话框中任何一项，确认后即可运行。各项的含义分述如下。

【Change MATLAB current directory】：将文件所在的路径更换为 MATLAB 的当前路径。

【Add directory to the top of the MATLAB path】：将文件所在的路径添加到 MATLAB 路径的前端。

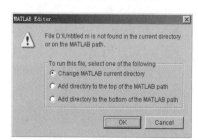

图 1.10　文件不存在对话框

【Add directory to the bottom of the MATLAB path】：将文件所在的路径添加到 MATLAB 路径的末端。

为了运行已有程序，用户可事先设置好 MATLAB 的搜索路径，然后再运行程序。

方法一：在当前路径窗口（Current Directory）将文件所在的路径设置为当前路径。

方法二：单击【File】菜单中的【Set Path...】选项，弹出路径设置对话框如图 1.11 所示。

在【Set Path】对话框中，可以使用【Move Up】、【Move Down】、【Move to Top】、【Move to Bottom】等按钮调整搜索路径的顺序。使用【Remove】按钮可以删除选中的搜索路径。

单击【Add Folder】按钮则打开如图 1.12 所示的【浏览文件夹】对话框，选择要添加的目录。在【Set Path】对话框中还可以单击【Add with Subfolders】按钮，将选中的目录路径的子目录也包含在搜索路径中。

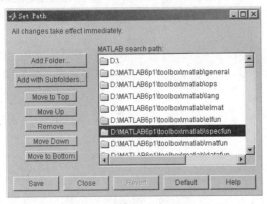 

图 1.11　路径设置对话框　　　　　　图 1.12　【浏览文件夹】对话框

1.2.6　图形窗窗口

MATLAB 图形窗窗口（Figure）主要用于显示用户所绘制的图形。通常，只要执行了任意一种绘图命令，图形窗窗口就会自动产生。绘图都在该图形窗中进行。如果要再建一个图形窗窗口，则可输入 figure 命令，MATLAB 会新建一个图形窗窗口，并自动给它排出序号。

关于图形窗口的功能说明，将在 2.6.6 节详细介绍。

1.2.7　文本编辑窗窗口

1．文本编辑窗窗口启动

通常，MATLAB 的命令编辑有行命令方式和文件方式两种。行命令方式就是在命令窗口中一行一行地输入命令，计算机对每一行命令做出反应。文件方式就是将多行语句组成一个文件（.M 文件），然后让 MATLAB 来执行这个文件中的全部语句。因此，行命令方式只能编辑简单的程序，在入门时通常用这样方式完成命令编辑。文件方式可以编写较复杂的程序。

文本编辑窗的作用就是用来创建、编辑和调试 MATLAB 相关文件（.M 文件），它与一般的编辑调试器有相似的功能。

MATLAB 文本编辑/调试器的启动可以从命令窗口中选择【新建】或【打开】文件按钮进入，或在命令窗口中输入：edit（回车）。其编辑窗口如图 1.13 所示。

下面简要介绍调试【Debug】菜单和断点设置【Breakpoints】菜单中相关项的功能与作用。

【Save and Run】：保存并运行程序，直到遇到下一个断点，对应工具按钮为 。

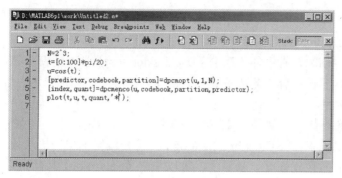

图 1.13　文本编辑窗口

【Single Step】：单步执行，对应工具按钮为 。

【Step In】：运行当前程序行，对应的工具按钮为 。如果当前行调用了另外一个函数，则跳转到这个函数中。

【Exit Debug Mode】：退出调试模式，对应的工具按钮为 。

【Set/Clear Breakpoint】：设置/清除断点，对应的工具按钮为 。

【Clear All Breakpoints】：清除所有的断点，对应的工具按钮为 。

【Stop If Error】：程序运行时遇到错误则停止。

【Stop If Warming】：程序运行遇到警告则停止。

【Stop If NaN or Inf】：程序运行时遇到不是数（Not a Number）或是无穷大（Infinite Value）则停止。

2. 文本编辑器的参数设置

当使用 MATLAB 编辑/调试器编辑文件时，常常需要设置一些适合自己需要的工作环境，此时，可选择【File】菜单中的【Preferences】项，打开参数设置对话框，单击【Editor/Debugger】标签即可进入如图 1.14 所示的文本编辑器参数设置界面。参数设置共分为五大项：【Editor/Debugger】（编辑与调试器）设置、【Font & Colors】（字体与颜色）设置、【Display】（显示方式）设置、【Keyboard & Indenting】（键盘与缩进）设置和【Printing】（打印）设置，每个大项中又由若干个小的设置项组成。用鼠标单击相应的标签，即可弹出相应的参数设置对话界面。

（1）编辑与调试器（Editor/Debugger）的参数设置

【Editor】选项组：选中【Built-in editor】项表示使用 MATLAB 的内置编辑器；选中【Other】

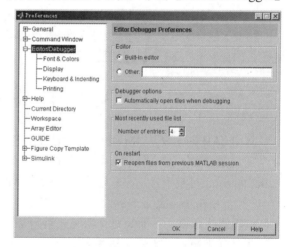

图 1.14　文本编辑器参数设置界面

项表示可以使用其他编辑器，此时要求输入编辑器的路径及应用程序名。

【Debugger Options】选项组：选中【Automatically open files when debugging】复选框表示在调试时自动打开文件。

【Most recently used files list】选项组：用来设置最近使用的文件列表数目。

【On restart】选项组：若选中【Reopen files from previous MATLAB session】复选框，则表示

下次启动 MATLAB 时，打开上一次退出 MATLAB 时正在编辑调试的文件。

（2）字体与颜色（Font & Colors）的设置

【Font】选项组：用来设置字体。选中【Use desktop font】项，则表示 Editor/Debugger 窗口中的字体采用 Windows 桌面字体；若选中【Use custom font】项，则用户可以设置自己喜欢的字体，包括字体的类型与大小。

【Colors】选项组：用来设置颜色。【Text color】项完成对字体颜色的设置；【Background color】项完成对背景颜色的设置；【Syntax highlighting】项可使编辑框中的语法项高亮显示，以便与其他语句区别开来。若想设置高亮显示颜色，可以单击【Set Color】按钮进入颜色设置。

（3）显示方式（Display）的设置

【Opening files in editor】选项组：设置编辑器中文件打开方式。【Single window contains all files（tabbed style）】项表示在一个窗口中显示多个文件，各个文件以标签的形式显示在左下角；【Each file is displayed in its own window】项表示每个文件在各自独立的窗口中显示。

【Display】选项组：【Show toolbar】项表示在 Editor/Debugger 中显示工具栏；【Show line numbers】项表示在 Editor/Debugger 中显示文本的行数，这在修改与调试 M 文件时非常有用；选中【Enable datatips in edit mode】项，在编辑窗口中，用户用鼠标指针指向某个变量时，系统会自动显示该变量的内容。

（4）键盘与缩进（Keyboard & Indenting）参数设置

【Key bindings】选项组：设置用户习惯的键盘定义。【Windows】项表示使用 Windows 系统约定的键盘快捷定义，如复制和粘贴的快捷键分别为 Ctrl+C、Ctrl+V；【Emacs】项表示使用 Emacs 约定的键盘快捷定义，如复制快捷键为 Ctrl+Y。

【M-file indenting for Enter key】选项组：设置 M 文件的不同缩进格式。【No indent】项表示文本无缩进格式，【Block indent】项表示以块形式缩进格式，【Smart indent】项表示智能缩进格式。

【Indent】选项组：设置适合用户的缩进参数。【Indent size】文本框表示可输入同一标准的嵌套代码列数，【Emacs style Tab key smart indenting】项表示可以通过 Tab 键缩进当前行。

【Tab】选项组：设置适合用户的制表符参数。【Tab size】文本框表示设置两表符 Tab 间的空格数。【Tab key insert space】项表示可插入一个 Tab 字符。

1.3　MATLAB 的基本操作命令

MATLAB 的命令基本上可以分为五类：管理命令和函数、管理变量和工作空间的命令、控制命令窗口的命令、对文件和环境操作的命令，以及退出 MATLAB 的命令。这些基本命令放在 matlab\general 目录下，用户只需在命令窗口中输入

　　　　>>help matlab\general　　　　（回车）

就可查看这些命令。下面简要介绍一些常用基本命令，并且只介绍它们的主要用法或调用格式。至于各种详细用法，用户可以查看帮助，方法是在命令窗口中输入：help 相应的命令（回车）。

1. 窗口命令

clf：清除当前图形窗口（Figure）中的所有非隐藏图形对象。

close：关闭当前的图形窗口（Figure）。

close all：关闭所有的图形窗口（Figure）。

clc：清除命令窗口中的内容，光标回到窗口的左上角。

home：光标回到窗口的左上角。

2．工作空间管理命令

who：列出当前工作空间里的所有变量。
who('global')：列出全局变量。
whos：列出当前工作空间里的所有变量及大小、类型和所占的存储空间。
whos('global')：列出全局变量及大小、类型和所占的存储空间。
clear：从工作空间清除所有变量。
clear global：从工作空间清除所有全局变量。
clear all：从工作空间清除所有变量、函数和 MEX 文件。
pack：将所有变量保存到磁盘，然后清除内存并从磁盘恢复变量，有利于提高内存的利用率。
save：将工作空间里的变量保存到磁盘文件。
load：将磁盘文件里的变量加载到工作空间。
workspace：显示工作空间浏览器（Workspace）。
quit：退出 MATLAB 系统。

3．显示格式设置命令

format type：输出数据格式显示控制命令。
echo on(off)：显示（不显示）正在执行的 M 文件语句。
more on(off)：屏幕显示内容多少的控制（不控制）。

4．路径编辑命令

path：显示所有的 MATLAB 路径。path(path,'newpath')表示把一个新的路径（newpath）附加到当前搜索路径后。path('newpath',path)表示把一个新的路径（newpath）附加到当前搜索路径前。
addpath：将一个新目录添加到 MATLAB 的搜索路径里。调用格式为：addpath ('directory')。
rmpath：从 MATLAB 搜索路径里清除某个目录。

5．调试命令

dbclear：清除断点。
dbcont：重新开始运行。
dbdown：改变局部工作空间上下文，但在此之前必须运行过一次 dbup 命令。
dbquit：退出调试模式。
dbstack：显示当前运行程序行的行号和 M 文件名。
dbstatus：列出所有断点。
dbstep：从一个断点开始运行一行或多行程序。
dbstop：在 M 文件中设置断点。
dbtype：带行号显示当前执行点所在的 M 文件。
dbup：与 dbdown 相对应。

6．文件操作命令

what：列出当前目录下 MATLAB 指定的文件，包括 M、MAT、MEX、MDL 和 P 文件等。

which：显示函数或文件的位置。
type：在命令窗口中显示文件的内容。
edit：编辑 M 文件。

7．操作系统命令

cd：输出当前目录名。
cd<目录>：进入目录。
cd...：回到上一级目录。
dir<目录名>：列出指定目录中的文件及其子目录。
delete：删除文件或图形对象。
pwd：显示当前工作目录的名称。
mkdir：创建目录。
copyfile：复制文件，与 DOS 下的 copy 命令一样。
web：打开网络浏览器，并连接到某个具体的网址或文件。
computer：显示计算机的类型。

8．帮助命令

help：在命令窗口中显示 MATLAB 函数或命令的帮助信息。
lookfor：在注释的第一行中按主题搜索用户的目标文件或函数。
doc：在 help 浏览器中显示某个函数的联机帮助文档，参数为函数名。
helpwin：在 help 浏览器中显示 M 文件的联机帮助文档。联机帮助按函数的类别分类，用户可以进入不同类别的帮助目录，对这一类函数一览无遗。
helpdesk：显示 help 浏览器。
ver：显示 MATLAB 的版本。

MATLAB 为用户提供的这些命令或函数命令，用户既可在命令窗口中按要求格式输入命令来实现相应的功能，也可在文本编辑窗口中，通过编辑形成程序文件后让 MATLAB 来执行。但值得注意的是，虽然 MATLAB 语言是在 C 语言的基础上开发而成的，MATLAB 语言的结构与 C 语言有相似的地方，但存在本质的不同。MATLAB 语言是解释性语言，而 C 语言是编译性语言。因此，用 MATLAB 语言编写的程序不能脱离 MATLAB 的工作环境而运行，它的执行过程为：MATLAB 系统对一条命令或一组命令逐条进行翻译和处理，并返回每条命令的运算结果。

MATLAB 语言比较好学，其原因是有时用户需要实现的功能，只需调用一个函数命令就可达到目的，简化了烦琐的编程；其二是 MATLAB 只有一种数据类型，一种标准输入输出语句，不用指针，不需编译，比其他语言少了很多内容。MATLAB 语言的难点就是函数命令较多，仅基本部分就有 700 多个，其中常用的有近 200 个。为了克服这一不足，MATLAB 为用户提供非常方便的在线帮助命令（help）和演示命令（demo），它们可提供各个函数的用法指南，包括格式、参数说明、注意事项及相关函数等内容。对于初学者，应充分学会帮助命令和演示命令的使用。通过 MATLAB 的演示和帮助命令，可以方便地在线学习各种函数的用法及其内涵。对常用的函数命令要尽量多记少查，以提高编程效率。

help 命令主要有以下几种格式。
格式一：help
功能：显示 MATLAB 的所有目录项。

格式二：help 目录名

功能：显示指定目录中的所有命令及其函数。例如

help matlab\general

格式三：help 命令名 或 help 函数名 或 help 符号

功能：显示出有关指定命令/函数/符号的详细信息，包括命令格式及注意事项。如查看均值函数命令 mean 的调用格式，在命令窗口中输入：

    >> help mean　　　　　（回车）

显示：　　MEAN　　Average or mean value.　　←函数名及函数功能

For vectors, MEAN(X) is the mean value of the elements in X. For　←调用格式及说明
matrices, MEAN(X) is a row vector containing the mean value of
each column.　　For N-D arrays, MEAN(X) is the mean value of the
elements along the first non-singleton dimension of X.
MEAN(X,DIM) takes the mean along the dimension DIM of X.
Example: If X = [0 1 2 3 4 5]
then mean(X,1) is [1.5 2.5 3.5] and mean(X,2) is [1 4]
See also MEDIAN, STD, MIN, MAX, COV.　　←相关函数
Overloaded methods　　　　←进一步帮助
help fints/mean.m

第2章 MATLAB 的基本语法

2.1 变量及其赋值

2.1.1 标识符与数据格式

标识符是标志变量名、常量名、函数名和文件名的字符串的总称。在 MATLAB 中，变量和常量的标识符最长允许 19 个字符。字符包括全部的英文字母（大小写共 52 个）、阿拉伯数字和下划线等符号，标识符中第一个字符必须是英文字母。

在其他计算机语言中，通常设有多种数据格式，如字符型（8 位）、整数型（16 位）等，可节省内存和提高速度，但增加了编程的复杂性。MATLAB 省去了多种数据格式，内部只有一种数据格式，那就是双精度格式，对应于 64 位二进制数，这对绝大多数工程计算是足够了。MATLAB 可简化编程，但在运算速度和内存消耗方面付出了代价。

2.1.2 矩阵及其元素的赋值

赋值就是把数赋给代表常量或变量的标识符。赋值语句的一般形式为：
变量=表达式（或数）

在 MATLAB 中，变量都代表矩阵，其阶数为 $n \times m$，即该矩阵共有 n 行 m 列。列矢量可被当作只有一列的矩阵（$n \times 1$）；行矢量（或一维数组）可被当作只有一个行的矩阵（$1 \times m$）；标量（或常量）应看作 1×1 阶的矩阵。

1. 赋值要求

在输入矩阵时，应遵循以下规则：
- 整个矩阵的值应放在方括号中；
- 同一行中各元素之间以逗号","或空格分开；
- 不同行的元素以分号";"隔开。

例如，在 MATLAB 的命令窗口中输入：
>> s=[1,2,3,4,5]   %可当作一个行矢量（或一维数组）
回车后则显示为：   s=   1 2 3 4 5

因此，变量 s 是 1×5 阶矩阵，该矩阵元素的值分别为：
s(1,1)=1   s(1,2)=2   s(1,3)=3   s(1,4)=4   s(1,5)=5

又例如输入语句：
>>w=[1 2 3;3 4 5;6 7 8]   ← 注意分号";"的功能
则显示结果为：   w=   1 2 3
                        3 4 5
                        6 7 8
即变量 w 是 3×3 阶的矩阵。

又例如利用表达式赋值：

>>y=[–2.5*3, (1+2+4)/5, sqrt(2)]

显示结果为：　y =　　–7.5000　　1.4000　　1.4142

如果不希望显示处理结果，可以在语句结尾加上分号"；"，这在编写 M 文件时非常有用。例如对常量 c 赋值：

>>c=5;　　　← 注意分号"；"的功能

按回车键（Enter）后，将不显示结果，但已完成对变量 c 的赋值。这时若在命令窗口中输入：

>>c

按回车键（Enter）后，将显示该变量的内容：c= 5。

2．变量的元素的标注

在 MATLAB 中，变量的元素（即矩阵元）用圆括号"（ ）"中的数字（也称为下标）来注明，一维矩阵（也称数组）中的元素用一个下标数表示，二维矩阵由两个下标数构成，以逗号分开，对三维矩阵则由三个下标数构成。如 a(2,3)表示变量 a 的第 2 行第 3 列元素。

在 MATLAB 中，也可以单独给元素赋值，例如 a(2,3)=10，x(1,2)=1.5 等。如果赋值元素的下标超出了原有矩阵的大小，矩阵的行列会自动扩展。

例如：首先输入一变量

>>a=[1,2,3;4,5,6;7,8,9]

回车显示结果为：　a=　1　2　3
　　　　　　　　　　　4　5　6
　　　　　　　　　　　7　8　9

再输入：　　>>a(4,4)=5.6

回车后则显示：　a=　1.0000　　2.0000　　3.0000　　0
　　　　　　　　　　4.0000　　5.0000　　6.0000　　0
　　　　　　　　　　7.0000　　8.0000　　9.0000　　0
　　　　　　　　　　0　　　　　0　　　　　0　　　5.6000

可见，变量 a 的阶数由 3×3 自动扩展成 4×4 阶，且元素 a(4,1)、a(4,2)、a(4,3)、a(1,4)、a(2,4)及 a(3,4)被自动地赋值 0。这种自动扩展阶数的功能只适用于赋值语句。在其他语句中若出现超阶调用矩阵元素的情况，MATLAB 将给出出错提示。

变量的阶数可以用 size 命令来获取，例如

>>size(a)

回车可得：　　ans=　4　4

此时 MATLAB 自动给出一个临时变量"ans"。

3．赋值技巧

在 MATLAB 中，为变量的赋值提供一些简便快捷的方法。

（1）冒号操作符"："

在 MATLAB 系统中，冒号"："是一个非常有用的操作符，除了可以产生数组下标外，还可以产生向量及 for 循环。例如格式：

t=j:i:k

其功能是以 j 为初始值，每次增加 i（称为步长或间隔大小）直到终值 k，相当于[j,j+i,j+2*i,…,k]；

如果 i>0，并且 k<j；或者 i<0，且 k>j，则向量 t 为空。当步长 i =1 时，可改写为：
  t=j:k
例如：
  >> k=1:10
   k = 1 2 3 4 5 6 7 8 9 10
  >>x=1:0.2:2
   x= 1.0000 1.2000 1.4000 1.6000 1.8000 2.0000

（2）利用冒号":"给全行的元素赋值

例如，给 a 的第 5 行全行赋值，可用冒号":"，输入
  >>a(5,:)=[5,3,2,1]   ← 注意冒号":"的功能

回车则显示： a= 1.0000 2.0000 3.0000 0
       4.0000 5.0000 6.0000 0
       7.0000 8.0000 9.0000 0
       0 0 0 5.6000
       5.0000 3.0000 2.0000 1.0000

（3）利用行、列标注构成新的矩阵

例如，把 a 的第 2 行和第 4 行及第 1 列和第 3 列交点的元素取出，构成一个新矩阵 b，可输入：
  >>b=a([2,4] , [1,3])

回车得： b= 4.0000 6.0000
      0 0

又例如要抽去 a 中的第 2 行，第 4 行，第 5 行，可利用空矩阵[ ]的概念，输入：
  >>a([2，4，5]，:)=[ ]

回车得： a= 1.0000 2.0000 3.0000 0
      7.0000 8.0000 9.0000 0

矩阵的阶数由 5×4 阶降为 2×4 阶。这里值得注意的是，空矩阵与零矩阵是两个不同概念。空矩阵是指没有元素的矩阵，对任何一个矩阵赋值为[ ]，就是使它的元素都消失掉。零矩阵中元素是存在的，只是其数值为零。因此，利用空矩阵可以缩减矩阵的阶数。

4．特殊矩阵和数组

除了采用直接输入方法对变量赋值外，也可利用 MATLAB 的内部函数来对变量赋值，利用这些函数来创建和生成特殊矩阵或数组。在 MATLAB 中提供了许多生成矩阵的函数命令，这些函数命令存放在"matlab\elmat"目录下。表 2.1 给出一些常用的生成矩阵函数。利用这些函数，可以直接生成一个矩阵或数组。关于这些函数的具体用法，可以利用 help 命令来获得，下面仅对一些函数命令进行简要说明。

表 2.1 常用生成矩阵函数

函数名称	功能说明
zeros	生成一个元素全部为 0 的矩阵或数组
ones	生成一个元素全部为 1 的矩阵或数组
eye	生成一个单位矩阵或数组
pascal	生成一个帕斯卡矩阵或数组
magic	生成一个魔方矩阵
linspace	生成一个线性间隔的行矢量
logspace	生成一个对数间隔的行矢量
diag	由矩阵 A 的主对角线元素得到一个列矢量
rand	生成随机矩阵或数组，元素在（0,1）之间服从均匀分布
randn	生成随机矩阵或数组，元素服从均值为 0，方差为 1 的正态分布

（1）单位矩阵函数

产生主对角线元素为 1，其他元素为 0 的单位矩阵。其调用格式如下：

A=eye(n)　　　　　　返回一个n×n阶单位矩阵；
A=eye(m,n)　　　　　返回一个m×n阶单位矩阵，或用A=eye([m,n])；
A=eye(size(B))　　　 返回一个大小与矩阵B一样的单位矩阵。
　例如：　>>A=eye(3)
显示结果：　　A=　1　0　0
　　　　　　　　　0　1　0
　　　　　　　　　0　0　1

（2）zeros函数、ones函数、rand及randn函数

这4个函数的功能如表2.1中所示，下面仅给出zeros函数的调用格式，其余3个函数的调用格式类似。

A=zeros(n)　　　　　　返回一个n×n阶零矩阵；
A=zeros(m,n)　　　　　返回一个m×n阶零矩阵；
A=zeros(d1,d2,d3, …)　返回一个维数为d1× d2× d3×…的所有元素为0的数组；
或用A= zeros([d1,d2,d3,…]);
A=zeros(size(B))　　　　返回一个大小与B一样的零矩阵或数组。

例如：
　　>>Z=zeros(3,4)　　　%产生3×4的零矩阵
　　Z=　0　0　0　0
　　　　0　0　0　0
　　　　0　0　0　0
　　>>A=ones(3,3,2)　　　%产生3×3×2大小的"1"矩阵
　　A(：,：,1)=　1　1　1　　　A(：,：,2)=　1　1　1
　　　　　　　　1　1　1　　　　　　　　　1　1　1
　　　　　　　　1　1　1　　　　　　　　　1　1　1
　　>>x=rand(1,5)　　%产生在(0,1)之间均匀分布的随机一维数组或行矢量
　　x=　0.9501　0.2311　0.6068　0.4860　0.8913
　　>>y=randn(5,1)　　%产生均值为0，方差为1的正态分布的随机一维数组或列矢量
　　y= − 0.4326
　　　 −1.6656
　　　　0.1253
　　　　0.2877
　　　 −1.1465

（3）linspace函数和logspace函数

linspace函数的功能是将指定区间[a,b]按线性等分，而logspace函数则是将区间[a,b]按对数等分。linspace函数的调用格式如下：

y=linspace(a,b)　　　产生一个行矢量y，该矢量把a和b间的数等分100份而得到
y=linspace(a,b,n)　　产生一个行矢量y，该矢量把a和b间的数等分n份而得到

例如：
　　>>y=linspace(1,2,5)　　　%把区间[1,2] 5等分
　　y=　1.0000　1.2500　1.5000　1.7500　2.0000

logspace函数的调用格式与linspace函数的调用类似。

5．MATLAB内部特殊变量和常数

在MATLAB内部，为处理方便定义了一些特殊的变量和常数。

ans：临时变量，通常指示当前的答案。

eps：常数，表示浮点相对精度；其值是从 1.0 到下一个最大浮点数之间的差值。按 IEEE 标准，eps=2^{-52}，近似为 2.2204e−016，该变量值作为 MATLAB 一些函数计算的相对浮点精度。

realmax：常数，表示最大正浮点数；任何大于该值的运算都溢出。在具有 IEEE 标准浮点格式的机器上，realmax 略小于 2^{1024}，近似为 1.7977e+308。

realmin：常数，表示最小正浮点数；任何小于该值的运算都溢出。在具有 IEEE 标准浮点格式的机器上，realmin 略小于 2^{-1022}，近似为 2.2251e−308。

pi：常数，表示圆周率 π=3.1415926535897…。表达式 4*atan(1) 和 imag(log(−1)) 产生相同的值π。

Inf：常数，代表正无穷大；一般被 0 除或溢出则产生无穷大结果。如 2/0，2^10000 均产生结果：Inf；而 log(0) 产生结果：−Inf。

i,j：虚数单位，表示复数虚部单位，相当于 $\sqrt{-1}$。

NaN：表示非数值。如 Inf−Inf，Inf/Inf，0*Inf，0/0 均产生该结果。

6．复数的赋值方式

MATLAB 的每一个元素都可以是复数，实数是复数的特例。复数的虚数部分用 i 或 j 表示，这是在 MATLAB 启动时就自动设定的。例如，输入

>>c=3+5.2i

回车得：　　c=　3.0000+5.2000i

对复数矩阵有两种赋值方法：

（1）可将矩阵元逐个赋予复数，例如，输入

>>z=[1+2i,3+4i;5+6i,7+8i]　　或　>>z=[1+2*i,3+4*i;5+6*i,7+8*i]

得：　　　z=　1.0000+2.0000i　　3.0000+4.0000i
　　　　　　　5.0000+6.0000i　　7.0000+8.0000i

（2）将矩阵的实部和虚部分别赋值，例如，输入

>>z=[1,3;5,7]+[2,4;6,8]*i;

两种方法可得出同样结果。但值得注意的是：

① 在方法（2）中省略乘号"*"，就会出错。

② 如果在前面其他程序中曾经给 i 或 j 赋过值，这时就不能采用方法（1）或方法（2）乘号"*"方式对复数赋值，但仍可采用方法（1）中非乘号"*"方式对复数赋值。这是因为 i 和 j 已经不是虚数符号。例如，若事先已赋值 i=2，这时再输入：

>> z=[1+2*i,3+4*i;5+6*i,7+8*i]

回车得：　　z=　　5　　11
　　　　　　　　 17　　23

若要采用乘号"*"方式对复数赋值，此时应输入：

>>clear i,j

即把曾赋值过的 i 和 j 变量清掉，恢复为虚数标识符，然后再执行复数赋值语句。

7．变量检查

在程序调试或变量的赋值过程中，往往需要检查工作空间中的变量、变量的阶数及变量赋值内容。在检查变量及其阶数等内容时，既可用工作空间窗口，也可在命令窗口使用 who 或 whos 命令来完成检查。当查看某变量的赋值情况时，可在命令窗口直接输入该变量名并回车即可。若所查变量不存在（例如变量 yy），屏幕将显示如下信号：

>> yy

```
??? Undefined function or variable 'yy'.
```
表示目前没有定义 yy 变量或函数。

2.2 运算符与数学表达

MATLAB 的运算符可以分为三类：算术运算符、关系运算符、逻辑运算符，它们的优先级依次为：算术运算符、关系运算符、逻辑运算符。这些运算符及功能，可以利用 help matlab\ops 命令来获得。下面分类介绍一些常用运算符。

2.2.1 算术运算符

MATLAB 提供了如表 2.2 所示的算术运算符。

表 2.2 MATLAB 算术运算符

运算符	功能说明	运算符	功能说明
+	加法：两矩阵对应元素相加	.*	矩阵元素相乘
−	减法：两矩阵对应元素相减	./	矩阵元素右除
*	矩阵乘法：两矩阵相乘	.\	矩阵元素左除
/	矩阵右除	.^	矩阵元素的幂
\	矩阵左除	'	矩阵转置共轭
^	矩阵幂	.'	矩阵转置非共轭
%	注释符号，% 后的内容不执行	:	冒号操作符

1. 矩阵加/减法"±"：A±B

功能：两矩阵对应元素相加/减。因此，A 和 B 两矩阵阶数必须相同，或其中之一为标量，标量可以与任意大小的矩阵相加/减。

例如，若 A=[1,2,3;4,5,6], B=[1+1i,2+2i,3+3i;4+4i,5+5i,6+6i]，则

```
>>C=A+B
```
得　　C=　2+1i　4+2i　6+6i
　　　　　8+4i　10+5i　12+6i

```
>>D=A−2
```
得　　D=　−1　0　1
　　　　　 2　3　4

2. 矩阵相乘"*"：A*B

功能：C =A*B 为两矩阵线性代数的乘积，即

$$C(i,j) = \sum_{k=1}^{n} A(i,k)B(k,j) \qquad (2-1)$$

因此，矩阵 A 的列数必须与矩阵 B 的行数相等，即等于公式中的 n。

例如，若 A=[1,2,3;4,5,6], B=[2,1;3,4;5,6]，则

```
>>C=A*B
   C=   23   27
        53   60
```

3. 矩阵元素相乘".*"：A.*B

功能：矩阵 A 和 B 的对应元素相乘。因此，A 和 B 两矩阵必须行、列数相同，或其中之一为标量。

例如，若 A=[1,2,3;4,5,6], B=[1+1i,2+2i,3+3i;4+4i,5+5i,6+6i]，则

```
>>A.*B
ans =   1.0000 + 1.0000i    4.0000 + 4.0000i    9.0000 + 3.0000i
       16.0000 +16.0000i   25.0000 +25.0000i   36.0000 +36.0000i
```

4. 矩阵右除"B/A"与左除"A\C"

如果 A 为一非奇异矩阵，则 B/A 与 A\C 可通过 A 的逆矩阵与 B 矩阵和 C 矩阵的乘积得到，即

$$B/A=B*inv(A); \quad A\backslash C=inv(A)*C$$

例如，若 A=[3,1;2,4]，B=[4,5]，C=[3;4]，则

>>B/A   >>A\C

ans =   0.6000   1.1000   ans =   0.8000
                                         0.6000

5. 矩阵元素右除 "A./B" 与左除 "A.\B"

矩阵元素右除 "A./B" 表示矩阵元素 A(i,j)/B(i,j)；矩阵元素左除 "A.\B" 表示矩阵 B(i,j)/A(i,j)，因此，A 和 B 必须行、列数相同，或者其中之一为标量。

例如，若 A=[1,2,3;4,5,6]，B=[1+1i,2+2i,3+3i;4+4i,5+5i,6+6i]，则

>>A./B

ans =   0.5000 − 0.5000i   0.5000 − 0.5000i   0.5000 − 0.5000i
        0.5000 − 0.5000i   0.5000 − 0.5000i   0.5000 − 0.5000i

>>A.\B

ans =   1.0000 + 1.0000i   1.0000 + 1.0000i   1.0000 + 1.0000i
        1.0000 + 1.0000i   1.0000 + 1.0000i   1.0000 + 1.0000i

6. 矩阵幂 "^"：X^p

如果 p 为标量，表示 X 的 p 次幂；如果 X 为标量，而 p 为矩阵，X^p 用特征值和特征向量表示 X 矩阵的 p 次幂。注意 X 和 p 不能同时为矩阵，但必须是方阵。

例如，若 B=[1,2;3,4]，则

>>B^2   >>2^B

ans =   7   10   ans =   10.4827   14.1519
        15   22   21.2278   31.7106

7. 矩阵元素幂 ".^"：A.^B

A.^B 表示矩阵元素 A(i,j) 的 B(i,j) 次幂，A 与 B 两矩阵必须行、列数相同，或者其中之一为标量。

例如，若 A=[1,2,3;4,5,6]，B=[6,2,3;2,2,1]，则

>>A.^B

ans =   1   4   27
        16   25   6

8. 矩阵转置 " ' "

A' 表示矩阵 A 的线性代数转置。对于复矩阵，表示复共轭转置。

例如，若 B=[1+1i,2+2i,3+3i;4+4i,5+5i,6+6i]，则

>>B'

ans =   1.0000 − 1.0000i   4.0000 − 4.0000i
        2.0000 − 2.0000i   5.0000 − 5.0000i
        3.0000 − 3.0000i   6.0000 − 6.0000i

9. 非共轭转置 ".'"

A.' 表示非共轭转置；对于复矩阵，不包括共轭。

例如，若 B=[1+1i,2+2i,3+3i;4+4i,5+5i,6+6i]，则

```
>>B.'
    ans =    1.0000 + 1.0000i    4.0000 + 4.0000i
             2.0000 + 2.0000i    5.0000 + 5.0000i
             3.0000 + 3.0000i    6.0000 + 6.0000i
```

2.2.2 关系操作符

所谓关系运算是指两个元素之间数值的比较。MATLAB 所提供的关系操作符如表 2.3 所示。

表 2.3 MATLAB 关系操作符

关系操作符	<	<=	>	>=	==	~=
功能说明	小于	小于或等于	大于	大于或等于	等于	不等于

MATLAB 关系操作符能用来比较两个同样大小的数组，或用来比较一个数组和一个标量。在后一种情况下，标量和数组中的每一个元素相比较，结果与数组大小一样。关系比较结果只有两种可能，即 1 或 0。1 表示关系式为"真"，即关系式正确；0 表示该关系为"假"，即它不成立。下面给出几个示例：

```
>> A=1:9, B=10-A          %对数组 A、B 完成赋值
   A=    1   2   3   4   5   6   7   8   9
   B=    9   8   7   6   5   4   3   2   1
>>tf=A>4                   %关系运算，找出 A 中大于 4 的元素
   tf =  0   0   0   0   1   1   1   1   1
```

可以看出，0 出现在 A<=4 的地方，1 出现在 A>4 的地方。

```
>>tf=B-(A>2)               %找出 A>2，并从 B 中减去所求得的结果向量
   tf =  9   8   6   5   4   3   2   1   0
>> tf=(A==B)               %找出 A 中的元素等于 B 中的元素
   tf =  0   0   0   0   0   0   0   0   0
```

注意，符号"="和"=="意味着两种不同的操作。"=="符号完成两个变量的比较，当它们相等时返回 1，当它们不相等时返回 0；而"="符号用来将运算的结果赋给一个变量。

以上例子说明，逻辑运算的输出是 1 和 0 的数组，而且它们也能用在数学运算中。

下面再举一个例子说明，如何利用关系运算，用特殊的 MATLAB 计算精度常数 eps 去代替在一个数组中的零元素。这种特殊的表达式在避免被 0 除时是很有用的。

```
>> x=(-3:3)/3
   x =   -1.0000  -0.6667  -0.3333   0   0.3333   0.6667   1.0000
>>sin(x)./x
   Warning: Divide by zero
   ans =  0.8415   0.9276   0.9816   NaN   0.9816   0.9276   0.8415
```

由于第四个数据是 0，计算函数 sin(x)/x 时给出了一个警告。由于 sin(0)/0 是没定义的，在该处 MATLAB 结果返回 NaN。用 eps 替代 0 以后，再试一次。

```
>> x=x+(x==0)*eps;         %如果 x==0 关系式成立，则 x=eps，否则 x=x 保持不变
>>sin(x)./x
   ans =  0.8415   0.9276   0.9816   1.0000   0.9816   0.9276   0.8415
```

现在 sin(x)/x 在 x=0 处给出了正确的极限。

2.2.3 逻辑运算符

MATLAB 向用户提供了如表 2.4 所示的逻辑运算符。

通常逻辑变量只能取 0（假）和 1（真）两个值。逻辑量的基本运算除"与（&）""或（|）""非（~）"外，有时也包括"异或（xor）"。不过"异或"可以用 3 种基本运算组合而成。在 MATLAB 里，对数值矩阵，当元素为 0 时，逻辑上为假；当元素为非 0 时逻辑上为真。两个逻辑量经过这 4 种逻辑运算后的输出仍然是逻辑量。表示逻辑量的输入输出关系的表称为真值表，如表 2.5 所示。

表 2.4 MATLAB 逻辑运算符

逻辑运算符	功能描述
&	与：当两个操作数为真时，结果为真，其他为假
|	或：当两个操作数至少有一个为真时，结果为真
~	非：这是一个单目运算符，它只有一个操作数。操作数为真，结果为假；操作数为假，结果为真

表 2.5 基本逻辑运算的真值表

运算	A=0		A=1	
	B=0	B=1	B=0	B=1
A&B	0	0	0	1
A|B	0	1	1	1
~A	1	1	0	0
xor(A,B)	0	1	1	0

关于如何使用逻辑操作符，可以通过下面一些例子加以理解：

```
>> A=1:9                %对 A 赋值
A=   1   2   3   4   5   6   7   8   9
>> tf=A>4               %找出 A 大于 4
tf=  0   0   0   0   1   1   1   1   1
>> tf=~(A>4)            %对 A 大于 4 的取非，也就是 1 替换 0，0 替换 1
tf=  1   1   1   1   0   0   0   0   0
>> tf=(A>2)&(A<6)       %在 A>2 与 A<6 处返回 1
tf=  0   0   1   1   1   0   0   0   0
```

2.2.4 其他逻辑函数

除了上面的关系与逻辑运算符外，MATLAB 还提供了大量的其他关系与逻辑函数，如表 2.6 所示。同时 MATLAB 还提供了大量的测试函数，测试特殊值或条件的存在，返回逻辑值，如表 2.7 所示。测试函数的具体使用可以通过 help 命令来获得。

表 2.6 其他关系与逻辑函数

函数名	功能说明
xor(x,y)	异或运算。x 或 y 非零（真）返回 1，x 和 y 都是零（假）或都是非零（真）返回 0
any(x)	如果在一个向量 x 中，任何元素是非零，返回 1；矩阵 x 中的每一列有非零元素，返回 1
all(x)	如果在一个向量 x 中，所有元素非零，返回 1；矩阵 x 中的每一列所有元素非零，返回 1

表 2.7 测试函数

函数名	功能说明	函数名	功能说明
isempty	参量为空，返回真值	isinf	元素无穷大，返回真值
isglobal	参量是一个全局变量，返回真值	isletter	元素为字母，返回真值
isunix	计算机为 UNIX 系统，返回真值	isreal	参量无虚部，返回真值
isnan	元素为不定值，返回真值	isspace	元素为空格字符，返回真值
isstudent	MATLAB 为学生版，返回真值	isvms	计算机为 VMS 系统，返回真值
ishold	当前绘图保持状态是"ON"，返回真值		

2.2.5 数学表达式的 MATLAB 语言描述

在利用数学表达式进行运算时，首先要做的第一步就是将习惯书写的数学表达式改写为

MATLAB 能理解执行的"运算表达式"。在改写过程中,将利用 MATLAB 所定义的运算符号、特殊字符及相关函数。例如,将数学表达式 $y=2\sin(4\pi t)$ 改写成 MATLAB 运算表达式应为:y=2*sin(4*pi*t)。在改成运算表达式时,使用了特殊字符"pi"和乘号"*",调用了 MATLAB 提供的基本函数——正弦函数"sin"。

对于初学者来说,在这一改写过程中,容易犯以下两个错误:

(1)忽略乘符。在书写数学表达式时,我们往往习惯将表达式中的乘号省略,但在 MATLAB 运算表达式中,乘号不能省略,而且必须用指定符号"*"或".*"来表示,否则系统将出错。如在命令窗口中输入指令:

    >>y=2sin(4*pi*t)

则显示:??? y=2sin(4*pi*t)

    | ←指示在此处缺操作符号

    Error: Missing operator, comma, or semicolon.

(2)调用系统中不存在的函数。在 MATLAB 中为用户提供了一些基本的数学函数(参见表 2.19),这些基本函数的调用格式将在 2.5 节中详细讨论。在将数学表达式改写成运算表达时,一定要使用规定的函数字符名,或用户自己定义的函数字符名,否则系统会报错。如在命令窗口中输入指令:

    >> y=2*si (4*pi*t)

显示: ??? Undefined function or variable 'si'. ←没有定义 si 函数或变量

下面再给出两个将数学表达式改成 MATLAB 运算表达式的例子,以供参考。

$\sqrt{3}\lg x$ → sqrt(3)*log10(x) $y=3\sin(2\pi t)e^{-2t}$ → y=3*sin(2*pi*t).*exp(-2*t)

2.3 控 制 流

计算机程序通常都是从前到后逐一执行的。但往往也需要根据实际情况,中途改变执行的次序,称为流程控制。在 MATLAB 中提供了 if、switch、while 及 for 等多种流程控制语句,这些语句的功能和作用,可通过 help matlab\lang 命令来获取。

2.3.1 if 语句

if 语句称为条件执行语句,其关键字包括 if、else、elseif 和 end。通常条件执行语句有以下 3 种格式。

- 格式一

  if 表达式
    语句组 A
  end

其工作流程图如图 2.1 所示。执行到该语句时,计算机先检验 if 后的表达式的逻辑性,如果逻辑为真(即为 1),它就执行语句组 A;如果逻辑表达式为 0,就跳过语句组 A,直接执行 end 后续语句。注意,这个 end 是决不可少的,没有它,在逻辑表达式为 0 时,就找不到继续执行程序的入口。

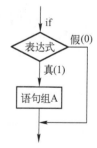

图 2.1 格式一流程图

例如:

  n=input('n=?');   %通过键盘对变量 n 赋值
  if rem(n,2)==0;   %判断所给变量 n 被 2 除的余数是否为 0
    disp('n is even');   %显示 n is even

end;
● 格式二
　　if 表达式
　　　　语句组 A
　　else
　　　　语句组 B
　　end

其工作流程图如图 2.2 所示。执行到此语句时，计算机先检验 if 后的逻辑表达式，如果为 1，它就执行语句组 A；如果逻辑表达式为 0，就执行语句组 B。else 用来标志语句组 B 的执行条件，同时也标志语句组 A 的结束（省去了 end）。最后的 end 同样也是不可少的，否则，执行完语句组 A 后，会找不到进入后续程序的入口。例如：

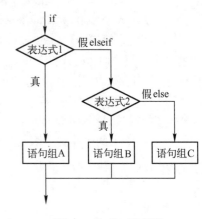

图 2.2　格式二流程图

```
n=input('n=?');
if rem(n,2)==0
    disp('n is even');
else
    disp('n is odd');
end;
```

● 格式三
　　if 表达式 1
　　　　语句组 A
　　elseif 表达式 2
　　　　语句组 B
　　else
　　　　语句组 C
　　end

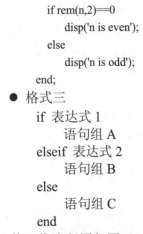

图 2.3　格式三流程图

其工作流程图如图 2.3 所示。首先判断表达式 1，如果逻辑为真，执行语句组 A，执行完后跳出该选择结构，继续执行 end 后面的语句；如果表达式 1 为假，则跳过语句组 A，判断表达式 2，如果逻辑为真，则执行语句组 B；如果表达式 2 的逻辑为假，则执行语句组 C。在前面两种调用格式中都是两分支的程序结构，在第三种调用格式中，由于使用了 elseif 使得程序结构变为 3 个分支。当然，中间还可加入多个 elseif，形成多个分支，只是程序的结构显得冗长。例如：

```
n=input('n=?');
if n<0
    disp('n is negative');
elseif rem(n,2)==0
    disp('n is even')
else
    disp('n is odd');
end;
```

2.3.2　switch 语句

switch 语句称为条件选择语句，其关键字包括 switch、case、otherwise 和 end。它主要用于有选择性的程序设计，实现程序的多分支选择。调用格式为：
　　switch　选择表达式
　　　　case　情况表达式 1

```
            语句组 1
        case   情况表达式 2
            语句组 2
              ⋮
        otherwise
            语句组 n
    end
```

其工作流程是，计算机首先计算选择表达式的值，然后将该值分别与情况表达式的值进行比较；如果与其中之一相等，则执行该情况表达式后的语句组，执行完该语句组后跳至 end，执行 end 后续语句；如果与任何一个情况表达式的值都不等，则执行 otherwise 后的语句组 n。

例如：

```
    var=input('var=?');
    switch var
        case 1
            disp('var=1');
        case {2,3,4}
            disp('var=2 or 3 or 4');
        case 5
            disp('var=5');
        otherwise
            disp('other value');
    end;
```

2.3.3 while 语句

while 语句为条件循环语句，循环执行一组语句，执行次数不确定，决定于一些逻辑条件。其关键字包括 while、end、break 等。基本调用格式为：

```
    while  表达式
        语句组 A
    end;
```

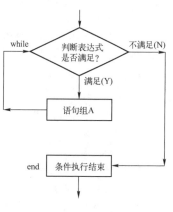

图 2.4 while 语句流程图

其工作流程图如图 2.4 所示。首先判断 while 后的表达式的逻辑值，如果为真（满足），则执行语句组 A，再跳回到 while 的入口，检查表达式的逻辑值，如果为真，再执行语句组 A，周而复始，直到表达式为假（不满足）为止，此时则执行 end 命令后的语句。

例如，利用 while 语句实现计数累加的程序为：

```
    i=0;                %对累加器 i 变量清零
    while i<10;
        i=i+1           %计数累加
    end
```

又例如，利用 while 语句计算 MATLAB 的特殊值 eps，eps 是一个可加到 1，而使结果以有限精度大于 1 的最小数值。为了 MATLAB 的 eps 的值不会被覆盖掉，在程序中用大写 EPS 来表示。MATLAB 程序如下：

```
    num=0;EPS=1;        %赋初值
    while (1+EPS)>1
        EPS=EPS/2;
```

```
        num=num+1;      %累计循环次数
    end
    num
    EPS=2*EPS
```
运行该程序得：   num =   53
                  EPS =   2.2204e−016

在程序中，EPS 以 1 开始。只要(1+EPS)>1 为真（非零），就一直求 while 循环内的命令值。由于 EPS 不断地被 2 除，EPS 逐渐变小以至于 EPS+1 不大于 1。（记住，发生这种情况是因为计算机使用固定数的数值来表示数的。MATLAB 用 16 位，因此，我们只能期望 EPS 接近 10^{-16}。）当(1+EPS)>1 为假（零），于是 while 循环结束。最后，EPS 与 2 相乘，因为最后除 2 使 EPS 太小。

2.3.4 for 语句

for 语句也是循环语句，但与 while 语句不同的是，它循环执行一组语句的执行次数是确定的。其关键字包括 for、end、break 等。基本的调用格式如下：

    for   index=初值: 增量: 终值
        语句组 A
    end

其功能就是把语句组 A（亦称为循环体）反复执行 N 次。循环次数为：
$$N=1+(终值-初值)/增量$$
在每次执行时程序中 index（称为循环变量）的值按"增量"（或称为步长）增加。例如：

    for n=1:10
       x(n)=sin(n*pi/10)
    end

在使用 for 语句时，有以下几点值得注意。
（1）不能通过在循环体内重新赋值给循环变量来终止 for 循环，只能使用 break 语句。例如：

    for n=1:7
        x(n)=sin(n*pi/10);
        n=7;   ←这样的终止方法无效
    end

该程序运行结果：
   x =   0.3090   0.5878   0.8090   0.9511   1.0000   0.9511   0.8090

从该程序的运行结果可以看出，这样的终止方法是无效的，但可用 break 命令来终止循环。break 语句用来结束 for 或 while 循环，在循环中遇到 break 语句时，会跳出循环，接着执行循环外面的语句。例如：

    for n=1:10
        x(n)=sin(n*pi/10);
        if n= =5 break; end   %当 n= 5 时跳出循环
        n   %显示循环变量 n。当 n=5 时，因跳出循环将不显示
    end

该程序运行结果：n=   1   2   3   4
                 x =   0.3090   0.5878   0.8090   0.9511   1.0000

（2）为了提高处理的速度，在 for 循环（while 循环）被执行之前，应预先分配数组。例如：

```
x=zeros(1,10);        % 利用 zeros 函数实现对 x 分配数组
for n=1:10
    x(n)=sin(n*pi/10);
end
```

这是因为如果不预先分配数组，在 for 循环内每执行一次命令，变量 x 的大小增加 1，迫使 MATLAB 每通过一次循环要花费时间对 x 分配更多的内存。若事先分配了数组，这时每次循环，只有 x(n)的值需要改变，而不需再花时间去分配 x 的内存。因此，在 for 循环（while 循环）被执行之前，事先分配数组可以提高运算速度。反之，也可利用空循环，实现延时。

（3）当有一个等效的数组方法来解答给定的问题时，应避免用 for 循环。例如上面的例子可改写为：

```
>> n=1:10;
>> x=sin(n*pi/10)
x =0.3090    0.5878    0.8090    0.9511    1.0000    0.9511    0.8090    0.5878    0.3090    0.0000
```

两种方法得出同样的结果，但后者执行更快，更直观，要求较少的输入。

（4）for 循环可按需要嵌套。与其他的编程语言类似，for 语句可以嵌套使用，如下所示：

```
for i=1:3
    for j=1:4
        a(i,j)=i*j;
    end;
end;
```
内循环   外循环

程序运行结果为：

```
a =  1    2    3    4
     2    4    6    8
     3    6    9    12
```

（5）语句 1:10 是一个标准的 MATLAB 数组创建语句。在 for 循环内接收任何有效的 MATLAB 数组。例如：

```
A=[1,2,9,18;24,31,12,21];
for a=A
    b=a(2)-a(1)
end;
```

程序运行结果为：

```
b =    23
b =    29
b =    3
b =    3
```

2.4 数据的输入/输出及文件的读/写

MATLAB 具有十分灵活方便的输入/输出功能。下面将介绍 MATLAB 常用的几种输入/输出操作，可以为后面的编程打下基础。

在 MATLAB 中，有两类与输入/输出有关的命令和函数：交互输入/输出命令和函数、文件输入/输出命令和函数。

2.4.1 交互输入/输出命令

1. 键盘输入命令 input

格式一：u=input('提示内容')

功能：在屏幕上显示提示内容，等待从键盘输入，将输入值赋给数据变量 u。

例如，在命令窗口输入：
    >>x=input('请输入变量 x 的值？');

屏幕终端上将显示：请输入变量 x 的值？

输入：   >>[1,2,3;5,6,7;8,9,0]

回车即得：   x=   1   2   3
                          5   6   7
                          8   9   0

格式二：u=input（'提示内容', 's'）

功能：在屏幕上显示提示内容，等待从键盘输入，将输入的符号以字符串形式赋给字符串变量 u。例如，在命令窗口输入：
    >>string=input('请输入字符串：',s');

屏幕终端上将显示：   请输入字符串：
由键盘输入：   Good! Better!
回车后屏幕终端上将显示：string= Good! Better!

需要注意的是：

（1）如果未输入任何字符，而按下回车键，则返回一个空矩阵。

（2）'\n'字符串代表换行，提示文本中可以包括一个或多个'\n'字符串。如要显示反斜线，用'\\'。

例如：
        u=input('提示内容\n','s')
        u=input('提示内容\n\n','s')
        u=input('提示内容\\','s')

2. 菜单输入命令 menu

格式：k=menu（'title', '选项 1', '选项 2', …, '选项 n'）

功能：产生一个供用户输入的选择菜单。显示以字符串变量 title 为标题的菜单，选择为字符变量：'选项 1', '选项 2', …, '选项 n'，并将所输入的值赋给变量 k。

例如：
    >>k=menu('学生名单', '选项 1', '选项 2', '选项 n');

屏幕终端上将显示如图 2.5 所示的菜单，用户可利用鼠标选择相应的按钮（如选择'选项 1'），这时会将该项对应编号赋给变量 k（k=1）。

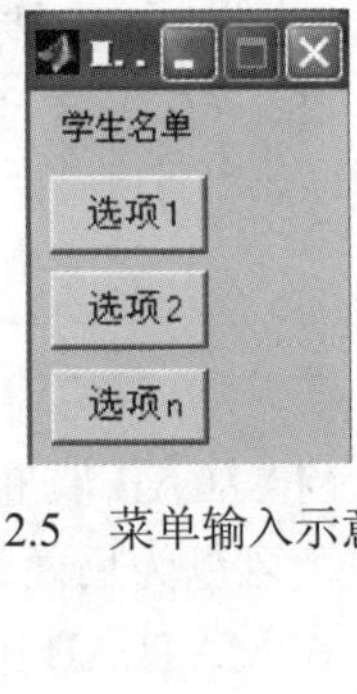

3. 暂停执行命令 pause

图 2.5 菜单输入示意图

pause   常用在 M 文件中，用于暂停执行，直接按任意键继续执行
pause(n)   暂停执行 n 秒后继续执行
pause on   允许一系列 pause 命令暂停程序执行

pause off　　保证任何 pause 命令和 pause(n)语句不能暂停程序执行

4．显示命令 disp

调用格式：disp（变量名）
功能：显示指定的变量的内容。
例如：
>>k=1:10;
>>disp(k);
屏幕显示：　　1　2　3　4　5　6　7　8　9　10
>> disp('显示该语句');
屏幕显示：　　　　显示该语句

5．按格式要求输出变量命令 sprintf

调用格式：　sprintf(显示格式, 变量)
功能：按指定格式要求输出变量。其中"显示格式"的含义与 C 语言中 sprintf 含义一样。"显示格式"字符串由普通字符和转换规格组成；转换规格指匹配数据类型，由字符"％"、可选宽度和转换字符三部分组成。如：%-8.6e，其中"％"表示开始字符，"-"表示带正负号，"8.6"表示数字域宽度和精度，"e"表示自然对数。在"％"与转换字符之间可以出现一个或多个如表 2.8 所示的字符，如"h"表示短，"%hd"表示短整数，"l"表示长，"%ld"表示长整数，"%lg"表示双精度浮点数。在"格式"字符串中合法转换字符如表 2.8 所示。
例如：
>>sprintf('%0.5g',(1+sqrt(5))/2)
　　ans =1.618
>>sprintf('%15.5f',1/eps)
　　ans =4503599627370496.00000
>>sprintf('%d',round(pi))
　　ans =3
>>sprintf('%s','hello')
　　ans =hello
>>sprintf('The array is %dx%d.',2,3)
　　ans =The array is 2x3.

另外一些非字母字符（如表 2.9 所示）也可用在"格式"字符串中。

表 2.8　sprintf 显示格式

符　号	说　明
%c	表示字符序列，数量由域指定
%d	表示十进制整数
%e, %E, %f, %F, %g, %G	表示浮点数
%i	表示带正负号整数
%o	表示八进制整数
%s	表示一系列非空白字符
%u	表示带正负号十进制整数
%x%X	表示带正负号十六进制整数

表 2.9　MATLAB 字符含义表

字符表示	字符含义
\n	换行符
\t	水平制表符
\b	退格符
\'或'	单引号
\r	回车符
\f	进纸
\\	反斜线
%%	百分号

例如：
>>A=[1.0000+2.0000i,2.0000 −2.0000i,3.0000 −1.0000i];
>>str=sprintf('%1.3f； ',A)
　　str =　　1.000；　2.000；　3.000；
>>str=sprintf('%1.3f； ',real(A), imag(A))
　　ans =　　1.000；2.000；3.000；2.000；−2.000；−1.000；

2.4.2 文件输入/输出命令与函数

作为一种科学计算软件，与其他软件系统进行数据交换是十分重要的，它可以避免人为差错，提高运行效率。通常，不同系统软件之间进行数据交换的有效方法之一，就是通过输入/输出文件进行的。为此，MATLAB 提供了多种数据存储、交换等相关命令，表 2.10 列出了部分相关命令，详细命令及命令功能通过 help iofun 命令获取。下面我们将对这些命令的基本调用格式作一简单介绍，更详细的调用方式可通过 help 命令获取。

1. 变量保存命令 save

变量保存命令 save 用以将工作空间中的变量保存到磁盘上。用 save 命令所形成的文件可以是双精度二进制格式 MAT 文件，也可以是 ASCII 文件，可以用于不同机器间的数据传输，也可用于不同数据的相互传输。其基本的调用格式如下。

格式一：save

功能：将工作空间中的所有变量保存在一个名为"matlab.mat"的二进制格式文件中，该文件可通过 load 命令来重新装入工作空间。

表 2.10 MATLAB 文件输入/输出命令

类 型	命 令	功 能 说 明	类 型	命 令	功 能 说 明
文件开关	fopen	打开文件	文件开关	fclose	关闭文件
文件定位	ferror	询问文件 I/O 的出错状态	文件定位	ftell	提取文件位置指针
	feof	测试文件结尾		frewind	倒回文件
	fseek	设置文件位置指针			
文件输入输出	load	从.mat 文件下载到工作空间	文件输入输出	save	把工作空间变量存入.mat 文件
	fread	从文件读入二进制数据		fwrite	把二进制数据写入文件
	fscanf	从文件读入格式化数据		fprintf	把格式化数据写入文件
	fgets	从文件读入一行字符串，包含行结束符		fgetl	从文件读入一行字符串，不含行结束符
图像声音 I/O	imread	从图形文件读出图像	图像声音 I/O	imwrite	把图像存入图形文件
	imfinfo	返回图形文件的信息			
	waveread	读出.wav 声音文件		wavwrite	写入.wav 声音文件

格式二：save　文件名　变量名

功能：将工作空间中指定的"变量名"保存在指定"文件名.mat"的二进制格式文件中。

格式三：save　文件名　选项

功能：使用"选项"指定 ASCII 文件格式，将工作空间中所有变量保存到"文件名"所指定的文件中。

格式四：save 文件名 变量名 选项

功能：使用"选项"指定 ASCII 文件格式，将所列变量保存到文件名所指定的文件中。

"选项"有以下几种：

–ascii   以 8 位 ASCII 格式保存数据；
–ascii –double   以 16 位 ASCII 格式保存数据；
–ascii –tabs   以 8 位 ASCII 格式保存数据，使用 tab 作分隔符；
–ascii –double –tabs 以 16 位 ASCII 格式保存数据，使用 tab 作分隔符；

2．变量调入命令 load

变量调入命令 load 从磁盘文件中重新调入变量内容到工作空间。

格式一：load

功能：将保存在"matlab.mat"文件中的所有变量调入到工作空间。

格式二： load 文件名

功能：从"文件名 .mat"中调入变量，可给出全部路径。

3．文件开关命令 fopen

文件开关命令 fopen 打开文件或获得打开文件信息。

格式： f_id=fopen(文件名, '允许模式')

功能：以允许模式指定的模式打开"文件名"所指定的文件，返回文件标识 f_id；允许模式可以是下列几个字符串之一：

'r'   打开文件进行读操作（默认形式）
'w'   删除已存在文件中的内容或生成一个新文件，打开进行写操作
'a'   打开一个已存在的文件或生成并打开一个新文件，进行写操作，在文件末尾添加数据
'r+'   打开文件进行读和写操作（不生成新文件）
'w+'   删除已存在文件中的内容或生成一个新文件，打开进行读和写操作
'a+'   打开一个已存在的文件或生成并打开一个新文件，进行读和写操作，在文件末尾添加数据
'W'   非自动刷新写操作，用于磁带驱动器
'A'   非自动刷新追加操作，用于磁带驱动器

在上述字符串中加上一个字符"t"，用来区分文本文件和二进制文件，如"at"，强制使用文本模式打开文件。在上述字符串中加上一个字符"b"，则强制使用二进制模式打开文件（此为默认模式）。

格式二： [f_id , message]=fopen (文件名, '允许模式', 格式)

功能：按指定要求打开文件方式，同时返回文件标识和打开文件信息两个参数，另外用"格式"指定数据格式。用来定义文件中数据格式的字符串，可以允许不同格式机器间的文件共享。

允许格式字符串有：

'native'或'n', 'ieee-le'或'l', 'ieee-be' 或'b', 'vaxd' 或'd', 'vaxg' 或'g', 'cray' 或'c', 'ieee=le.164' 或'a', 'ieee-be.164' 或's'。

如果 fopen 成功打开文件，则返回文件标识 f_id，message 内容为空；如果不能成功打开，则

返回 f_id 值为–1，message 中返回一个有助于判断错误类型的字符串。有三个值是预先定义的，不能打开或关闭：

  0 表示标准输入，一直处于打开读入状态。
  1 表示标准输出，一直处于打开追加状态。
  2 表示标准错误，一直处于打开追加状态。

4．文件关闭命令 fclose

文件关闭命令 fclose 的功能就是关闭一个或多个已打开的文件。
格式一：status=fclose(f_id)
功能：关闭指定文件，返回 0 表示关闭成功，返回–1 表示关闭失败。
格式二：status=fclose('all')
功能：关闭所有文件，返回 0 表示关闭成功，返回–1 表示关闭失败。

5．按二进制保存数据命令 fwrite

函数 fwrite 的功能是向文件中写入二进制数据。
格式一：count=fwrite (f_id, A,'精度')
功能：将矩阵 A 中元素写入指定文件 f_id，将其值转换为指定的精度。f_id 由 fopen 指定，count 返回写入文件中的二进制个数。

"精度"表示写入数据精度的字符串，控制写入每个值的数据位，这些位可以是整数型、浮点值或字符。MATLAB 中"精度"如表 2.11 所示，表中还给出了相应 C 和 Fortran 语言的精度格式。
格式二：count=fwrite(f_id,A,'精度',skip)
功能：可用参数 skip 指定每次写操作跳过指定字节。例如：

  t=0:0.01:2;   %对变量 t 赋值
  y=3*sin(2*pi*t).*exp(–t); %对变量 y 赋值
  fp=fopen('expam1.dat','w'); %生成一个 expam1.dat 数据文件
  fwrite(fp,[t,y],'float64'); %向 expam1.dat 文件中，按 float64 精度写入数据
  fclose(fp);   %关闭文件 expam1.dat

6．按二进制读取数据命令 fread

函数 fread 的基本功能是从文件中读取二进制数据。
格式一：[A, count]=fread(f_id, size, '精度')
功能：从指定文件 f_id 中按指定的精度读取二进制数据，将数据写入到矩阵 A 中。可选输出 count 返回成功读入元素个数；f_id 为文件标识，其值由 fopen 函数得到；可选参数 size 确定读入多少数据，如果不指定参数 size，则一直读到文件结束为止。参数 size 合法选择有：

  n   读入 n 个元素到一个列向量
  inf   读到文件结束，返回一个与文件数据元素相同的列向量
  [m,n] 读取元素填充一个 m×n 阶矩阵，填充按列顺序进行，如果文件不够大，则填充 0

表 2.11 MATLAB 精度表

MATLAB	C 和 Fortran	说 明	MATLAB	C 和 Fortran	说 明
'uchar'（默认）	'unsigned char'	无符号字符；8 位	'int8'	'integer*1'	整数；8 位
'schar'	'signed char'	有符号字符；8 位	'int16'	'integer*2'	整数；16 位

续表

MATLAB	C 和 Fortran	说 明	MATLAB	C 和 Fortran	说 明
'int32'	'integer*4'	整数；32 位	'uint64'	'integer*8'	无符号整数；64 位
'int64'	'integer*8'	整数；64 位	'single'	'real*4'	浮点数；32 位
'uint8'	'integer*1'	无符号整数；8 位	'float32'	'real*4'	浮点数；32 位
'uint16'	'integer*2'	无符号整数；16 位	'double'	'real*8'	浮点数；64 位
'uint32'	'integer*4'	无符号整数；32 位	'float64'	'real*8'	浮点数；64 位

格式二：[A, count]=fread(f_id, size,'精度',skip)

功能：可选参数 skip，指定每次读操作跳过的字节数；如果"精度"是某一种位格式，则每次读操作将跳过相应位数。例如：

    fp=fopen('expam1.dat','r');   %以读取数据的方式打开 expam1.dat
    y=fread(fp,[201,2],'float64');   %从 expam1.dat 文件中，按 float64 精度读取数据，并以 201×2
    %的方式赋给变量 y
    fclose(fp);   %关闭文件 expam1.dat

7．按指定格式保存数据命令 fprintf

函数 fprintf 向文件中写入格式化数据。

格式一：count=fprintf(f_id,'格式',A,…)

功能：将矩阵 A 或其他矩阵的实部数据按"格式"字符串指定的形式进行规格化，并将其写入指定的文件 f_id 中，count 返回值为写入数据的数量，f_id 由 fopen 指定。"格式"字符串由普通字符和转换规格组成，其组成方式与 sprintf 命令中"显示格式"的要求类似。

格式二：fprintf('格式',A,…)

功能：将 A 或其他值以"格式"给定的形式输出到标准输出—显示屏幕上。"格式"字符串与 fscanf 命令中的"格式"字符串相同。例如：

    x = 0:.1:2; y = [x; exp(x)];
    fid = fopen('exp.txt','w');   %以写的形式打开文件 exp.txt
    fprintf(fid,'%6.2f   %12.8f\n',y);   %按指定格式写入数据
    fclose(fid);   %关闭文件
    fid1 = fopen('exp.txt','r');   %以读的形式打开文件 exp.txt
    y1=fscanf(fid1,'%f',[2,20]);   %从文件中按指定格式读取数据
    fclose(fid1);   %关闭文件

8．按指定格式读取数据命令 fscanf

fscanf 函数的功能是，按指定的格式从文件中读取数据。

格式一：A=fscanf(f_id, '格式')

功能：从由 f_id 所指定的文件中读取所有数据，并根据"格式"字符串进行转换，同时返回给矩阵 A，f_id 由 fopen 指定。例如：

    S = fscanf(f_id, '%s')   %读取一字符串；
    A = fscanf(f_id, '%5d')   %读取 5 位十进制整数；

格式二：[A, count]=fscanf(f_id,'格式',size)

功能：读入由 size 指定数量的数据，并根据"格式"字符进行转换，返回给矩阵 A，同时返回成功读入的数据数量 count；参数 size 合法选择与 fread 命令中类似。

9．函数 fgets

函数 fgets 以字符串形式返回文件中的下一行内容，包含行结束符。

格式一：ctr=fgets(f_id)

功能：返回文件标识为 f_id 的文件中的下一行内容；如果遇到文件结尾（EOF），则返回-1，所返回的字符串中包括文本结束符。

格式二：str=fgest(f_id,n)

功能：返回下行中最多 n 个字符，在遇到行结束符或文件结束（EOF）时不追加字符。

10．函数 fgetl

函数 fgetl 以字符串形式返回文件中的下一行内容，但不含行结束符。

格式：str=fgetl(f_id)

功能：返回文件标识为文件中的下一行内容；如果遇到文件结尾，则返回-1，所返回的字符串中不包括行结束符。

11．查询函数 ferror

查询函数 ferror 查询 MATLAB 关于文件输入/输出操作的错误。

格式：message=ferror(f_id)

功能：将标识为 f_id 的已打开文件的错误信息返回给 message 变量。

12．测试文件结尾函数 feof

格式：eoftest=feof(f_id)

功能：测试指定文件是否设置了文件结尾 EOF；如果返回 1 则表示设置了 EOF 指示器，返回 0 则未设置。

13．图像数据读取函数 imread

图像数据读取函数 imread 从图像文件中读取图像数据。基本调用格式如下。

格式一：A=imread（文件名,'图像文件格式'）

功能：将文件名指定的图像文件读入 A 中，A 为无符号 8 位整数（uint8）。如果文件为灰度图像，则 A 为一个二维数组；如果文件是一个真彩色 RGB 图像，则 A 是一个三维数组（$m \times n \times 3$）。注意：文件名为指定图像文件名称的字符串。"图像文件格式"是指定图像文件格式的字符串。文件名必须在当前 MATLAB 路径中，如果找不到该文件，则寻找"文件名.图像文件格式"。"图像文件格式"

表 2.12　图像文件格式字符串表

图像文件格式	文 件 类 型
jpg 或 jpeg	联合图像专家组压缩图像文件（JPEG）
tif 或 tiff	Tagged Image File Format（TIFF）
gif	图形互换格式图像文件（GIF）
bmp	Windows 位图文件（BMP）
png	Portable Network Graphics
hdf	层次数据格式图像文件（HDF）
pcx	Windows 画笔图像文件（PCX）
xwd	X Windows Dump（XWD）
cur	Windows Cursor resources（CUR）
ico	Windows Icon resources（ICO）

可能的字符串如表 2.12 所示。imread 函数可读图像文件格式如表 2.13 所示。

表 2.13 可读图像格式说明表

图像格式	图像种类
JPEG	任何基线的 JPEG 图像，具有常用的几种扩展名
TIFF	任何基线的 TIFF 图像，包括 1 位、8 位和 24 位非压缩图像，1 位、8 位和 24 位按位压缩图像，1 位 CCITT 压缩格式图像，以及 16 位灰度、16 位索引和 48 位 RGB 图像
GIF	任何 1～8 位的 GIF 图像
BMP	1 位、4 位、8 位、24 位、32 位非压缩图像；4 位和 8 位行程编码（RLE）图像
PNG	任何 PNG 图像，包括 1 位、2 位、4 位、8 位和 16 位灰度图像；8 位和 16 位索引图像；24 位和 48 位 RGB 图像
HDF	带或不带调色板的 8 位光栅图像数据集，24 位光栅图像数据集
PCX	1 位、8 位、24 位 PCX 图像
XWD	1 位和 8 位 Z 像素图，XY 位图，1 位 XY 像素图
ICO	1 位、4 位和 8 位非压缩图像
CUR	1 位、4 位和 8 位非压缩图像

格式二：[A, map]=imread（文件名,'图像文件格式'）

功能：读取索引图像到矩阵 A，其调色板值返回给 map，A 为无符号 8 位整数（uint8），map 为双精度浮点数，其值在[0,1]范围内。例如：

  A=imread('test1.jpg','jpg'); %读取指定图像文件"test1.jpg"的数据
  figure(1); imshow(A); %显示图像 test1.jpg
  [B, map]=imread('test2.bmp','bmp'); %读取指定图像文件"test2.bmp"的数据
  figure(2); imshow(B, map); %显示图像 test2.bmp

14．图像数据写入文件函数 imwrite

格式一：imwrite(A,文件名,'图像文件格式')

功能：将变量 A 中的图像写入文件名指定的文件中。"图像文件格式"字符串指定图像文件的保存格式，其取值如表 2.14 所示。变量 A 既可以是灰度图像（$m×n$），也可以是真彩色 RGB 图像（$m×n×3$）。如果 A 是一个无符号 8 位整数表示的灰度图像或真彩色图像，imwrite 函数直接将数组 A 中的值写入文件；如果 A 为双精度浮点数，imwrite 函数首先使用 uint8(A−1)自动将数组中的值变换为无符号 8 位整数，即将[0,1]范围内的浮点数变换为[0,255]范围内 8 位整数，然后再写入文件。

表 2.14 写入图像文件格式说明表

图像文件格式	图像种类
BMP	1 位、8 位和 24 位非压缩图像
TIFF	基线的 TIFF 图像，包括 1 位、8 位、16 位和 24 位非压缩图像，1 位、8 位、6 位和 24 位按位压缩图像，1 位 CCITT 的 1D、群 3 和群 4 压缩格式图像
JPEG	基线 JPEG 图像
PNG	1 位、2 位、4 位、8 位和 16 位灰度图像；8 位和 16 位具有 α 通道的灰度图像，1 位、2 位、4 位和 8 位索引图像；24 位和 48 位 RGB 图像和 α 通道 RGB 图像
HDF	带或不带调色板的 8 位光栅图像数据集，24 位光栅图像数据集；或非压缩或具有 RLE 或 JPEG 压缩图像
PCX	8 位图像
XWD	8 位 Z 像素图

格式二：imwrite(A,map,文件名,'图像文件格式')

功能：将 A 中的索引图像及其相关的调色板 map 存放到指定文件。调色板 map 必须是 MATLAB 的有效调色板。注意大多数图像文件格式不支持大于 256 条的调色板。

格式三：imwrite(A,文件名) 或 imwrite(A,map,文件名)

功能：根据文件名的扩展名推断图像文件格式，将图像写入文件中。扩展名必须是符合图像格式文件扩展名。

格式四：imwrite（A,文件名,参数 1,值 1,参数 2,值 2,...）或
　　　　imwrite（A,map,文件名,参数 1,值 1,参数 2,值 2,...）

功能：用指定的相关参数来控制输出文件的特性。该调用格式仅对 HDF、JPEG、TIFF 和 PNG 文件有效。对于 HDF、JPEG 和 TIFF 文件的"参数"和"值"分别如表 2.15、表 2.16 和表 2.17 所示，对 PNG 文件的参数说明略，读者可通过 help imwrite 获得。例如：

```
[A, map]=imread('test2.bmp','bmp');           %读取图像数据
imwrite(A, map, 'file.jpg', 'quality', 10);   %按指定的质量要求将图像数据写入文件 file.jpg
[B, map]=imread('file.jpg','jpg');            %读取保存的图像 file.jpg 的数据
imshow(B, map);                               %显示保存的图像 file.jpg
```

表 2.15　HDF 文件参数说明表

参　　数	值	默　认　值
'Compression'	为'none'、'rle'（对灰度、索引图像有效）、'jpeg'（对灰度、RGB 图像）之一	'none'
'Quality'	0～100 之间的一个数，当'Compression'取'jpeg'时，取值越大，图像效果越好，但图像文件就越大	75
'WriteMode'	为'overwrite','append'之一	'overwrite'

表 2.16　JPEG 文件参数说明表

参　　数	值	默　认　值
'Quality'	0～100 之间的一个数，取值越大图像压缩失真越小，图像效果越好，但图像文件就越大	75

表 2.17　TIFF 文件参数说明表

参　　数	值	默　认　值
'Compression'	为以下字符串之一: 'none', 'packbits', 'ccitt', 'fax3', 'fax4', 'ccitt', 'fax3', 'fax4'仅对二进制图像适用	对二进制图像：'ccitt' 对非二进制图像：'packbits'
'Description'	任何字符串	空
'Resolution'	2 元矢量（X、Y 的分辨率）	72
'WriteMode'	为以下字符串之一：'overwrite', 'append'	'overwrite'

15．图像文件信息获取函数 imfinfo

格式一：info=imfinfo(文件名,'图像文件格式')

功能：返回一个图像信息结构，或结构数组。"图像文件格式"与 imread 函数的一样。

格式二：info=imfinfo(文件名)

功能：根据文件内容推断文件格式。

info 结构包括的字段和值如表 2.18 所示。

表 2.18　Info 结构字段说明表

字　　段	值	备　　注
Filename	包括当前目录下的文件名，其他路径的文件还包括路径名在内的字符串	文件名
FileModDate	包含文件最近修改日期的字符串	文件修改日期

字 段	值	备 注
FileSize	以字节指示文件大小的整数	文件大小
Format	包含文件格式的字符串	图像文件格式
FormatVersion	指示图像文件描述版本值的字符串	格式版本
Width	以像素形式指示图像宽度的整数	图像宽度
Height	以像素形式指示图像高度的整数	图像高度
BitDepth	指示每个像素的位数的整数	位数
ColorType	指示图像类型的字符串;'truecolor'表示真彩色 RGB 图像,'grayscale'表示灰度图像,'indexed'表示索引图像	颜色类型

16．声音数据读取函数 auread

函数 auread 用于读取文件扩展名为.au 的声音文件中的数据。

格式一：Y=auread (aufile)

功能：读入由文件名 aufile 指定的声音文件，返回采样数据给变量 Y。如果文件名中没有扩展名，则自动在其后加上.au 作为扩展名，幅值在[−1,1]范围内，支持多通道数据格式：8 比特 mu-law；或 8,16,32 比特 linear。

格式二：[Y,Fs,bits]=auread(aufile)

功能：返回采样率 Fs(Hz)以及文件中每数据编码时所用的位数（bits）。

17．声音数据保存函数 auwrite

函数 auwriter 的功能是，向文件(. au)中写入声音数据。

格式一：auwrite(A, '文件名. au')

功能：向"文件名. au"指定的文件中写入声音数据，数据在 A 中以一个通道一列的方式安排，幅值超过[−1, 1]范围时，在写入前先进行剪裁处理。

格式二：auwrite(A, Fs, '文件名. au')

功能：用指定的数据采样 Fs(Hz) 写入声音数据。

18．声音数据读取函数 wavread

函数 wavread 的功能是，读入声音文件（.wav）。

格式一：A=wavread ('文件名.wav')

功能：读入由"文件名"指定的 Microsoft 声音文件（.wav），返回采样数据给变量 A。如果文件名中没有扩展名，则自动在其后加上.wav 作为扩展名，幅值在[−1,1]范围内。

格式二：[A,Fs,bits]=wavread('文件名.wav')

功能：返回采样率 Fs(Hz)及文件中每数据编码时所用的位数（bits）。

19．声音数据保存函数 wavwrite

函数 wavwrite 向 Microsoft WAV 声音文件（.wav）中写入声音数据。

格式一：wavwrite (A, '文件名.wav')

功能：向指定的文件中写入声音数据，数据在 A 中以一个通道一列的方式安排，幅值超过[−1, 1]范围时，在写入前先进行剪裁处理。

格式二：wavwrite(A, Fs, '文件名.wav')

功能：用指定的数据采样 Fs(Hz)写入声音数据。

2.5 基本数学函数

与其他计算机语言类似,MATLAB 也为用户提供了一些常用的数学函数,利用 help elfun 即可查看基本函数库,在该函数库中为用户提供了四大类函数,即三角函数、指数函数、复数、取整和求余函数,如表 2.19 所示。从表中可以看出,这些函数都是非线性运算函数。因此,在 MATLAB 中,矩阵的非线性运算包括两类:对矩阵或数组元素的非线性运算;对整个矩阵的非线性运算。

表 2.19 基本函数库(elfun)

类型	函数名	功能说明	类型	函数名	功能说明
三角函数	sin、sinh	正弦和双曲正弦	三角函数	cos、cosh	余弦和双曲余弦
	asin、asinh	反正弦和反双曲正弦		acos、acosh	反余弦和反双曲余弦
	tan、tanh	正切和双曲正切		sec、sech	正割和双曲正割
	atan、atanh	反正切和反双曲正切		asec、asech	反正割和反双曲正割
	cot、coth	余切和双曲余切		csc、csch	余割和双曲余割
	acot、acoth	反余切和反双曲余切		acsc、acsch	反余割和反双曲余割
	atan2	4 象限反正切			
指数函数	exp	以 e 为底的指数	指数函数	log	自然对数
	log2	以 2 为底的对数		log10	以 10 为底的常用对数
	pow2	2 的幂		sqrt	平方根
	nextpow2	比输入数大而最近的 2 的幂			
复数	abs	绝对值和复数模值	复数	angle	相角
	real	实部		imag	虚部
	conj	共轭复数		isreal	是实数时为真
	unwrap	去掉相角突变		cplxpair	按复数共轭对排序元素群
取整和求余函数	round	四舍五入取整数	取整和求余函数	fix	向 0 方向取整数
	floor	向 –∞ 方向取整数		ceil	向 ∞ 方向取整数
	sign	符号函数		rem(a,b)	a 整除 b,求余数
	mod(x,m)	x 整除 m 取正余数			

2.5.1 三角函数

1. 正弦函数 sin 与反正弦函数 asin

格式:A=sin(X)

功能:对矩阵或数组 X 的每个元素求正弦值,所有角度用弧度表示,其算法公式为 $\sin(z) = (e^{jz} - e^{-jz})/2j$。函数的定义域和值域包括复数,对于复数 $x+jy$,有 $\sin(x+jy) = \sin(x)\cos(jy) + \cos(x)\sin(jy)$。其反函数为 asin 函数。

格式:X=asin(A)

功能:对 A 的元素求反正弦值,结果为弧度。对 A 的实数元素,定义域为[-1,1],值域为 $[-\pi/2, \pi/2]$;如果 A 的实元素超过定义域[-1,1],则结果为复数,其算法公式为 $\arcsin(z) = -j\log[jz + (1-z^2)^{1/2}]$。

2．双曲正弦函数 sinh 与反双曲正弦函数 asinh

格式：A=sinh(X)

功能：对矩阵或数组 X 的每个元素求双曲正弦值，其算法公式为 $\sinh(z)=(e^z-e^{-z})/2$。函数的定义域包括复数，其反函数为 asinh 函数。

格式：X=asinh(A)

功能：对于 A 的元素求反双曲正弦值。算法公式为 $\operatorname{arcsinh}(z)=\log[z+(1+z^2)^{1/2}]$。

3．余弦函数 cos 与反余弦函数 acos

格式：A=cos(X)

功能：对矩阵或数组 X 的每个元素求余弦值，所有角度用弧度表示。算法公式为：$\cos(z)=(e^{jz}+e^{-jz})/2$。函数的定义域和值域包括复数。对于复数 $x+jy$，有 $\cos(x+jy)=\cos(x)\cos(jy)-\cos(x)\sin(jy)$。其反函数为 acos 函数。

格式：X=acos(A)

功能：对于 A 的元素求反余弦值，结果为弧度。对 A 的实数元素，定义域为 $[-1,1]$，值域为 $[0,\pi]$；如果 A 的实元素超过定义域 $[-1,1]$，则结果为复数，其算法公式为 $\arccos(z)=-j\log[z+j(1-z^2)^{1/2}]$。

4．双曲余弦函数 cosh 与反双曲余弦函数 acosh

格式：A=cosh(X)

功能：对矩阵或数组 X 的元素求双曲余弦值。算法公式为：$\cosh(z)=(e^z+e^{-z})/2$。函数的定义域包括复数，其反函数为 acosh 函数。

格式：X=acosh(A)

功能：对于 A 的元素求反双曲余弦值。算法公式为 $\operatorname{arccosh}(z)=\log[z+(z^2-1)^{1/2}]$。

5．正切函数 tan 与反正切函数 atan

格式：A=tan(X)

功能：对矩阵或数组 X 的每个元素求正切值，所有角度用弧度表示。算法公式为 $\tan(z)=\sin(z)/\cos(z)$。函数的定义域和值域包括复数，其反函数为 atan 函数。

格式：X=atan(A)

功能：对于 A 的每个元素求反正切值，结果为弧度。对于 A 的实数元素，值域为 $[-\pi/2,\pi/2]$，其算法公式为 $\arctan(z)=-\dfrac{j}{2}\log((j-z)/(j+z))$。

6．4 象限反正切函数 atan2

格式：P=atan2(Y,X)

功能：4 象限反正切函数。返回大小与 Y、X 相同的矩阵或数组，由 Y 和 X 对应元素的实部求反正切值得到，其中虚部忽略。所求得的 P 的值域在半开区间 $[-\pi,\pi]$ 上，所在象限根据 Y 元素与 X 元素值的正负决定。例如：复数 $z=x+jy$ 可转化为极坐标：$r=\operatorname{abs}(z)$，$\theta=\operatorname{atan2}(\operatorname{imag}(z),\operatorname{real}(z))$。由极坐标转化为复数：$z=re^{j\theta}$。

7．双曲正切函数 tanh 与反双曲正切函数 atanh

格式：A=tanh(X)

功能：对于 X 的每个元素求双曲正切值。算法公式为 $\tanh(z)=\sinh(z)/\cosh(z)$。函数的定义域和值域包括复数，其反函数为 atanh 函数。

格式：X=atanh(A)

功能：对于 A 的每个元素求反双曲正切值，其算法公式为 $\operatorname{arctanh}(z)=-\dfrac{1}{2}\log\big((1+z)/(1-z)\big)$。

8．正割函数 sec 与反正割函数 asec

格式：A=sec(X)

功能：对 X 的每个元素求正割。算法公式为 $\sec(z)=1/\cos(z)$。其反函数为 asec 函数。

格式：X=asec(A)

功能：返回 A 的每个元素的反正割值，其算法公式为 $\operatorname{arcsec}(z)=\arccos(1/z)$。

9．双曲正割函数 sech 与反双曲正割函数 asech

格式：A=sech(X)

功能：对 X 的每个元素求双曲正割，其算法公式为 $\operatorname{sech}(z)=1/\cosh(z)$。反函数为 asech 函数。

格式：X=asech(A)

功能：对 A 的每个元素求反双曲正割，其算法公式为 $\operatorname{arcsech}(z)=\operatorname{arccosh}(1/z)$。

10．余割函数 csc 与反余割函数 acsc

格式：A=csc(X)

功能：对 X 的每个元素求余割，其算法公式为 $\csc(z)=1/\sin(z)$。反函数为 acsc 函数。

格式：X=acsc(A)

功能：返回 A 的每个元素的反余割值，其算法公式为 $\operatorname{arccsc}(z)=\arcsin(1/z)$。

11．双曲余割函数 csch 与反双曲余割函数 acsch

格式：A=csch(X)

功能：对 X 的每个元素求双曲余割，其算法公式为 $\operatorname{csch}(z)=1/\sinh(z)$。反函数为 acsch 函数。

格式：X=acsch(A)

功能：返回 A 的每个元素的反双曲余割值，其算法公式为 $\operatorname{arccsch}(z)=\operatorname{arcsinh}(1/z)$。

12．余切函数 cot 与反余切函数 acot

格式：A=cot(X)

功能：对 X 的每个元素求余切，其算法公式为 $\cot(z)=1/\tan(z)$。反函数为 acot 函数。

格式：X=acot(A)

功能：返回 A 的每个元素的反余切值，其算法公式为 $\operatorname{arccot}(z)=\arctan(1/z)$。

13．双曲余切函数 coth 与反双曲余切函数 acoth

格式：A=coth(X)

功能：对 X 的每个元素求双曲余切，其算法公式为 $\coth(z)=1/\tanh(z)$。反函数为 acoth 函数。

格式：X=acoth(A)

功能：返回 A 的每个元素的反双曲余切值，其算法公式为 $\operatorname{arccoth}(z)=\operatorname{arctanh}(1/z)$。

2.5.2 指数、对数、幂运算

1．指数函数 exp 与自然对数函数 log

格式：A=exp(X)

功能：返回 X 每个元素的以 e 为底的指数值。对于复数 $z = x + jy$，其指数运算结果为 $e^z = e^x[\cos(y) + j\sin(y)]$。反函数为 log 函数。

格式：X=log(A)

功能：返回 A 的每个元素的自然对数。对于负数 z 或复数 $z = x + jy$，其返回值为：$\log(z) = \log(\mathrm{abs}(z)) + j\mathrm{atan}2(y, x) = \log(\mathrm{abs}(z)) + j\mathrm{atan}2(\mathrm{imag}(z), \mathrm{real}(z))$。其中 j 为虚部单位 $\sqrt{-1}$；$\mathrm{abs}(\log(-1)) = \pi$；$\log(0) = -\mathrm{Inf}$。

2．常用对数函数 log10

格式：X=log10(A)

功能：对 A 的每个元素求常用对数。在 MATLAB 中 log10(realmax(最大实数))=308.2547；另外 log10(eps(机器精度))= −15.6536。

3．log2 函数和幂函数 pow2

格式：X=log2(A)

功能：对 A 的每个元素计算其以 2 为底的对数。

格式：[F,E]=log2(A)

功能：分割浮点数，对于数组 A 返回数组 F 和 E。参数 F 为小数部分，其值为 0.5≤abs(F)<1；E 为 2 的整数幂次方的整数。对实数 A、F 和 E 满足：A=F.*2.^E；参数 E 是一个整数数组。例如：

```
>>X=[43.12,657.32;−56.45,0.00345];
>>[F,E]=log2(X)
F =    0.6737    0.6419
      −0.8820    0.8832
E =       6        10
          6       −8
```

log2 的逆函数是 pow2 函数。

格式：A=pow2(X)

功能：A 的元素为 2 对 X 每个元素求幂得到。

格式：A= pow2(F,E)

功能：将以指数和尾数表示的格式转换成浮点数。例如，设已由 log2 函数得到的 F 和 E，可将它们组合成原来的浮点数：

```
>> X=pow2(F,E)
X =    43.1200   657.3200
      −56.4500     0.0034
```

4．平方根函数 sqrt

格式：A=sqrt(X)

功能：返回对数组 X 每个元素求平方根的数组，如果元素为负或复数，则结果为复数。

2.5.3 复数的基本运算

在 MATLAB 系统中,所有的运算符和函数都对复数有效。例如,计算 $f=\sqrt{1+2i}$,只需在命令窗口输入:

>>f=sqrt(1+2i)
    f=1.2720 + 0.7862i
>>f*f
    ans=   1.0000+2.0000i

除此以外,MATLAB 在基本函数库中还为复数运算提供了一些专用函数命令。

1．求复数实部函数 real

格式:X=real(Z)

功能:返回复数 Z 的每个元素的实部。

2．求复数的虚部函数 imag

格式:Y=imag(Z)

功能:返回复数 Z 的每个元素的虚部。

3．绝对值和复数模函数 abs

格式:A=abs(Z)

功能:返回 Z 每个元素的绝对值。如果 Z 的元素是复数,则返回其模。其算法为 abs(Z)=sqrt(real(Z).^2+imag(Z).^2),公式为 $|Z|=\sqrt{x^2+y^2}$,其中 $Z=x+jy$。

4．求相角函数 angle

格式:P=angle(Z)

功能:对 Z 的每个元素求相角,所求得的 P 的值域为 $\pm\pi$,与 atan2 函数相似,即:
    Angle(Z)=atan2(imag(Z), real(Z)), $Z=x+jy=re^{\theta}$

则其幅度和相位则可由 abs 函数和 angle 函数表示:$r=\text{abs}(z)$,$\theta=\text{angle}(z)$。

5．共轭函数 conj

除了用单引号"'"对复数进行共轭外,也可利用函数 conj 来完成。

格式:C=conj(Z)

功能:对 Z 的每个元素求共轭复数,其算法为:Conj(Z)=real(Z)−j*imag(Z)。

6．复数排序函数 cplxpair

格式:B=cplxpair(A)

功能:对 A 中各维上的复数进行排序,将复共轭对放在一起,复共轭的判定采用默认的容限 100*eps。当 A 为向量时,cplxpair 可将 A 的复数排序成复共轭对;当 A 为矩阵时,cplxpair 按列进行排序;当 A 为多维阵列时,cplxpair 按第一个非单点维进行排序。

2.5.4 数据的取舍与保留

1．向 0 方向取整数函数 fix

格式:I=fix(X)

功能：返回 X 中每个元素的最靠近零的整数。若 X 为复数，则分别对 X 的实部和虚部取整。

2．向-∞方向取最小整数函数 floor

格式：I=floor(X)

功能：返回 X 中每个元素的最靠近该元素的最小整数。若 X 为复数，则分别对 X 的实部和虚部取最小整数。

3．向∞方向取最大整数函数 ceil

格式：I=ceil(X)

功能：返回 X 中每个元素的最靠近该元素的最大整数。若 X 为复数，则分别对 X 的实部和虚部取最大整数。

4．四舍五入取整数函数 round

格式：I=round(X)

功能：返回 X 中每个元素的最靠近该元素的整数。若 X 为复数，则分别对 X 的实部和虚部取整数。

例如，产生一组在[-5,15]之间均匀分布的随机整数：

```
>>N=round(rand(1,10)*20-5)
N =    -1    9    1    6    -2    9    3    12    12    7
```

5．模数余函数 mod

格式：M=mod(X,Y)

功能：返回 X 关于 Y 的余数，其算法为：mod(x,y)=x – y.*floor(x./y)。

例如：

```
>>I1=mod(16,3)      >>I2=mod(-16,3)      >>I3=mod(16,-3)
I1=    1            I2=    2             I3=-2
```

6．除后余数函数 rem

格式：M=rem(X,Y)

功能：返回 X 关于 Y 的余数，其算法为：rem(x,y)=x – y.*fix(x./y)。

例如：

```
>>I1=rem(16,3)      >>I2=rem(-16,3)      >>I3=rem(16,-3)
I1=    1            I2=    -1            I3=    1
```

7．符号函数 sign

格式：s=sign(X)

功能：如果 X 大于 0，则返回 1；如果 X 等于 0，则返回 0；如果 X 小于 0，则返回-1。如果 X 为复数，则算法为：sign(X) = X ./ abs(X)。

2.6 基本绘图方法

MATLAB 语言提供了一套功能强大的绘图命令，这些命令可以根据输入的数据自动完成图形的绘制，为计算过程和结果的可视化提供了极佳的手段。在图形的绘制过程中，用户可选择多种类型的绘图，可以完成对图形加标号、加标题或画上网格标线，可设置不同颜色、线型、视角等功能。

MATLAB 所提供的绘图命令大致可分为四类：二维图形的绘图命令，三维图形的绘图命令，特殊绘图命令，图形管理命令。其中二维图形的绘图命令放在 graph2d 子目录中，三维图形的绘图命令放在 graphics 子目录中，特殊绘图命令放在 specgraph 子目录中。另外，还有一些命令可用于屏幕控制、坐标比例选取，以及在打印机上进行硬拷贝等，这些命令放在 graphics 子目录中。

2.6.1 图形窗口的控制

在 MATLAB 中，图形的绘制必须在图形窗中进行。通常，只要执行任意一种绘图命令，图形窗口（Figure）就会自动产生。此时，所生成的图形窗口称为当前图形窗，绘图命令所绘制的图形将在当前图形窗中完成。为了更好地管理和利用好这些图形窗口，MATLAB 提供了一些相关的命令。

1. 创建一个图形窗口命令 figure

格式一：figure

功能：新建一个图形窗口，并自动给它排出序号。

格式二：figure(N)

功能：使编号为 N 的图形窗口成为当前图形窗口，即图形窗口处于可视状态。如果窗口 N 不存在，则将创建一个句柄为 N 的图形窗口。

2. 图形窗口内容刷新命令 clf

格式：clf

功能：清除当前图形窗口中的所有的内容。

3. 图形窗口关闭命令 close

格式一：close 或 close (N)

功能：关闭当前图形窗口或指定编号 N 的图形窗口。

格式二：close all

功能：关闭所有图形窗口。

4. 图形窗的内容保持命令 hold

格式：hold on (off)

功能：保持当前图形窗的内容，或取消 hold on 的命令功能，恢复系统默认状态。

通常，MATLAB 在执行某一绘图命令时，系统会自动将当前图形窗口中的内容清除，然后再绘制。hold 命令的功能就是保持当前图形窗的内容，使后续绘图函数仍可在该图形窗口中完成绘图，实现在一张图中绘制多个图形。若再输入 hold 命令就解除冻结。这种拉线开关式的控制有时会造成混乱，可以用 hold on 和 hold off 命令来得到确定的状态。

5. 将图形窗口划分为多个子图形窗口命令 subplot

格式：subplot(m,n,p) 或 subplot(mnp)

功能：将图形窗口分成 n×m 个子图形窗口，并选择第 p 个子图形窗口作为当前图形窗口，供绘制函数作图使用。

2.6.2 二维图形的绘制

1. 二维图形绘制命令 plot

在二维图形函数库 graph2d 中，MATLAB 为用户提供了一个功能很强的二维曲线绘图函数

plot，输入变量不同，可以产生很多不同的结果。它的基本调用格式如下：

格式一：plot(y)

功能：输入一个数组的情况。如果 y 是一个数组，函数 plot(y)给出笛卡儿直角坐标系下的二维图。该二维图以 y 中元素的下标作为 X 坐标，y 中元素的值作为 Y 坐标，一一对应画在 X–Y 坐标平面图上，而且将各点以直线相连。若 y 的元素是复数，则 plot(y)等价于 plot(real(y),imag(y))，其中 real(y)是 y 的实部，imag(y)是 y 的虚部。若 y 是矩阵，就按列绘制曲线，曲线的条数等于 y 矩阵的列数。

例如画出 10 个随机数的曲线，可用下面的语句：

>>y=5*(rand(1,10)–.5);   %由 rand 函数产生的随机数
>>plot(y);   %绘制二维图形

这时所绘制的曲线如图 2.6 所示。由 rand 函数产生的随机数的最大值为 1，最小值为 0，平均值为 0.5。所以 y 的最大值为 2.5，最小值为–2.5，平均值为 0。当输入 plot(y)命令后，MATLAB 会产生一个图形窗，自动规定最合适的坐标比例来绘图。X 方向是下标，从 1 到 10，Y 方向范围则是从–2.5 到 2.5，并自动标出刻度。可以用 title 命令给图形加上标题，用 xlabel，ylabel 命令给坐标轴加上说明，用 text 或 gtext 命令可在图上任何位置加标注，用 grid 命令可在图上画出坐标网格线。例如输入：

>>title('my first plot')
>>xlabel('n');ylabel('Y')
>>grid

这时形成的图形如图 2.6 所示。

格式二：plot(x,y)

功能：输入两个数组的情况。绘出以 x 元素为横坐标、y 元素为纵坐标的曲线。数组 x 和 y 必须具有相同长度。

例如绘制函数 $y=3\sin(t)e^{-2t}$ 随时间 $t=0\sim 2$ 变化的曲线。MATLAB 源程序如下。

```
close all;              %关闭所有图形窗口
clear;                  %清除工作空间中的所有变量
t=0:0.02:2;             %利用冒号对变量 t 赋值
y=3*sin(t).*exp(-2*t);  %利用表达式对变量 y 赋值
plot(t,y)               %绘制二维图形，横坐标为 t 变量，纵坐标为 y 变量
```

该程序运行结果如图 2.7 所示。

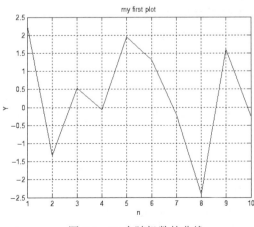

图 2.6 10 个随机数的曲线

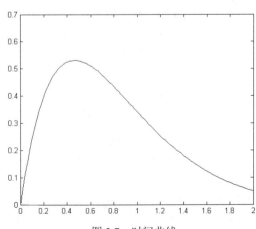

图 2.7 时间曲线

2. 线型、标记符号及颜色的设置

在绘制二维曲线的过程中，MATLAB 会自动设定所画曲线的颜色和线型。如在前面的例子中，所用的线型都是实线（solid），用的颜色也是默认值。如果用户对线型的默认值不满意，可以用命令控制线型，也可以根据需要选取不同的标记符号和设置不同颜色。

为了设定线型、颜色及标记符号，用户只需在 plot 的输入变量组后面，加一个引号，在引号内部放入线型、颜色及标记符号的标识符即可完成，其中线型、颜色及标记符号的标识符如表 2.20 所示。基本的设置格式为：

格式一： plot(y,'字符串')

格式二： plot(x, y,'字符串')

例如命令 plot(t, y, '*b')绘出的曲线，其数据点处均用"*"作蓝色标记，而各点之间不再连以曲线；命令 plot(t,y,':k')绘出的曲线是黑色的点线；命令 plot(t,y,'+r-') 绘出的曲线为红色的实线，其数据点标记为"+"符号。

表 2.20 线型、颜色及符号标识符

颜色标识符		符号标识符		线型标识符	
b	蓝	.	点	—	实线
g	绿	o	圆圈	:	点线
r	红	x	×号	-.	点划线
c	青	+	+号	--	虚线
m	品红	*	星号		
y	黄	s	平方号		
k	黑	d	钻石符号		
		v	三角符号（向下）		
		^	三角符号（向上）		
		<	三角符号（向左）		
		>	三角符号（向右）		
		p	五角星符号		
		h	六角星符号		

3. 图形的标注、网格及图例说明

（1）添加图形标题命令 title

格式一： title('string')

功能：在当前坐标系的顶部加一个文本串 string，作为该图形的标题。

格式二： title('text','property1','propertyvalue1','property2','propertyvalue2',...)

功能：设置标题名属性。

（2）添加坐标轴标志函数 xlabel、ylabel、zlabel

格式一：xlabel('text') 或 ylabel('text') 或 zlabel('text')

功能：给当前 X 轴或 Y 轴或 Z 轴标注文本标注。

格式二：xlabel('text','property1',propertyvalue1, 'property2',propertyvalue2,…)

或　　　ylabel('text','property1',propertyvalue1, 'property2',propertyvalue2,…)

或　　　zlabel('text','property1',propertyvalue1, 'property2',propertyvalue2,…)

功能：对 X 轴、Y 轴、Z 轴分别进行属性设置。

（3）设置网格线命令 grid

格式： grid on(off)

功能：对当前坐标图加上网格线或撤销网格线。若直接调用 grid 命令即可设置或撤销网格线。

（4）图形标注函数 legend

格式一： legend(string1, string2, string3, …)

功能：在当前图中添加图例。

格式二： legend(H, string1, string2, string3, …)

功能：在句柄向量为 H 的图中加入图例，并以给定的字符串作为标签。

格式三： legend off

功能：撤销当前坐标图上的图例。

（5）文本注释函数 text、gtext

格式一：text(X, Y, 'string')

功能：在二维图形(X,Y)位置处标注文本注释'string'。

格式二：text(X, Y, Z, 'string')

功能：在三维图形中（X,Y,Z）位置处标注文本注释'string'。

格式三：gtext('string')

功能：用鼠标拖动来确定标注文字'string'的位置，用起来比较方便。

读者可以通过下面的例子来理解图形的标注、网格及图例说明等函数命令的使用。MATLAB 源程序如下：

```
x=0:pi/50:2*pi;y=sin(x);y2=cos(x);
figure(1);plot(x,y,'k-*',x,y2,'b-o');   %打开图形窗口(No.1)，并完成绘图
grid on;                                 %对图形添加网格
legend('sin(\alpha)','cos(\alpha)');     %利用 legend 进行标注
text(pi,0,'\leftarrow sin(\alpha)');     %利用 text 完成标注
gtext('cos(\alpha)\rightarrow');         %利用鼠标拖动完成标注
title('sin(alpha) 和 cos(\alpha)');      %标注图名
xlabel('\alpha');                        %对 x 轴进行标注
ylabel('sin(\alpha) 和 cos(\alpha)')     %对 y 轴进行标注
```

该程序运行结果如图 2.8 所示，在本例中，字符串 srting 中采用了 Tex 字符集，这样可大大方便用户对图形的标注。Tex 字符集不仅给出了常用的希文字母，而且可使用一些数学符号，如表 2.21 所示。另外，字符串中还可以使用各种字体：\bf(黑体)；\it(斜体)；\sl(倾斜)；\rm(正体)；\fontname{fontname}(指定使用的字体)；\fontsize{fontsize}(指定字体尺寸)。上、下标可采用 "^" 和 "_" 实现。例如 a_2 和 b^{x+y} 可分别产生 a_2 和 b^{x+y}。一些特殊符号如 "\" "{" "}" "_" "^"，可以在其前面加 "\" 产生，即\\, \{, \}, _, \^。

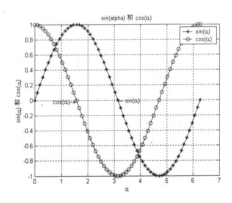

图 2.8 图形的标注、网格以及图例说明示例

表 2.21 Tex 字符集

字符序列	符 号	字符序列	符 号	字符序列	符 号	字符序列	符 号
\alpha	α	\beta	β	\gamma	γ	\delta	δ
\epsilon	ε	\zeta	ζ	\eta	η	\theta	θ
\vartheta	ϑ	\iota	ς	\kappa	κ	\lambda	λ
\mu	μ	\nu	ν	\xi	ξ	\pi	π
\rho	ρ	\sigma	σ	\tau	τ	\equiv	≡
\phi	φ	\chi	χ	\psi	ψ	\omega	ω
\Gamma	Γ	\Delta	Δ	Thea	Θ	\Lambda	Λ
\Xi	Ξ	\Pi	Π	\Sigma	Σ	\Upsilon	Υ
\Phi	Φ	\Psi	Ψ	\Omega	Ω	\forall	∀

续表

字符序列	符　号	字符序列	符　号	字符序列	符　号	字符序列	符　号
\exists	∃	\ni	∋	\cong	≅	\approx	≈
\Re	ℜ	\oplus	⊕	\otimes	⊗	\Im	ℑ
\cap	∩	\cup	∪	\upsilon	υ	\sim	～
\leq	≤	\infty	∞	\leftrightarrow	↔	\leftarrow	←
\rightarrow	→	\uparrow	↑	\downarrow	↓	\circ	○
\pm	±	\geq	≥	\propto	∝	\partial	∂
\bullet	●	\div	÷	\neq	≠	\oslash	⊘
\supseteq	⊇	\subset	⊂	\o	O	\supset	⊃
\int	∫	\subseteq	⊆	\nabla	∇	\in	∈

4．坐标轴的形式与刻度设置

在绘图时如果没有指定坐标轴的形式和刻度，MATLAB 系统会认为是默认模式，即图形窗口中显示坐标轴，采用直角坐标系，并取自动标记刻度。除此以外，用户在绘图过程中，也可根据自己的需要，自行设定坐标比例，选择图形边界范围，以及坐标轴的形式。

（1）设置坐标轴刻度函数 axis

格式一：axis([xmin,xmax,ymin,ymax])

功能：对当前二维图形对象的 X 轴和 Y 轴进行标定。X 轴的刻度范围为[xmin，xmax]，Y 轴的刻度范围为[ymin，ymax]。

格式二：axis([xmin, xmax, ymin, ymax, zmin, zmax])

功能：对当前三维图形对象的 X 轴、Y 轴和 Z 轴进行标定。

格式三：axis off(on)

功能：使坐标轴、刻度、标注和说明变为不显示（显示）状态。

格式四：axis('manual')

功能：将冻结当前的坐标比例，以后的图形均以此比例绘出。例如用"hold on"命令在一个坐标系里多次绘图，则坐标范围不变。输入"axis auto"命令，将恢复系统的自动定比例功能。

格式五：v=axis

功能：将返回当前图形边界的四元行向量，即 v=[xmin,xmax,ymin,ymax]。如果当前图形是三维的则返回值将是三维坐标边界的六元行向量。

axis 的另外一个功能是控制图形的纵横比。命令 axis('square')或 axis('equal')使屏幕上 X 轴与 Y 轴的比例尺相同，在这种方式下，斜率为 1 的直线的倾角为 45°。例如，输入程序：

　　　　z=0:0.01:2*pi;x=sin(z);y=cos(z);
　　　　subplot(1,2,1),plot(x,y);　　　　　　%采用默认模式绘制
　　　　subplot(1,2,2),plot(x,y),axis('equal')　　%采用比例模式绘制

虽然数据是圆，但由于屏幕本身长宽不等，第一个子图得出的是椭圆，第二个子图由于函数 axis('equal')的作用，得到图形为一个圆，如图 2.9 所示。axis('normal')将恢复正常的纵横尺寸比。

如果输入：v=axis

得：　　　　　　　v =　　　–1　　　1　　　–1　　　1

axis 命令的功能非常丰富，这里只介绍了一部分，可参阅 help axis。

又例如对一个复杂函数 $y = \cos(\tan(\pi x))$ 利用 plot 函数绘制曲线时，在 x=0.5 附近几乎看不清。现在如果利用 axis 函数调整 X 轴刻度，则可以比较清晰地看到这一局部区域。MATLAB

源程序如下：

```
x=0:1/3000:1;y=cos(tan(pi*x));
figure(1);                    %打开图形窗口(1)
subplot(2,1,1);               %将图形窗口一分为二，并把第一个作为当前图形窗口
plot(x,y);title('复杂函数');   %在第一个子图形窗口中绘制图形和标注图题
subplot(2,1,2);               %将第二个子图窗口作为当前图形窗口
plot(x,y);                    %在第二个子图形窗口中绘制图形
axis([0.4 0.6 –1 1]);         %设置显示范围
title('复杂函数的局部透视');
```

运行结果如图2.10所示。

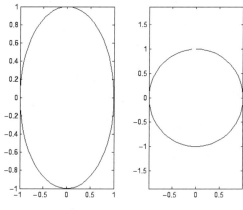

图2.9　axis命令的作用

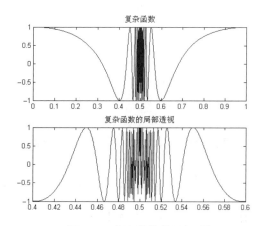

图2.10　复杂曲线的局部透视

（2）对数坐标轴命令semilogx、semilogy、loglog

格式：semilogx(…)

功能：在X轴上采用常用对数来进行标定。该命令的调用格式与plot函数的调用格式相同。

格式：semilogy(…)

功能：在Y轴上采用常用对数来进行标定。该命令的调用格式与plot函数的调用格式相同。

格式：loglog(…)

功能：在X、Y轴上分别采用常用对数来进行标定。该命令的调用格式与plot函数的调用格式相同。

（3）极坐标函数polar

格式一：polar(theta, rho)

功能：绘制极角为theta，极径为rho的极坐标图形。

格式二：polar(theta,rho,s)

功能：绘制由s指定样式、颜色的极坐标图形。

（4）图形边框控制命令box

格式：box on(off)

功能：对所绘制的图形添加图形边框（默认状态），或关闭图形边框，这时图形只有一个X-Y轴，而没有上、右边框，这样绘制的图形与通常在坐标纸上所绘制的图形一致。

例如利用对数坐标绘制某二维图形。MATLAB源程序如下：

```
x=0.01:0.01:100;y=log10(x);
figure(1);subplot(2,1,1);
plot(x,y,'k-');          %采用笛卡儿直角坐标绘图
box off;                 %关闭图形边框
title('笛卡儿坐标中 y=log_{10}(x)曲线'),xlabel('x'),ylabel('y');
subplot(2,1,2);
semilogx(x,y,'b-'),grid on;    %采用半对数X坐标绘图
title('半对数坐标中 y=log_{10}(x)曲线')
xlabel('x'),ylabel('y');
```

该程序运行结果如图 2.11 所示。从图中可以看出，在对数坐标系中，可清晰地看到局部信息。当关闭图形边框时，与通常在坐标纸上所绘制的图形一致。

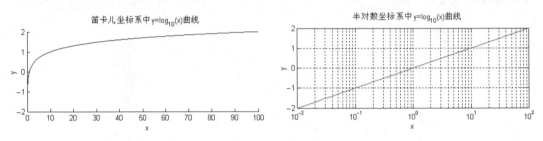

图 2.11　笛卡儿坐标与半对数坐标中曲线的比较

5．二维图形其他的相关函数命令

（1）图形数据获取函数 ginput

格式一：[X,Y]=ginput(N)

功能：从当前的坐标图上获得 N 个点的数据，并返回这 N 个点的相应 X、Y 坐标向量。指针可以由鼠标或键盘上的除回车以外的任意键来进行输入，回车键是用来在 N 个数据点输完以前强行停止输入的。

格式二：[X, Y]=ginput

功能：可以获得不限个数的输入点直到按下回车键。

格式三：[X, Y, Button]=ginput(N)

功能：返回第三个输出 Button，它是一个整数向量，包含鼠标的哪个键被使用（从左边开始依次为 1,2,3）或者键盘上具体哪个键被使用的 ASCII 码。

（2）图形填充函数 fill

格式：fill(X, Y, C)

功能：填充二维多边形，多边形由向量 X,Y 来定义，填充色由 C 来确定。多边形的顶点由一组 X,Y 元素来确定，必要时应组成一个闭合的曲线。C 可以从 r, g, b, c, m, k 中选出一种填充色也可以是一个 RGB 向量[r,g,b]，用它来确定所填充的色。

（3）其他二维绘图命令

对二维图形的绘制，MATLAB 语言提供了一套功能强大的绘图命令，例如，在线性直角坐标系中，用其他形式画图的命令有 stem（绘棒状图）、stairs（绘阶梯图）、bar（绘条形图）、errorbar（绘误差条形图）、hist（绘直方图）等。这些命令用法与 plot 相仿，但没有多输入变量形式。

以上所介绍的函数和命令仅为其中一小部分，所涉及的调用格式也是一些最基本的调用格式，其他二维绘图命令可参看表 2.22、表 2.23 和表 2.24，相应命令的调用格式可通过 help 获取。

表 2.22　二维图形函数库（graph2d）

类型	函数	功能说明	类型	函数	功能说明
基本 X-Y 图形	plot	线性 X-Y 坐标绘图	基本 X-Y 图形	polar	极坐标绘图
	loglog	双对数 X-Y 坐标绘图		plotyy	用左、右两种 Y 坐标画图
	semilogx	半对数 X 坐标绘图		semilogy	半对数 Y 坐标绘图
坐标控制	axis	控制坐标轴比例和外观	坐标控制	subplot	按平铺位置建立子图轴系
	hold	保持当前图形			
图形注释	title	标出图名（适用于三维图形）	图形注释	gtext	用鼠标定位文字
	xlabel	X 轴标注（适用于三维图形）		legend	标注图例
	ylabel	Y 轴标注（适用于三维图形）		grid	图上加坐标网格（适用于三维）
	text	在图上标注文字（适用于三维）			
打印	print	打印图形或把图存为 M 文件	打印	orient	设定打印纸方向
	printopt	打印机默认选项			

表 2.23　通用图形函数（graphics）

类型	函数	功能说明	类型	函数	功能说明
图形窗的控制	figure	创建图形窗	图形窗的控制	shg	显示图形窗
	gcf	获取当前图形窗的句柄		refresh	刷新图形
	clf	清除当前图形窗		close	关闭图形窗
轴系的控制	axes	在任意位置创建坐标系	轴系的控制	ishold	保持当前图形状态为真
	gca	获取当前坐标系的句柄		box	形成轴系边框
	cla	清除当前坐标系			
图形对象	line	创建直线	图形对象	surface	创建曲面
	patch	创建图形填充块		lingt	创建照明
	image	创建图像			
图形句柄操作	set	设置对象特性	图形句柄操作	gcbo	获得回叫对象的句柄
	get	获得对象特性		gcbf	获得回叫图形的句柄
	reset	复位对象特性		drawnow	直接等待图形事件
	delete	删除对象		findobj	寻找具有特定值的对象
	gco	获得当前对象的句柄		copyobj	为图形对象及其子项作硬拷贝
工具	closerq	请求关闭图形窗	工具	ishandle	是图形句柄时为真
	newplot	说明 NextPlot 的 M 文件			
杂项	ginput	用鼠标作图形输入	杂项	uiputfile	给出存储文件的对话框
	graymon	设定图形窗为灰度监视器		uigetfile	给出询问文件名的对话框
	rbbox	涂抹块		whitebg	设定图形窗背景色
	rotate	围绕指定方向旋转对象		zoom	二维图形的放大和缩小
	terminal	设定图形终端类型		warndlg	警告对话框

例如，利用 subplot 命令将图形窗口划分为 2×2 个子图形窗口，并利用 stem、stairs、bar 及 fill 命令分别在不同子图中绘制图形。MATLAB 源程序如下：

t=0:0.5:4*pi;　y=sin(t);

figure(1);

subplot(2,2,1);　　　　　%把第 1 个子窗设定为当前图形窗

stem(t,y)　　　　　　　%在第 1 个子窗绘制棒状图

```
title('stem(t,y)'),pause      %标注图名
subplot(2,2,2);               %把第2个子窗设定为当前图形窗
stairs(t,y);                  %在第2个子窗绘制阶梯图
title('stairs(t,y)'),pause
subplot(2,2,3);               %把第3个子窗设定为当前图形窗
bar(t,y);                     %在第3个子窗绘制条形图
title('bar(t,y)'),pause
subplot(2,2,4);               %把第4个子窗设定为当前图形窗
fill(t,y,'r');                %对在第4个子窗完成填充颜色
title('fill(t,y,"r")')
```

该程序运行的结果如图 2.12 所示，读者不难从中弄清这几条绘图命令的意义。注意程序中最后一行 r 的引号变成了双引号，这是因为它处在 title 后的引号内。MATLAB 规定，这种引号必须写成双引号，以免混淆。

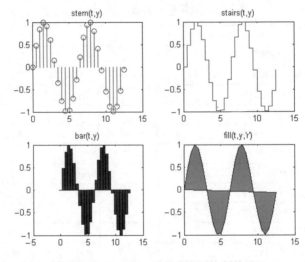

图 2.12　同一数据的几种不同绘制效果

再输入 subplot(1,1,1)命令可取消子图，转回全屏幕绘图。

2.6.3　多条曲线的绘制

为了在一张图中绘制多条曲线，可以用以下四种方法来实现。

1. 使用 plot(t, [y1,y2, …])命令

该语句中 t 是向量，y=[y1,y2,…]是矩阵，若 t 是列向量，则 y 的列（行）长应与 t 长度相同。Y 的列（行）数就是曲线的条数。例如：

```
>>t=0:0.5:4*pi;
>>y1=exp(-0.1*t).*sin(t); y2=exp(-0.1*t).*sin(t+1);
>>plot(t,[y1;y2]);
```

就得出图 2.13(a)中的曲线，在绘制过程中，MATLAB 对所绘制的曲线会自动地设定不同的颜色。但这也是使用该方法绘制多条曲线时的不足，即不便于对各条曲线分别设定线型、颜色和标记符。另外也要求所有的输出变量有相同的长度和相同的自变量向量。

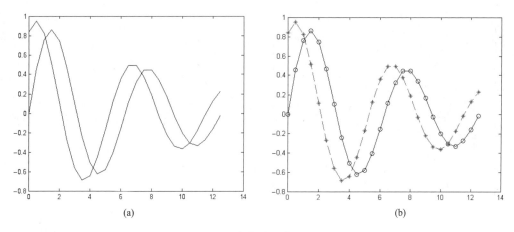

图 2.13　两条曲线画在同一图上

2．使用 hold 命令

在画完前一张图形后，用 hold 命令保持住该图形窗口中的内容，再画下一条曲线。例如：

```
t=0:0.5:4*pi; y1=exp(-0.1*t).*sin(t); y2=exp(-0.1*t).*sin(t+1);
plot(t,y1,'ko-');        %绘制曲线 y1
hold on;                 %保持住当前图形窗口中曲线 y1
plot(t,y2,'*b-');        %绘制曲线 y2
```

该程序运行结果如图 2.13(b)所示。从图中可以看出，在该方法中线型的颜色、标记符号可以选择。另外，用这种方法时，两张图的变量长度可以各不相同，只要每张图各自的自变量和因变量同长即可。例如：

```
t1=0:0.5:4*pi; y1=exp(-0.1*t1).*sin(t1);
t2=0:0.2:2*pi; y2=exp(-0.5*t2).*sin(5*t2+1);
plot(t1,y1,'k-');    hold ;
plot(t2,y2,'b-');
```

虽然数据组[t2,y2]的点数比[t1,y1]多，但占用的时间却短。因此，绘制得出的图形如图 2.14 中较短的那条曲线。用这种方法时，要注意两点：（1）两张图的数据尺度要相近，以保证两张图都能看清。（2）及时解除保持状态，即输入 hold off; 否则，以后的图都会叠加在此图上，造成混乱。

3．利用 plot(x1, y1, x2, y2, …, xn, yn)语句

在该语句中，x1, y1, x2, y2, …, xn, yn 等分别为向量对。每一对 X-Y 向量可以绘出一条图线，这样就可以在一张图上画出多条图线，每一组向量对的长度可以不同，在其后面都可加线型标识符。例如：

```
t1=0:0.5:4*pi; y1=exp(-0.1*t1).*sin(t1);
t2=0:0.2:2*pi; y2=exp(-0.5*t2).*sin(5*t2+1);
plot(t1,y1,'+k-',t2,y2,':b')
xlabel('时间'); ylabel('Y');
legend('\ity1','\ity2');
```

该程序运行结果如图 2.15 所示。注意这里用的是汉字标注，MATLAB 也照样把汉字标在图上。因为在引号中的内容，MATLAB 只作为一种代码来传递。

4．使用 plotyy 命令

格式：plotyy(x1, y1, x2, y2)

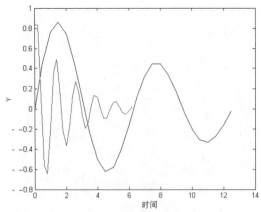
图2.14 不同的[t,y]数据画在同一张图上

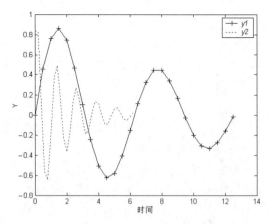
图2.15 plot后使用多输入变量画出的曲线

功能：它设有两个纵坐标，左纵坐标对应y1，右纵坐标对应y2，以便绘制两个y尺度不同的变量，但x仍用同一个比例尺。例如：

    t1=0:0.5:4*pi; y1=exp(–0.1*t1).*sin(t1)*2;
    t2=0:0.2:2*pi; y2=exp(–0.5*t2).*sin(5*t2+1);
    plotyy(t1,y1,t2,y2);
    xlabel('时间');ylabel('Y');

运行该程序可得如图2.16所示的图形。从图中可以看出，左纵坐标的幅度范围为[–2,2]，对应y1，而右纵坐标的幅度范围为[–1,1]，对应y2。

2.6.4 复数的绘图

当plot(z)中的z为复数变量时（即含有非零的虚部），MATLAB把复数的实部作为横坐标、虚部作为纵坐标绘图，即相当于plot(real(z),imag(z))。如果是双变量如plot(t,z)，则横坐标为t，纵坐标为real(z)，z中的虚数部分将被丢弃，等效于plot(t,real(z))。要在复平面内绘出多条图线，必须用hold命令，或把多条曲线的实部和虚部明确地写出，作为plot函数的输入变量，即plot(real(z1),imag(z1),real(z2),imag(z2))。

例如绘制 $z = \mathrm{e}^{(-0.1+i)t}$ 的复数图形。MATLAB源程序为：

    t=0:0.1:12; z=exp((–.1+i)*t);
    figure(1); subplot(2,2,1); plot(z);   %在第1个子窗中绘制plot(real(z),imag(z))
    title('复数绘图 plot(z)');
    subplot(2,2,2); plot(t,z);   %在第2个子窗中绘制plot(t,real(z))
    title('复数绘图 plot(t,z)');
    subplot(2,2,3); polar(angle(z),abs(z))   %在第3个子窗用极坐标绘制 re^{θ}
    title('polar(angle(z),abs(z))');
    subplot(2,2,4),semilogx(t,z);   %在第4个子窗用半对数坐标绘制
    title('semilogx(t,z)')

该程序运行所得图形如图2.17所示。

2.6.5 三维曲线和曲面

1. 空间曲线绘制函数plot3

与二维的图形命令很相似，在三维坐标下有三维的基本绘图命令plot3，其使用方法与plot相仿。plot3的调用格式如下。

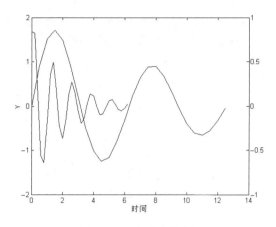
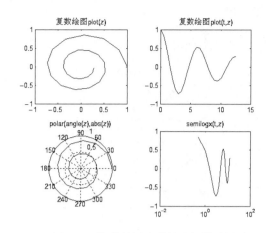

图 2.16 双纵坐标绘图　　　　　　图 2.17 复数绘图及其他坐标轴绘图

格式一：plot3(x,y,z)

功能：若 x、y、z 为相同长度的向量，则根据向量 x、y、z 绘制空间三维曲线。如果 x、y、z 为同阶矩阵，则绘制对应列的多条曲线。

格式二：plot3(x, y, z, 's')

功能：按字符串 s 设置的线型、颜色、标记符号绘制三维空间曲线。字符串 s 的设置与 plot 命令的设置相同。

例如绘制三维螺柱线，MATLAB 源程序如下：

```
t = 0:pi/50:10*pi; x=cos(t); y=sin(t);
plot3(x,y,t,'b*–');     %用实线型、蓝色、*符号标记绘制三维空间曲线
xlabel('x=cos(t)');ylabel('y=sin(t)');zlabel('z');
title('三维螺柱线');    grid on;
```

运行结果如图 2.18 所示。

2. 三维网线图函数 mesh、meshc 和 meshz

MATLAB 提供的函数 mesh 用来绘制三维网线图。其基本调用格式如下。

格式一：mesh(X,Y,Z)

功能：根据矩阵 X、Y 和 Z 绘制彩色的空间三维网线图。X、Y 和 Z 中对应的元素为三维空间上的点，点与点之间用线连接。其中网线的颜色随着网点高度的改变而改变。

在绘制二元函数 $z = f(x,y)$ 的三维网线图时，首先应通过[X,Y]=meshgrid(x,y)语句，在 X-Y 平面上建立网格坐标，然后利用 X 和 Y 计算每一个网格点上的 Z 坐标大小，该坐标就定义了曲面上的点。最后由 mesh(z)命令完成三维网线图的绘制。

例如绘制函数 $z = xe^{-x^2-y^2}$ 的三维网线图。MATLAB 源程序为：

```
x=-2:0.2:2;   y=x;                %生成一维的自变量数组
[X,Y]=meshgrid(x,y);              %在 X–Y 平面上建立网格坐标
Z = X .* exp(-X.^2 – Y.^2);       %利用 X 和 Y 计算每一个网格点上的 Z 坐标大小
mesh(Z);                          %三维网线图的绘制
```

该程序运行结果如图 2.19 所示。程序第一行命令定义了函数计算的 x 和 y 取值范围，每一个方向有 33 个样本点，第二行在 X-Y 平面上建立网格坐标矩阵 X 和 Y，形成了 33×33 的矩阵网络，第四行程序表示数据点到原点的距离，并求得 Z 值，最后用 mesh 函数绘出图形。

对第二行语句[X,Y]=meshgrid(x,y)，也可以用下面语句替代：

```
y=x';                             %取转置
```

```
X=ones(size(y))*x;        %形成一个大小为 size(y)×size(x)、每行由 x 构成的矩阵向量
Y=y*ones(size(x));        %形成一个大小为 size(y)×size(x)、每列由 y 构成的矩阵向量
```

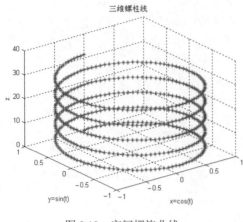

图 2.18　空间螺旋曲线

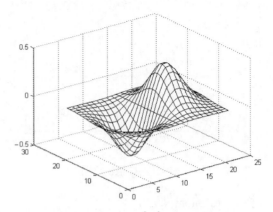

图 2.19　$z=xe^{-x^2-y^2}$ 的三维曲线图

关于 meshgrid 函数的功能，读者从上面的替代语句中就可以理解得出。该命令的调用格式可通过 help 来获得。

格式二：mesh(x,y,Z)

功能：n 维向量 x、m 维向量 y 和 m×n 矩阵 Z 绘制网线图，节点的坐标为(x(j),y(i),Z(i,j))，网线的颜色随着网点高度的改变而改变。

格式三：mesh(Z)

功能：由数值对(i,j,Z(i,j))实现绘图。

meshc 和 meshz 函数除可绘制三维网线图外，同时还能分别绘制出三维网线图的等高线图（也称轮廓图）和它下面的幕帘线。它们的调用格式与 mesh 函数的调用格式一样。如将上例中的 mesh(z)命令替换成 meshc(z)或 meshz(z)，则可得到如图 2.20 所示等高线图和图 2.21 所示的幕帘线图。

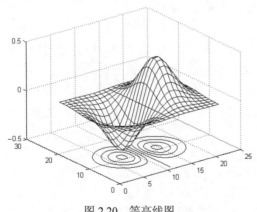

图 2.20　等高线图

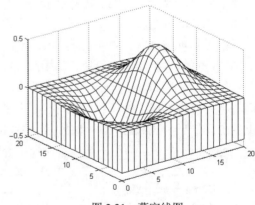

图 2.21　幕帘线图

3．三维曲面图函数 surf 及 surfc

在三维网线上，对网线之间的网线元进行颜色填充就成了三维曲面图。MATLAB 提供的 surf 函数具有这样的功能。其基本调用格式如下。

格式一：surf(X,Y,Z,C)

功能：绘制由四个矩阵所指定的带色参数的网状表面图。视角是由 view 所指定的。轴的刻度决定于 X,Y 及 Z 的范围，或当前对轴的设定；颜色范围由 C 指定，或者使用当前的设定。阴影的模式由 sading 确定。

格式二：surf(X,Y,Z)

功能：将 C 设为与 Z 相等，则颜色与网的高度成正比。

例如绘制函数 $z=\sin(r)/r$ 的三维曲面图，其中 $r=\sqrt{x^2+y^2}$。MATLAB 源程序为：

```
x=-8:0.5:8; y=x;           %生成一维的自变量数组
[X,Y]=meshgrid(x,y);       %在 X-Y 平面上建立网格坐标
R=sqrt(X.^2+Y.^2)+eps;
Z=sin(R)./R;               %利用 X 和 Y 计算每一个网格点上的 Z 坐标大小
surf(X,Y,Z);               %三维曲面图的绘制
```

运行该程序可得如图 2.22 所示的三维曲面图。注意在第三行语句中，添加了 eps 常数，是为了避免当 R=0 时 sinR/R 出现 0 除现象。

surfc 函数除了绘制三维曲面图外，还可同时绘出等高线，其调用格式与 surf 函数一样。例如将上例中的 surf(X,Y,Z)语句，替换成 surfc(X,Y,Z)即可得到如图 2.23 所示三维曲面及其等高线图。

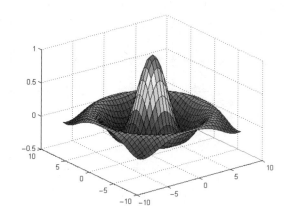

图 2.22　$z=\sin(r)/r$ 的三维曲面图

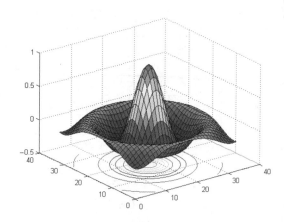

图 2.23　三维曲面及其等高线图

4．视图函数 view

使用函数 view 可以设置观察三维图形的视角。有两种设置视角的方法，一种是指观察的方位和视角，另一种是指定的一个观察点。其基本调用格式如下：

格式一：view(az, el) 或 view([az,el])

功能：设置观察者观察三维图形的视角。az 是方位角或水平旋转角，el 是仰角。

格式二：view(2) 或 view(3)

功能：设置观察三维图形视角的默认值（az=0,el=90; az=-37,el=30）。

格式三：[az, el]=view

功能：返回当前的方位和视角。

例如绘制不同视角的 peaks 网线图。MATLAB 源程序为：

```
close all; z=peaks(25);
subplot(2,2,1); mesh(z);
view(-20,15); title('az=-20,el=15');
```

```
subplot(2,2,2); mesh(z);
view(-37.5,30); title('az=-37.5,el=30');
subplot(2,2,3); mesh(z);
view(0,0); title('az=0,el=0');
subplot(2,2,4); mesh(z);
view(-90,0); title('az=-90,el=0');
```

运行结果如图 2.24 所示。

5．其他三维图形绘制命令

对于三维图形的绘制，MATLAB 提供了大量的、功能强大的函数，如表 2.24 和表 2.25 所示，这些函数的功能和调用格式通过 help 命令来获得。

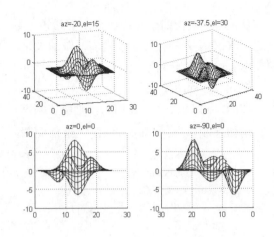

图 2.24 不同视角的 peak 网线图

表 2.24 三维绘图和光照函数库（graph3d）

类型	命令	功能说明	类型	命令	功能说明
绘制三维曲线命令	plot3	在三维空间中画线和点	绘制三维曲线命令	mesh	三维网格图
	fill3	在三维空间中绘制填充多边形		surf	三维曲面图
颜色控制	colormap	彩色查寻表	颜色控制	caxis	伪彩色坐标轴定标
	shading	彩色阴影方式		hidden	消隐或显示被遮挡的线条
	brighten	改变彩色图的亮度			
彩色图	hsv	色调-饱和度-亮值彩色图	彩色图	gray	线性灰度彩色图
	hot	黑-红-黄-白彩色图		cool	蓝绿和洋红阴影彩色图
	bone	蓝色色调的灰度彩色图		copper	铜色调的线性彩色图
	pink	线性粉红色阴影彩色图		prism	光谱彩色图
	jet	hsv 彩色图的变型		flag	红-白-蓝-黑交互的彩色图
	spring	品红和黄阴影彩色图		summer	绿和黄阴影彩色图
	autumn	红和黄阴影彩色图		winter	蓝和绿阴影彩色图
	white	全白彩色图		lines	带颜色线的彩色图
	colorcube	增强的彩色立方体彩色图		colstyle	从字符串分解出颜色和字体
彩色图有关的函数	colorbar	显示彩色条	彩色图有关的函数	hsv2rgb	由 hsv 向红绿蓝（rgb）转换
	rgb2hsv	红绿蓝向 hsv 转换		contrast	变灰度图为对比增强方式
	rhbplot	用 rgb 绘彩色图		spinmap	旋转彩色图
	view	规定三维图的视点		viewmtx	视点变换矩阵
	rotate3d	用鼠标拖动图形作三维旋转			
视点控制	view	规定三维图的视点	视点控制	viewmtx	视点变换矩阵
	rotate3	用鼠标拖动图形作三维旋转			
照明模型	surfl	带照明的三维曲面图	照明模型	specular	镜面反射
	lighting	光照模式		material	材料反射模式
	diffuse	漫反射		surfnorm	曲面法线
轴系控制	见二维图函数库，增加了 zlabel 等				
图形标注	见二维图函数库				
打印输出	见二维图函数库				

例如，利用 pie 函数和 pie3 函数绘制平面饼状图和三维饼状图，MATLAB 源程序如下：

```
x=[1,3,0.5,2.5,2];
explode=[0,1,0,0,0];
subplot(1,2,1);pie(x,explode);
colormap jet;
subplot(1,2,2);pie3(x,explode);
colormap hsv;
```

运行结果如图 2.25 所示。

图 2.25　平面饼状图和三维饼状图

6．特殊图形和动画

表 2.25 列出了 MATLAB 中的一些特殊图形函数，其中一部分是各种不同学科和领域中用到的特殊二维和三维图形，例如 pie 和 bar 是在管理中常用的饼图和条形图函数命令，compass 是电路中常用的相量图函数。

表 2.25　特殊图形库（specgraph）

类　型	命　令	功　能　说　明	类　型	命　令	功　能　说　明
特殊的二维图形	area	填满绘图区域	特殊的二维图形	feather	羽状图
	bar	条形图		fill	填满二维多边形
	barh	水平条形图		pareto	Pareto 图
	bar3	三维条形图		pie	饼图
	bar3h	三维水平条形图		plotmatrix	矩阵散布图
	compass	极坐标向量图		ribbon	画成三维中的色带
	comet	彗星轨迹图		stem	离散序列绘图
	errorbar	误差条形图		stairs	阶梯图
等高线图形	contour	等高线图	等高线图形	pcolor	伪彩色图
	contourf	填充的等高线图		quiver	箭头图
	contour3	三维等高线图		voronoi	Voronoi 图
	clabel	等高线图标出字符			
特殊三维图形	comet3	三维彗星轨迹图	特殊三维图形	slice	实体切片图
	meshc	三维曲线与等高线组合图		surfc	三维曲面与等高线组合图
	meshz	带帘的三维曲线图		trisurf	三角表面图
	pie3	三维饼图		trimesh	三角网状表面图
	stem3	三维 stem 图		waterfall	瀑布图
	quiver3	三维 quiver 图			
图像显示	image	显示图像	图像显示	imread	从图形文件读出图像
	imagesc	缩放数据并作为图像显示		imwrite	把图像写入图形文件
	colormap	颜色查找表		imfinfo	关于图形文件的信息
电影和动画	capture	从屏幕抓取图形文件	电影和动画	rotate	绕给定方向旋转对象
	moviein	初始化电影帧存储器		frame2im	把电影帧转换为索引图像
	getframe	获取电影帧		im2frame	把索引图像转换为电影帧
	movie	重放录下的电影帧			
实体	cylinder	生成圆柱体	实体	sphere	生成球体

在这里需要着重介绍的是 MATLAB 的动画命令，它总共只有三条命令：moviein、getframe 和 movie。

影片动画的制作由 getframe 函数实现，影片的放映则由 movie 函数命令实现。具体的步骤如下：首先，用 M(:, j)=getframe 把制作影片动画的第 j 帧画面像素以列的形式存储在矩阵 M 中；然后，运行影片动画的放映指令 movie(M, n)，将保存在矩阵 M 中的画面连续播放 n 次。moviein 用来预留存储空间以加快运行的速度。下面是 MATLAB 系统提供的一个漂亮的动画程序。

```
axis equal;              %因为产生的图形是圆形，故把坐标设成相等比例
M=moviein(16);           %为变量 M 预留 16 幅图的存储空间
for j=1:16               %作 16 次循环
    plot(fft(eye(j+16)));    %画图
    M(:,j)=getframe;         %依次存入 M 中
end
movie(M,30);             %把 M 中图形播放 30 次
```

以上程序，读者可自行在计算机上实践。

下面再举利用动画来演示波的振动效果的例子，其 MATLAB 源程序为：

```
z=peaks; surf(z);
axis tight; set(gca,'nextplot','replacechildren');
for j=1:20       %录制电影
    surf(sin(2*pi*j/20)*z,z);
    f(j)=getframe;
end;
movie(f,3);      %播放电影 3 次
```

该程序运行的结果如图 2.26 所示。除了用影片函数来产生动画外，也可以利用彗星轨迹图函数 comet 和 comet3，动态地展示点的运动轨迹。例如绘制动态曲线，其 MATLAB 的源程序为：

```
close all; subplot(1,2,1);
t=0:0.01:2*pi; x=cos(2*t).*(cos(t).^2); y=sin(2*t).*(sin(t).^2);
comet(x,y); title('二维动态曲线');
pause;
subplot(1,2,2); t=-10*pi:pi/250:10*pi;
x1=cos(2*t).*(sin(t).^2); y1=sin(2*t).*(sin(t).^2);
comet3(x1,y1,t); title('三维动态曲线');
```

该程序运行的结果如图 2.27 所示。

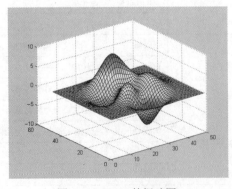

图 2.26 peaks 的振动图

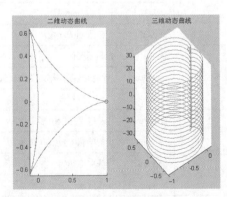

图 2.27 动态曲线的轨迹

2.6.6 图形窗口的编辑功能

MATLAB 图形窗口除了用于显示用户所绘制的图形功能外,它还有一个重要功能就是图形编辑。用户可利用图形窗口的编辑功能完成对所绘制图形的相关参数的修改和设置。例如对线型、颜色以及标记符号的设置,图形名称的标注、坐标轴的标注、图例说明的添加等等。虽然这些参数的设置可以通过相应的函数命令来实现,但利用图形窗口的编辑功能来完成有时会更方便快捷。下面通过一个实例简要介绍图形窗口的编辑功能。

图 2.28 给出了绘制函数 $y(t) = 3\sin t \cdot e^{-t}$ 的图形窗口。在图形窗口的菜单条中,共有 File、Edit、Insert、Tools、Window 及 Help 等 7 个下拉子菜单,在工具栏上共有 11 个按钮。

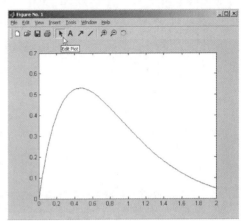

(1) File 菜单

File 菜单所包含的选择项如图 2.29 所示,其中包括 New Figure(新建图形窗口)、Open....(打开一个已经存在的图形文件)、Close(关闭图形窗口)、Save(保存图形)、Save As(另存图形)、Export....(设置保存图形路径)、Preferences...(图形窗口性能参数设置)、Print....(打印图形)等选项。

图 2.28 函数曲线绘制完成后的图形窗口

(2) Edit 菜单

Edit 菜单所包含的选择项如图 2.30 所示,除了撤销(Undo)、剪切(Cut)、复制(Copy)、粘贴(Paste)、清除(Clear)等常用编辑选项外,还包含以下选项。

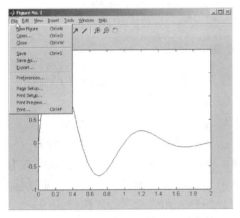
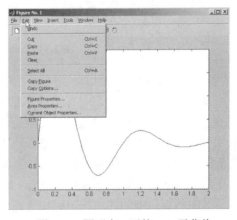

图 2.29 图形窗口下的 File 子菜单　　　图 2.30 图形窗口下的 Edit 子菜单

【Copy Figure】:复制图形窗口中所绘制的图形的。用户可利用此功能,将 MATLAB 绘制的图形复制到剪贴板上,然后粘贴到 Word 编辑的文档中。

【Copy Options....】:复制图形选项设置,主要涉及复制到剪贴板上图形的格式(Clipboard format)、复制图形的背景颜色(Figure background color),以及复制图形的大小(Size)等选项。

【Figure Properties....】:图形的属性设置。

【Axes Properties....】:坐标轴的属性设置。

【Current Object Properties....】:图形窗口中,当前选项的属性。

（3）Insert 菜单

Insert 菜单所包含的选项如图 2.31 所示，这些选项的主要功能就是完成相关标注的插入，如插入 X 轴标注（XLabel）、插入文本标注（Text）等。

（4）Tools 菜单

Tools 菜单所包含的选择项如图 2.32 所示，主要包含了图形编辑（Edit Plot）、图形缩/放（Zoom In/Out）等选择。

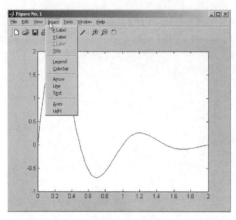

图 2.31　图形窗口下的 Insert 子菜单

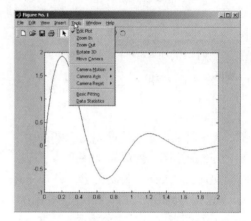

图 2.32　图形窗口下的 Tools 子菜单

至于 View、Window 和 Help 菜单的用法，由于它们与其他一些常见的应用软件用法相同，这里就不再介绍。

MATLAB6.1 图形窗口的工具栏如图 2.33 所示。工具栏上按钮的含义如下。

图 2.33　MATLAB 命令窗口工具栏

▫ 打开一个新的图形窗口　　　▫ 在编辑器中打开一个已有的 MATLAB 图形文件
▫ 保存　　　▫ 打印　　　▫ 图形编辑（Edit Plot）　　　▫ 插入文字
▫ 插入箭头　　　▫ 插入线条　　　▫ 图形放大/缩小　　　▫ 图形任意角旋转

要实现图形窗口的编辑，用户首先必须"激活"图形窗口的编辑功能（Edit Plot）。激活图形编辑功能的方法是，利用鼠标单击工具栏上的图标▫，如图 2.28 所示，或利用鼠标单击 Tools 下拉菜单中的 Edit Plot（图形编辑）选择项，如图 2.32 所示。只有在激活图形窗口编辑功能后，用户才能通过图形窗口中的选项或图标按钮完成图形参数的设置和修改，实现图形的编辑。要关闭图形窗口的编辑功能，只需再次单击图标▫即可。

例如，要修改图 2.28 中曲线的线型（Line style）、颜色（Color）、曲线宽度（Line width）等参数，在图形编辑功能被激活的状态下，可采用以下两种方法实现：

（1）用鼠标单击该曲线，并单击鼠标右键，将弹出如图 2.34（a）所示的选项菜单，然后通过选项实现新的设置；

（2）用鼠标双击该曲线，将弹出如图 2.34（b）所示的对话框，然后根据对话框要求输入或选择相应的参数实现设置。

对绘图坐标属性参数的设计，我们只需用鼠标双击图形坐标框，将弹出如图 2.35 所示的对话框，对话框涉及坐标尺度（Scale）、坐标类型（Style）、坐标标注说明（Label）等内容，根据对话框要求输入或选择相应的参数实现设置。作为练习，读者在做好函数 $y(t)=3\sin t \cdot e^{-t}$ 的曲线后（如图 2.28 所示），试利用图形编辑功能，重新设置曲线宽度为"2"、线型为"虚线"、标记符号为"*"等参数，如图 2.36 所示，并将此图形复制粘贴到 Word 编辑的文档中。

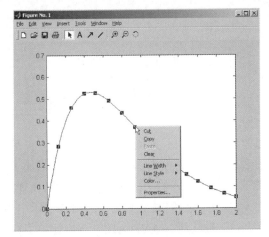
（a）按鼠标右键后弹出窗口

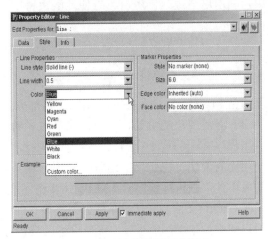
（b）双击曲线后弹出的窗口

图 2.34　曲线属性参数设置对话框

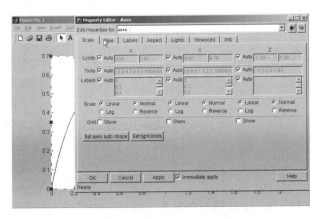

图 2.35　坐标属性参数设置对话框

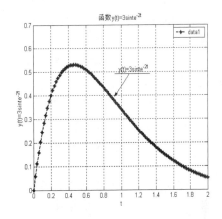

图 2.36　利用图形窗口完成的相关设置

2.7　M 文件及程序调试

在 MATLAB 命令窗口中，我们很容易输入各种命令；输入一行命令后，系统立即执行该命令。然而用这种方法时，多少给人带来一些不便。首先是程序可读性很差且难以存储；其次是输入等待、修改不便、检查困难等。对于复杂的问题，应编成可存储的程序文件，再让 MATLAB 执行该程序文件，这种工作模式称为程序文件模式。

由 MATLAB 命令语句构成的程序文件称作 M 文件，它将 m 作为文件的扩展名。它是 ASCII 文本文件，可以直接阅读并用任何文本编辑器来建立这种文件。

M 文件可分为两种：主程序文件和函数文件。主程序文件一般是由用户为解决特定的问题，将原本要在 MATLAB 命令窗口中直接输入的语句，放在一个以.m 为后缀的文件中而编制的程序。

函数文件则是由其他 M 文件来调用的子程序。因此，函数文件往往具有一定的通用性，并且可以进行递归调用（即自己可以调用自己）。MATLAB 的基础部分中已有约 700 个函数文件，它的工具箱中还有千余个函数文件，并在不断扩充积累。MATLAB 软件的大部分功能都来自其建立的函数集，利用这些函数，用户可方便地解决特定的问题。

2.7.1 M 文件的结构

1. 主程序文件结构

通常 MATLAB 主程序文件由以下两部分组成。

（1）有关程序的功能、使用方法等内容的注释部分

主程序前面的若干行通常是程序的注释，每行以"%"开始。注释可以使用汉字。注释是对程序用途的说明，也包括了运行时对用户输入数据的要求。这些注释是很有必要的，它增加了程序的可读性。在执行程序时，MATLAB 将不执行"%"后直到行末的全部文字。MATLAB 规定，在输入"help 文件名"时，屏幕上会将该文件中以"%"符号起头的最前面几行的内容显示出来，使用户知道如何使用。"%"符号也可以放在程序行的后面做注释，MATLAB 将不执行该字符后的任何注释内容。

（2）程序的主体

由若干条 MATLAB 函数命令组成，实现程序设计功能。通常用 clear、close all 等语句开始，清除掉工作空间中原有的变量和图形，以避免其他已执行程序的残留数据对本程序的影响。如果文件中有全局变量，即子程序与主程序公用的变量，应在程序的起始部分注明。其语句是：

    Global 变量名 1 变量名 2 ……

为了改善可读性，要注意流程控制语句的缩进及与 end 的对应关系。另外，程序中必须都用半角英文字母和符号（只有单引号" ' "括住的和"%"后的内容可用汉字）。特别要注意英文和汉字的有些标点符号（如句号"。"、冒号"："、逗号"，"、分号"；"、引号"""乃至"%""="" ( )"等），看起来很相似，其实代码不同。用错了，不但程序执行不通，而且几乎必定死机。因此，输入程序时，最好从头到尾用英文和半角标点符号，不要插入汉字。汉字可在程序调试完毕后加入。

注意在给主程序文件取文件名时，应按 MATLAB 标识符的要求取文件名，并加上后缀 m。文件名中不允许用汉字，因为这个文件名也就是 MATLAB 的调用命令，MATLAB 系统是不认汉字的。

2. 主程序文件的运行方式

对主程序文件的运行方式通常有两种：在 MATLAB 的命令窗口中运行。在 MATLAB 的命令窗口中直接输入程序文件名（或 run 程序文件名）回车后，系统就开始执行文件中的程序。在编辑窗口中运行，通过编辑窗口打开所要运行的文件，然后再运行。主程序文件中的语句可以对 MATLAB 工作空间中的所有数据进行运算操作。

例如，列出求素数的程序。所谓素数就是只能被它自身和 1 除净的数。MATLAB 程序如下：

  %求素数（prime number）的程序 ← 程序用途的说明注释
  %用户由键盘输入正整数 N   ← 程序使用说明注释
  %列出从 2 到 N 的全部素数
  clear; close all;   ← 程序主体开始处
  N=input('N=\n'); x=2:N;   % 列出从 2 到 N 的全部自然数

```
        for u=2:sqrt(N)                    %依次列出除数(最大到 N 的平方根)
            n=find(rem(x,u)==0&x～=u);     %找到能被 u 除净而 u 不等于 x 的序号
            x(n)=[ ];                      %剔除该数
        end;  x                            %循环结束显示结果
```

将此程序以文件名 prime.m 存入 MATLAB 搜索目录下，然后在 MATLAB 命令窗口中输入 prime，系统就开始执行这个程序。它首先要求用户输入 N，然后计算数值小于 N 的素数。

给出 N=40，结果为：

    x=　2　3　5　7　11　13　17　19　23　29　31　37

若在 MATLAB 命令窗口中输入 help prime 命令，屏幕上将会显示：

    求素数（prime number）的程序
    用户由键盘输入正整数 N
    列出从 2 到 N 的全部素数

3．函数文件结构

与主程序文件不同的另一类 M 文件就是函数文件。它与主程序文件的主要区别有三点：

（1）由 function 起头，后跟的函数名必须与文件名相同；
（2）有输入输出变元（变量），可进行变量传递；
（3）除非用 global 声明，程序中的变量均为局部变量，不保存在工作空间中。

通常，函数文件由五部分构成：

- 函数定义行；
- H1 行；
- 函数帮助文本；
- 函数体；
- 注释。

下面以 MATLAB 的函数文件 mean.m 为例，来说明函数文件的各个部分。在命令窗口输入：

    >>type mean

屏幕将显示函数文件 mean.m 的内容为：

```
    function y = mean(x,dim)                        ← 函数定义行
        %MEAN    Average Or mean value              ← H1 行
        %   For vectors, MEAN(X) is the mean value of the elements in X. For    ← 函数帮助文本
        %   matrices, MEAN(X) is a row vector containing the mean value of
        %   each column.    For N-D arrays, MEAN(X) is the mean value of the
        %   elements along the first non-singleton dimension of X.
        %   MEAN(X,DIM) takes the mean along the dimension DIM of X.
        %   Example: If X = [0 1 2
        %                    3 4 5]
        %   then mean(X,1) is [1.5 2.5 3.5] and mean(X,2) is [1
        %                                                     4]
        %   See also MEDIAN, STD, MIN, MAX, COV.
        %   Copyright 1984-2001 The MathWorks, Inc.
        %   $Revision: 5.16 $  $Date: 2001/04/15 12:01:26 $%
        if nargin==1,                               ← 函数主体
            %   Determine which dimension SUM will use    ←注释
            dim = min(find(size(x)~=1));
            if isempty(dim), dim = 1; end
```

```
        y = sum(x)/size(x,dim);
    else
        y = sum(x,dim)/size(x,dim);
    end
```

- 函数定义行：function y = mean(x,dim)

function 为函数定义的关键字，mean 为函数名，y 为输出变量，x 和 dim 为输入变量。

注意：当函数具有多个输出变量时，则以方括号括起；当函数具有多个输入变量时，则直接用圆括号括起。例如：function[x,y,z]=sphere(theta,phi,rho)。当函数不含输出变量时，则直接略去输出部分或采用空方括号表示。例如：function printresults(x); function[]=printresults(x)。

所有在函数中使用和生成的变量都为局部变量（除非利用 global 语句定义），这些变量值只能通过输入和输出变量进行传递。例如，变量 y 是函数 mean 的局部变量，当 mean.m 文件执行完毕后，这些变量值会自动消失，不会保存在工作空间中。如果在该文件执行前，工作空间中已经有同名的变量，系统会把两者看作各自无关的变量，不会混淆。这样，调用子程序时就不必考虑其中的变量与程序变量冲突的问题了。如果我们希望把两者看成同一变量，则必须在主程序和子程序中都加入 global 语句，对此共同变量做出说明。

给输入变元 x 赋值时，应把 x 变换成主程序中的已知变量，假如它是一个已知向量或矩阵 Z，可写成 mean(Z)，该变量 Z 通过变元替换传递给 mean 函数后，在子程序内，它就变成了局部变量 x。

- H1 行：%MEAN   Average Or mean value

在函数文件中，其第二行一般是注释行，这一行称为 H1 行，实际上它是帮助文本中的第一行。H1 行不仅可以由"help 函数文件名"命令显示，而且，lookfor 命令只在 H1 行内搜索，因此这一行内容提供了这个函数的重要信息。

- 函数帮助文本

这部分内容是从 H1 行开始到第一个非%开头行结束的帮助文本，它用来比较详细地说明这一函数。当在 MATLAB 命令窗口下执行"help 函数文件名"时，可显示出 H1 行和函数帮助文本。

- 函数体

函数体是完成指定功能的语句实体，它可采用任何可用的 MATLAB 命令，包括 MATLAB 提供的函数和用户自己设计的 M 函数。

- 注释

注释行是以%开头的行，它可出现在函数的任意位置，也可以加在语句行之后，以便对本行进行注释。

在函数文件中，除了函数定义行和函数体，其他部分都是可以省略的，不是必须有的。但作为一个函数，为了提高函数的可用性，应加上 H1 行和函数帮助文本；为了提高函数的可读性，应加上适当的注释。

下面的例子是多输入变量函数 logspace，用于生成等比的数组，其程序为：

```
function y=logspace(d1,d2,n)
%  loggspaee 对数均分数组
%  logspace(d1,d2)  在 10^d1 与 10^d2 之间生成长度为 50 的对数均分数组
%  如果 d2 为 pi，则这些点在 10^dl 和 pi 之间
%  logspace(d1,d2,n)的数组长度为 n
    if   nargin= =2   n=50; end;         %输入变元分析及 n 的默认值设置
    if   d2= =pi   d2=log10(pi); end;    %d2 为 pi 时的设置
    y=(10).^[d1+(0:n−2)*(d2−d1)/(n−1),d2];   %将结果返回到输出变元
```

在本例中使用了特定变量 nargin 表示输入变元的数目。当只有两个输入变元时,默认 n=50。nargin 和表示输出变元数目的变量 nargout 是很有用的,它们是 MATLAB 的永久变量,常常根据 nargin 和 nargout 的数目不同而调用不同的程序段,从而体现它的智能作用。

例如,写出非线性函数

$$y = \frac{1}{(x-0.3)^2 + 0.01} + \frac{1}{(x-0.9)^2 + 0.04} - 6 \qquad (2-2)$$

的函数文件,用于对微分方程作数值积分或求解任意非线性方程时调用。函数文件名取为 humps。则可写出如下函数文件 humps.m。

```
function [out1,out2] = humps(x)
%由 QUADDEMO、ZERODEMO 和 FPLOTDEMO 等函数调用的一个函数
% humps(x)是一个在 x=0.3 和 x=0.9 附近有尖锐极大值的函数
% [X,Y] = HUMPS(x) 在无输入时,HUMPS 将使用 x = 0:.05:1 返回 X
%例如: plot(humps)
%参看 QUADDEMO、ZERODEMO 和 FPLOTDEMO
if nargin==0, x = 0:.05:1; end
y = 1 ./ ((x-.3).^2 + .01) + 1 ./ ((x-.9).^2 + .04) – 6;
if nargout==2, out1 = x; out2 = y;
else, out1 = y;
end
```

程序中的运算都采用元素群算法,以保证此函数可按元素群调用。MATLAB 中几乎所有的函数都能用元素群运算,所以自编的子程序,也要尽量满足这个要求。

2.7.2 局部变量与全局变量

通常,在 MATLAB 工作空间中,变量有三类:
- 由调用函数传递输入和输出数据的变量;
- 在函数内临时产生的变量——局部变量;
- 由调用函数空间、基本工作空间或其他函数工作空间提供的变量——全局变量。

在 MATLAB 中对变量及全局变量管理提供了以下的命令。

1. 全局变量定义函数 global

格式:global X Y Z
功能:将变量 X,Y,Z 定义成全局变量。

一般而言,每个 MATLAB 函数都有自己的局部变量,它们与其他函数中的局部变量无关,也与基本工作空间中的变量无关,因此它们可与基本工作空间和其他函数文件采用同名的变量,其内容之间完全没有关系。 函数与基本工作空间之间的参数主要依靠输入/输出变量传递。然而,如果将某一变量宣称为全局变量,则只要在某函数中也将它宣称为全局变量,那么在该函数中就可以存取这一变量。例如,在基本工作空间中,宣称一矩阵 a 为全局变量,则可编写下列函数文件:

```
function y=abc(x)
global a
m=mean(a)
y=x*enl;
```

注意,利用 clear global variable 可从工作空间中清除指定的全局变量 variable;利用 clear variable 可从当前工作空间中清除变量 variable 的全局连接。当然,这不会影响到全局变量的值。

2. 永久变量定义函数 persistent

格式：persistent X Y Z

功能：将变量 X,Y,Z 定义成永久变量。persistent 函数只用于函数文件中，使在每次调用时保持变量的值不变。

永久变量只有在从内存中清除 M 文件或已改变 M 文件时才能清除。为此，要想一直保持某个函数中定义的永久变量，应采用 mlock 锁定相应的 M 文件。在 MATLAB 中，有两个永久变量 nargin 和 nargout，它们可自动给出函数的输入变量数和输出变量数，因此，利用这两个函数，可根据不同的输入/输出变量数来进行不同的处理。这在 MATLAB 工具箱的许多函数中都有应用。例如在上面所举的 humps.m 函数中就使用了这两个变量。

下面我们通过一个例子来说明局部变量与全局变量的不同用法与功能。例如对于函数

$$z = \alpha(x-1)^2 + \beta(y+1)^2$$

编写出相应的函数文件，其中 α 和 β 采用全局变量进行参数传递。则函数文件 fun1 为：

```
function z=fun1(x,y)
global alpha beta          %定义全局变量
m=length(x);n=length(y);
x1=x'*ones(1,n);
y1=(y'*ones(1,m))';
z=alpha*(x1-1).^2+beta*(y1+1).^2;
```

在此 fun1 函数中，x,y,m,n,x1,y1 和 z 均为局部变量，alpha 和 beta 为全局变量。接着编写出主程序文件，通过调用函数 fun1 计算出 z，再利用 mesh 绘制出网格曲线。

主程序文件（mainprogram.m）为：

```
global alpha beta          %定义全局变量
u=[0:0.02:2];v=[-2:0.02:0];
figure(1)
subplot(2,1,1);alpha=1;beta=1;
w=fun1(u,v);mesh(w)          %调用函数 fun1
title(['\alpha=',num2str(alpha),'and\beta=',num2str(beta)])
subplot(2,1,2);alpha=2;beta=2;
w=fun1(u,v);mesh(w)
title(['\alpha=',num2str(alpha),'and\beta=',num2str(beta)])
```

在主程序中，u,v 和 w 为局部变量，alpha 和 beta 为全局变量。从程序中可以看出 α 和 β 的数据是通过全局变量传递的，因此在函数调用语句 z=fun1(x, y)中，每次的 x, y 都不变，但得到的结果 w 却不同。这是因为 α 和 β 已发生了变化。主程序文件执行后可得到如图 2.37 所示的结果。在这一主程序中，我们还在每个子图的标题中采用了变量值 α 和 β，从中可看到 num2str 函数给图形标注带来的方便。

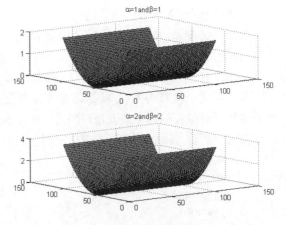

图 2.37　α 和 β 取不同值时的形式

如果将上述的全局变量取消，则应将上述函数文件和主程序文件改写为：

```
function z=fun2(x,y,alpha,beta)
```

```
        m=length(x);n=length(y);
        x1=x'*ones(1,n);
        y1=(y'*ones(1,m))';
        z=alpha*(x1−1).^2+beta*(y1+1).^2;
```
此时，在此 fun2 函数中，alpha 和 beta 为局部变量。主程序文件应为：
```
        u=[0:0.02:2];v=[−2:0.02:0];
        figure(1)
        subplot(2,1,1);alpha=1;beta=1;
        w=fun2(u,v,alpha,beta);mesh(w)
        title(['\alpha=',num2str(alpha),'and\beta=',num2str(beta)])
        subplot(2,1,2);alpha=2;beta=2;
        w=fun2(u,v, alpha,beta);mesh(w)
        title(['alpha=',num2str(alpha),'and\beta=',num2str(beta)])
```
其运行结果与前面一样。

2.7.3 程序的调试

在 MATLAB 系统中，它为用户提供了较为理想的文件编辑器，用户只需在命令窗口发 edit 命令或由命令窗口中工具栏上的"新建文件"或"打开文件"图标就可进入文件编辑器。

实际上，MATLAB 的主程序是比较好调试的，因为 MATLAB 的查错能力很强，加上工作空间中变量的保存和显示功能不需要专门的调试命令，调试也可以很方便地进行。为了提高程序的调试程度，可采用以下方法。

（1）把某些分号改为逗号，使中间结果能显示在屏幕上，作为查错的依据。

（2）在程序中使用 echo on(off)，pause(n)，input('N=')等人机交互命令，也可大大提高程序的调试程度。

对于函数程序调试，由于在函数程序中出错而停机时，其变量不做保存，虽然它也会指出出错的语句，但因为子程序中的变量（局部变量）在程序执行完毕后会自动消失，其他现场数据又无记录，会给调试带来很大困难。解决对函数文件的调试问题，除了可采用以上两种调试方法外，还可以采用下列措施：

（1）将函数文件的第一行前加"%"号，使它成为程序文件来做初步调试。第一行中的输入变元，可改用 input 或赋值语句来输入，调试好后再改回为函数文件。

（2）在子程序中适当部位加 keyboard 命令，到了此处，系统会暂停而等待用户输入命令。这时子程序中的变量还存于工作空间中，可以对它进行检查。

最后需要说明的是，在发现程序运行有错，运行时间太长时，可同时按下键盘上的"Ctrl"键和"C"键，强行停止程序运行。

习题

1. 计算 $y = x^3 + (x-0.98)^2 /(x+1.35)^3 - 5(x+1/x)$，当 $x=2$ 和 $x=4$ 时的值。
2. 计算 $\cos 60° - \sqrt[3]{9-\sqrt{2}}$。
3. 已知 $a=3, A=4, b=a^2, B=b^2-1, c=a+A-2B, C=a+2B+c$，求 C。
4. 创建一个 3×3 矩阵，然后用矩阵编辑器将其扩充为 4×5 矩阵。
5. 创建 3×4 矩阵魔方阵和相应的随机矩阵，将两个矩阵并接起来，然后提取任意两个列向量。
6. 创建一个 4×4 单位阵，提取对角线以上部分。
7. 创建一个 4×5 随机阵，提取第一行和第二行中大于 0.3 的元素组成矩阵。
8. 创建一个 5×5 随机阵并求其逆，同时计算矩阵的 5 次方。

9　设 $A=\begin{bmatrix} 1 & 4 & 8 & 13 \\ -3 & 6 & -5 & -9 \\ 2 & -7 & -12 & -8 \end{bmatrix}$，$B=\begin{bmatrix} 5 & 4 & 3 & -2 \\ 6 & -2 & 3 & -8 \\ -1 & 3 & -9 & 7 \end{bmatrix}$，求 $C=A*B, D=A.*B$。

10　设 $y=\cos x\left[0.5+\dfrac{3\sin x}{(1+x^2)}\right]$，把 $x=0\sim 2\pi$ 区间分为 125 点，画出以 x 为横坐标，y 为纵坐标的曲线。

11　设 $x=z\sin 3z$，$y=z\cos 3z$，要求在 $z=-45\sim 45$ 区间内画出 x,y,z 三维曲线。

12　设 $z=x^2\mathrm{e}^{-(x^2+y^2)}$，求定义域 $x=[-2,2]$，$y=[-2,2]$ 内的 z 值（网格取 0.1 见方），并绘制三维曲面。若设 $z_1=0.05x-0.05y+0.1$，画出 z_1 的三维曲面图，并叠在 z 的图中。

13　设 $x=\cos(t)$，$y=\sin(Nt+\alpha)$，若 $N=2$，$\alpha=0,\pi/3,\pi/2,\pi$，在 4 个子图中分别画出其曲线。

14　设 $f(x)=\dfrac{1}{(x-2)^2+0.1}+\dfrac{1}{(x-3)^3+0.01}$，写出一个 MATLAB 函数程序，使得调用此函数时，x 可用矩阵代入，得出的 $f(x)$ 为同阶矩阵。

第3章 MATLAB在高等数学中的应用

MATLAB的应用领域非常广泛，从最基本的线性代数、泛函分析，到应用广泛的信号处理、可控制系统、通信系统，直到神经网络、小波理论等最新技术领域。本章主要介绍MATLAB在高等数学中的应用，主要包括线性代数、多项式与内插、数据分析与统计、泛函分析、常微分方程求解等内容。

3.1 矩阵分析

以矩阵为基础的线性代数已在许多技术领域得到应用。在第2章中，已经介绍了MATLAB生成不同类型矩阵的函数，对矩阵的简单运算也做了介绍，如矩阵的加、减、乘、除、转置等基本运算。这一节将着重介绍如何利用MATLAB求解线性方程组、矩阵求逆、LU分解、QR分解、矩阵求幂、求特征值及奇异值分解等问题。为了方便用户求解这些问题，在matlab\matfun目录中，MATLAB为用户提供了一些现成的函数可供调用，如表3.1所示。

一般来说，矩阵和阵列经常互相交替使用，MATLAB还允许使用多维阵列。但在这一节，我们严格定义矩阵为二维实或复阵列。

表3.1 矩阵函数和数值线性代数函数

分类	函数	意义	分类	函数	意义
矩阵分析	norm	矩阵或向量的范数	矩阵分析	null	零空间正交基
	normest	矩阵2范数的估值		orth	正交化
	rank	矩阵的秩		rref	缩减行梯次格式
	det	行列式（必须是方阵）		subspace	两个子空间之间的夹角
	trace	主对角线上元素的和			
线性方程组	\和/	线性方程求解	线性方程组	qr	正交三角分解
	chol	Cholesky分解		cholinc	不完全Cholesky分解
	cond	矩阵条件数		condest	1范数条件数的估值
	rcond	linpack逆条件数计算		nnls	非负最小二乘
	lu	高斯消元法的系数矩阵		pinv	矩阵伪逆
	inv	矩阵求逆（必须是方阵）		lscov	协方差已知的最小二乘
特征值的奇异值	eig	特征值和特征向量	特征值的奇异值	eigs	若干特征值
	poly	特征多项式（必须是方阵）		condeig	对应于特征值的条件数
	polyeig	多项式特征值问题		schur	Schur分解
	hess	Hessenberg形式		balance	均衡（改善条件数）
	qz	广义特征值		svd	奇异值分解
矩阵函数	expm	矩阵指数	矩阵函数	expm2	用泰勒级求矩阵指数
	expm1	用M文件求矩阵指数		expm3	用特征值求矩阵指数
	logm	矩阵对数		funm	通用矩阵函数的计算
	sqrtm	矩阵开方			

续表

分类	函数	意义	分类	函数	意义
分解工具	qrdelete	从 QR 分解中删去一列	分解工具	rsf2csf	实对角阵变为复对角阵
	qrinsert	在 QR 分解中插入一列		cdf2rdf	复对角阵变为实对角阵
	planerot	Given's 平面旋转			

1. 矢量范数和矩阵范数

矩阵范数是对矩阵的一种测度。矢量 x 的 p 范数和矩阵 A 的 p 范数分别定义为：

$$\|x\|_p = \left(\sum_i x_i^p\right)^{1/p}, \qquad \|A\|_p = \max_x \frac{\|Ax\|_p}{\|x\|_p} \tag{3-1}$$

当 $p=2$ 时为常用的欧拉范数，一般 p 还可取 1 和 ∞。这在 MATLAB 中可利用 norm 函数实现，默认时 $p=2$。

格式一：n=norm(A)

功能：计算矩阵 A 的最大奇异值，相当于 n=max(svd(A))。

格式二：n=norm(A,p)

功能：norm 函数可计算几种不同类型的矩阵范数，根据 p 的不同可得到不同的范数：

- $p=1$ 时，计算矩阵 A 的 1 范数，即矩阵 A 按列求和的最大值，max(sum(abs(A)));
- $p=2$ 时，计算矩阵 A 的最大奇异值，等同于 norm(A);
- $p=$'fro' 时，计算矩阵 A 的 Frobenius 范数，即 sqrt(sum(diag(A'*A)));
- $p=$'inf' 时，计算矩阵 A 的无穷范数，或行的和的最大值，max(sum(abs(A')));

当 A 为向量时，函数 norm 所求的范数为：

- norm(A,p)　　对任意的 p(1≤p<∞)，可得到 sum(abs(A).^p)^(1/p);
- norm(A)　　　返回值 norm(A,2);
- norm(A,inf)　　返回值 max(abs(A));
- norm(A,−inf)　返回值 max(abs(A));

【例 3-1】
```
>> X=[2 0 −1];
>>n=[norm(X,1) norm(X) norm(X,inf)]
    n=    3.0000    2.2361    2.0000
>>A=fix(10*rand(3,2));
>>N=[norm(A,1) norm(A) norm(A,inf)]
    N=    19.0000    14.8015    13.0000
```

2. 矩阵求逆及行列式值

（1）矩阵求逆函数 inv 及行列式值函数 det

线性代数中，逆矩阵的定义为，对于任意 $n \times n$ 阶方阵 A，如果能找到一个同阶的方阵 V，使得满足：$AV=I$，其中 I 为 n 阶的单位矩阵，则 V 就是 A 的逆矩阵。数学符号表示为：$V=A^{-1}$。逆矩阵 V 存在的条件是 A 的行列式不等于 0。V 的经典求法为高斯消元法，可参阅线性代数教材。

在 MATLAB 中，用户只需调用函数 inv 和函数 det，就可求矩阵 A 的逆矩阵和行列式的值。

格式：V=inv(A)

功能：返回方阵 A 的逆矩阵 V。如果 A 矩阵的行列式等于或很接近于零，MATLAB 会显示出错或"A 矩阵病态（ill-conditioned），结果精度不可靠"的信息。

格式：X=det(A)

功能：计算方阵 A 的行列式值。

【例 3-2】
```
>>A=pascal(3);
>>X=inv(A)
X =    3    -3    1
      -3     5   -2
       1    -2    1
>>X=det(A)
X =    1
```

（2）伪逆矩阵函数 pinv

从数学意义上讲，当矩阵 **A** 为非方阵时，其矩阵的逆是不存在的。但在 MATLAB 中，为了求线性方程组的需要，引入了伪逆的概念，把 inv(A'*A)*A' 的运算定义为伪逆函数 pinv，这样对非方阵，利用伪逆函数 pinv 可以求得矩阵的伪逆，伪逆在一定程度上代表着矩阵的逆。

格式：C=pinv(A)

功能：计算非方阵 A 的伪逆矩阵。

【例 3-3】
```
>>A=[9,4;2,8;6,7];
>>C=pinv(A)
C =    0.1159   -0.0729    0.0171
      -0.0534    0.1152    0.0418
```

值得一提的是 C*A 为单位阵，A*C 不是单位阵，而是一个对称矩阵；当矩阵可逆时矩阵的逆矩阵与伪逆矩阵相等。

```
>>C*A                      >>A*C
ans =  1.0000   0.0000     ans =   0.8293   -0.1958   0.3213
       0.0000   1.0000            -0.1958    0.7754   0.3685
                                   0.3213    0.3685   0.3952
```

3．线性方程组求解

对于一般线性方程组：

$$\begin{cases} a_{11}x_1 + a_{12}x_2 + \cdots + a_{1n}x_n = b_1 \\ a_{21}x_1 + a_{22}x_2 + \cdots + a_{2n}x_n = b_2 \\ \vdots \\ a_{m1}x_1 + a_{m2}x_2 + \cdots + a_{mn}x_n = b_m \end{cases} \quad (3-2)$$

用矩阵形式可表示为：

$$\boldsymbol{AX=B} \quad 或 \quad \boldsymbol{XA=B} \quad (3-3)$$

其中系数矩阵 **A** 的阶数为 $m \times n$。在线性代数中，没有除法，只有逆矩阵。

为了求线性方程组，在 MATLAB 中，引入矩阵除法概念。现在来看如何求解方程 **AX=B**。首先设 X 为未知矩阵，A 为方阵（即 $n=m$），然后在等式两端同时左乘以 inv(A)，即

$$inv(A)*AX=inv(A)*B \quad (3-4)$$

等式左端 inv(A)*A=I，而 I*X=X，因此，上式可改写成：

$$X=inv(A)*B=A\backslash B \quad (3-5)$$

MATLAB 中把 A 的逆阵左乘以 B 记作 A\，并称之为"左除"。从 AX=B 的阶数检验可知，B

与 A 的行数相等，因此，左除时的阶数检验条件是：两矩阵的行数必须相等。

对于方程 XA=B，可按上述同样的方法写成：
$$X=B*inv(A)=B/A \tag{3-6}$$

把 A 的逆阵右乘以 B，记为/A，称之为"右除"。同理，右除时的阶数检验条件是：两矩阵的列数必须相等。

值得一提的是，从理论上说，当 A 为方阵且非奇异时，X=inv(A)*B 等同于 X=A\B，但后者的计算所需的时间更短、内存更小、误差检测特性更佳。

【例 3-4】
```
>> A=[1,2,3;4,5,6];B=[2,4,0;1,3,5];D=[1,4,7;8,5,2;3,6,0];
>> A*B
??? Error using ==> *
Inner matrix dimensions must agree.（内阶数，即 A 的列数与 B 的行数必须相等）
>> A'*B
ans =     6    16    20
          9    23    25
         12    30    30
>> A*B'
ans =    10    22
         28    49
>> D\A
??? Error using ==> \
Matrix dimensions must agree.(行数不等)
>> D\A'
ans =   -0.0370        0
         0.5185   1.0000
        -0.1481        0
>> A/D
ans =    0.4074   0.0741        0
         0.7407   0.4074   0.0000
```

因此，在 MATLAB 中，对于线性方程组，当方程个数等于未知数个数（$n=m$），系数矩阵 A 为方阵时，可以很容易求出它的解：X=A\B=inv(A)*B 或 X=B/A=B*inv(A)。当矩阵 A 为非奇异时，线性方程的解唯一；当矩阵 A 为奇异时，线性方程的解要么不存在，要么不唯一。

【例 3-5】 求下列方程组的解 $X=[x_1; x_2; x_3]$。
$$\begin{cases} 6x_1 + 3x_2 + 4x_3 = 3 \\ -2x_1 + 5x_2 + 7x_3 = -4 \\ 8x_1 - 4x_2 - 3x_3 = -7 \end{cases}$$

若将该线性方程写成 **AX=B** 矩阵形式，则用 MATLAB 求解的程序为：
```
A=[6,3,4; -2,5,7;8, -4, -3];
B=[3; -4; -7];
X=A\B
```
运行结果为：X =   0.6000
                 7.0000
                -5.4000

即线性方程组求解结果为：x_1=0.6000，x_2=7.0000，x_3=-5.4000。

对于方程个数大于未知数个数（$m>n$）的超定方程组以及方程个数小于未知数个数（$m<n$）

的不定方程组的求解，由于系数矩阵 A 不是方阵，因此，矩阵 A 的逆不存在。但是在 MATLAB 中，A\B 或 B/A 的算式仍然合法。这是因为 MATLAB 利用伪逆矩阵进行求解，A\B 就等于 X=pinv(A)*B。对于超定方程组，MATLAB 则采用最小二乘法来求解。对不定方程组，则是令 X 中 m-n 个元素为零的特殊解。

【例 3-6】 求下列方程组的解 $X = [x_1; x_2; x_3]$。

$$\begin{cases} 6x_1 + 3x_2 + 4x_3 = 3 \\ -2x_1 + 5x_2 + 7x_3 = -4 \\ 8x_1 - 4x_2 - 3x_3 = -7 \\ x_1 + 5x_2 - 7x_3 = 9 \end{cases}$$

由于系数矩阵 A 的阶数为 4×3，即行数（方程数）大于列数（未知数个数），说明方程组是超定方程组。MATLAB 求解程序为：

```
A=[6,3,4; -2,5,7;8, -4, -3;1,5, -7];
B=[3; -4; -7;9];
X=A\B
```

运行结果为：X = -0.1564
                1.0095
               -0.6952

把这个解 X 代入方程组，可以发现任何一个方程都不满足，都可得出 1 个误差，把这 4 个误差的平方相加开方，称为均方差。MATLAB 所求得的解 X 保证比其他任何解得的均方差都小。

【例 3-7】 求下列不定方程组的解 $x = [x_1; x_2; x_3]$。

$$2x_1 + 4x_2 + 2x_3 + x_4 = 1$$
$$-2x_1 + 2x_2 + 2x_4 = 4$$
$$3x_1 + 5x_2 + 2x_3 + x_4 = 1$$

MATLAB 求解程序为：

```
A=[2,4,2,1; -1,2,0,2;3,5,2,1];B=[1;4;6];
X=A\B
```

运行结果为：   X = 2.0000
                    3.0000
                   -7.5000
                    0

从解可以看出，在解向量中有 4-3=1 个 0 元素的解。

【例 3-8】 对一组测量数据：t=[0,0.3,0.8,1.1,1.6,2.3]′，y=[0.882,0.72,0.63,0.60,0.55,0.5]′。拟用延迟指数函数来拟合这组数据：$y(t) = c_1 + c_2 e^{-t}$，并以图形形式给出拟合结果。

首先，将测量数据代入上式后得到 6 个方程，而未知变量仅有 c_1、c_2 两个，因此，所得方程组是超定方程组。MATLAB 的源程序如下：

```
t=[0,0.3,0.8,1.1,1.6,2.3]'; A=[ones(size(t)),exp(-t)];
y=[0.82,0.72,0.63,0.60,0.55,0.5]';
c=A\y;            %求 c1, c2
T=[0:0.1:2.5]'; Y=[ones(size(T)) exp(-T)]*c;    %计算拟合曲线
plot(T,Y,'-',t,y,'o');
title('最小二乘法曲线拟合'); xlabel('\itt'); ylabel('\ity');
legend('拟合曲线','实际值');
```

该程序执行后得解 c_1=0.4760，c_2=0.3413。曲线拟合结果如图 3.1 所示。

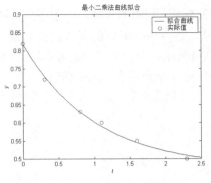

图 3.1　最小二乘法曲线拟合

4．矩阵的分解

分析矩阵的一种重要手段是将矩阵分解为几个具有特殊构造性质的矩阵的乘积，然而这种分解在数学计算上通常又是非常烦琐的工作。为此，MATLAB 提供了一些现成的函数可供调用，如表 3.1 所示。

（1）三角（LU）分解函数 lu

所谓三角分解就是将一个方阵表示成两个基本三角阵的乘积（$A=LU$），其中一个为下三角矩阵 L，另一个为上三角形矩阵 U，因而矩阵的三角分解又叫 LU 分解或叫 LR 分解。矩阵 $A = \{a_{ij}\}_{n \times n}$ 分解的两个矩阵分别可表示为：

$$L = \begin{bmatrix} 1 & 0 & \cdots & 0 \\ l_{21} & 1 & \cdots & 0 \\ \vdots & \vdots & \ddots & 0 \\ l_{n1} & l_{n2} & \cdots & 1 \end{bmatrix}, \quad U = \begin{bmatrix} u_{11} & u_{12} & \cdots & u_{1n} \\ 0 & u_{22} & \cdots & u_{2n} \\ \vdots & \vdots & \ddots & \vdots \\ 0 & 0 & \cdots & u_{nn} \end{bmatrix} \quad (3-7)$$

在 MATLAB 中，将任意方阵 A 进行三角分解可用 lu 函数来实现。

格式一：[L,U]=lu(A)

功能：返回一个上三角矩阵 U 和一个置换下三角矩阵 L（即下三角矩阵与置换矩阵的乘积），满足 A=L*U。

格式二：[L,U,P]=lu(A)

功能：返回上三角矩阵 U，真正下三角矩阵 L，及一个置换矩阵 P（用来表示排列规则的矩阵），满足 L*U=P*A；如果 P 为单位矩阵，满足 A=L*U。

值得注意的是：只能对方阵进行 LU 分解；在格式一中，求得的下三角矩阵 L 不一定是真正的下三角矩阵，即其主对角线上的元素可能不是 1，因为可能进行了一些行的交换。

【例 3-9】

```
>>A=[1,2,3;4,5,6;4,2,6];
>>[L,U]=lu(A)
L =      0.2500    −0.2500    1.0000
         1.0000     0         0
         1.0000     1.0000    0
U =      4.0000     5.0000    6.0000
         0         −3.0000    0
         0          0         1.5000
```

由于方阵经三角分解后，矩阵阵 A、L 和 U 满足：

　　　　det(A)=det(L)*det(U)　　　inv(A)=inv(U)*inv(L)

因此，可利用 LU 分解来求解线性方程 AX=B，即有 X=U\(L\B)，这种方法的运算速度更快。

（2）正交（QR）分解函数

将矩阵 A 分解为一个正交矩阵与另一个矩阵的乘积称为矩阵 A 的正交分解。在 MATLAB 中由函数 qr 来实现，其基本调用格式如下。

格式一：[Q, R]=qr(A)

功能：产生与 A 同维的上三角矩阵 R 和一个实正交矩阵或复归一化矩阵 Q，满足：A=Q*R，Q'*Q=I。

格式二：[Q,R,E]=qr(A)

功能：产生一个置换矩阵 E，一个上三角矩阵 R（其对角线元素降序排列）和一个归一化矩阵 Q，满足 A*E=Q*R。

【例 3-10】
>>A=[9,4;2,8;6,7];
>>[Q,R]=qr(A)

Q =	−0.8182	0.3999	−0.4131
	−0.1818	−0.8616	−0.4739
	−0.5455	−0.3126	0.7777

R =	−11.0000	−8.5455
	0	−7.4817
	0	0

5. 奇异值分解（SVD）

矩阵 A 的奇异值 σ 和相应的一对奇异矢量 u、v 满足：

$$Av = \sigma u \qquad A^T u = \sigma v \qquad (3-8)$$

同样利用奇异值构成对角阵 Σ，相应的奇异矢量作为列构成两个正交矩阵 U、V，则有：

$$AV = U\Sigma \qquad A^T U = V\Sigma^T \qquad (3-9)$$

其中 A^T 表示转置矩阵。由于 U 和 V 正交，因此可得奇异值分解：$A = U\Sigma V^T$。在 MATLAB 中，利用函数 svd 就可以完成对矩阵的奇异值分解。其基本调用格式如下：

格式一：[U,S,V]=svd(X)

功能：返回 3 个矩阵，使得 X=U*S*V'。其中 S 为与 X 相同维数的矩阵，且其对角元素为非负递减。

【例 3-11】
>>A=[9,4;6,8;2,7];
>>[U,S,V]=svd(A)

U =	−0.6105	0.7174	0.3355
	−0.6646	−0.2336	−0.7098
	−0.4308	−0.6563	0.6194

S =	14.9359	0
	0	5.1883
	0	0

V =	−0.6925	0.7214
	−0.7214	−0.6925

格式二：S=svd(A)

功能：返回奇异值组成的向量。

【例 3-12】
>>S=svd(A)
S= 14.9359
    5.1883

6. 矩阵的特征值分析

矩阵 A 的特征值 λ 和特征矢量 v，满足：

$$Av = \lambda v \tag{3-10}$$

以特征值构成对角阵 Λ,相应的特征矢量作为列构成矩阵 V,则有:

$$AV = V\Lambda \tag{3-11}$$

如果 V 为非奇异,则上式就变成了特征值分解:

$$A = V\Lambda V^{-1} \tag{3-12}$$

MATLAB 中,利用函数 eig 可求出矩阵 A 的特征值和特征值分解,该函数的基本调用格式如下。

格式一: d=eig(A)

功能:返回方阵 A 的全部特征值所构成的向量。

格式二: [V,D]=eig(A)

功能:返回矩阵 V 和 D。其中对角阵 D 的对角元素为 A 的特征值,V 的列向量是相应的特征向量,使得 A*V=V*D。

【例 3-13】
```
>>A=[0,-6,-1;6,2,-16;-5,20,-10];
>> lambda=eig(A)
lambda =  -3.0710
          -2.4645 +17.6008i
          -2.4645 -17.6008i
>>[V,D]=eig(A)
V =  -0.8326       0.2003 - 0.1394i     0.2003 + 0.1394i
     -0.3553      -0.2110 - 0.6447i    -0.2110 + 0.6447i
     -0.4248      -0.6930              -0.6930
D =  -3.0710       0                    0
      0           -2.4645 +17.6008i     0
      0            0                   -2.4645 -17.6008i
```

7. 矩阵的幂次运算

矩阵的幂次运算是矩阵乘法的扩展。在 MATLAB 中,矩阵的幂次运算是指以下两种情况:一是矩阵为底数,指数是标量的运算操作;二是底数是标量,矩阵为指数的运算操作。两种情况都要求矩阵是方阵,否则,将显示出错信息。

(1)矩阵的正整数幂

MATLAB 中,如果 A 是一个方阵,而且 p 是一个正整数,那么 A^p 表示 A 自己乘 p 次,即 $A \wedge p = \overbrace{A * A * \cdots * A}^{p}$。

【例 3-14】
```
>>A=pascal(3)              >>X=A^3
A=  1    1    1             X=  19    45    81
    1    2    3                 45   109   198
    1    3    6                 81   198   361
```

(2)矩阵的负数幂

MATLAB 中,如果 A 是一个非奇异方阵,而且 p 是一个正整数,那么 A^(-p) 表示 inv(A) 自己乘 p 次。

【例 3-15】
```
>>X=A^(-3)
X=    145.0000   -207.0000    81.0000
```

```
        −207.0000    298.0000    −117.0000
         81.0000    −117.0000     46.0000
```

（3）矩阵的分数幂

如果 A 是一个方阵，表达式 A^p 中的 p 允许取分数，那么它的结果取决于矩阵的特征值的分布。

【例 3-16】
```
    >>X=A^(2/3)
    X=    0.8901    0.5882    0.3684
          0.5882    1.2035    1.3799
          0.3684    1.3799    3.1167
```

（4）矩阵的元素幂、按矩阵元素的幂

MATLAB 中，利用运算符".^"实现矩阵的元素幂或按矩阵元素的幂运算。

【例 3-17】
```
    >>X=A.^2                      >> X=2.^A
    X=    1    1    1             X=    2    2    2
          1    4    9                   2    4    8
          1    9   36                   2    8   64
```

8. 矩阵结构形式的提取与变换

在做矩阵运算时，往往需要提取其中的某些特殊结构的元素，来组成新的矩阵；有时则要改变矩阵的排列。除了在前面章节讲过的提取行、列和将行、列转置的语句外，MATLAB 还提供了一些改变矩阵结构的函数，这些函数如表 3.1 所示。

（1）矩阵左右翻转函数 fliplr

格式：X=fliplr(A)

【例 3-18】
```
    >>A=[1,2,3; 4,5,6]            >> X=fliplr(A)
    A=    1    2    3             X=    3    2    1
          4    5    6                   6    5    4
```

（2）矩阵上下翻转函数 flipud

格式：X=flipud(A)

【例 3-19】
```
    >>A =[1,2,3; 4,5,6];
    >>X=flipud(A)
    X=    4    5    6
          1    2    3
```

（3）矩阵阶数重组函数 reshape

格式一：X=reshape(A,n,m)

功能：将矩阵 A 中的所有元素按列的秩序重组成 n×m 阶矩阵 X，当 A 中没有 m×n 个元素时会显示出错信息。

格式二：X=reshape(A,m,n,p,...) 或 X=reshape(A,[m,n,p,...])

功能：从 A 中形成多维阵列(m×n×p×...)。

【例 3-20】
```
    >>A =[1,2,3; 4,5,6];
    >>X=reshape(A,3,2)
```

```
X=   1    5
     4    3
     2    6
```

（4）矩阵整体反时针旋转函数 rot90

格式一：X=rot90(A)

功能：将矩阵按反时针旋转 90°。

格式二：X=rot90(A, k)

功能：将矩阵按反时针旋转 k*90°，其中 k 应为整数。

【例 3-21】
```
>>A =[1,2,3; 4,5,6];
>> X=rot90(A)
    X=   3    6
         2    5
         1    4
```

（5）对角矩阵和矩阵的对角化函数 diag

格式一：X=diag(A,k)

功能：当 A 为 n 元向量时，可得 n+abs(k)阶的方阵 X，其中 A 的元素处于第 k 条对角线上；k=0 表示主对角线，k>0 表示在主对角线之上，k<0 表示在主对角线之下。当 A 为矩阵时，X=diag(A,k) 得到列向量 X，它取自于 X 的第 k 个对角线上的元素。

格式二：X=diag(A)

功能：当 A 为 n 元向量时，等同于 k=0 时的 X=diag(A,k)，即产生 A 的元素处于主对角线的对角方阵。当 A 为矩阵时，X=diag(A)相当于 k=0。

【例 3-22】
```
>>A=[1,2,3];
>>X=diag(A), Y=diag(A,1)
    X=  1   0   0             Y =   0   1   0   0
        0   2   0                   0   0   2   0
        0   0   3                   0   0   0   3
                                    0   0   0   0
```

又如输入：
```
>>Z=fix(10*rand(3))          >>C1=diag(Z), C2=diag(Z,-1)
    Z=   6   0   9               C1=   6          C2 = 2
         2   7   4                     7                4
         1   4   4                     4
```

（6）取矩阵的左下三角部分函数 tril

格式一：X=tril(A,k)

功能：得到矩阵 A 的第 k 条对角线及其以下的元素；当 k=0 时表示主对角线，k>0 表示主对角线之上，k<0 表示主对角线以下。

格式二：X=tril(A)

功能：得到矩阵 A 的下三角阵。

【例 3-23】
```
>>L1=tril(Z), L2=tril(Z,-1)
    L1=  6   0   0             L2 =   0   0   0
         2   7   0                    2   0   0
         1   4   4                    1   4   0
```

（7）取矩阵的右上三角部分函数 triu

格式一：X=triu(A,k)

功能：得到矩阵 A 的第 k 条对角线及其以上的元素；当 k=0 时表示主对角线，k>0 表示主对角线之上，k<0 表示主对角线以下。

格式二：X=triu(A)

功能：得到矩阵 A 的右上三角阵。

（8）利用":"将矩阵元素按列取出排成一列

方法：X=A(:)'

【例 3-24】
```
>>A =[1,2,3; 4,5,6] ;
>> B=A(:)'
    B=     1     4     2     5     3     6
```

3.2 多项式运算

无论是在线性代数中，还在信号处理、自动控制等理论中，多项式运算都有着十分重要的地位。因此，MATLAB 为多项式的操作提供了相应函数库 matlab\polyfun，如表 3.2 所示。

表 3.2 多项式和插值函数库（polyfun）

多项式	roots	多项式求根	多项式	polyfit	用多项式曲线拟合数据
	poly	按根组成多项式		polyder	多项式求导数
	polyval	多项式求值		polyint	多项式积分
	polyvalm	矩阵作变元的多项式求值		conv	多项式相乘，卷积
	residue	部分分式展开（留数）		deconv	多项式相除，反卷积
数据插值	interp1	一维插值（一维查表）	数据插值	interpn*	n 维插值（二维查表）
	interp1q	快速一维线性插表		interpft	用 FFT 方法的一维插值
	inter2	二维插值		griddata	网格数据生成
	interp3	三维插值（二维查表）		pchip	分段三次 Hermite 插值多项式
样条插值	spline	三次样条函数插值	样条插值	unmkpp	提供分段多项式的细节
	ppval	多段多项式计算		table1	一维插值表
	mkpp	构成分段多项式		table2	二维插值表
	griddata3	三维数据分格和超曲面拟合		griddatan	n 维数据分格和超曲面拟合
几何分析	delaunay	Delaunay 三角化	几何分析	convhull	求凸壳
	delaunay3	三维 Delaunay 分格		convhulln	求 n 维凸壳
	delaunayn	n 维 Delaunay 分格		voronoi	Voronoi 图
	dsearch	最近的 Delaunay 三角化		voronoin	n 维 Voronoi 图
	dsearchn	n 维最近点的搜索		inpolygon	点在多边形内是为真
	tsearch	最近的三角搜索		rectint*	矩形相交区域
	tsearchn	n 维最近的三角搜索		polyarea*	多边形区域

3.2.1 多项式表示及其四则运算

1. MATLAB 的多项式表示

在 MATLAB 中，对多项式 $p(x) = a_n x^n + a_{n-1} x^{n-1} + \cdots + a_1 x^1 + a_0$ 用其系数的行向量 $p=[a_n,$

$a_{n-1},\cdots,a_1,a_0]$ 来表示，该向量的元素按幂指数降序排列，变量 x 的幂次已隐含在系数元素的排序中。值得注意的是，如果 x 的某次幂的系数为零，这个零必须列入系数向量中。例如一个一元三次多项式：

$$p(x) = x^3 - 2x - 5$$

可表示成行向量：p=[1,0,–2, 5]。下面以 $a(x)=x^3+2x^2+3x+4$ 和 $b(x)=x^3+4x^2+9x+16$ 两个多项式为例，对多项式的运算操作进行描述。

2．多项式的加减运算

对多项式的加减运算，MATLAB 没有提供一个直接的函数命令。如果两个多项式向量大小相同，标准的数组加法有效。例如，把多项式 $a(x)$ 与多项式 $b(x)$ 相加求解如下：

```
>>a=[1,2,3,4]; b=[1,4,9,16];
>>d=a+b
    d=   2    6    12    20
```

所得结果代表的多项式为：$d(x)= 2x^3+6x^2+12x+20$。

注意，当两个多项式阶次不同，低阶的多项式必须用首位零填补，使其与高阶多项式有同样的阶次。例如将多项式 $d(x)$ 与多项式 $c(x)=x^6+6x^5+20x^4+50x^3+75x^2+84x+64$ 相加：

```
>>c= [1, 6, 20, 50, 75, 84, 64];
>>e=c+[0  0  0  d]
    e=  1    6    20    52    81    96    84
```

所得结果代表的多项式为：$e(x)= x^6+6x^5+20x^4+52x^3+81x^2+96x+84$。这里要求首位补零而不是末尾补零，是因为要求相同幂次的系数必须对齐。

3．多项式相乘运算

多项式的相乘就是两个代表多项式的行向量的卷积，利用函数 conv 来实现。

格式：w=conv(u,v)

功能：返回 u 和 v 两向量的卷积，也就是 u 和 v 代表的两个多项式的乘积。

【例 3-25】

```
>> a=[1  2  3  4]; b=[1  4  9  16];
>> w=conv(a , b)
    w=   1    6    20    50    75    84    64
```

所得结果代表的多项式为：$w(x)=x^6+6x^5+20x^4+50x^3+75x^2+84x+64$。如果想计算多个多项式的乘积，用户可以多次使用 conv 函数。

4．多项式相除

在一些特殊情况下，一个多项式需要除以另一个多项式。在 MATLAB 中，这由函数 deconv 完成。其基本调用格式为：

[q , r]=deconv(u , v)

功能：给出商多项式 q 和余数多项式 r，u 为被除多项式。

【例 3-26】

```
>>[q , r]=deconv(w, b)
    q =   1    2    3    4
    r =   0    0    0    0    0    0    0
如令除数 a1=a+1，则有：a1=   2    3    4    5
>>[q1, r1]=deconv(w, a1)
```

```
q1=     0.5000    2.2500    5.6250   10.8125
r1=          0         0         0         0    8.8125   12.6250    9.9375
```

可以用商式与除式相乘，再加上余式的方法来检验：

```
>>w1=conv(q1,a1)+r1
  w1= 1    6    20    50    75    84    64
```

与 w 相同，说明除法是正确的。

3.2.2 多项式求导、求根和求值

1. 多项式求导函数 polyder

格式一：k=polyder(p)
功能：返回多项式 p 的一阶导数。

【例 3-27】
```
>> w
   w= 1    6    20    50    75    84    64
>> k=polyder(w)
   k= 6    30   80   150   150   84
```

格式二：k=polyder(u,v)
功能：返回多项式 u 与 v 乘积的导数。

格式三：[q,d]=polyer(u,v)
功能：返回多项式商 u/v 的导数，返回的格式为：q 为分子，d 为分母。

【例 3-28】
```
>> k1=polyder(a,b)
   k1= 6    30   80   150   150   84
>> [q,d]=polyder(a,b)
q =  2   12   42   32   12
d =  1    8   34  104  209  288  256
```

2. 多项式的根

求解多项式的根，即 $p(x)=0$ 的解。在 MATLAB 中，求解多项式的根由 roots 函数命令来完成。
格式：r=roots(p)
功能：返回多项式 $p(x)$ 的根。注意，MATLAB 按惯例规定，多项式是行向量，根是列向量。

【例 3-29】 求解多项式 $x^4-12x^3+25x+116$ 的根。

```
>> p=[1,-12,0,25,116];
>> r=roots(p)
   r= 11.7473
       2.7028
      -1.2251 + 1.4672i
      -1.2251 - 1.4672i
```

当给出一个多项式的根时，也可用 poly 函数构造相应的多项式。例如：

```
>> pp=poly(r)
   pp= 1.0000  -12.0000  -0.0000   25.0000  116.0000
```

注意，当用根重组多项式时，由于截断误差，在 poly 的结果中有可能出现一些小的虚部，这时使用函数 real 抽取实部，消除虚假的虚部。

poly 函数除了可以由已知根求多项式的系数，还可以计算矩阵的特征多项式系数。

【例 3-30】
>>A=[1.2,3,–0.9;5,1.75,6;9,0,1];
>>p1=poly(A)
p1= 1.0000   –3.9500   –1.8500   –163.2750

特征多项式的根就是矩阵的特征值，可以用 roots 函数求得。例如：
>>roots(p1)
ans = 7.2826
   –1.6663 + 4.4321i
   –1.6663 – 4.4321i

当然，也可以用 eig 函数直接求矩阵的特征值。例如：
>> eig(A)
ans = 7.2826
   –1.6663 + 4.4321i
   –1.6663 – 4.4321i

3．多项式求值函数 polyval

利用函数 polyval 可以求得多项式在某一点的值。其基本调用格式为：
y=polyval(p,x)

功能：返回多项式 p 在 x 处的值。其中 x 可以是复数，也可以是数组。

【例 3-31】
>>x=[1,2,3];
>>y=polyval(a,x)
y=   10   26   58

【例 3-32】 设 a1=[2, 4, 6, 8]为系统分母系数向量，b1=[3, 6, 9]为系统分子系数向量，求此系统的频率响应并画出频率特性。令频率数组 w 取线性间隔，MATLAB 源程序如下：

```
a1=[2, 4, 6, 8]; b1=[3, 6, 9];
w=linspace(0,10);              %在 w=0~10 之间按线性间隔取 100 点（默认值）
A=polyval(a1,j*w); B=polyval(b1,j*w);   %分别求分母分子多项式的值
subplot(2,1,1); plot(w,abs(B./A));      %画两者相除所得的幅频特性
subplot(2,1,2); plot(w,angle(B./A));    %画两者相除所得的相频特性
```

该程序运行结果如图 3.2(a)所示。若频率特性采用对数坐标绘制，只需将输入频率数组取对数等间隔，MATLAB 源程序如下：

```
w1=logspace(–1,1);             %w1 从–1 至 1，按对数分割为 50 点（默认值）
F=polyval(b1,j*w1)./polyval(a1,j*w1);   %求出这些点上的频率响应（复数）
subplot(2,1,1);loglog(w1,abs(F));       %在对数坐标中画出幅频特性
subplot(2,1,2); semilogx(w1,angle(F));  %在对数坐标中画出相频特性
```

该程序运行所得曲线如图 3.2(b)所示。可以看出，这对于求线性系统的频率特性非常方便。
当多项式的变量是矩阵时，构成的矩阵多项式可以利用 polyvalm 函数求值。基本调用格式为：
Y=polyvalm(p,X)

功能：返回矩阵多项式 p 在 X 处的值。

【例 3-33】
>>p=[1,0,–2,–5]; X=[2,4,5;–1,0,3;7,1,5];
>>Y=polyvalm(p,X)
Y=   377   179   439
     111   81   136
     490   253   639

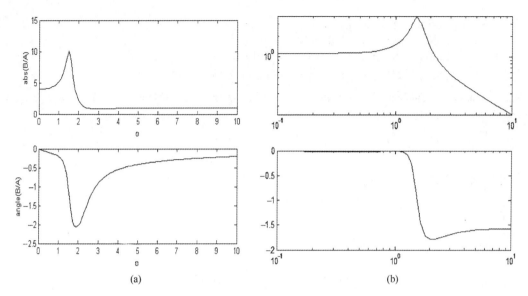

图 3.2 线性坐标和对数坐标中的频率特性

4．部分分式展开函数 residue

在许多应用中，例如傅里叶（Fourier）、拉普拉斯（Laplace）和 z 变换，会出现有理多项式或两个多项式之比 $b(s)/a(s)$。在 $b(s)$ 和 $a(s)$ 没有重根的情况下，有理多项式 $b(s)/a(s)$ 可以进行部分分式展开。MATLAB 提供了 residue 函数来完成有理多项式的部分分式展开，它是一个对系统传递函数特别有用的函数，其基本调用格式如下。

格式一：[r,p,k]=residue(b,a)

功能：把 $b(s)/a(s)$ 展开成：$\dfrac{b(s)}{a(s)} = \dfrac{r_1}{s-p_1} + \dfrac{r_2}{s-p_2} + \cdots + \dfrac{r_n}{s-p_n} + k_s$，其中 r 代表余数数组，p 代表极点数组，k_s 代表部分分式展开的常数项。当分母多项式的阶次高于分子多项式的阶次时，$k_s = 0$。

【例 3-34】 将有理多项式 $\dfrac{10s+20}{s^3+8s^2+19s+12}$ 展开成部分分式。在 MATLAB 命令窗口可做如下操作：

```
>> num= [10, 20];
>> den=[1, 8, 19, 12];
>> [res, poles, k]=residue(num, den)
res =    -6.6667
          5.0000
          1.6667
poles =  -4.0000
         -3.0000
         -1.0000
k =     [ ]
```

即有理多项式可展开为：$\dfrac{10s+20}{s^3+8s^2+19s+12} = \dfrac{-6.6667}{s+4} + \dfrac{5}{s+3} + \dfrac{1.6667}{s+1} + 0$

格式二：[b, a]=residue(r, p, k)

功能：格式一的逆作用。例如：

```
>> [b,a]=residue(res,poles,k)
b=    0.0000    10.0000    20.0000
a=    1.0000    8.0000    19.0000    12.0000
```

可以看出，所得结果与开始时的分子 num 和分母 den 多项式一致。

注意：residue 函数也能处理重极点的情况。对于 m 重极点，即 $p(j) = p(j+1) = \cdots = p(j+m)$ 时，这时部分分式展开应表示为：

$$\frac{r(j)}{s-p(j)} + \frac{r(j+1)}{(s-p(j+1))^2} + \cdots + \frac{r(j+m)}{(s-p(j+m))^m} \tag{3-13}$$

另外，利用函数 residue，可以实现对以下线性微分方程的求解。

$$a_0 y' + a_1 y'' + \cdots + a_n y^{(n)} = b_0 x' + b_1 x'' + \cdots + b_m x^{(m)} \tag{3-14}$$

其求解步骤为：

（1）将线性常微分方程用拉普拉斯算子 s 表示为：

$$Y(s)=B(s)/A(s) \tag{3-15}$$

其中 $B(s)$ 和 $A(s)$ 都是 s 的多项式，分母多项式的阶数 n 通常大于分子多项式的阶数 m。

（2）用[r, p, k]=residue(b, a) 求出 $Y(s)$ 的极点数组 p、余数数组 r 及常数 k。由于 $n>m$，k 为空阵，因而 $Y(s)$ 可表示为

$$Y(s) = \frac{r(1)}{s-p(1)} + \frac{r(2)}{s-p(2)} + \frac{r(3)}{s-p(3)} + \frac{r(4)}{s-p(4)} + \cdots \tag{3-16}$$

（3）求它的拉普拉斯反变换，得

$$y(t) = r(1)e^{p(1)t} + r(2)e^{p(2)t} + \cdots \tag{3-17}$$

【例 3-35】 求解下列线性常微分方程的解析解。

$$\frac{d^3 y}{dt^3} + 5\frac{d^2 y}{dt^2} + 4\frac{dy}{dt} + 7y = 3\frac{d^2 u}{dt^2} + 0.5\frac{du}{dt} + 4$$

对微分方程两端进行拉普拉斯变换得：

$$Y(s) = \frac{3s^2 + 0.5s + 4}{s^3 + 5s^2 + 4s + 7} = \frac{B(s)}{A(s)}$$

因此，可做如下操作：

```
>> a=[1,5,4,7];b=[3,0.5,4];
>>[r,p,k]=residue(b,a);
>> t=0:0.2:10;        %设定时间数组
>>yi=r(1)*exp(p(1)*t)+r(2)*exp(p(2)*t)+r(3)*exp
   (p(3)*t);          %计算时域函数值
>>plot(t,yi);         %绘制求解曲线
```

所得曲线如图 3.3 所示。

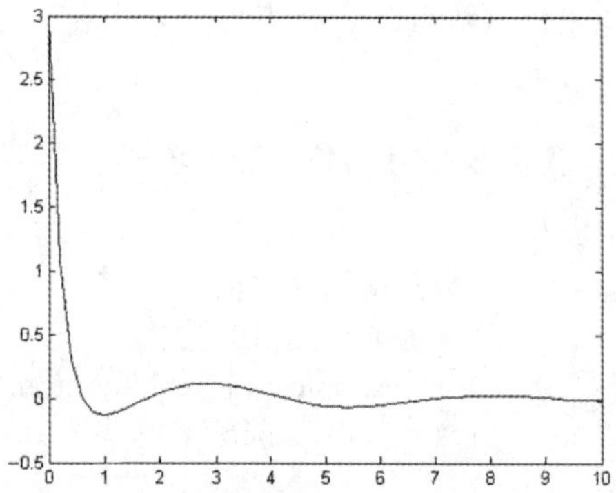

图 3.3 函数曲线（脉冲响应）

3.2.3 多项式拟合与多项式插值

1. 多项式拟合函数 polyfit

在线性代数中，对于数据的拟合，方法很多，多项式拟合则是其中之一。在 MATLAB 系统中提供一条专用多项式拟合函数 polyfit，用户只需输入相应的数据和参数就可构造出一条最光滑的曲线。

格式：p=polyfit(x,y,n)

功能：利用已知的数据向量 x 和 y 所确定的数据点，采用最小二乘法构造出 n 阶多项式去逼

近似已知的离散数据，实现多项式曲线的拟合。其中 p 是求出的多项式系数，n 阶多项式应该有 n+1 个系数，故 p 的长度为 n+1。

【例 3-36】 设原始数据为 x，在 11 个点上测得的 y 值如下：
```
>>x=[-2.0,-1.6,-1.2,-0.8,-0.4,0,0.4,0.8,1.2,1.6,2.0];
>>y=[2.8,2.96,2.54,3.44,3.56,5.4,6.0,8.4,9.5,13.3,15];
```
若采用 2 阶多项式拟合，则可执行命令：
```
>>p1=polyfit(x,y,2)        %采用 2 阶多项式拟合
 p1=     1.0303      3.0818      4.9788
```
因此，所拟合的多项式为：$1.0303x^2 + 3.0818x + 4.9788$。为了比较，下面把原始数据和拟合得到的曲线画出来，如图 3.4(a)所示。
```
>>x1=linspace(-2,2,100);       %在[-2,2]区间取 100 个点
>>y1=polyval(p1,x1);           %计算拟合多项式 y1 的值
>>plot(x,y,'o',x1,y1,'b');     %绘制原始数据和拟合曲线
>>legend('原始数据','2 阶多项式')
```
注意以下两点：

其一，拟合的多项式的阶数可以任意选取，但最大拟合阶次应为原始数据长度减 1。例如在例 3-36 中，对于给定 11 点的最大拟合阶次为 10，此时拟合曲线将通过全部给定点，如图 3.4(b)所示，但曲线出现振荡，反而看不出数据的变化规律。可以看出，拟合曲线的阶次不宜太高，高阶多项式的拟合效果未必就好。

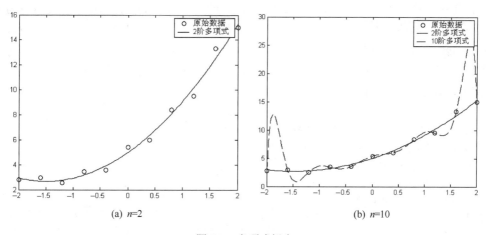

图 3.4 多项式拟合

```
>>p2=polyfit(x,y,10);              %采用 10 阶多项式拟合
>>x2=x1; y2=polyval(p2,x2);        %计算拟合多项式 y2 的值
>>plot(x,y,'o',x1,y1,'b',x2,y2,'b- -');  %绘制原始数据和两条拟合曲线
>>legend('原始数据','2 阶多项式','10 阶多项式')
```
其二，如果选择拟合的多项式的阶次不同，就会得到不同的拟合结果，这从例 3-36 中就可以得到。

2．多项式插值

插值就是在已知的数据点之间利用某种算法寻找估计值的过程。在信号处理、图像处理中，插值运算占有很重要的地位。MATLAB 提供了一系列的插值函数，如表 3.1 所示。这为用户提供了很大的方便。插值和拟合的不同点在于：① 插值函数通常是分段的，因而人们关心的不是函数

的表达式,而是插值出的数据点;② 插值函数应通过给定的数据点。

(1) 一维插值函数 interp1

在 MATLAB 中,一维插值可以通过一维插值函数 interp1 来实现。此函数对于数据分析和曲线拟合都是很重要的。其基本调用格式为:

　　yi=interp1 (x, y, xi, 'method')

功能:为给定的数据对(x,y)以及 x 坐标上的插值范围向量 xi,用指定所使用的插值方法 method 实现插值。yi 是插值后的对应数据点集的 y 坐标。对于一维插值,用于插值的方法 method 有以下 6 种可供选择。

- nearest(最邻近插值法):该方法将内插点设置成最接近于已知数据点的值,其特点是插值速度最快,但平滑性较差。
- linear(线性插值):该方法连接已有数据点作线性逼近。它是 interp1 函数的默认插值方法,其特点是需要占用更多的内存,速度比 nearest 方法稍慢,但平滑性优于 nearest 方法。
- spline(三次样条插值):该方法利用一系列样条函数获得内插数据点,从而确定已有数据点之间的函数。其特点是处理速度慢,但占用内存少,可以产生最光滑的插值结果。
- cubic(立方插值):该方法 y 拟合三次曲线函数,从而确定内插点的值。其特点是占用内存和处理时间较多,但插值数据及其导数都是连续的。
- pchip(三次 Hermite 插值):该方法与 cubic 类似。
- v5cubic:MATLAB 5.x 版本的三次插值。

注意:所有的插值方法都要求向量 x 的元素是单调的。每种插值方法都可以处理非等间距节点的插值。如果输入的数据是等间距的,可以在插值方法前加一个星号"*",以提高处理速度,例如"*nearset"。

【例 3-37】 比较上述几种一维插值方法的效果。

编写的 MATALB 源程序如下:

```
x=0:9; y=[0,1.8,2.1,0.9,0.2,–0.5,–0.2,–1.7,–0.9,–0.3];
x1=0:0.01:9;              %在 x 坐标上的插值范围
y1=interp1(x,y,x1,'*nearset'); % 求 y 坐标上的插值
y2=interp1(x,y,x1,'*linear');
y3=interp1(x,y,x1,'spline');
y4=interp1(x,y,x1,'cubic');
plot(x,y,'ok',x1,y1,'–r',x1,y2,'–.b',x1,y3,':c',x1,y4,'––k');
legend ('原始数据','最近点插值','线性插值','样条插值','立方插值')
```

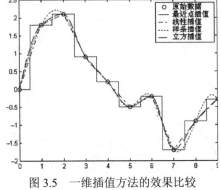

图 3.5　一维插值方法的效果比较

运行结果如图 3.5 所示。

(2) 二维插值函数

二维插值主要应用于图像处理与数据的可视化。

- 非等距插值函数 griddata

格式:zi=griddata(x,y,z,xi,yi,method)

功能:已知的元素值由 3 个向量来描述:x、y 和 z。函数返回值为一矩阵 zi,其元素的值由 x、y 和 z 确定的二元函数插值得到。其中 method 可以为:linear,即线性插值(默认值);cubic,即三次插值;nearest,即最近邻插值;v4,即 MATLAB 4 的 griddata 插值方法。

【例 3-38】 已知变量 x、y 和 z 之间的关系为 $z = xe^{-x^2-y^2}$,若已知 100 个变量 z 的随机数据,试利用二维插值函数 griddata 绘制出该变量的网格图。MATLAB 源程序为:

```
rand('state',0);              %将随机数发生器设为初始状态
x=rand(100,1)*4.2;            %生成随机向量 x
y=rand(100,1)*4.2;            %生成随机向量 y
z=x.*exp(-x.^2-y.^2);         %由向量对 x、y 生成 z 数据
ti=-2:0.25:2;                 %设置插值范围
[xi,yi]=meshgrid(ti,ti);      %转换成三维网格 X 和 Y 坐标的插值范围
zi=griddata(x,y,z,xi,yi);     %插值处理
mesh(xi,yi,zi);               %绘制插值图形
hold on
plot3(x,y,z,'o');             %绘制原始数据图形
hold off
```

该程序运行结果如图 3.6 所示。由于 x 和 y 都是随机生成的,可见 griddata 可以对无规则的数据进行插值。

- 单调节点插值函数 interp2

格式:zi=interp2(x, y, z, xi, yi, 'method')

功能:已知的元素值由 3 个向量来描述:x、y 和 z。其中,x、y 是已知数组并且大小相同,z 是相对应的已知点上的函数值;xi、yi 是用于插值的矢量;zi 是根据相应的插值方法并且与(xi, yi)对应的插值结果。method 用于指定所使用的插值方法:linear,即双线性插值(默认值);cubic,即双三次插值;nearest,即最近邻插值;spline,即三次样条插值。

【例 3-39】 已知某矩形温箱中 3×5 个测试点上的温度,求全箱的温度分布。给定:width=1:5; depth=1:3, temps=[82, 81,80, 82, 84; 79, 63, 61, 81; 84, 84, 82, 85, 86]。要求计算沿宽度和深度细分网格:di=1: 0.2: 3、wi=1: 0.2: 5 交点上各点的温度。MATLAB 源程序为:

```
width=1:5;
depth=1:3;                                    %宽度方向取 5 格,深度方向取 3 格,共 15 个测试点
temps=[82,81,80,82,84;79,63,61,65,81;84,84,82,85,86];   %15 个点上的温度
di=1:0.2:3;wi=1:0.2:5;
tc=interp2(width,depth,temps,wi,di','cubic');  %求细网格上各点温度
mesh(wi,di,tc)                                 %绘三维曲面
```

该程序运行所得温度分布图形如图 3.7 所示。注意 interp2 中所用的 wi, di'是宽度和深度方向的细分坐标向量,di'必须变换为列向量,插值函数运算时会自动将它们转变为宽度和深度平面上的网格,并计算网格点上的温度。

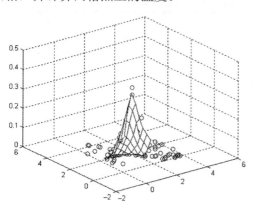

图 3.6 griddata 元插值

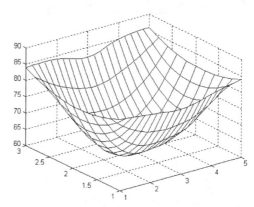

图 3.7 二维插值曲面

（3）高维插值和交互式样条插值
- 高维插值函数

三维插值及三维以上的插值称为高维插值。用于实现高维插值的函数有：interp3（三维插值函数）、interpn（n 维插值函数）、ndgrid（n 维数据网格）。其调用格式与 interp2 函数很类似，读者可利用 help 来获得具体调用格式。

- 交互式样条插值函数

在 MATLAB 6.0 及以上版本中，样条工具箱新增加了交互式插值样条函数 splinetool。该函数以对话框的形式为用户提供了插值过程。其调用格式如下。

格式一：splinetool

功能：用于生成各种样条曲线，这里几乎包括所有生成样条曲线方法。在它的初始菜单中提供了各种数据，用户可以选择一种生成的样条曲线。例如：

>>splinetool

这时就可得到 Splinetool 的初始界面，如图 3.8 所示，在该界面中，用户可以选择提供给自己的数据，或者利用系统提供的数据。这里选择系统提供的 Census data 数据，单击后则会出现交互式界面，如图 3.9 所示。在图形界面的 Approximation 中，可以选择生成样条的方法。同时还可以选择生成样条的辅助图形，如一阶、二阶导数曲线图、误差图等，默认方式为误差曲线图，显示在右下方。

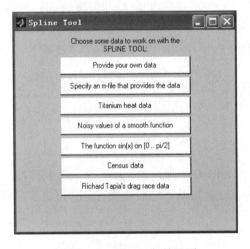

图 3.8　splinetool 初始界面

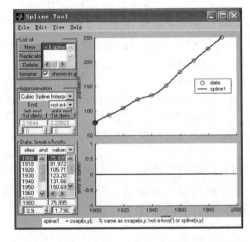

图 3.9　census data 数据的三次样条插值界面

格式二：splinetool(x,y)

功能：用户输入数组 x、y，并在用户图形界面下生成样条曲线。

【例 3-40】　在 MATLAB 命令窗输入如下命令：

>>X=1:15;
>> Y=[12,34,56,78,99,123,165,198,243,277,353,345,303,288,275];
>> splinetool(X,Y)

上述命令执行后，就可打开一个交互式图形窗，然后分别选取样条插值法和最小二乘拟合法，得到的效果分别如图 3.10 和图 3.11 所示。

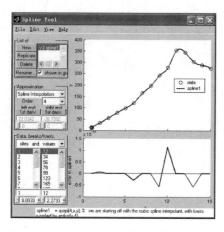 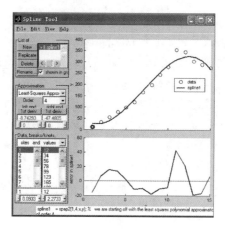

图 3.10　splinetool 三次样条插值界面　　　　图 3.11　splinetool 最小二乘拟合法插值界面

3.3　数据分析与统计

对于数据的分析与统计，MATLAB 在 matlab\datafun 目录中提供了相关的分析函数，在命令窗口发 help datafun 命令即可查阅相关函数命令，如表 3.3 所示。注意，在 MATLAB 中，对于给定的一组数据 $\{x_i\}$（$i=1,2,\cdots,N$），是用向量 $x=[x_1,x_2,\cdots,x_N]$ 来表示的。下面我们将以向量 a=[1,2,3,4,5,6] 和 b=[2,4,6,8,6,3]、矩阵 x=[6,9,3,4,0;5,4,1,2,5;6,7,7,8,0;7,8,9,10,0] 为例，对这些函数的使用作一简要介绍。

表 3.3　数据分析基本操作函数

分类	函数	意义	分类	函数	意义
基本运算	max	最大元素	基本运算	sum	元素之和
	min	最小元素		prod	元素之积
	mean	平均值		cumsum	列元素的累加和
	median	中间值		cumprod	列元素的累积
	std	标准差		hist	直方图
	sort	按升序排列元素		histc	直方图统计数
	sortrows	按升序排列各行		trapz	用梯形法做定积分
	var	方差		cumtrapz	列梯形法做不定积分
差分	diff	差分函数和近似微分	差分	gradient	近似梯度
	del2	5 点离散拉普拉斯算子			
相关	corrcoef	相关系数	相关	cov	协方差矩阵

3.3.1　数据基本操作

1. 求最大值函数 max

格式一：xM=max(x)

功能：如果 x 是向量，返回 x 中最大值元素；如果 x 是矩阵，则将矩阵每列作为处理向量，返回一个行向量，其元素为矩阵每列中的最大元素；如果 x 为多维数组，则沿第一个非单元素维进行处理，求得各向量的最大值。

格式二：xM=max(x, y)

功能：返回一个与 x 和 y 一样大小的数组，其元素取 x 或 y 中最大的一个。

格式三：xM=max(x,[],dim)

功能：返回数组（矩阵）x 由标量 dim 所指定的维数（或行）中的最大值。

格式四：[xM,I]=max(…)

功能：返回最大值同时，返回一个下标向量。

如果输入数据 x 为复数，max 函数返回复数最大模：max(abs(x))。

【例 3-41】

```
>> a=[1,2,3,4,5,6];b=[2,4,6,8,6,3];
>>x=[6,9,3,4,0;5,4,1,2,5;6,7,7,8,0;7,8,9,10,0];
>> xM=max(x);
>>[xM, I]=max(x)
xM =     7     9     9     10     5
I  =     4     1     4     4     2
```

2．求最小值函数 min

min 函数的调用格式与 max 函数的调用格式相同，只是功能与 max 函数相反，所得结果为最小值。如果输入数据 x 为复数，min 函数返回复数最小模：min(abs(x))。例如：

```
>> [mx, I]=min(x)
mx =     5     4     1     2     0
I  =     2     2     2     2     1
```

3．求平均值函数 mean

格式：M=mean(x)

功能：如果 x 为向量，则返回向量 x 的平均值；如果 x 为矩阵，则将矩阵每列当作向量处理，返回一个平均值行向量；如果 A 为多维数组，则沿第一个非单元素维进行处理，返回一个平均值数组。例如：

```
>> M=mean(x)
M=     6.0000     7.0000     5.0000     6.0000     1.2500
```

4．求中间值函数 median

格式：M=median(x)

功能：如果 x 为向量，则返回向量 x 的中间值；如果 x 为矩阵，则将矩阵每列作处理向量，返回一个中间值行向量；如果 A 为多维数组，则沿第一个非单元素维进行处理，返回一个中间值数组。例如：

```
>> M=median(x)
M =     6.0000     7.5000     5.0000     6.0000     0
```

5．求元素和函数 sum

格式：s=sum(x)

功能：如果 x 为向量，则返回向量 x 的元素和；如果 x 为矩阵，则将矩阵每列当作向量处理，返回一个元素分别为各列和的行向量；如果 A 为多维数组，则沿第一个非单元素维进行计算，返回一个元素和数组。例如：

```
>>M=sum(x)
```

$$M = \begin{matrix} 24 & 28 & 20 & 24 & 5 \end{matrix}$$

6．求标准偏差函数 std 与方差函数 var

对于向量 x 有两种标准差定义方法：

$$s_1 = \left[\frac{1}{N-1}\sum_{k=1}^{N}(x_i - \bar{x})^2\right]^{1/2} \quad \text{或} \quad s_2 = \left[\frac{1}{N}\sum_{k=1}^{N}(x_i - \bar{x})^2\right]^{1/2} \qquad (3\text{-}18)$$

其中 $\bar{x} = \frac{1}{N}\sum_{k=1}^{N}x_i$，$N$ 为样本的元素个数。

MATLAB 中提供的标准差函数调用格式如下。

格式一：s=std(x)

功能：x 为向量，则返回用 s_1 计算的标准偏差 s。如果 x 是服从正态分布的随机样本，则 s^2 为其方差的最佳无偏估计；如果 x 为矩阵，则返回矩阵每列标准差的行向量；如果 x 为多维数组，则沿 x 第一个非单元素维计算元素的标准偏差。

格式二：s=std(x, flag)

功能：如果 flag=0，与 s=std(x)一样；如果 flag =1，则返回用 s_2 计算的标准差。例如：

```
>> s=std(x)
s=    0.8165    2.1602    3.6515    3.6515    2.5000
>> s=std(x,1)
s=    0.7071    1.8708    3.1623    3.1623    2.1651
```

方差 var 函数的调用格式与标准偏差 std 函数类似，方差 var(x)为 sdt(x)的平方，即 var(x)=sdt(x)*sdt(x)。例如：

```
>> s=var(x)
s=    0.6667    4.6667    13.3333    13.3333    6.2500
```

7．排序函数 sort

格式一：A=sort(x)

功能：沿数组的不同维，以升序排列元素。元素可以为实数、复数和字符串。如果 x 是一个复数，其元素按其模的大小进行排列，如果模相等，则按其在区间[–π, π]上的相角进行排序。

格式二：[A ,index]=sort(x)

功能：同时返回一个下标数组 index。

格式三：A=sort(x,dim)

功能：沿标量 dim 指定的维排序元素。如果 dim 是一个向量，则在指定的维进行递归排序。如 sort(sort(x,2))与 sort(sort(x,2),1)等价。例如：

```
>> [E,index]=sort(x)
E =     5    4    1    2    0
        6    7    3    4    0
        6    8    7    8    0
        7    9    9    10   5
index = 2    2    2    2    1
        1    3    1    1    3
        3    4    3    3    4
        4    1    4    4    2
```

又如   >> [E, index]=sort(b)

```
E =     2       3       4       6       6       8
index = 1       6       2       3       5       4
```

8. 元素乘积函数 prod

格式一：A=prod(x)

功能：如果 x 为向量，则计算其所有元素的乘积；如果 x 为矩阵，则每列作为向量处理，返回一个每列元素积的行向量；如果 x 为多维数组，则沿第一个非单元素维进行处理，返回元素积数组。

格式二：A=prod(x,dim)

功能：沿 dim 指定维，返回元素积。例如：

```
>> X=prod(x)
   X=   1260    2016    189     640     0
>> A=prod(a)
   A=   720
```

9. 列元素累乘积函数 cumprod

格式一：A=cumprod(x)

功能：沿数组不同维，返回累乘积，返回值 A 与 x 大小一样，与元素全乘积不同，它只将 x 中相应元素与其之前的所有元素相乘。当 x 是向量时，返回 x 的元素累计积向量；如果 x 为矩阵，返回一个与 x 大小相同的每列累乘积的矩阵；如果 x 为多维数组则沿第一个非单元素维计算累乘积。

格式二：A=cumprod(x, dim)

功能：返回沿 dim 指定的维的元素的累乘积。例如：

```
>> A=cumprod(x)
A=   6       9       3       4       0
     30      36      3       8       0
     180     252     21      64      0
     1260    2016    189     640     0
```

10. 累计和 cumsum 函数

格式一：A=cumsum(x)

功能：沿数组不同维，返回累计和。当 x 是向量时，返回 x 的元素累计和；如果 x 为矩阵，返回一个与 x 大小相同按列累计和的矩阵；如果 x 为多维数组则沿第一个非单元素维计算累计和。

格式二：A=cumsum(x,dim)

功能：沿 dim 指定的维计算元素的累计和。例如：

```
>> A=cumsum(x)
A=   6       9       3       4       0
     11      13      4       6       5
     17      20      11      14      5
     24      28      20      24      5
```

3.3.2 协方差与相关系数

1. 求协方差函数 cov

协方差函数定义为：

$$cov(x, y) = E[(x-\mu)(y-\eta)] \tag{3-19}$$

式中，E 表示数学期望；$\mu = E[x]$；$\eta = E[y]$。MATLAB 中调用格式如下。

格式一：C=cov(x)

功能：如果 x 为向量，则返回向量元素的方差；如果 x 为矩阵，每列产生一个方差向量，cov(x) 是一个协方差矩阵，diag(cov(x))为每列的方差向量，sqrt(diag(cov(x)))是一个标准差向量。

格式二：C=cov(x, y)

功能：返回 x、y 的协方差。x、y 为长度相同的列向量。也可用 C=cov([x,y])。

【例 3-42】

```
>> a=[1,2,3,4,5,6];b=[2,4,6,8,6,3];
>>x=[6,9,3,4,0;5,4,1,2,5;6,7,7,8,0;7,8,9,10,0];
>>C=cov(x)
C=    0.6667    1.3333    2.6667    2.6667   -1.6667
      1.3333    4.6667    4.0000    4.0000   -5.0000
      2.6667    4.0000   13.3333   13.3333   -6.6667
      2.6667    4.0000   13.3333   13.3333   -6.6667
     -1.6667   -5.0000   -6.6667   -6.6667    6.2500
>> V=sqrt(diag(cov(x)))
   V=   0.8165
        2.1602
        3.6515
        3.6515
        2.5000
>> s=std(x)
   s=   0.8165    2.1602    3.6515    3.6515    2.5000
>>C1=cov(a, b)
   C1=  3.5000    1.3000
        1.3000    4.9667
```

由此可见，协方差矩阵 C 的对角元素 C(i,i)代表矩阵第 i 列的方差，而其非对角线元素 C(i,j)代表第 i 列与第 j 列的协方差。

2．求相关系数函数 corrcoef

格式一：S=corrcoef(x)

功能：根据输入矩阵 x，返回一个相关系数矩阵，相关系数 S 的矩阵与协方差矩阵 C=cov(x) 有关，由下式确定：

$$S(i,j) = \frac{C(i,j)}{\sqrt{C(i,i)C(j,j)}} \tag{3-20}$$

格式二：S=corrcoef(x,y)

功能：返回列向量 x 和 y 的相关系数，也可用 S=corrcoef([x y])。例如：

```
>> S=corrcoef(x)
  S=    1.0000    0.7559    0.8944    0.8944   -0.8165
        0.7559    1.0000    0.5071    0.5071   -0.9258
        0.8944    0.5071    1.0000    1.0000   -0.7303
        0.8944    0.5071    1.0000    1.0000   -0.7303
       -0.8165   -0.9258   -0.7303   -0.7303    1.0000
>> S1=corrcoef(a,b)
```

```
S1=   1.0000    0.3118
      0.3118    1.0000
```

3.3.3 有限差分

1. 求元素之差函数 diff

格式一：A=diff(x)

功能：计算 x 中相邻元素之间的差值或近似导数。如果 x 为向量，则返回一个比 x 少一个元素的向量，其元素值为[x(2)−x(1),x(3)−x(2),…,x(n)−x(n−1)]；如果 x 为矩阵，则返回一个列间差值的矩阵：[x(2:n,:) − x(1:n−1,:)]。

格式二：A=diff(x, n)

功能：使用 diff 函数递归 n 次，计算第 n 阶差值。例如，diff(x,2) = diff(diff(x))。

格式三：A=diff(x,n,dim)

功能：沿 dim 指定的维数计算第 n 阶差值。如果 n 大于或等于 dim 维的长度，则返回空数组。

【例 3-43】
```
>> a=[1,2,3,4,5,6];b=[2,4,6,8,6,3];
>> x=[6,9,3,4,0;5,4,1,2,5;6,7,7,8,0;7,8,9,10,0];
>> A=diff(x)
  A=   −1   −5   −2   −2    5
        1    3    6    6   −5
        1    1    2    2    0
>> B=diff(x,2)
  B=    2    8    8    8  −10
        0   −2   −4   −4    5
```

2. 求数值梯度函数 gradient

两变量函数 $F(x, y)$ 的梯度定义为：$\nabla F = \frac{\partial F}{\partial x}\hat{i} + \frac{\partial F}{\partial y}\hat{j}$；对 N 变量函数 $F(x,y,z,\cdots)$，其梯度为：

$\nabla F = \frac{\partial F}{\partial x}\hat{i} + \frac{\partial F}{\partial y}\hat{j} + \frac{\partial F}{\partial z}\hat{k} + \cdots$。梯度可看作指向 F 增加方向的向量集。

格式一：Fx=gradient(F)

功能：F 为一向量，返回 F 的一维数值梯度，Fx 与 $\partial F/\partial x$ 一致，表示 x 方向的差分。

格式二：[Fx,Fy]=gradient(F)

功能：F 为一矩阵，返回二维数值梯度的 x 和 y 分量。Fx 与 $\partial F/\partial x$ 一致，表示 x(列)方向的差分，Fy 与 $\partial F/\partial y$ 一致，表示 y(行)方向的差分。每个方向点间距离设为 1。

格式三：[Fx,Fy,Fz,…]=gradient(F)

功能：F 为 N 维，返回 F 梯度的 N 维成分。

格式四：[…]=gradient(F,h)

功能：每个方向点间距离指定为 h。

格式五：[…]=gradient(F,h1,h2,…)

功能：分别指定每维的点间距离。例如：

```
>> [Fx,Fy]=gradient(x)
Fx =     3.0000   -1.5000   -2.5000   -1.5000   -4.0000
        -1.0000   -2.0000   -1.0000    2.0000    3.0000
         1.0000    0.5000    0.5000   -3.5000   -8.0000
         1.0000    1.0000    1.0000   -4.5000  -10.0000
Fy =    -1.0000   -5.0000   -2.0000   -2.0000    5.0000
              0   -1.0000    2.0000    2.0000        0
         1.0000    2.0000    4.0000    4.0000   -2.5000
         1.0000    1.0000    2.0000    2.0000        0
>> Fa=gradient(a)
Fa=       1        1        1        1        1
```

从以上这些函数的调用格式可以看出，MATLAB 的基本数据处理功能是按列向进行的，因此要求输入待处理的数据矩阵按列向分类，而行向量则表示数据的不同样本。例如为了分析 10 个学生的身高及 3 门课程的分数，其数据结构形式应为：

```
         身高   课程1  课程2  课程3
data=    154    49     83     67
         158    99     81     75
         155   100     68     86
         145    63     75     96
         145    63     75     96
         141    55     65     75
         155    56     64     85
         147    89     87     77
         147    96     54    100
         145    60     76     67
```

这样，利用 MATLAB 提供相关函数，可方便地进行数据处理分析，如表 3.4 所示。

表 3.4 一些数据处理命令的结果

命令	功能	身高	课程1	课程2	课程3
max(data)	求各列最大值	158	100	87	100
min(data)	求各列最小值	141	49	54	67
mean(data)	求各列平均值	149.2	73.0	72.8	82.4
std(data)	求各列标准差	5.7504	20.4070	10.0424	12.0757
median(data)	求各列中间元素	147	63	75	81
sum(data)	求各列元素和	1492	730	728	824

3.4 函数分析与数值积分

在实际应用中，我们常对一些函数的极值、积分、微分等问题感兴趣。为此，MATLAB 在函数功能和数值分析函数库（funfun）中为用户提供了有关的函数命令。在表 3.5 中列出了部分函数，这些函数命令可分为两类：一类是对任意非线性函数的分析，包括求极值、过零点等；第二类是求任意函数的数值积分，包括定积分和微分方程的数值解等。它们的共同特点是用户必须自行定义函数后才可调用。

表 3.5 函数功能和数值分析函数库（funfun）

类型	函数名	功能说明
最优化与求根	fminbnd(或 fmin)*	单变量函数求极小值
	fminsearch(或 fmins)*	多变量函数求极小值
	fzero	单变量函数求 $y=0$ 处的 x
数值定积分	quad	数值积分计算（低阶）
	quadl(或 quad8)*	数值积分计算（高阶）
	dblquad	双精度数值积分
函数绘图	ezplot	简便的函数绘图器
	fplot	画函数曲线 $y=f(x)$
内联（INLINE）函数对象	inline	构成 INLINE 函数对象
	argnames	变元名
	formula	函数公式
	char	把 INLINE 函数转换为字符组
常微分方程数值积分器	ode45	解非刚性微分方程（中阶方法）
	ode23	解非刚性微分方程（低阶方法）
	ode113	解非刚性微分方程（变阶方法）
	ode23t	解适度刚性微分方程（梯形方法）
	ode15s	解刚性微分方程（变阶方法）
	ode23s	解刚性微分方程（低阶方法）
	ode23tb	解刚性微分方程（低阶方法）
	bvp4c	边界条件常微分方程求解
	pdepe	偏微分方程求解

*表示括号中的函数命令，在 MATLAB 6.0 以后版本中将被相应的函数替代。

3.4.1 函数在 MATLAB 中的表示与函数的绘图

1. 函数的表示与计算

在 MATLAB 中，对一个给定的函数表达式，通常可以用两种方式来表示：函数文件和内联函数。

从 2.7 节可知，在 MATLAB 中，数学函数可用函数文件来表示，由 function 来实现。例如

$$f(x) = \frac{1}{(x-0.3)^2 + 0.01} + \frac{1}{(x-0.9)^2 + 0.04} - 6 \tag{3-21}$$

则可用函数文件 humps.m 来表示：

```
function y=humps(x)
y=1./((x-0.3).^2+0.01)+1./((x-0.9).^2+0.04)-6;
```

这样，humps 可用来作为某些函数的输入变量，从而实现对该函数的计算。例如需计算该函数在 $x = 0.5$ 处的函数值，只需调用命令 y=humps(0.5) 即可求得。如在命令窗口输入：

```
>> y=humps(0.5)
y =    19.0000
```

除了用 function 来定义一个函数，也可用内联函数 inline 函数来表示，即用一个字符串表达式创建一个内联（inline）对象。例如，可以为函数 $f(x)$ 创建一个 inline 对象，在命令窗口中输入：

```
>>f=inline('1./((x-0.3).^2+0.01)+1./((x-0.9).^2+0.04)-6');
```

求 x=0.5 处的函数值，只需调用命令 f(0.5) 即可求得，在命令窗口输入：

```
>>f(0.5)
ans =    19.0000
```

在计算函数值时，除了采用直接调用函数文件或内联对象外，也可利用 feval 函数来实现。

格式：y=feval(F,x)

功能：计算由 F 指定的函数名或函数句柄表示的函数在 x 处的函数值。例如：

```
>>y=feval('humps',[0.5,0.8,0.9])      %调用函数名 humps
y =    19.0000    17.8462    21.7027
>>y=feval(f,[0.5,0.8,0.9])            %调用内联（inline）函数 f
y =    19.0000    17.8462    21.7027
```

在 MATLAB 中，函数句柄可由@来获得。例如利用函数句柄来计算 humps 函数在 $x = 0.5$ 处的函数值，只需在命令窗口输入：

```
>>fh=@humps;                %获取函数 humps 的函数句柄
>>feval(fh,0.5)             %调用函数句柄进行计算
ans =    19.0000
```

2. 函数的绘制

关于函数的绘图，只要计算函数在某一区间的值，利用第 2 章中所介绍的基本画图命令就能得到函数的图形。这是传统的绘制方法，在大多数情况下，这就足够了。然而，MATLAB 还提供了两条专用函数绘图命令：fplot 和 ezplot。当函数具有奇异特性时，与传统绘图方法相比，后者所绘制的图形更能反映函数的真正特性。这是因为传统方法在计算函数在某一区间的值时，函数变量的变化步长大小很难确定。步长取得太小，计算量和数据量会很大，取得过大将忽略函数的特性。因此，当一个函数在某一区间具有奇异特性时最好采用函数 fplot 或 ezplot 来绘图。

（1）单变量函数绘图命令 fplot

fplot 函数的功能可绘制出指定函数的图形，它可以指定函数自变量和函数值的范围。该函数

命令除了可在同一张图上绘制出多个图形外,更主要的是能确保在输出的图形中表示出所有的奇异点。其调用格式如下。

格式一: fplot('fun', [xmin, xmax])
功能: 变量在[xmin, xmax]范围,绘制指定函数'fun'的图形。
格式二: fplot('fun', [xmin, xmax], tol)
功能: 在[xmin, xmax]范围,以给定的精度 tol<1,绘制指定函数'fun'的图形,tol 的默认值为 $2e^{-3}$。
格式三: fplot('fun', [xmin, xmax], N)
功能: 在[xmin, xmax]范围,用 N+1 个点,绘制指定函数'fun'的图形。
注意: fplot 仅适用于任何具有单输入和单输出向量的函数的 M 文件。

【例 3-44】 利用函数 $f(x) = \dfrac{1}{(x-3)^2+0.01} + \dfrac{1}{(x-9)^2+0.04} - 6$ 的函数文件 humps.m,绘制 x 在 [0,2] 之间的函数曲线。

```
>> fplot('humps',[0, 2]);      %在 0~2 之间绘制函数 humps 的图形
>> title('Hump 图');
```

所得的函数图形如图 3.12 所示。

在调用 fplot 函数时,也可以用@获得函数句柄来实现绘制,如输入:

```
>>fplot(@humps,[0,2]);         %利用函数句柄指定函数名
```

所得结果与命令 fplot('humps',[0,2])相同。

另外,对于可表示成一个字符串的简单函数,fplot 绘制这类函数的曲线时,不用建立 M 文件,只需把 x 当作自变量,把被绘图的函数写成一个完整的字符串。

【例 3-45】 绘制函数 $y = 2e^{-x}\sin(x)$ 在区间 $0 \leqslant x \leqslant 8$ 上的函数曲线。MATLAB 程序为:

```
f=' 2*exp(-x) .* sin(x) ';      %利用字符串定义函数
fplot(f, [0  8]);               %利用字符串定义的函数绘制曲线
title(f) , xlabel('x')
```

该程序运行结果如图 3.13 所示。当然也可在命令窗口输入命令:

```
>> fplot(' 2*exp(-x) .* sin(x) ', [0   8]);
```

所得结果相同。

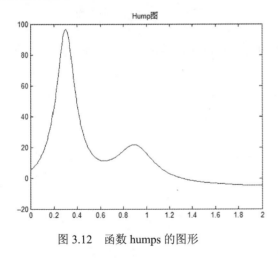

图 3.12 函数 humps 的图形

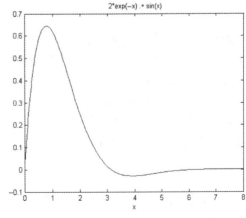

图 3.13 $f(x) = 2e^{-x}\sin(x)$ 的曲线

(2) 简易的函数绘图命令 ezplot

ezplot 是 MATLAB 5.x 版本后新增加的一个用于画单变量函数图的简便命令。其调用格式如下。

格式一：ezplot(f, [a,b])

功能：当 f=f(x)时，绘制函数 f=f(x)在 a < x < b 范围内的函数曲线，并且所绘图上还自动进行标注；当只输入函数文件名，而没有规定自变量的范围时，其默认的自变量范围为 $-2\pi < x < 2\pi$。当 f = f(x,y)时，则绘制 a < x < b、a < y < b 范围内 f(x,y) = 0 的函数曲线；当只输入函数文件名，而没有规定自变量的范围时，其默认的自变量范围为 $-2\pi < x < 2\pi$，$-2\pi < y < 2\pi$。

格式二：ezplot(f, [xmin,xmax,ymin,ymax])

功能：在 xmin < x < xmax,ymin < y < ymax 范围内绘制 f(x,y) = 0 的曲线。

格式三：ezplot(x,y, [tmin,tmax])

功能：在 tmin < t < tmax 范围内绘制 x = x(t)和 y = y(t)的曲线。范围默认是变量 t 的范围为 0 < t < 2*pi。

例如：ezplot('cos(x)', [0, pi])；ezplot('sin(t)','cos(t)')。

3.4.2 函数的极点、零点分析

1. 极值分析函数

（1）单变量函数求极小值函数 fminbnd

格式一：x=fminbnd ('fun',x1,x2)

功能：返回函数 fun(x)在区间[x1, x2]内的局部极小值。

格式二：x=fminbnd('fun',x1,x2,options)

功能：使用 options 对参数进行控制，返回函数 fun(x)在区间[x1, x2]内的局部极小值。

格式三：[x, fval]= fminbnd (...)

功能：返回函数局部极小值和相应的函数值。

【例 3-46】 在区间[0.3,1]内求 humps 函数的最小值及此时的函数值。

```
>>[x,y]=fminbnd('humps',0.3,1)
x =    0.6370
y =    11.2528
```

（2）多变量函数求极小值函数 fminsearch

fminsearch 函数与 fminbnd 函数类似，但是它面向多变量函数。其调用格式如下。

格式一：x=fminsearch('fun',x0)

功能：返回 x0 附近，函数 fun 的局部极小化向量 x。x0 可以是标量、向量或矩阵。

格式二：x= fminsearch ('fun',x0,options)

功能：使用 options 对参数进行控制，返回 x0 附近，函数 fun 的局部极小化向量 x。

格式三：[x, fval]= fminsearch (...)

功能：返回函数局部极小值和相应的函数值。

【例 3-47】 求函数 $f(x,y,z) = x^2 + 2.5\sin(y) - (xyz)^2$ 在 $(x,y,z) = (-0.6,1.2,0.135)$ 附近的最小值。

首先创建一个三变量函数文件 three_var：

```
function f=three_var(v)
x=v(1); y=v(2); z=v(3);
f=x^2+2.5*sin(y)-z^2.*x^2.*y^2;
```

然后在命令窗口中输入：

```
>>v=[-0.6,-1.2,0.135];
```

```
>> Vmin=fminsearch(@three_var,v)
   Vmin=     0.0000    -1.5708    0.1803
```

说明：(1) 在 fminbnd 和 fminsearch 函数中，参数 options 是一个结构数据，它一般由最优化函数使用。它用 optimset 来设置 options 结构的值，调用格式为：options=optimset('Display','iter')。fminbnd 和 fminsearch 中仅使用如下所示的 options 参数。

- options.Display：该参数决定函数调用时中间结果显示方式。如果设成'iter'，则每步都显示；如果设成'off'（默认值），则不显示；如果设成'final'，则显示最终的结果。
- options.To1X：自变量 x 的误差容限，它的默认值为 $1.e^{-4}$。
- options.To1FUN：函数值的误差容限，它的默认值为 $1.e^{-4}$。该参数只在 fminsearch 中使用。
- options.MaxIter：允许的最大迭代次数。
- options.MaxFunEvals：允许函数求值的最大次数。对 fminbnd 的默认值为 500 次；对 fminsearch 的默认值为 200*length(x0)。

(2) fminbnd 函数将替代 fmin 函数，fminsearch 函数将替代 fmins 函数。

2. 单变量函数的零点分析

正如人们对寻找函数的极点感兴趣一样，有时寻找函数过零点或等于其他常数的点也非常重要。一般试图用解析的方法寻找这类点非常困难，而且很多时候是不可能的。MATLAB 提供了一维函数的零点分析函数 fzero。其调用格式如下。

格式一：x=fzero('funname',x0)

功能：在 x0 附近，寻找函数 funname 的零点。funname 为一个函数名的字符串，函数为单变量实值函数。funname 可以为函数句柄，也可以是 inline 对象。函数返回值的附近函数变号。如果 x 为两元素向量，则认为 x0 为区间，f(x0(1))的符号与 f(x0(2))的符号相反，否则返回 NaN。如果找到 Inf、NaN，或复数值，则停止在查找区间内的搜索。

格式二：x = fzero(fun,x0,options)

功能：使用优化 options 对参数进行控制，返回 x0 附近函数 funname 的零点。其中 options 由 optimset 函数设定。

格式三：[x,fval]= fzero(fun,...)

功能：返回函数的零点和相应的函数值。

【例3-48】
```
>>x=fzero(@cos,2)
   x=    1.5708
>>x=fzero('cos',-1)
   x=   -1.5708
```
又如：
```
>>[x,y]=fzero('humps',1.2)    %寻找 1.2 附近的一个零点
x =    1.2995
y =       0
```

所以，humps 的零点接近于 1.3。

值得一提的是：其一，如果 fzero 没有找到零点，它将停止运行并提供解释。其二，fzero 不仅能寻找零点，它还可以寻找函数等于任何常数值的点。仅仅要求一个简单的再定义。例如，为了寻找 $f(x)=c$ 的点，定义函数 $g(x)=f(x)-c$，然后，在 fzero 中使用 $g(x)$，就会找出 $g(x)$ 为零的 x 值，它发生在 $f(x)=c$ 时。

3.4.3 函数的数值积分与微分

1. 函数的数值积分

为了对任意函数的数值积分和微分分析带来方便，MATLAB 在函数功能和数值分析函数库（funfun）中提供了一些相关的基本函数命令，如表 3.5 所示。数值积分方法实际上是计算函数曲线下的面积，即计算定积分 $q = \int_a^b f(x)\mathrm{d}x$。常用求定积分的方法有梯形法、Simpson 方法、Romberg 方法等。其基本思想是将整个积分区间 $[a,b]$ 划分成若干子区间 $[x_i, x_{i+1}]$（$i=1,2,\cdots,N$），其中 $x_1 = a$，$x_{N+1} = b$。因此有：

$$q = \int_a^b f(x)\mathrm{d}x = \sum_{i=1}^{N} \int_{x_i}^{x_{i+1}} f(x)\mathrm{d}x \tag{3-22}$$

在每个子区间上的积分都可近似求出。

- Simpson 方法求解区间 $[x_i, x_{i+1}]$ 上的积分近似值为：

$$\int_{x_i}^{x_{i+1}} f(x)\mathrm{d}x \approx \frac{h_i}{12}\left[f(x_i) + 4f\left(x_i + \frac{h_i}{4}\right) + 2f\left(x_i + \frac{h_i}{2}\right) + 4f\left(x_i + \frac{3h_i}{4}\right) + f(x_i + h_i)\right] \tag{3-23}$$

其中 $h_i = x_{i+1} - x_i$。

- Newton-Cotes 方法，利用插值运算，精度更高，运算速度更快。在 $[0,1]$ 区间上的积分可近似表示成：

$$\int_0^1 f(x)\mathrm{d}x \approx \sum_{k=0}^{8} w_k f\left(\frac{k}{8}\right) \tag{3-24}$$

其权系数为：$w_0 = w_8 = 989/28350$，$w_1 = w_7 = 2944/14175$，$w_2 = w_6 = -4644/14175$，$w_3 = w_5 = 5248/14175$，$w_4 = 454/2835$。权系数满足：$\sum_{k=0}^{8} w_k = 1$，$\sum_{k=0}^{8} |w_k| = 1.4512$。

- 欧拉近似法：

$$\int_{x_i}^{x_{i+1}} f(x)\mathrm{d}x \approx f(x_i)h_i \tag{3-25}$$

- 梯形近似法：

$$\int_{x_i}^{x_{i+1}} f(x)\mathrm{d}x \approx [f(x_i) + f(x_{i+1})]h_i/2 \tag{3-26}$$

（1）低阶数值积分函数 quad

格式一：q=quad('fun',a,b)

功能：采用自适应的 Simpson 积分方法，返回函数'fun'在上限 a 和下限 b 之间的数值积分。当给定一个输入值向量，'fun' 必须返回一个输出向量。函数'fun'可以是函数名、函数句柄或字符串。

格式二：q=quad('fud',a,b,tol)

功能：按指定绝对误差 tol 返回数值积分值，tol 默认值为 1e-6。

格式三：q=quad('fun',a,b,tol,trace)

功能：积分值相对误差小于 tol，当参数 trace 为非零时给出被积函数的积分过程。

格式四：q=quad('fun',a,b,tol,trace,P1,P2,...)

功能：允许把参数 P1,P2,…，直接传递给积分函数 fun。

【例 3-49】 求 humps 函数在 x=1~2 之间的定积分。

>> a=quad(@humps,1,2)   或   >> a=quad(f,1,2)   %调用内联函数 f
          a=   −0.5321

【例 3-50】 计算函数 $y = \mathrm{e}^{-x} + x^2$ 在 $[0, 1]$ 区间上的积分。

方法一： >> y=quad('exp(-x)+x.^2',0,1)
            y=   0.9655
方法二：首先建立函数文件 myfun.m，即
    function y=myfun(x)
    y= exp(-x)+x.^2;
然后调用，在命令窗口中输入：
    >>y=quad('myfun',0,1)
        y=   0.9655

（2）高阶数值积分函数 quadl

quadl 函数是更高阶的求积分方法，具有与 quad 同样的调用方法。函数 quad 采用低阶方法，使用自适应递归 Simpson 法则，而 quadl 采用较高阶方法，使用自适应 Lobatto 法则。quadl 在处理软奇异函数时比 quad 更好，如求积分：$\int_0^1 \sqrt{x}\,dx$。对于一个奇异积分 quadl 和 quad 只递归 10 次，不能无穷递归。quadl 和 quad 都不能处理可积奇异积分，如 $\int_0^1 \frac{1}{\sqrt{x}}\,dx$。例如：

>>a=quadl('cosh',0,pi/4)
    a=   0.8687

（3）梯形面积法的积分函数 trapz

格式一：T=trapz(Y)

功能：以单位间隔，采用计算若干梯形面积的和来计算某函数的近似积分。如果 Y 为向量，计算 Y 的积分；如果 Y 为矩阵，得一个每列积分的行向量；如果 Y 为多维数组，则沿第一个非单元素维计算。

格式二：T=trapz(X,Y)

功能：用梯形积分法，依据 X 计算 Y 的积分。如果 X 为矢量，则 Y 必须是同大小的矢量；如果 X 为一列向量，并且数组 Y 第一非单元素维长度为 length(X)，则在该维中计算。

格式三：T=trapz(..,dim)

功能：在 dim 指定的维上计算积分，如果给定 X，则 length(X)必须等于 size(Y,dim)。

【例 3-51】 用 trapz 函数计算在区间 $-1<x<2$ 上函数 humps 的积分。

>> x1=-1:0.17:2;   y1=humps(x1);   %粗略近似，间隔为 0.17
>> Area1=trapz(x1, y1)
    Area1=   25.9174
>>x2=-1: 0.07: 2; y2=humps(x2);   %较好近似，间隔 0.07
>> Aarea=trapz(x2, y2)
    Area2=   26.6243

很明显，由于间隔不同，导致积分结果不同。如果人们能够以某种方式改变单个梯形的宽度，以适应函数的特性，即当函数变化快时，使得梯形的宽度变窄，这样就能够得到更精确的结果。而函数 quad 和 quadl 则基于数学上的正方形概念来计算函数的面积，与简单的梯形比较，这两个函数进行更高阶的近似，而且 quadl 比 quad 更精确。

（4）双重积分函数 dblquad

MATLAB 提供了一个求双重积分的函数 dblquad，其基本调用格式为：

    Q=dblquad(fun,x_{min},x_{max},y_{min},y_{max},tol)

功能：按指定精度 tol，对指定函数 $f(x,y)$ 在[x_{min},x_{max}]范围和[y_{min},y_{max}]范围进行双重积分。tol 的默认精度为 $1e^{-6}$。即

$$q = \int_{x_{min}}^{x_{max}} \int_{y_{min}}^{y_{max}} f(x,y) \mathrm{d}x \mathrm{d}y \tag{3-27}$$

【例3-52】 计算二重积分 $S = \int_0^\pi \int_\pi^{2\pi} (y\sin x + x\cos y)\mathrm{d}x\mathrm{d}y$。

方法一：>>S=dblquad('y*sin(x)+x*cos(y)',pi,2*pi,0,pi)

方法二：>>Q = dblquad(inline('y*sin(x)+x*cos(y)'), pi, 2*pi, 0, pi)

方法三：首先建立函数文件 myfun.m，即
  function y=myfun(x)
  y= y*sin(x)+x*cos(y);

然后采用调用：
  >>y=dblquad('myfun',pi,2*pi, 0,pi)

（5）不定积分的计算

对于函数不定积分的计算，可以采用定积分函数来求不定积分的数值解。方法是：固定积分下限，用 for 循环，逐步增加积分上限即可实现。

【例3-53】 试求humps函数以x=0为下限的不定积分。MATLAB的实现程序为：
```
for i=1:20
    x(i)=0.1*i;
    y(i)=quad('humps',0,x(i));
end, plot(x,y);
```
运行结果如图 3.14 所示。

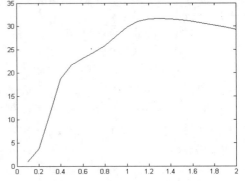

图 3.14 humps 函数的积分曲线

2. 函数的数值微分

积分描述了函数的整体或宏观性质，而微分则描述了函数在某一点处的斜率，表现函数的微观性质。在 MATLAB 中，对具有解析表达式的函数 $y = f(x)$ 的微分可采用 polyder 命令来完成。然而，当给定一些描述某函数的数据时，数值微分比数值积分的困难将大得多。这是因为积分对函数的形状在小范围内的改变不敏感，而微分却很敏感。一个函数小的变化，容易产生相邻点的斜率大的改变。正是由于微分这个固有的困难，所以尽可能避免数值微分，特别是对实验获得的数据进行微分。为了实现数据微分，MATLAB 可采用以下两种方法来实现：

（1）通过计算数组中元素间的差分函数 diff 来粗略计算微分函数

根据微分定义，函数 $y = f(x)$ 的微分为：$\dfrac{\mathrm{d}y}{\mathrm{d}x} = \lim\limits_{\Delta x \to 0} \dfrac{f(x+\Delta x) - f(x)}{(x+\Delta x) - x}$

则可近似表示为：$\dfrac{\mathrm{d}y}{\mathrm{d}x} \approx \dfrac{f(x+\Delta x) - f(x)}{(x+\Delta x) - x}$（其中 $\Delta x > 0$），即为 y 的有限差分除以 x 的有限差分。

【例3-54】 试利用diff函数计算函数 $y = f(x)$ 的微分，已知该函数的数据如下：

x	0.0	0.1	0.2	0.3	0.4	0.5	0.6	0.7	0.8	0.9	1
y	−0.447	1.978	3.28	6.16	7.08	7.34	7.66	9.56	9.48	9.30	11.2

MATLAB 源程序如下：
```
x=[0.0, 0.1, 0.2, 0.3, 0.4, 0.5, 0.6, 0.7, 0.8, 0.9, 1]
y=[-0.447, 1.978, 3.28, 6.16, 7.08, 7.34, 7.66, 9.56, 9.48, 9.30, 11.2];
```

```
dy=diff(y) ./ diff(x);    %用 y/x 来计算差分
dx=x(1 : length(x)–1);
plot(dx , dy);
ylabel(' dy/dx ') , xlabel(' x ')
```

运行结果如图 3.15 所示。

由于 diff 计算数组元素间的差分，所以，其所得输出比原数组少了一个元素。这样，画微分曲线时，必须舍弃 x 数组中的一个元素。当舍弃 x 的第一个元素时，上述过程给出向后差分近似；而舍弃 x 的最后一个元素时，则给出向前差分近似。

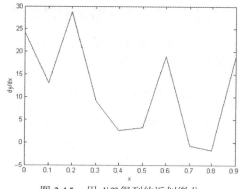

图 3.15 用 diff 得到的近似微分

（2）对数据拟合后再利用 polyder 函数微分

为了实现较准确的微分，最好先用最小二乘曲线拟合这种数据，然后对所得到的多项式进行微分。例如：对例 3-54 的数据进行二阶多项拟合，然后寻找微分。

```
>>x=[0.0, 0.1, 0.2, 0.3, 0.4, 0.5, 0.6, 0.7, 0.8, 0.9, 1]
>>y=[–0.447, 1.978, 3.28, 6.16, 7.08, 7.34, 7.66, 9.56, 9.48, 9.30, 11.2];
>>n=2;                    %多项拟合阶数
>>p=polyfit(x,y,n)        %寻找所拟合曲线的多项式系数
   p=   –9.8108    20.1293    –0.0317
>> xi=linspace(0,1,100);
>>z=polyval(p,xi);        %递推计算多项式值
>>plot(x,y,'k–o',xi,z,'b:')  %绘制拟合曲线和原始数据
>> xlabel('x'),ylabel('y=f(x)'),legend('Orig Data','y=f(x)')
```

所得的拟合曲线如图 3.16 所示，所得的拟合多项式为 $y = -9.8108x^2 + 20.1293x - 0.0317$。在这种情况下，运用多项式微分函数 polyder 求得微分。

```
>>pd=polyder(p)
   pd=   –19.6217    20.1293
```

所得微分为 $dy/dx = -19.6217x + 20.1293$。由于一个多项式的微分是另一个低一阶的多项式，所以还可以计算并画出该函数的微分。

```
>>z=polyval(pd , xi);
>>plot(xi , z)
>>xlabel(' x ') , ylabel(' dy/dx ')
```

微分曲线如图 3.17 所示。比较图 3.15 与图 3.17，显而易见，用有限差分近似微分会导致很差的结果。

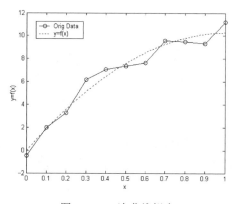

图 3.16 二次曲线拟合

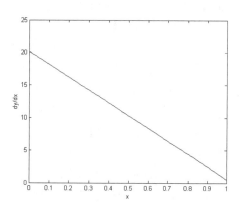

图 3.17 曲线拟合多项式微分

3.4.4 常微分方程的数值求解

求解微分方程的数值解是工程中比较常见的一类问题。为求解常微分方程，MATLAB 提供了一些求解常微分方程函数命令，如表 3.5 所示。

1. 初始值的常微分方程求解

任何高阶常微分方程都可以变换成一阶微分方程，即表示成右函数形式，这是利用龙格-库塔（Runge-Kutta）法求解微分方程的前提。例如微分方程：$y^{(n)} = f(t, y', y'', \cdots, y^{(n-1)})$。若令 $y_1 = y$，$y_2 = y'$，$\cdots$，$y_n = y^{(n-1)}$，则可得到一阶微分方程组：

$$\begin{cases} y'_1 = y_2 \\ y'_2 = y_3 \\ \vdots \\ y'_n = f(t, y_1, y_2, \cdots, y_n) \end{cases} \tag{3-28}$$

相应地，可以确定出初始值 $y_1(0), y_2(0), \cdots, y_n(0)$。

MATLAB 向用户提供了几个用来解常微分方程初始值问题的函数。解非刚性问题提供了三种求解函数：ode45、ode23 和 ode113。解刚性问题提供了四种求解函数：ode15s、ode23s、ode23t 和 ode23tb。

- ode45：用于求解一般的常微分方程。采用四阶、五阶龙格-库塔法（中阶方法），利用单步来计算。速度较快，一般作为求解问题的初试法。
- ode23：用于求解一般的常微分方程。采用二阶、三阶龙格-库塔法（低阶方法）。对误差限较大的稍带刚性的问题的求解比前者更有效。
- ode113：采用变阶 Adams-Bashforth-Moultion PECE 方法，解非刚性微分方程（变阶方法），有时比前两种方法更有效。
- ode15s：用于求解陡峭的微分方程（即在某些点上具有很大的导数值），它采用数值差分方法，解刚性微分方程（变阶方法）。
- oder23s：用于求解陡峭的微分方程，它采用低阶法，解刚性微分方程（低阶方法）。
- de23t：采用梯形法。用于解决可以采用该求解器适度刚性和不需要数值控制的问题。
- ode23tb：采用 TR-BDF2 方法，即第一阶段使用梯形法，第二阶段使用 2 阶的后向差分公式。和 ode23s 一样，对于比较宽松的误差限，它比 ode15s 更有效。

当采用前三种方法得不到满意结果时，可试着采用后四种方法。但应该注意，求解微分方程本身是一件非常困难的事，采用上述函数不一定能得到很好的解。这些函数的调用格式基本相同，下面以 ode45 为例，说明它们的使用方法。

（1）利用 ode45 函数的数值解

格式：[T,Y] = ode45('odefun',tspan,y0)

功能：返回由文件'odefun'所定义的初始条件为 y0、时间 t 变化范围为[t0, tfinal]的微分方程 y' = f(t,y)的解，其中 tspan = [t0,tfinal]。向量 T 中的每一列对应着矩阵 Y 的每一列。

【例 3-55】用数值积分法求解微分方程：$y'' = -y + 1 - t^2/2\pi$。设初始时间 $t_0 = 0$，终止时间 $t_f = 3\pi$，初始条件 $y(0) = 0, y'(0) = 0$。

首先，将方程化为两个一阶微分方程组。由于为二阶微分方程，所以对它进行降阶，将其改写成导数在左端的由两个一阶微分方程构成的方程组。设 $x_1 = y$，$x_2 = x'_1$，则方程可化为：

$$\begin{cases} x'_1 = x_2 \\ x'_2 = -x_1 + 1 - t^2/2\pi \end{cases}$$

并将上式写成矩阵形式：

$$x' = \begin{bmatrix} x'_1 \\ x'_2 \end{bmatrix} = \begin{bmatrix} 0 & 1 \\ -1 & 0 \end{bmatrix}\begin{bmatrix} x_1 \\ x_2 \end{bmatrix} + \begin{bmatrix} 0 \\ 1 \end{bmatrix}(1-t^2/2\pi)$$

$$= \begin{bmatrix} 0 & 1 \\ -1 & 0 \end{bmatrix}x + \begin{bmatrix} 0 \\ 1 \end{bmatrix}(1-t^2/2\pi)$$

变量 x 的初始条件为 $x(0)=\begin{bmatrix} 0 \\ 0 \end{bmatrix}$，这就是待积分的微分方程组的标准形式。

然后，将导数表达式的右端写成一个函数程序（exampfun.m），内容如下：

```
function xdot=exampfun(t,x)
u=1-(t.^2)/( pi*2);
xdot=[0,1;-1,0]*x+[0,1]'*u;
```

最后，编写主程序，调用 MATLAB 中已有的数值积分函数进行积分。程序如下：

```
clf, t0=0;tf=3*pi;xot=[0;0];              %给出初始值
[t,x]=ode45('exampfun',[t0,tf],xot);      %此处显示结果
y=x(:,1);                                  %y 为 x 的第二列
%本例的解析结果为 y2(i)= -1/2*(-2*pi-2+t(i)^2)/pi-(pi+1)/pi*cos(t(i))，可由函数 dsolve 求得
%在数值积分输出的时间序列 t 上计算它的值并画图与数值解作比较
for i=1:length(t);
    y2(i)= -1/2*(-2*pi-2+t(i)^2)/pi- (pi+1)/pi*cos(t(i));   %解析解计算
end;
u=1-(t.^2)/(pi^2);
clf,plot(t,y,'-',t,u,'+',t,y2,'o')
legend('数值积分解','输入量','解析解');    %图例标注语句
```

运行结果如图 3.18 所示。

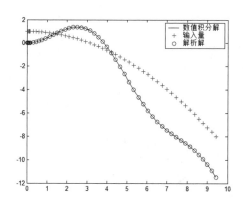

图 3.18 数值积分求解微分方程

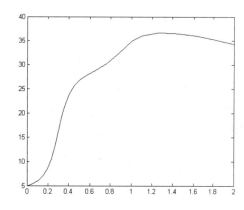

图 3.19 利用 ode23 求 humps 函数积分结果

注意：在调用微分函数时，通常需要将微分方程化为一阶微分方程组的标准形式：

$$y' = dy/dt = f(y,t) \qquad (3-29)$$

其中 t 是标量，y 是一个列向量，dy/dt 也是一个同阶的列向量。$f(y,t)$ 是以 t、y 为变元的同阶列函数阵。当微分方程为 $y'=f(t)$ 时，则应在微分方程中引入哑元，使之成为标准形式。

【例 3-56】 求下列微分方程的数值解，变量 x 的取值范围为 $[0,2]$，初始值 $y(0)=5$。

$$y' = \frac{1}{(x-0.3)^2 + 0.01} + \frac{1}{(x-0.9)^2 + 0.04} - 6$$

从微分方程可知，微分方程的右端与 humps 函数相同，但不能直接调用 ode23 函数进行数值积分，这是因为 humps 只有一个输入变元 x，而函数 ode23 要求被调用的函数有两个输入变元。因此，需把 humps 函数文件加一个虚的变元 z，即把它的第一句换成 function y=humps1(x,z)，并将此函数另存成一个 humps1.m 文件，即

    function y=humps1(x,z)
    y=1./((x–0.3).^2+0.01)+1./((x–0.9).^2+0.04)–6;

然后在命令窗口中，输入：

    >>[x,y]=ode23('humps1',0,2,5); plot(x,y)

即可求得微分方程的数值解，运行后得到的曲线如图 3.19 所示，该曲线与图 3.14 中的曲线相仿，只是曲线向上平移了 5 个单位，因为这里设 y0=5。在这个例子中，函数 humps1 中的 z 只是一个虚的变元，比较简单。

（2）利用 dsolve 函数的解析解

在 MATLAB 的符号运算工具箱中，还提供了一个线性常系数微分方程求解的实用函数 dsolve，该函数允许用字符串的形式描述微分方程及初值、边值条件，最终将得出微分方程的解析解。dsolve 函数的调用格式为

格式一：y=dsolve(f1, f2, …, fm)

功能：给出由字符串 fi 描述的微分方程的解析解，其自变量为 t（默认）。其中字符串变量 fi 既可描述微分方程，以可以描述初始条件或边界条件。在描述微分方程时，可以用 'D4y' 这样的记号表示 $y^{(4)}(t)$，还可以用 D2y(2)=3 这类记号表示 $y''(2)=3$ 这样的已知条件。

格式二：y=dsolve(f1, f2, …, fm, 'x')

功能：指定微分方程的自变量为 x。

【例 3-57】 试求微分方程 $x''(t) + 8x'(t) + 15x(t) = 5$ 在初值为 $x(0)=1$，$x'(0)=0$ 时的解。

在命令窗口中键入如下命令即可。

    >> y=dsolve('D2x+8*D1x+15*x=5','x(0)=1,Dx(0)=0','t')
    y =1/3–exp(–5*t)+5/3*exp(–3*t)

即解析表达式为 $y = \frac{1}{3} - e^{-5t} + \frac{5}{3}e^{-3t}$。

又如，为了获得例 3-55 中微分方程的解析表达式，可在命令窗口中键入

    >>syms t y; u=1–t^2/(2*pi);   %定义 t、y 为符号变量
    >> y=dsolve(['D2y+y=',char(u)])   %没有加入边界条件或初始条件
    y =–1/2*(–2*pi–2+t^2)/pi+C1*sin(t)+C2*cos(t)

获得解析表达式为 $y(t) = \frac{2\pi + 2 - t^2}{2\pi} + C_1 \sin t + C_2 \cos t$，其中 C_1 和 C_2 为任意常数。若给出初始条件或边界条件，则可以通过这些条件建立方程，求出 C_1 和 C_2 的值。这时只需在命令窗口中键入如下命令即可求解。

    >>syms t y; u=1–t^2/(2*pi);   %定义 t、y 为符号变量
    >>y=dsolve(['D2y+y=',char(u)],'y(0)=0','Dy(0)=0')   %加入初始条件
    y =–1/2*(–2*pi–2+t^2)/pi–(pi+1)/pi*cos(t)

从而获得解析表达式为 $y = \frac{(2\pi + 2 - t^2) - 2(\pi + 1)\cos t}{2\pi}$。

同样，对例 3-56 所示的微分方程，利用函数 dsolve 在命令窗口中键入如下命令即可获得相应的解析表达式。

```
>>syms x y; u=1/((x-0.3)^2+0.01)+1/((x-0.9)^2+0.04) -6;
>>y=dsolve(['Dy =',char(u)],'y(0)=0','x')     %加入初始条件
      y=-6*x+10*atan(10*x-3)+5*atan(5*x-9/2)+10*atan(3)+5*atan(9/2)
```

即解析表达式为 $y = -6x + 10\arctan(10x-3) + 5\arctan(5x-9/2) + 10\arctan(3) + 5\arctan(9/2)$

另外，函数 dsolve 不仅能给出线性微分方程的解析表达式，也能对线性微分方程组求解。

【例 3-58】 试求线性微分方程组 $\begin{cases} x'' + 2x' + x + y' + y = 0 \\ y'' + 2y' + y + x' + x = e^t \end{cases}$ 的解析表达式。

在命令窗口中键入以下命令，即可求得该微分方程的解析表达式。

```
>> [x,y]=dsolve('D2x+2*Dx+x+Dy+y=0','D2y+2*Dy+y+Dx+x=exp(t)')
    x=-1/2*C1*exp(-2*t)+C1*exp(-t)+1/2*C1-1/2*exp(-2*t)*C2+1/2*C2+C3*exp(-t)-1/2*
C3*exp(-2*t)-1/2*C3+C4*exp(-t) -1/2*exp(-2*t)*C4-1/2*C4-1/6*exp(t)
    y=C1*exp(-t) -1/2*C1*exp(-2*t) -1/2*C1+C2*exp(-t) -1/2*exp(-2*t)*C2-1/2*C2-1/2*
C3*exp(-2*t)+C3*exp(-t)+1/2*C3-1/2*exp(-2*t)*C4+1/2*C4+1/3*exp(t)
```

整理后所得解析表达式为

$$\begin{cases} x = K_1 + K_2 e^{-t} + K_3 e^{-2t} - \dfrac{1}{6} e^t \\ y = -K_1 + K_4 e^{-t} + K_3 e^{-2t} + \dfrac{1}{3} e^t \end{cases}$$

其中，K_1、K_2、K_3 和 K_4 为任意常数。

2. 边界条件的常微分方程求解

对于如下的微分方程：

$$\begin{cases} y' = f(x,y) \quad x \in [a,b] \\ bc(y(a),y(b)) = 0 \end{cases} \tag{3-30}$$

MATLAB 提供了一个函数 bvp4c，用于解决边界条件的常微分方程求解问题。其基本调用格式如下：

    sol = bvp4c('odefun',bcfun,solinit)

其中，'odefun' 为常微分方程函数，bcfun 为边界条件函数，solinit 为求解的初始值。输出 sol 是一个结构，它有以下 4 个属性。

- sol.x——bvp4v 选择的网格节点；
- sol.y——网格点 sol.x 处 $y(x)$ 的近似值；
- sol.yp——网格点 sol.x 处 $y'(x)$ 的近似值；
- sol.parameters——未知参数的值。如果存在未知参数，则求解函数会自动求得。

下面通过一个例子来说明 bvp4c 函数的用法。

【例 3-59】 求 $q=5$ 时下列 Mathieu 方程的特征值 λ（第 4 特征值）。

$$y'' + (\lambda - 2q\cos 2x)y = 0$$

边界条件为：$y(0)=1$，$y'(0)=0$，$y'(\pi)=0$。

（1）将微分方程改写成等价的一阶微分方程组。设 $y_1 = y$，$y_2 = y'$，则有

$$\begin{cases} y_1' = y_2 \\ y_2' = -(\lambda - 2q\cos 2x)y_1 \end{cases}$$

边界条件为：$y_1(0)=1$，$y_2(0)=0$，$y_2(\pi)=0$。

（2）为一阶常微分方程组编写函数
function dydx=mat4ode(x,y,lambda)
q=5;
dydx=[y(2);–(lambda–2*q*cos(2*x))*y(1)];
（3）为边界条件编写函数
function res=mat4bc(ya,yb,lambda)
res=[ya(2);yb(2);ya(1)–1];
（4）生成初始预测值。首先编写函数：
function yinit=mat4init(x)
yinit=[cos(4*x);–4*sin(4*x)];
然后调用该函数生成初始预测值。
>> lambda=15;
>> solinit=bvpinit(linspace(0,pi,10),@mat4init,lambda);
（5）调用 bvp4c 函数求解。
>> sol=bvp4c(@mat4ode,@mat4bc,solinit);
（6）显示结果。
- 打印出第 4 个特征值的值。
  >> fprintf('The fourth eigenvalue is approximately %7.3f.\n',sol.parameters)
  The fourth eigenvalue is approximately 17.097.
- 用 deval 函数在区间 $[0, \pi]$ 内求方程的数值解（它的第一行分量是 y(x) 的近似值），并绘图。
  >> xint=linspace(0,pi);
  >> sxint=deval(sol,xint);
  >> plot(xint,sxint(1,:));xlabel('x');ylabel('solution y');

得到如图 3.20 所示的图形。

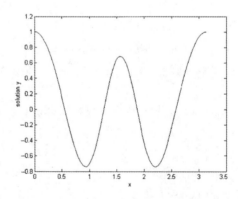

图 3.20 Mathieu 方程的数值解

3. 偏微分方程的求解

考虑如下的偏微分方程：

$$c\left(x,t,u,\frac{\partial u}{\partial x}\right)\frac{\partial u}{\partial t}=x^{-m}\frac{\partial}{\partial x}\left(x^m f\left(x,t,u,\frac{\partial u}{\partial x}\right)\right)+s\left(x,t,u,\frac{\partial u}{\partial x}\right) \tag{3-31}$$

其中 $t_0 \leqslant t \leqslant t_f, a \leqslant x \leqslant b$，$m = 0$、1 或 2。如果 $m>0$，则必须 $a \geqslant 0$。求满足初始条件 $u(x,t_0) = u_0(x)$，边界条件 $p(x,t,u)+q(x,t)\ f\left(x,t,u,\frac{\partial u}{\partial x}\right)=0$ 的解。

MATLAB 提供了 dpepe 函数来求解该问题的数值解。其基本调用格式为：

sol = pdepe(m,pdefun,icfun,bcfun,xmesh,tspan)

下面通过一个例子来说明它的用法。

【例 3-60】 考虑偏微分方程：$\pi^2 \dfrac{\partial u}{\partial t} = \dfrac{\partial^2 u}{\partial x^2}$，其中，$0 \leqslant x \leqslant 1$，$t \geqslant 0$。求满足初始条件：$u(x,0) = \sin \pi x$；边界条件：$u(0,t) = 0$，$\pi e^{-t} + \dfrac{\partial u}{\partial x}(1,t) = 0$ 的数值解。

（1）改写偏微分方程。按要求的偏微分方程形式改写为：

$$\pi^2 \frac{\partial u}{\partial t} = x^0 \frac{\partial}{\partial x}\left(x^0 \frac{\partial u}{\partial x}\right) + 0$$

所以有：$m = 0$，$c\left(x,t,u,\dfrac{\partial u}{\partial x}\right) = \pi^2$，$f\left(x,t,u,\dfrac{\partial u}{\partial x}\right) = \dfrac{\partial u}{\partial x}$，$s\left(x,t,u,\dfrac{\partial u}{\partial x}\right) = 0$。

（2）为偏微分方程编写函数。
function [c,f,s]=pdexlpde(x,t,u,dudx)
c=pi^2;   f=dudx;   s=0;

（3）为初始条件编写函数。
function u0=pdexlic(x)
u0=sin(pi*x);

（4）为边界条件编写函数。
function [p1,q1,pr,qr]=pdexlbc(x1,u1,xr,ur,t)
p1=u1;   q1=0;   pr=pi*exp(–t);   qr=1;

（5）生成网格数据。
>> x=linspace(0,1,20);
>> t=linspace(0,2,5);

（6）求解偏微分方程。
>> m=0;
>> sol = pdepe(m,@pdexlpde,@pdexlic,@pdexlbc,x,t);

（7）显示结果。提取 sol 的第一分量并显示其形状。
>> u=sol(:,:,1);
>> surf(x,t,u);
>> title('Numerical solution computed with 20 mesh points');
>> xlabel('Distance x');ylabel('Time t');

所得结果如图 3.21 所示。

绘制当 t=2 时解的剖面曲线：
>> plot(x,u(end,:));
>> title('Solutioin at t=2'); xlabel('Distance x');ylabel('u(x,2)');

所得结果如图 3.22 所示。

从以上可以看出，要利用函数功能，就要定义各种复杂函数。表 3.6 列出了 MATLAB 中已定义的某些复杂的特殊函数库。

表 3.6 特殊函数库（specfun）

分 类	命 令	意 义	分 类	命 令	意 义
特殊数学函数	airy	Airy 函数	特殊数学函数	bessely	第二类 Bessel 函数
	besselj	第一类 Bessel 函数		besselh	第三类 Bessel 函数（Hankel 函数）

续表

分类	命令	意义	分类	命令	意义
特殊数学函数	besseli	第一类修正 Bessel 函数	特殊数学函数	besselk	第二类修正 Bessel 函数
	beta	Beta 函数		betainc	不完全的 Beta 函数
	betaln	Beta 函数的对数		ellipj	Jacobi 椭圆函数
	ellipke	完全椭圆积分		erf	误差函数
	erfc	误差补函数		erfcx	标定的误差补函数
	erfinv	逆误差函数		expint	指数整数函数
	gamma	伽马函数		gammainc	不完全伽马函数
	gammaln	伽马函数的对数		legendre	联合的 Legendre 函数
数论函数	cross	向量叉乘	数论函数	primes	产生素数清单
	factor	素数分解		lcm	最小公倍数
	gcd	最大公约数		rats	有理分式输出
	rat	有理分式近似		perms	所有可能的排列数
	isprime	是素数时为真			
	nchoosek	N 取 K 的组合数			
坐标变换	cart2sph	从笛卡儿坐标向球坐标变换	坐标变换	cart2pol	从笛卡儿坐标向极坐标变换
	pol2cart	从极坐标向笛卡儿坐标变换		sph2cart	从球坐标向笛卡儿坐标变换

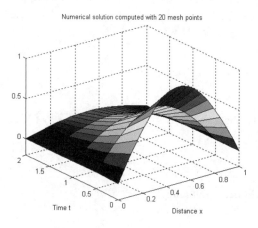

图 3.21 偏微分方程的数值解

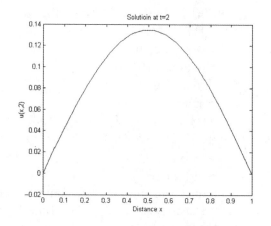

图 3.22 t=2 时的剖面曲线

习题

1 在某处测得海洋不同深度处的水温如下：

深度（m）	446	714	950	1422	1634
水温	7.04	4.28	3.40	2.54	2.13

利用分段线性插值函数，求在深度为 500m、1000m、1500m 处的水温。

2 已知 P1(1,0), P2(0,1), P1(−1,0), P4(0,−1) 四点，利用样条插值函数画一通过这四点的圆。

3 用三阶公式计算 $y = f(x)$ 在 $x = 1.0, 1.2$ 处的导数值，$f(x)$ 的值由下表给出：

x	1.0	1.1	1.2	1.3	1.4
$f(x)$	0.25	0.2268	0.2066	0.1890	0.1736

4　求代数方程 $3x^5+4x^4+7x^3+2x^2+9x+12=0$ 的根。

5　设方程的根为 $x=[-3,-5,-8,-9]$，求它们对应的 x 多项式的系数。

6　已知微分方程：$\dfrac{\mathrm{d}y}{\mathrm{d}x}=\dfrac{x^2}{y}-x\cos y$，若 $y(0)=1$，求它在 $x=[0,5]$ 区间内的数值积分，并画出曲线。

7　用切线法求下列方程的近似数值解。
$$y=x^4-3x^3+5\cos x+8$$

8　设对称实矩阵 $a=\begin{bmatrix} 2 & 4 & 9 \\ 4 & 2 & 4 \\ 9 & 4 & 18 \end{bmatrix}$，求其特征根和特征向量。

9　解微分方程组 $\begin{cases} \dfrac{\mathrm{d}^2x}{\mathrm{d}t^2}+\dfrac{\mathrm{d}y}{\mathrm{d}t}-x=\mathrm{e}^t \\ \dfrac{\mathrm{d}^2y}{\mathrm{d}t^2}+\dfrac{\mathrm{d}x}{\mathrm{d}t}+y=0 \end{cases}$

10　求函数 $f(x,y)=4(x-y)-x^2-y^2$ 的极值。

11　设 $\sin y+\mathrm{e}^x-xy^2=0$，求 $\dfrac{\mathrm{d}y}{\mathrm{d}x}$。

12　计算二重积分 $S=\int_0^\pi \int_\pi^{2\pi}(x-y)^2\sin^2(x+y)\mathrm{d}x\mathrm{d}y$。

13　设 (X,Y) 的概率密度为
$$f(x,y)=\begin{cases} 12y^2 & 0\leqslant y\leqslant 1 \\ 0 & 其他 \end{cases}$$
求 $E(X),E(Y),E(XY)$。

14　生成一个 4×4 的随机矩阵，并对其进行三角分解和正交分解。

15　求解线性常微分方程 $3y'''+4y''+5y'+6y=3u''+0.5u'+4u$，在输入 $u(t)$ 为单位脉冲和单位阶跃信号时的解析解。

第 4 章 MATLAB 在信号处理中的应用

MATLAB 自推出以来就受到广泛的关注，其强大的扩展功能为各个领域的应用提供了有力的工具。信号处理工具箱（Signal Processing Toolbox）就是其中之一。在信号处理工具箱中，MATLAB 提供了滤波器分析、滤波器实现、FIR 数字滤波器设计、IIR 数字滤波器设计、IIR 滤波器阶次估计、模拟低通滤波器原型设计、模拟滤波器设计、模拟滤波器变换、滤波器离散化、线性系统变换等方面的函数命令，这些函数命令存放在 signal\signal 目录中，可通过 help signal\signal 来获取。

在前面章节学习的基础上，本章介绍 MATLAB 信号处理工具箱中主要函数的使用，以及它们在信号处理、系统分析中的应用。

4.1 信号及其表示

信号是传递信息的函数。按信号特点的不同，信号可以表示成一个或几个独立变量的函数。对一维信号，习惯上将其看成是以时间 t 为变量的实值函数 $x(t)$。按照时间变量 t 的不同形式，可将信号分成连续时间信号和离散时间信号。

4.1.1 连续时间信号的表示

所谓连续时间信号是指时间变量 t 是连续变化的。由于 MATLAB 是通过计算机软件进行信号处理和系统分析的，因此，在 MATLAB 中，对连续时间信号是用采样点的数据来表示的。严格说来，这种表示方法是不能用来表示连续信号的，因为它给出的是各个样本点的数据，只有当样本点取的很密时才可看成连续信号。所谓密，是相对于信号变化的快慢而言的。这里我们假设相对于采样点密度而言，信号变化足够慢。所以，本书所讲的"连续信号"，实为"离散时间信号"，只是时间间隔足够小，小到可认为是连续时间信号。在 MATLAB 中信号可用向量或矩阵表示，列向量和行向量表示单通道信号，矩阵表示多通道信号。

【例 4-1】 用 MATLAB 命令绘出连续时间信号 $x(t) = e^{-0.707t} \sin\frac{2}{3}t$ 关于 t 的曲线，t 的范围为 0～30s，并以 0.1s 递增。

MATLAB 源程序为：
```
t=0:0.1:30;          %对时间变量赋值
x=exp(-0.707*t).*sin(2/3.*t);   %计算变量所对应的函数值
plot(t,x); grid;     %绘制函数曲线
ylabel('x(t)'); xlabel('Time(sec)')
```
运行结果如图 4.1 所示。

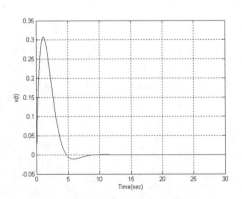

图 4.1 连续时间信号图形

4.1.2 工具箱中的信号产生函数

MATLAB 信号处理工具箱提供了 11 个信号产生函数，分别用于产生三角波、方波、sinc 函

数、Dirichlet 函数等函数波形。

1．产生锯齿波或三角波信号函数 sawtooth

格式一：x=sawtooth(t)

功能：产生周期为 2π，幅值从 –1～+1 的锯齿波。在 2π 的整数倍处值为 –1～+1，这一段波形的斜率为 $1/\pi$。

格式二：sawtooth(t,width)

功能：产生三角波，width 在 0～1 之间。

【例 4-2】 产生周期为 0.02 的三角波，运行如下 MATLAB 程序，结果如图 4.2 所示。

```
Fs=10000; t=0:1/Fs:1;      %采样点间隔为 1/Fs
x1=sawtooth(2*pi*50*t,0);
x2=sawtooth(2*pi*50*t,1);
subplot(2,1,1),plot(t,x1),axis([0,0.2,-1,1]);
subplot(2,1,2),plot(t,x2),axis([0,0.2,-1,1]);
```

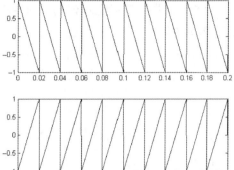

图 4.2 三角波波形

2．产生方波信号函数 square

格式：x=square(t)

功能：产生周期为 2π，幅值从 –1～+1 的方波。

格式：x=square(t,duty)

功能：产生指定周期的方波，duty 为正半周期的比例。

【例 4-3】 产生周期为 0.02 的方波，运行如下 MATLAB 程序，结果如图 4.3 所示。

```
Fs=10000; t=0:1/Fs:1;      %采样点间隔为 1/Fs
x1=square(2*pi*50*t,20);
x2=square(2*pi*50*t,80);
subplot(2,1,1),plot(t,x1),axis([0,0.2,-1.5,1.5]);
subplot(2,1,2),plot(t,x2),axis([0,0.2,-1.5,1.5]);
```

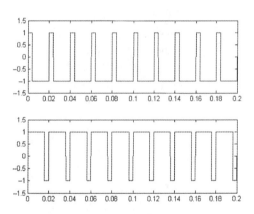

图 4.3 方波波形

3．产生 sinc 函数波形函数 sinc

格式：y=sinc(x)

功能：sinc(x)用于计算 sinc 函数，即：

$$\sin c(t) = \begin{cases} 1 & t=0 \\ \dfrac{\sin(\pi t)}{\pi t} & t \neq 0 \end{cases} \quad (4-1)$$

sinc 函数十分重要，它的傅里叶变换正好是幅值为 1 的矩形脉冲。

【例 4-4】 产生 sinc 函数波形，运行如下 MATLAB 程序，结果如图 4.4 所示。

```
x=linspace(-4,4);       %在-4 到 4 之间线性等分成为 100 个点
y=sinc(x);
```

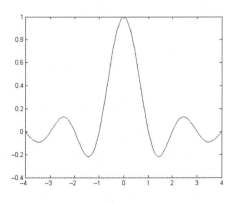

图 4.4 sinc 函数波形

```
plot(x,y)
```

4．产生非周期方波信号函数 rectpuls

格式：y=rectpuls(t)

功能：产生非周期方波信号，方波的宽度为时间轴的一半。

格式：y= rectpuls(t,w)

功能：产生指定宽度为 w 的非周期方波。

【例 4-5】 运行如下 MATLAB 程序，所得结果如图 4.5 所示。

```
t=0:0.01:1;   % 采样间隔为 0.01
y1=rectpuls(t); y2=rectpuls(t,0.6);
subplot(2,1,1),plot(t,y1),grid;
subplot(2,1,2);plot(t,y2),grid;
```

5．产生非周期三角波信号函数 tripuls

格式：y=tripuls(t)

功能：产生非周期三角波信号，三角波的宽度为时间轴的一半。

格式：y=triplus(t,w,s)

功能：产生指定宽度为 w 的非周期方波，斜率为 s(–1<s<1)。

【例 4-6】 运行如下 MATLAB 程序，运行结果如图 4.6 所示。

```
t=0:0.01:1;   % 采样间隔为 0.01
y1=tripuls(t);
y2=tripuls(t,0.6);
subplot(2,1,1),plot(t,y1),grid;
subplot(2,1,2),plot(t,y2),grid;
```

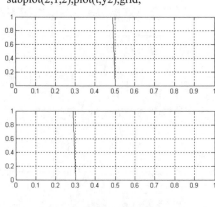 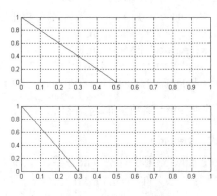

图 4.5 非周期的方波波形　　　　　　　　图 4.6 非周期三角波

6．产生线性调频扫频信号函数 chirp

格式：y=chirp(t,f0,t1,f1)

功能：产生一个线性扫频（频率随时间线性变化）信号，其时间轴的设置由数组 t 定义。时刻 0 的瞬时频率为 f0，时刻 t1 的瞬时频率为 f1。默认情况下，f0=0Hz, t1=1, f1=100Hz。

格式：y=chirp(t,f0,t1,f1,'method')

功能：指定改变扫频的方法。可用的方法有 'linear'（线性调频）、'quadratic'（二次调频）和

'logarithmic'（对数调频）；默认时为'linear'。注意：对于对数扫频，必须有 f1>f0。

格式：y=chirp(t,f0,t1,f1,'method',phi)

功能：指定信号的初始相位为 phi（单位为度），默认时 phi=0。

【例 4-7】 绘制一线性调频信号。MATLAB 源程序为：

```
t=0:0.001:2;                          %采样时间为 2 秒，采样频率为 1000Hz。
y=chirp(t,0,1,150);                   %产生线性调频信号
figure(1); plot(t,y); axis([0,0.5,-1,1]);  %绘制部分线性调频信号
```

运行结果如图 4.7 所示。

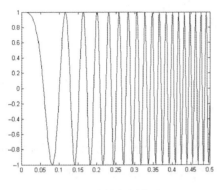
图 4.7 线性调频信号

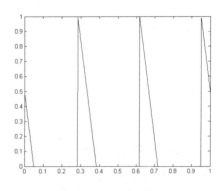
图 4.8 锯齿波冲激串

7. 产生冲激串信号函数 pulstran

格式：y=pulstran(t,d,'func')

功能：在指定的时间范围 t，对连续函数 func，按向量 d 提供的平移量进行平移后采样生成冲激信号 y = func(t−d(1)) + func(t−d(2)) + …。其中函数 func 必须是 t 的函数，且可用函数句柄形式调用，即 y=pulstran(t,d,@func)。

例如产生一不对称的锯齿冲激串信号，要求锯齿宽度为 0.1s，波形间隔为 1/3s。MATLAB 源程序如下：

```
t=0 : 1/1E3 : 1;                      %采样频率 1kHz，连续时间 1s。
d = 0 : 1/3 : 1;                      %3Hz 重复频率
y= pulstran(t,d,'tripuls',0.1,-1);    %调用 tripuls 函数实现冲激串
plot(t,y);                            %绘制
```

该程序运行结果如图 4.8 所示。

8. 产生 Dirichlet 信号的函数 diric

格式：y=diric(x,n)

功能：用于产生 x 的 dirichlet 函数，即：

$$\mathrm{dirichlet}(x) = \begin{cases} (-1)^{k(n-1)} & x = 2\pi k, k = 0, \pm 1, \pm 2, \cdots \\ \sin(nx/2)/[n\sin(x/2)] & \text{其他} \end{cases} \quad (4\text{-}2)$$

9. 产生高斯正弦脉冲信号函数 gauspuls

格式一：yi=gauspuls(T,FC,BW,BWR)

功能：返回持续时间为 T，中心频率为 FC(Hz)，带宽为 BW 的幅度为 1 的高斯正弦脉冲（RF）

信号的采样。脉冲宽度是指信号幅度下降（相对于信号包络峰值）到 BWR(dB)时所对应宽度的 100*BW%。注意 BW>0，BWR<0，默认时，FC=1000Hz，BW=0.5，BWR=- 6dB。

格式二：TC=gauspuls('cutoff',FC,BW,BWR,TPE)

功能：返回按参数 TPE(dB)计算所对应的截断时间 TC。参数 TPE (TPE< 0)是指脉冲拖尾幅度相对包络最大幅度的下降程度，默认时 TPE=-60dB。

例如，产生频率为 50kHz，宽度为 60%的高斯 RF 脉冲信号。要求在脉冲包络幅度下降到 40dB 处截断，采样频率为 1MHz。MATLAB 源程序为：

```
tc=gauspuls('cutoff',50E3,0.6,[],–40);    %计算截断时间，参数 BWR 用空[]替代。
t=–tc : 1E–6 : tc;                         %按采样频率，对时间 t 赋值
yi=gauspuls(t,50E3,.6);                    %按要求产生高斯脉冲信号
plot(t,yi);                                %绘制曲线
```

该程序运行如果如图 4.9(a)所示。

10．产生高斯单脉冲信号函数 gmonopuls

格式：y = gmonopuls(t,fc)

功能：返回最大幅值为 1 的高斯单脉冲信号，时间数组由 t 给定，fc 为中心频率（单位 Hz）。默认情况下，fc=1000Hz。

格式：tc = gmonopuls('cutoff',fc)

功能：返回信号的最大值和最小值之间持续的时间。

【例 4-8】 产生一个 2GHz 的高斯单脉冲信号，采样频率为 100GHz。
MATLAB 源程序如下：

```
fc=2e9;fs=100e9;              %设置中心频率 2GHz 和采样频率 100GHz
tc=gmonopuls('cutoff',fc);
t=–2*tc:1/fs:2*tc;
y=gmonopuls(t,fc);
plot(t,y);
```

运行结果如图 4.9(b)所示。

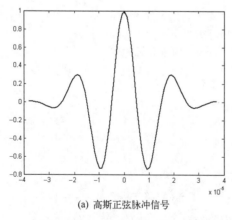
(a) 高斯正弦脉冲信号

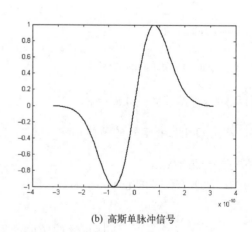
(b) 高斯单脉冲信号

图 4.9　高斯信号

11．电压控制振荡器函数 vco

格式：y = vco(x,fc,fs)

功能：产生一个采样频率为 fs 的振荡信号。其振荡频率由输入向量或数组 x 指定。fc 为载波

或参考频率，如果 x=0，则 y 是一个采样频率为 fs(Hz)、幅值为 1、频率为 fc(Hz)的余弦信号。x 的取值范围为–1～1，如果 x=–1，输出 y 的频率为 0；如果 x=0，输出 y 的频率为 fc；如果 x=1，输出 y 的频率为 2×fc。输出 y 和 x 的维数一样。默认情况下，fs=1,fc=fs/4。如果 x 是一个矩阵，vco 函数按列产生一个振荡信号矩阵，它与 x 列对应。

格式：y = vco(x,[fmin fmax],fs)

功能：可调整频率调制的范围，使得 x= –1 时产生频率为 fmin (Hz)的振荡信号；x=1 时产生频率为 fmax(Hz)的振荡信号。为了得到最好的结果，fmin 和 fmax 的取值范围应该在 0～fs/2 之间。

【例 4-9】 产生一个时间为 2s，采样频率为 10kHz 的信号，它的瞬时频率是时间的三角函数。MATLAB 源程序为：

```
fs=10000; t=0:1/fs:2;
x=vco(sawtooth(2*pi*t,0.75),[0.1,0.4]*fs,fs);
specgram(x,512,fs,Kaiser(256,5),220);
```

运行结果如图 4.10 所示。

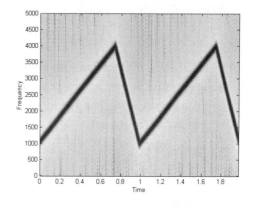

图 4.10 振荡信号的相频特性

4.1.3 离散时间信号的表示

所谓离散信号是指时间变量取离散值。离散时间信号用 $x(n)$ 表示，时间变量 n（表示采样位置）只能取整数。因此，$x(n)$ 是一个离散序列，简称序列。

值得注意的是，在 MATLAB 中，向量 x 的下标只能从 1 开始，不能取零或负值，而序列 $x(n)$ 中的时间变量则完全不受限制。因此，向量 x 的下标不能简单地看成是时间变量 n。也就是说，用一个向量 x 不足以表示序列值，必须再用另一个等长的定位时间变量 n，才能完整地表示一个序列。

【例 4-10】 绘制离散时间信号的棒状图。其中 $x(-1) = -1$，$x(0) = 1$，$x(1) = 2$，$x(2) = 1$，$x(3) = 0$，$x(4) = -1$，其他时间 $x(n) = 0$。MATLAB 源程序为：

```
n=-3:5;                   %定位时间变量
x=[0,0,-1,1,2,1,-1,0,0];  %离散时间信号的幅度大小
stem(n,x); grid;          %绘制棒状图
line([-3,5],[0,0]);       %画 x 轴线
xlabel('n'); ylabel('x[n]')
```

运行结果如图 4.11 所示。

4.1.4 几种常用离散时间信号的表示

下面给出一些常用离散信号的数学描述和 MATLAB 实现。首先设序列 x 的起始点用 ns 表示，终止点用 nf 表示。因此，序列的长度 length(x)可写为：

n=[ns:nf]，或 n=[ns:ns+length(x)–1]

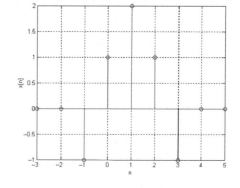

图 4.11 离散时间信号

1. 单位脉冲序列

$$\delta(n-n_0) = \begin{cases} 1 & n = n_0 \\ 0 & n \neq n_0 \end{cases} \quad (4-3)$$

- 直接实现：x=zeros(1,N); x(1,n$_0$)=1;
- 函数实现：利用单位脉冲序列 $\delta(n-n_0)$ 的生成函数 impseq，即
    function [x,n]=impseq(n0,ns,nf)
    n=[ns:nf]; x=[(n-n0)==0];

2．单位阶跃序列

$$u(n-n_0)=\begin{cases}1 & n \geq n_0 \\ 0 & n < n_0\end{cases} \tag{4-4}$$

- 直接实现：n=[ns:nf]; x=[(n-n0)>=0];
- 函数实现：利用单位阶跃序列 $u(n-n_0)$ 的生成函数 stepseq，即
    function [x,n]=stepseq(n0,ns,nf)
    n=[ns:nf]; x=[(n-n0)>=0];

3．实指数序列

$$x(n)=a^n, \quad \forall n, \ a \in R \tag{4-5}$$

- 直接实现：n=[ns:nf]; x=a.^n;
- 函数实现：利用实指数序列 $x(n)=a^n$ 的生成函数 rexpseq，即
    function [x,n]=rexpseq(a,ns,nf)
    n=[ns:nf]; x=a.^n;

4．复指数序列

$$x(n)=e^{(\delta+j\omega)n}, \quad \forall n \tag{4-6}$$

- 直接实现：n=[ns:nf]; x=exp((sigema+jw)*n);
- 函数实现：利用复指数序列 $x(n)=e^{(\delta+j\omega)n}$ 的生成函数 cexpseq，即
    function [x,n]=cexpseq(sigema,w,ns,nf)
    n=[ns:nf]; x=exp((sigema+j*w)*n);

5．正（余）弦序列

$$x(n)=\cos(\omega n+\theta), \quad \forall n \tag{4-7}$$

- 直接实现：n=[ns:nf]; x=cos(w*n+sita);
- 函数实现：利用正（余）弦序列 $x(n)=\cos(\omega n+\theta)$ 的生成函数 cosseq，即
    function [x,n]=cosseq(w,ns,nf,sita)
    n=[ns:nf]; x=cos(w*n+sita);

4.2　信号的基本运算

无论是连续时间信号还是离散时间信号，信号的运算通常包含相加、相乘、移位、翻褶、卷积等基本运算操作，同时，任何一种运算都将产生新的信号。

4.2.1　信号的相加与相乘

由于两信号的相加或相乘是指两信号对应时间的相加或相乘，其数学描述为：

$$y(n)=x_1(n)+x_2(n) \tag{4-8}$$

$$y(n)=x_1(n)\times x_2(n) \tag{4-9}$$

因此，两信号的相加或相乘的 MATLAB 实现：首先将两序列时间变量延拓到同长，x_1 和 x_2 分别延拓成为 y_1 和 y_2；然后再逐点相加 y(n)=y1(n)+y2(n)或再逐点相乘 y(n)=y1(n).*y2(n)，求得新信号。

【例 4-11】 信号的相加与相乘，MATLAB 源程序如下。

```
n1=[-5:4];                          %序列 x1(n)的时间起始及终止位置
n1s=-5;n1f=4;
x1=[2,3,1,-1,3,4,2,1,-5,-3];        %序列 x1(n)不同时间的幅度
n2=[0:9];                           %序列 x2(n)的时间起始及终止位置
n2s=0;n2f=9;
x2=[1,1,1,1,1,1,1,1,1,1];           %序列 x2(n)不同时间的幅度
ns=min(n1s,n2s);nf=max(n1f,n2f);    %求取新信号的时间起始及终止位置
n=ns:nf;
y1=zeros(1,length(n));              %延拓序列初始化
y2=zeros(1,length(n));
y1(find((n>=n1s)&(n<=n1f)==1))=x1;  %给延拓序列 y1 赋值 x1
y2(find((n>=n2s)&(n<=n2f)==1))=x2;  %给延拓序列 y2 赋值 x2
ya=y1+y2;                           %逐点相加
yp=y1.*y2;                          %逐点相乘
subplot(4,1,1),stem(n,y1,'.');
line([n(1),n(end)],[0,0]); ylabel('x1(n)');   %画 x 轴
subplot(4,1,2),stem(n,y2,'.');
line([n(1),n(end)],[0,0]); ylabel('x2(n)');
subplot(4,1,3),stem(n,ya,'.');
line([n(1),n(end)],[0,0]); ylabel('x1(n)+x2(n)');
subplot(4,1,4),stem(n,yp,'.');
line([n(1),n(end)],[0,0]); ylabel('x1(n).x2(n)');
```

程序运行结果如图 4.12 所示。

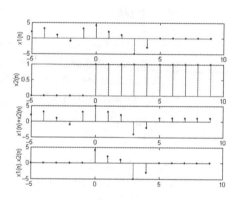

图 4.12 信号的相加和相乘

4.2.2 序列移位与周期延拓运算

序列移位的数学描述为：$y(n)=x(n-m)$。序列移位的 MATLAB 实现：y=x; ny=nx−m。

序列周期延拓的数学描述为：$y(n)=x((n))_M$，其中 M 表示延拓周期。序列周期延拓的 MATLAB 实现：ny=nxs:nxf; y=x(mod(ny,M)+1)。

【例 4-12】 序列移位与周期延拓，运行如下 MATLAB 程序。

```
N=24;M=8;m=3;
n=0:N-1;
x1=(0.8).^n;                %生成指数序列
x2=[(n>=0)&(n<M)];          %形成矩形序列 R_M(n)
x=x1.*x2;                   %截取操作形成新序列 x(n)
xm=zeros(1,N);
for k=m+1:m+M
    xm(k)=x(k-m);           %产生序列移位 x(n-3)
end;
xc=x(mod(n,M)+1);           %产生 x(n)的周期延拓 x((n))_8
xcm=x(mod(n-m,M)+1);        %产生移位序列 x(n-3)的周期延拓 x((n-3))_8
subplot(4,1,1),stem(n,x,'.');ylabel('x(n)');
```

```
subplot(4,1,2),stem(n,xm,'.'); ylabel('x(n–3)');
subplot(4,1,3),stem(n,xc,'.'); ylabel('x((n))_8');
subplot(4,1,4),stem(n,xcm,'.'); ylabel('x((n–3))_8');
```
程序运行结果如图 4.13 所示。

4.2.3 序列翻褶与序列累加运算

序列翻褶的数学描述为：$y(n)=x(-n)$。序列翻褶的 MATLAB 可由函数 fliplr 来实现。该函数的功能将行向量左右翻转，其调用格式：y=fliplr(x)。

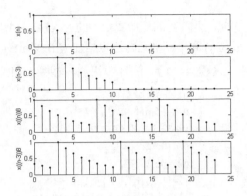

图 4.13 序列的移位和周期延拓

序列累加的数学描述为：$y(n) = \sum_{i=n_s}^{n} x(i)$。序列累加的 MATLAB 实现可由函数 cumsum 来实现，调用格式：y=cumsum(x)。

【例 4-13】 求序列 $x(n) = 3\mathrm{e}^{-0.2n}$ 的翻褶序列 $y(n)=x(-n)$，运行如下 MATLAB 程序。

```
n=0:10;                      %x(n)序列的时间序列
x=3*exp(-0.2*n);             %x(n)序列大小
y=fliplr(x);                 %x(n)序列翻褶
n1=-fliplr(n);               %时间序列的翻褶（翻褶点为原点）
n2=fliplr(-(n-3));           %在指定位置 m=3 处的时间序列的翻褶
subplot(2,1,1);stem(n,x)     %绘制 x(n)序列
xlabel('n'),ylabel('x(n)');
subplot(2,1,2);stem(n1,y);   %绘制翻褶 y(n)=x(-n)序列
xlabel('n'),ylabel('y(n)=x(-n)');
s=cumsum(x);                 %求累加序列 s(n) = \sum_{i=0}^{n} x(i)
figure(2);
subplot(2,1,1);stem(n2,y);   %绘制点为 3 处的翻褶序列 y(n)=x(-n+3)
xlabel('n'),ylabel('y(n)=x(-n+3)');
subplot(2,1,2);stem(n,s);    %绘制 s(n)序列
xlabel('n'),ylabel('s(n)');
```

该程序运行结果如图 4.14 所示。注意在不同位置 n=m 翻褶的求法。

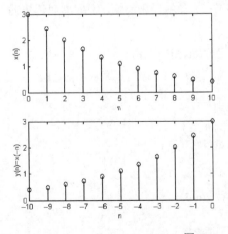
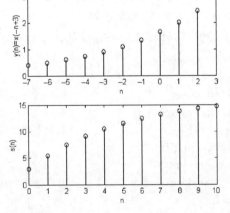

图 4.14 序列翻褶

4.2.4 两序列的卷积运算

两序列卷积运算的数学描述为：$y(n) = x_1(n) * x_2(n) = \sum_m x_1(m) x_2(n-m)$。

两序列卷积运算的 MATLAB 实现：y=conv(x1,x2)。序列 x1(n) 和 x2(n) 必须长度有限。

【**例 4-14**】 计算下列卷积，并图示各序列及其卷积结果。

（1）$y_1(n) = x_1(n) * h_1(n)$，$x_1(n) = 0.9^n R_{20}(n)$，$h_1(n) = R_{10}(n)$。

（2）$y_2(n) = x_2(n) * h_2(n)$，$x_2(n) = 0.9^{n-5} R_{20}(n-5)$，$h_2(n) = R_{10}(n)$。

运行如下 MATLAB 程序。

```
Nx=20; Nh=10; m=5;           %设定 Nx,Nh 和位移值 m
n=0:Nx–1;
x1=(0.9).^n;                 %产生 x1(n)
x2=zeros(1,Nx+m);
for k=m+1:m+Nx               %产生 x2(n)=x1(n–m)
    x2(k)=x1(k–m)            %完成位移
end
nh=0:Nh–1; h1=ones(1,Nh);    %产生 h1(n)
h2=h1;
y1=conv(x1,h1);              %计算 y1(n)=x1(n)*h1(n)
y2=conv(x2,h2);              %计算 y2(n)=x2(n)*h2(n)
```

该程序运行结果如 4.15 所示。

4.2.5 两序列的相关运算

两序列相关运算的数学描述为：$y(m) = \sum_n x_1(n) x_2(n-m)$

两序列相关运算的 MATLAB 实现：y=xcorr(x1,x2)。

说明，若两序列具有相同的长度 M，则相关序列 $y(n)$ 的长度为 $2M–1$。若两序列的长度不同，则短者将自动填充 0。

【**例 4-15**】 完成下列序列的相关运算，并图示各序列及其相关结果。

（1）$y_1(m) = \sum_n x_1(n) h_1(n-m)$，$x_1(n) = 0.9^n R_{20}(n)$，$h_1(n) = R_{10}(n)$；

（2）$y_2(m) = \sum_n x_2(n) h_2(n-m)$，$x_2(n) = 0.9^{n-5} R_{20}(n-5)$，$h_2(n) = R_{10}(n)$。

运行如下 MATLAB 程序。

```
Nx=20; Nh=10; m=5;           %设定 Nx, Nh 和位移值 m
n=0:Nx–1;
x1=(0.9).^n;                 %产生 x1(n)
x2=zeros(1,Nx+m);
for k=m+1:m+Nx               %产生 x2(n)=x1(n–m)
    x2(k)=x1(k–m);           %完成位移
end
nh=0:Nh–1; h1=ones(1,Nh);    %产生 h1(n)
h2=h1;
```

```
y1=xcorr(x1,h1);           %计算相关 y1(m)=Σ x1(n)×h1(n–m)
y2=xcorr(x2,h2);           %计算相关 y2(m)=Σ x2(n)×h2(n–m)
```

该程序运行结果如图 4.16 所示。注意图 4.15 与图 4.16 中，两序列的卷积运算与相关运算的不同。

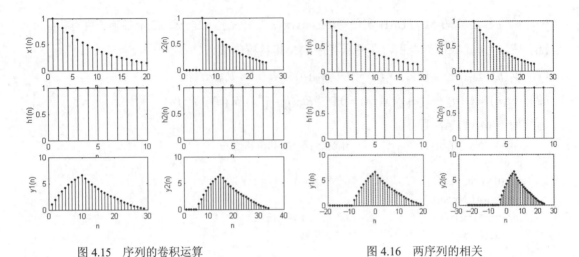

图 4.15　序列的卷积运算　　　　　　　　图 4.16　两序列的相关

4.3　信号的能量和功率

信号按时间函数的可积性划分，可分为能量信号、功率信号。若信号能量 E 有限，则称为能量信号；若信号功率 P 有限，则称为功率信号。信号能量 E 和信号功率 P 的定义见表 4.1，信号能量和功率的 MATLAB 实现见表 4.2。

表 4.1　信号能量和功率的定义

定义＼信号	信号能量	信号功率
连续时间信号	$E=\int_{-\infty}^{\infty}\|x(t)\|^2 dt$	$P=\lim_{T\to\infty}\frac{1}{T}\int_0^T\|x(t)\|^2 dt$
离散时间信号	$E=\sum_{n=-\infty}^{\infty}\|x[n]\|^2$	$P=\lim_{N\to\infty}\frac{1}{N}\sum_{n=-N}^{N}\|x[n]\|^2$

表 4.2　信号能量和功率的 MATLAB 实现

属性名	数字定义	MATLAB 实现
信号能量	$E=\sum_{n=0}^{N}x[n]*x[n]$	E=sum(x.*conj(x)); 或 E=sum(abs(x).^2);
信号功率	$P=\frac{1}{N}\sum_{n=0}^{N-1}\|x[n]\|^2$	P=sum(x.*conj(x))/N; 或 E=sum(abs(x).^2)/N;

【例 4-16】　非周期三角波信号能量的 MATLAB 计算：

```
dt=0.0001;t=0:dt:1;
x=tripuls(t);
E=sum(abs(x).^2*dt)
```

运行结果为：E=0.1667

余弦信号的平均功率的 MATLAB 计算：

```
dt=0.001;t=0:dt:2*pi;
x=cos(t);
P=sum(abs(x).^2*dt)./(2*pi)
```

运行结果为：P=0.5001

4.4 线性时不变系统

4.4.1 系统的描述

一个信号处理系统就是将输入信号变换成输出信号的运算过程,如图4.17所示。在此过程中,输出的信号称为系统对输入信号做出的响应,输入信号称为系统的激励。

当输入信号为连续时间信号 $x(t)$ 时,该系统称为连续时间处理系统,可描述为:
$$y(t) = T[x(t)] \quad (4\text{-}10)$$

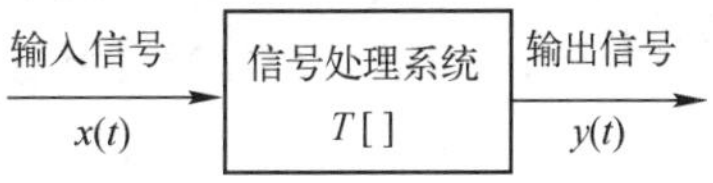

当输入信号为离散时间信号 $x[n]$ 时,该系统称为离散时间处理系统,可描述为:
$$y[n] = T[x[n]] \quad (4\text{-}11)$$

图 4.17 信号处理系统

当一个系统具有可加性和齐次性,即满足:
- 连续时间系统:$a_1 y_1(t) + a_2 y_2(t) = T[a_1 x_1(t) + a_2 x_2(t)]$
  其中 $y_1(t) = T[x_1(t)]$,$y_2(t) = T[x_2(t)]$,a_1、a_2 为常数。
- 离散时间系统:$a_1 y_1[n] + a_2 y_2[n] = T[a_1 x_1[n] + a_2 x_2[n]]$,
  其中 $y_1[n] = T[x_1[n]]$,$y_2[n] = T[x_2[n]]$,a_1、a_2 为常数。

则该系统称为线性系统。如果系统响应与激励加于系统的时刻无关,即满足:
$$y(t-t_0) = T[x(t-t_0)] \quad \text{或} \quad y[n-n_0] = T[x[n-n_0]] \quad (4\text{-}12)$$

则称该系统为时不变系统。

线性时不变系统(LTI)是一类十分常用和重要的系统,描述这类系统的方法有常系数线性微分/差分方程、传递函数、状态方程形式。其中传递函数又可写成零极点增益形式、部分分式和二次分式。

1. 常系数线性微分/差分方程

对于单输入单输出连续时间 LTI 系统,常系数线性微分方程为:
$$y^{(N)}(t) + \sum_{i=0}^{N-1} a_i y^{(i)}(t) = \sum_{i=0}^{M} b_i x^{(i)}(t) \quad (4\text{-}13)$$

式中,$y^{(i)}(t)$ 是输出的第 i 阶导数,$x^{(i)}(t)$ 是输入的第 i 阶导数,$a_0, a_1, a_2, \cdots, a_{N-1}$ 和 $b_0, b_1, b_2, \cdots, b_M$ 均为常数,正整数 N 称为系统的阶数。

对于单输入单输出离散时间 LTI 系统,常系数线性差分方程为:
$$y[n] + \sum_{i=1}^{N} a_i y[n-i] = \sum_{i=0}^{M} b_i x[n-i] \quad (4\text{-}14)$$

式中,$y[n]$ 是 n 时刻的输出,$x[n]$ 是 n 时刻的输入,$a_0, a_1, a_2, \cdots, a_{N-1}$ 和 $b_0, b_1, b_2, \cdots, b_M$ 均为常数,正整数 N 称为系统的阶数。

2. 系统传递函数(tf)

通过拉普拉斯变换可把连续时间信号和系统转换到频域。连续时间信号 $x(t)$ 的拉普拉斯变换定义为:
$$X(s) = \int_{-\infty}^{+\infty} x(t) e^{-st} dt \quad (4\text{-}15)$$

通过 Z 变换可把离散时间信号和系统转换到频域。离散时间信号 $x[n]$ 的 Z 变换定义为：

$$X(z) = \sum_{n=-\infty}^{+\infty} x[n]z^{-n} \tag{4-16}$$

连续 LTI 系统的传递函数定义为系统输出的拉普拉斯变换与系统输入的拉普拉斯变换之比。因此，对常系数线性微分方程（式（4-13））两边进行拉普拉斯变换，即可得单输入单输出连续 LTI 系统的传递函数：

$$H(s) = \frac{Y(s)}{X(s)} = \frac{b_M s^M + b_{M-1} s^{M-1} + \cdots + b_1 s + b_0}{s^N + a_{N-1} s^{N-1} + \cdots + a_1 s + a_0} \tag{4-17}$$

离散 LTI 系统的传递函数定义为系统输出的 Z 变换与系统输入的 Z 变换之比。因此，对常系数线性差分方程（式（4-14））两边进行 Z 变换，即可得单输入单输出离散 LTI 系统的传递函数：

$$H(z) = \frac{Y(z)}{X(z)} = \frac{b_0 + b_1 z^{-1} + n + b_M z^{-M}}{1 + a_1 z^{-1} + n + a_N z^{-N}} \tag{4-18}$$

注意：在 MATLAB 中，传递函数由分子、分母两个多项式的系数来表示，系数为降幂排列。例如：

$$H(z) = \frac{1 + 0.2 z^{-1} + z^{-2}}{1 + 0.5 z^{-1} + z^{-2}}$$

可以表示为：num=[1,0.2,1]；den=[1,0.5,1]。

3．零极点增益模型（zp）

对传递函数进行因式分解，可将传递函数模型改写成零极点增益模型：

连续系统：
$$H(s) = k \frac{(s-q_1)(s-q_2)\cdots(s-q_M)}{(s-p_1)(s-p_2)\cdots(s-p_N)} \tag{4-19}$$

离散系统：
$$H(z) = k \frac{(z-q_1)(z-q_2)\cdots(z-q_M)}{(z-p_1)(z-p_2)\cdots(z-p_N)} \tag{4-20}$$

在 MATLAB 中，增益系数、零点向量、极点向量分别用 k、z、p 表示，向量为列向量。

4．极点留数模型

当零极点模型中的极点都为单极点时，可将零极点增益模型分解为部分分式，得 LTI 系统的极点留数模型：

连续 LTI 系统：
$$H(s) = \frac{r_1}{s-p_1} + \frac{r_2}{s-p_2} + \cdots + \frac{r_N}{s-p_N} \tag{4-21}$$

离散 LTI 系统：
$$H(z) = \frac{r_1}{1-p_1 z^{-1}} + \frac{r_2}{1-p_2 z^{-1}} + \cdots + \frac{r_N}{1-p_N z^{-1}} \tag{4-22}$$

5．二次分式模型（sos）

由于 LTI 系统中经常会包含复数的零极点，这时用零极增益法表示就显得烦琐。对于系统多项式，其复数的零极点必定是共轭的，把每一对共轭极点或零点多项式合并，就可得出多个二次分式模型：

连续 LTI 系统：
$$H(s) = g \prod_{k=1}^{L} \frac{b_{0k} + b_{1k}s + b_{2k}s^2}{1 + a_{1k}s + a_{2k}s^2} \tag{4-23}$$

离散 LTI 系统：
$$H(z) = g\prod_{k=1}^{L}\frac{b_{0k}+b_{1k}z^{-1}+b_{2k}z^{-2}}{1-a_{1k}z^{-1}-a_{2k}z^{-2}} \tag{4-24}$$

可以看出，二次分式模型实际上是零极增益模型的一种变型。

6. 状态空间模型（ss）

设 x 为状态变量，u 为输入，系统的状态方程为：

连续 LTI 系统：
$$\begin{cases} x' = Ax+Bu \\ y = Cx+Du \end{cases} \tag{4-25}$$

离散 LTI 系统：
$$\begin{cases} x[n+1] = Ax[n]+Bu[n] \\ y[n] = Cx[n]+Du[n] \end{cases} \tag{4-26}$$

在 MATLAB 中，用矩阵（或向量）A、B、C、D 表示系统的状态空间模型。

4.4.2 系统模型的转换函数

在 MATLAB 中用系数矩阵 sos 表示二次分式，g 为比例系数，sos 为 $L\times 6$ 的矩阵，即将式（4-23）或式（4-24）表示为：

$$sos = \begin{bmatrix} b_{01} & b_{11} & b_{21} & 1 & a_{11} & a_{21} \\ \vdots & \vdots & \vdots & \vdots & \vdots & \vdots \\ b_{0L} & b_{1L} & b_{2L} & 1 & a_{1L} & a_{2L} \end{bmatrix} \tag{4-27}$$

sos、ss、tf、zp 分别表示二次分式模型、状态空间模型、传递函数模型和零极点增益模型。MATLAB 提供了一组不同线性系统模型转换的函数，这些函数调用的基本格式如下，详细的功能和调用格式可通过 help 来获取。

1. ss2tf 函数

格式：[num, den]=ss2tf(A,B,C,D,iu)
功能：将指定输入量 iu 的线性系统(A,B,C,D)状态空间模型转换为传递函数模型[num,den]。

2. tf2ss 函数

格式：[A,B,C,D]=tf2ss(num,den)
功能：将给定系统的传递函数模型转换为等效的状态空间模型，向量 den 和 num 按 s 的降幂顺序输入分子、分母系数。用于离散系统时分子多项式与分母多项式的长度必须相同，否则补零。该函数是 ss2tf 函数的逆过程。

【例 4-17】 将连续系统 $H(s)=\dfrac{\begin{bmatrix} 2s+3 \\ s^2+2s+1 \end{bmatrix}}{s^2+0.4s+1}$ 转换成状态空间形式。MATLAB 源程序为：

```
clear
num=[0,2,3;1,2,1];          %传递函数分子多项式系数
den=[1,0.4,1];              %传递函数分母多项式系数
[A,B,C,D]=tf2ss(num,den)
```

程序运行结果为：

```
A =    -0.4000    -1.0000
        1.0000         0
```

```
B =    1
       0
C =    2.0000    3.0000
       1.6000    0
D =    0
       1
```

3．ss2zp 函数

格式：[z,p,k]=ss2zp(A,B,C,D,iu)

功能：将指定输入量 iu 的线性系统(A,B,C,D)状态空间模型转换为零极点增益模型[z,p,k]。z,p,k 分别为零点向量、极点向量和增益系数。

4．zp2ss 函数

格式：[A,B,C,D]=zp2ss(z,p,k)

功能：将给定系统的零极点增益模型转换为等效的状态空间模型 [A,B,C,D]。z,p,k 分别为零点向量、极点向量和增益系数。该函数是 ss2zp 的逆过程。

【例 4-18】 将离散系统 $H(z) = 2\dfrac{(z-3)}{(z-2)(z-1)}$ 转换为状态空间模型[A,B,C,D]。

```
>> z=[3]; p=[1,2]; k=2;        %零点、极点和增益
>> [A,B,C,D]=zp2ss(z,p,k)
A =    3.0000    −1.4142
       1.4142    0
B =    1
       0
C =    2.0000    −4.2426
D =    0
```

5．tf2zp 函数

格式：[z,p,k]=tf2zp(num,den)

功能：将传递函数模型转换为零极点增益模型。求系统传递函数的零点向量 z、极点向量 p 和增益系数 k。用于离散系统时分子多项式与分母多项式的长度必须相同，否则补零。

【例 4-19】 求离散时间系统 $H(z) = \dfrac{2+3z^{-1}}{1+0.4z^{-1}+z^{-2}}$ 的零、极点向量和增益系数。

```
>> num=[2,3]; den=[1,0.4,1];        %传递函数分子、分母多项式系数
>> [num,den]=eqtflength(num,den);   %使长度相等
>> [z,p,k]=tf2zp(num,den)
z =    0
       −1.5000
p =    −0.2000 + 0.9798i
       −0.2000 − 0.9798i
k =    2
```

6．zp2tf 函数

格式：[num,den]=zp2tf(z,p,k)

功能：将给定系统的零极点增益模型转换为传递函数模型，z,p,k 分别为零点列向量、极点列

向量和增益系数。例如：

```
>> z=[0,–1.5]';
>> p=[–0.2000 + 0.9798i,–0.2000 – 0.9798i]';
>> k=2
>> [num,den]=zp2tf(z,p,k)
num =     2    3    0
den =    1.0000   0.4000   1.0000
```

7．sos2tf 函数

格式：[num,den]=sos2tf(sos,g)

功能：将二次分式模型 sos 转换为传递函数模型[num,den]，增益系数 g 默认值为 1。

8．tf2sos 函数

格式：[sos,g]=tf2sos(num,den)

功能：将传递函数模型[num,den]转换为二次分式模型 sos，g 为增益系数。

9．sos2zp 函数

格式：[z,p,k]=sos2tf(sos,g)

功能：将二次分式模型转换为零极点增益模型，增益系数 g 默认值为 1。

10．zp2sos 函数

格式：[sos,g]=zp2sos(z,p,k)

功能：将零极点增益模型转换为二次分式模型 sos，g 为增益系数。

11．sos2ss 函数

格式：[A,B,C,D]=sos2ss(sos,g)

功能：将二次分式模型 sos 转换为状态空间模型[A,B,C,D]。

12．ss2sos 函数

格式：[sos,g]=ss2sos(A,B,C,D,iu)

功能：将状态空间模型[A,B,C,D]转换为二次分式模型。

4.4.3 系统互连与系统结构

由于线性时不变系统（LTI）具有交换律、结合律和分配律等特性，因此，系统的互连方式有级联型、并联型和反馈型。

两个系统的级联如图 4.18(a)所示，系统 1 的输出是系统 2 的输入，整个系统输入信号首先由系统 1 处理，然后由系统 2 处理。其传递函数可表示为：

$$H = H_1 H_2 \tag{4-28}$$

类似地可以定义三个或更多个系统的级联。

两个系统的并联如图 4.18(b)所示，系统 1 和系统 2 具有相同的输入，并联后的输出是系统 1 和系统 2 的输出之和，其传递函数可表示为：

$$H = H_1 + H_2 \tag{4-29}$$

类似地可以定义两个系统以上的并联。

系统的反馈连接是系统互连的另一种重要类型，如图 4.18(c)所示。系统 1 的输出是系统 2 的输入，系统 1 的输入是外加的输入信号与反馈回来的系统 2 的输出之代数和。比较常用的是单位负反馈，即系统 2 的输出是系统 1 的输出（整个系统的输出）的负值。

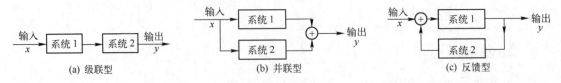

图 4.18　系统的互连

将级联、并联和反馈组合起来可以得到复杂的系统。在 MATLAB 中可用 series, parallel, cloop, feedback 函数命令来实现 LTI 系统的互连。这些命令既适用于连续时间系统，也适用于离散时间系统。

1. 系统的级联函数 series

格式：[A,B,C,D]=series(A1,B1,C1,D1,A2,B2,C2,D2)

功能：将系统 1、系统 2 按图 4.18(a)所示级联，即：

$$\begin{bmatrix} x_1' \\ x_2' \end{bmatrix} = \begin{bmatrix} A_1 & 0 \\ B_2 C_1 & A_2 \end{bmatrix} \begin{bmatrix} x_1 \\ x_2 \end{bmatrix} + \begin{bmatrix} B_1 \\ B_2 D_1 \end{bmatrix} u_1 \tag{4-30}$$

$$y = \begin{bmatrix} D_2 C_1 & C_2 \end{bmatrix} \begin{bmatrix} x_1 \\ x_2 \end{bmatrix} + [D_2 D_1] u_1 \tag{4-31}$$

格式：[num,den]=series(num1,den1,num2,den2)

功能：可得到串联连接的传递函数形式，即

$$H(s) = \frac{\text{num}(s)}{\text{den}(s)} = H_1(s) H_2(s) = \frac{\text{num1}(s)\text{num2}(s)}{\text{den1}(s)\text{den2}(s)} \tag{4-32}$$

2. 系统的并联函数 parallel

格式：[A,B,C,D]=parallel(A1,B1,C1,D1,A2,B2,C2,D2)

功能：将系统 1 和系统 2 按图 4.18(b)所示并联，即：

$$\begin{bmatrix} x_1' \\ x_2' \end{bmatrix} = \begin{bmatrix} A_1 & 0 \\ 0 & A_2 \end{bmatrix} \begin{bmatrix} x_1 \\ x_2 \end{bmatrix} + \begin{bmatrix} B_1 \\ B_2 \end{bmatrix} u \tag{4-33}$$

$$y = y_1 + y_2 = \begin{bmatrix} C_1 & C_2 \end{bmatrix} \begin{bmatrix} x_1 \\ x_2 \end{bmatrix} + \begin{bmatrix} D_1 & D_2 \end{bmatrix} u \tag{4-34}$$

格式：[num,den]=parallel(num1,den1,num2,den2)

功能：可得到并联连接的传递函数形式，即

$$H(s) = \frac{\text{num}(s)}{\text{den}(s)} = H_1(s) + H_2(s) = \frac{\text{num1}(s)\text{den2}(s) + \text{num2}(s)\text{den1}(s)}{\text{den1}(s)\text{den2}(s)} \tag{4-35}$$

3. 两个系统的反馈连接函数 feedback

格式一：[A,B,C,D]=feedback(A1,B1,C1,D1,A2,B2,C2,D2,sign)

功能：将系统 1 和系统 2 进行反馈连接，如图 4.18(c)所示。sign 表示反馈方式（默认值为-1）：当 sig=+1 时表示正反馈；当 sig= -1 时表示负反馈。连接产生的系统为：

$$\begin{bmatrix} x_1' \\ x_2' \end{bmatrix} = \begin{bmatrix} A_1 + B_1ED_2C_1 & \pm B_1EC_2 \\ B_2C_1 \pm B_2D_1ED_2C_1 & A_2 \pm B_2D_1EC_2 \end{bmatrix} \begin{bmatrix} x_1 \\ x_2 \end{bmatrix} + \begin{bmatrix} B_1(I \pm ED_2D_1) \\ B_2D_1(I \pm ED_2D_1) \end{bmatrix} u_1 \qquad (4\text{-}36)$$

$$y_1 = [C_1 \pm D_1ED_2C_1 \pm D_1EC_2] \begin{bmatrix} x_1 \\ x_2 \end{bmatrix} + [D_1(I \pm ED_2D_1)]u_1 \qquad (4\text{-}37)$$

其中 $E = (I \mp D_2D_1)^{-1}$。

格式二：[num,den]=feedback(num1,den1,num2,den2,sign)

功能：与格式一的意义相同。

$$H(s) = \frac{\text{num}(s)}{\text{den}(s)} = \frac{H_1(s)}{1 \pm H_1(s)H_2(s)} = \frac{\text{num1}(s)\text{den2}(s)}{\text{den1}(s)\text{den2}(s) \pm \text{num1}(s)\text{num2}(s)} \qquad (4\text{-}38)$$

【例 4-20】 求两个单输入单输出子系统 $H_1(s) = \dfrac{1}{s+1}$ 和 $H_2(s) = \dfrac{2}{s+2}$ 的级联、并联和反馈互连后系统的传递函数。MATLAB 源程序为：

```
num1=1; den1=[1,1];              %系统 1
num2=2; den2=[1,2];              %系统 2
[nums,dens]=series(num1,den1,num2,den2)    %实现两个系统级联
[nump,denp]=parallel(num1,den1,num2,den2)  %实现两个系统并联
[numf,denf]=feedback(num1,den1,num2,den2)  %实现两个系统反馈
```

程序运行结果为：

nums =   0   0   2 ;   dens =   1   3   2
nump =   0   3   4 ;   denp =   1   3   2
numf =   0   1   2 ;   denf =   1   3   4

因此，各系统的传递函数分别为：$\dfrac{2}{s^2+3s+2}$，$\dfrac{3s+4}{s^2+3s+2}$，$\dfrac{s+2}{s^2+3s+4}$。

在实际应用中，也可以把一个复杂的线性时不变（LTI）系统分解为几个简单系统的组合结构，即直接型结构、级联型结构和并联型结构。MATLAB 所提供的系统模型变换函数，实质就是给出了这几种系统结构的互换关系。系统的传递函数对应于系统的直接型结构，二次分式（sos）模型对应级联型结构，系统传递函数的部分分式（residue 或 residuez）形式对应于并联型结构。

【例 4-21】 已知 FIR 数字滤波器的传递函数为：

$$H(z) = 2 + \frac{13}{12}z^{-1} + \frac{5}{4}z^{-2} + \frac{2}{3}z^{-3}$$

求出其级联型结构和格型结构。

MATLAB 源程序为：

```
clear;
b=[2,13/12,5/4,2/3]; a=1;        %设定参数
fprintf('级联型结构系数:');
[sos,g]=tf2sos(b,a)              %直接型到级联型转换
fprintf('格型结构系数（反射系数）: ');
[K]=tf2latc(b,a)                 %直接型到格型转换
```

程序运行结果如下。

级联型结构系数：

sos =   1.0000   0.5360   0   1.0000   0   0
        1.0000   0.0057   0.6219   1.0000   0   0

g = 2

格型结构系数（反射系数）：

K = 0.2500   0.5000   0.3333

所以，根据级联结构系数，传递函数可改写为：

$$H(z) = 2(1+0.536z^{-1})(1+0.0057z^{-1}+0.6219z^{-2})$$

级联型结构如图 4.19 所示。格型结构如图 4.20 所示。应当注意：由于函数 tf2latc 所求的格型结构是用 $H(z)$ 的常数项 b_0 归一化的，所以，结构图中要乘以 $b_0=2$ 才能保证原滤波器增益不变。

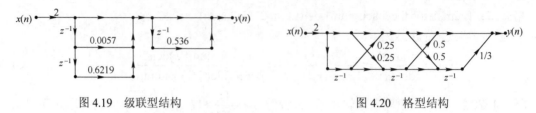

图 4.19 级联型结构　　　　　　　　图 4.20 格型结构

【例 4-22】 已知 IIR 数字滤波器的传递函数为：

$$H(z)=\frac{1-3z^{-1}+11z^{-2}-27z^{-3}+18z^{-4}}{16+12z^{-1}+2z^{-2}-4z^{-3}-z^{-4}}$$

求出其级联型结构和并联型结构。

MATLAB 源程序为：

```
b=[1,-3,11,-27,18];      %传递函数分子多项式系数
a=[16,12,2,-4,-1];       %传递函数分母多项式系数
disp('级联型结构系数:')
[sos,g]=tf2sos(b,a)       %求级联型结构系数
disp('并联型结构系数:')
[R,P,K] = residuez(b,a)   %利用 residuez 函数求并联型结构系数
```

运行所得结果如下。

级联型结构系数：

sos = 1.0000   −3.0000   2.0000   1.0000   −0.2500   −0.1250
      1.0000   0.0000   9.0000   1.0000   1.0000   0.5000

g = 0.0625

并联型结构系数：

R = −5.0250 − 1.0750i   P = −0.5000 + 0.5000i   K = −18
    −5.0250 + 1.0750i   −0.5000 − 0.5000i
     0.9250   0.5000
    27.1875   −0.2500

所以，根据级联结构系数，传递函数可改写为：

$$H(z)=0.0625\left(\frac{1+9z^{-2}}{1+z^{-1}+0.5z^{-2}}\right)\left(\frac{1-3z^{-1}+2z^{-2}}{1-0.25z^{-1}-0.125z^{-2}}\right)$$

级联型结构如图 4.21 所示。

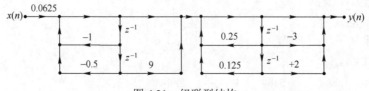

图 4.21 级联型结构

根据并联型结构系数，传递函数可改写为：

$$H(z) = \frac{-5.025 - 1.075i}{1 - (-0.5 + 0.5i)z^{-1}} + \frac{-5.025 + 1.075i}{1 - (-0.5 - 0.5i)z^{-1}} + \frac{0.925}{1 - 0.5z^{-1}} + \frac{27.1875}{1 + 0.25z^{-1}} - 18$$

【例 4-23】 已知描述系统的微分方程为 $2y''' + 3y'' + 5y' + 9 = 2u'' - 5u' + 3u$，求出它的传递函数模型、零极点增益模型、极点留数模型和状态空间模型。

首先，对微分方程两边进行拉普拉斯变换，得到系统的传递函数：

$$H(s) = \frac{2s^2 - 5s + 3}{2s^3 + 3s^2 + 5s + 9}$$

然后，用 tf2zp,tf2ss 及 residue 函数进行求解。MATLAB 源程序为：

```
num=[2,-5,3]; den=[2,3,5,9];      %传递函数分子、分母多项式系数
disp('系统传递函数 H(s)');
printsys(num,den,'s');            %显示系统传递函数 H(s)
disp('转为零极点增益模型');
[z1,p1,k1]=tf2zp(num,den)         %求零极点增益模型
disp('转为零极点留数模型');
[r1,p1,h1]=residue(num,den)       %求零极留数模型
disp('转为状态空间模型');
[A,B,C,D]=tf2ss(num,den)          %求状态空间模型
```

程序运行结果如下。

```
num/den =
     2s^2 - 5s + 3
     -----------------------
     2s^3 + 3s^2 + 5s + 9
```

转为零极点增益模型	转为零极点留数模型	转为状态空间模型
z1 = 1.5000	r = −0.2322 + 0.4716i	A= −1.5000 −2.5000 −4.5000
1.0000	−0.2322 − 0.4716i	1.0000 0 0
p1 = −1.6441	1.4644	0 1.0000 0
0.0721 + 1.6528i	p = 0.0721 + 1.6528i	B = 1
0.0721 − 1.6528i	0.0721 − 1.6528i	0
k1 = 1	−1.6441	0
	h = [ ]	C = 1.0000 −2.5000 1.5000
		D = 0

写成便于阅读的形式：

$$\begin{bmatrix} x_1' \\ x_2' \\ x_3' \end{bmatrix} = \begin{bmatrix} -1.5 & -2.5 & -4.5 \\ 1 & 0 & 0 \\ 0 & 1 & 0 \end{bmatrix} \begin{bmatrix} x_1' \\ x_2' \\ x_3' \end{bmatrix} + \begin{bmatrix} 1 \\ 0 \\ 0 \end{bmatrix} u_1, \quad y = \begin{bmatrix} 1 & -2.5 & 1.5 \end{bmatrix} \begin{bmatrix} x_1' \\ x_2' \\ x_3' \end{bmatrix}$$

4.5 线性时不变系统的响应

4.5.1 线性时不变系统的时域响应

如果一个系统是线性时不变（LTI）系统，则该系统可由系统的单位冲激响应来表征。

1. 连续 LTI 系统的响应

在连续时间情况下，系统对任意输入信号 $x(t)$ 的响应（即系统的输出）为 $y(t) = T[x(t)]$，则 $y(t)$ 为系统输入与系统单位冲激响应的卷积积分，即：

$$y(t) = T[x(t)] = x(t) * h(t) = \int_{-\infty}^{+\infty} x(\tau)h(t-\tau)\mathrm{d}\tau \tag{4-39}$$

【例 4-24】 某 LTI 系统的单位冲激响应 $h(t) = \mathrm{e}^{-0.1t}$，输入 $x(t) = \begin{cases} 1 & 1 \leq t \leq 10 \\ 0 & \text{其他} \end{cases}$，初始条件为零，求系统的响应 $y(t)$。

对连续时间信号用采样点的数据来表示，并假设相对于采样点密度而言，信号变化足够慢。这样，连续 LTI 系统的响应就可以直接调用 MATLAB 中的卷积函数命令 conv 来实现。MATLAB 源程序如下：

```
dt=input('输入时间间隔 dt= ');      %输入离散时间间隔
x=ones(1,fix(10/dt));              %输入信号 x(t)
h=exp(-0.1*[0:fix(10/dt)]*dt);     %系统的单位冲激响应 h(t),取持续时间与 x(t)相同
y =conv(x,h);                      %调用卷积函数 conv
t=dt*([1:length(y)]-1);            %求卷积后输出 y 的时间范围
plot(t,y),grid
```

运行该程序，输入离散时间间隔 dt=0.5，可得结果如图 4.22 所示。

2. 离散 LTI 系统的响应

在离散时间情况下，系统对任意输入信号 $x[n]$ 的响应为 $y[n] = T[x[n]]$，则 $y[n]$ 为系统输入与系统单位冲激响应 $h[n]$ 的卷积和，即：

$$y[n] = x[n] * h[n] = \sum_{i=-\infty}^{+\infty} x[i]h[n-i] \tag{4-40}$$

MATLAB 的 conv 函数可以帮助我们快速求出两个离散序列的卷积和。

【例 4-25】 已知 LTI 离散系统的单位冲激响应为：$h[n] = 0.5^n$（$n = 0, 1, 2, \cdots, 14$），求输入信号序列 $x[n] = 1$（$-5 \leq n \leq 4$）的系统响应。

利用 MATLAB 中的 conv 函数，MATLAB 源程序为：

```
x=ones(1,10);                  %信号序列 x[n]
n=[0:14];h=0.5.^n;             %系统的单位冲激响应 h[n]
y =conv(x,h);                  %调用卷积函数 conv
stem(y); xlabel('n');ylabel('y[n]');
```

该程序运行结果如图 4.23 所示。注意：函数 conv 不需要给定序列 $x[n]$、$h[n]$ 的时间序号，也不返回 $y[n] = x[n] * h[n]$ 的时间序号。因此，要正确地标识出函数 conv 的计算结果，还需要构造 $x[n]$、$h[n]$ 及 $y[n]$ 对应的时间序号向量。因此，可将该例中的程序改写为：

```
nx=[-5:4];x=ones(1,10);                          %信号序列 x[n]及其时间序列 nx
nh=[0:14];h=0.5.^nh;                             %系统的单位冲激响应序列 h[n]及其时间序列 nh
y=conv(x,h);                                     %调用卷积函数 conv 求系统输出 y
n0=nx(1)+nh(1);                                  %求卷积序列 y 起始时间位置
N=length(nx)+length(nh)-2;                       %求卷积序列 y 的序列长度
ny=n0:n0+N;                                      %求卷积序列 y 的时间向量
subplot(2,2,1); stem(nx,x);title('x[n]');xlabel('n');ylabel('x[k]');    %绘制 x[n]
subplot(2,2,2);stem(nh,h);title('h[n]');xlabel('n');ylabel('h[n]');     %绘制 y[n]
```

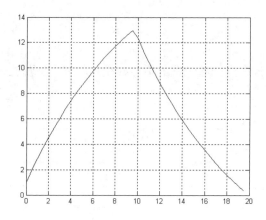
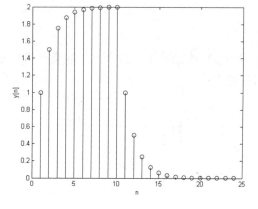

图 4.22　连续 LTI 系统的响应　　　　　　图 4.23　离散 LTI 系统的响应

```
            subplot(2,2,3);stem(ny,y);title('x[n]与 h[n]的卷积和 y[n]');xlabel('n');ylabel('y[n]');
            h=get(gca,'position');    h(3)=2.5*h(3);
            set(gca,'position',h)          %将第三个子图的横坐标范围扩大为原来的2.5 倍
```

程序运行结果如图 4.24 所示，与图 4.23 相比，图 4.24 中给出了时间序号。

另外，无论是连续时间的卷积积分运算，还是离散时间的卷积和运算，在图形表示上可分为四步：翻褶，移位，相乘，相加（或积分）。下面程序给出了这一动态演示过程。

```
            x=ones(1,10);lx=length(x);              %信号序列 x[n]
            h=0.5.^[0:14];lh=length(h);             %单位冲激响应序列 h[n]
            lmax=max(lx,lh);                        %求最长的序列
            if lx>lh nx=0;nh=lx-lh;                 %若 x 比 h 长，对 h 补 nh 个零
                elseif lx<lh nh=0;nx=lh-lx;         %若 h 比 x 长，对 x 补 nx 个零
                else nx=0;lh=0;                     %若 h 与 x 同长，不补零
            end
            lt=lmax;                                %取长者为补零长度基准
            u=[zeros(1,lt),x,zeros(1,nx),zeros(1,lt)]; %将 x 先补得与 h 同长，再两边补以同长度的零
            t1=(-lt+1:2*lt);
            h=[zeros(1,2*lt),h,zeros(1,nh)];        %将 h 先补得与 u 同长，再两边补以同长度的零
            hf=fliplr(h);                           %将 h 的左右翻褶，称为 hf
            y=zeros(1,3*lt);
            for k=0:2*lt                            %动态演示绘图
                p=[zeros(1,k),hf(1:end-k)];         %使 hf 向右循环移位
                y1=u.*p;                            %使输入和翻转移位的脉冲过渡函数逐项相乘
                yk=sum(y1);                         %相加
                y(k+lt+1)=yk;                       %将结果放入数组 y
                subplot(4,1,1);stem(t1,u)
                set(gcf,'color','w')                %设置图形背景色为白色
                axis([-lt,2*lt,min(u),max(u)]),hold on;   ylabel('x[n]')
                subplot(4,1,2);stem(t1,p); axis([-lt,2*lt,min(p),max(p)]); ylabel('h[k-n]')
                subplot(4,1,3);stem(t1,y1); axis([-lt,2*lt,min(y1),max(y1)+eps])
                ylabel('s=u.*h[k-n]')
                subplot(4,1,4);stem(k,yk)           %用 stem 函数表示每一次卷积和的结果
                axis([-lt,2*lt,floor(min(y+eps),ceil(max(y+eps))]); hold on
                ylabel('y[k]=sum(s)')
                if k==round(0.8*lt) disp('暂停，按任意键继续'), pause
```

```
            else pause(1),
        end
    end
```
程序运行结果如图 4.25 所示。注意如何用 axis 命令把各子图的横坐标统一起来，使纵坐标随数据自动调整。

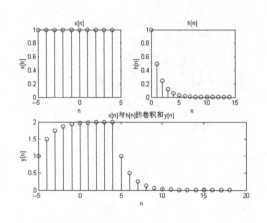

图 4.24 离散 LTI 系统的输出

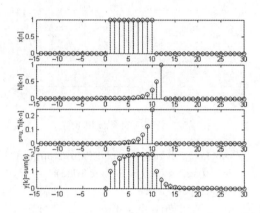

图 4.25 序列卷积和演示

3．时域响应函数

用户除了可以利用卷积函数 conv 来求解 LTI 系统响应外，在已知系统传递函数或状态方程时，也可调用 MATLAB 提供的专用时域响应函数来求解系统的时域响应。

（1）对任意输入的连续 LTI 系统的响应函数 lsim

格式一：[y,x]=lsim(a,b,c,d,u,t)

功能：返回连续 LTI 系统：

$$\begin{cases} x'(t) = ax(t) + bu(t) \\ y(t) = cx(t) + du(t) \end{cases} \tag{4-41}$$

对任意输入时系统的输出响应 y 和状态记录 x，其中 u 给出每个输入的时间序列，一般情况下 u 为一个矩阵；t 用于指定仿真的时间轴，它应为等间隔。

格式二：[y,x]=lsim(a,b,c,d,u,t,x0)

功能：给出在初始状态 x0 下针对输入 u 的输出响应。

格式三：[y,x]=lsim(num,den,u,t)

功能：给出传递函数 $g(s) = \text{num}(s)/\text{den}(s)$ 形式下的系统输出响应。

说明：当 lsim 函数不带输出变量时，可在当前图形窗口中直接给出系统的输出响应曲线；当带输出变量调用函数时，可得到系统输出响应曲线的数据，而不直接绘制出曲线。

【例 4-26】 有二阶连续系统：$H(s) = \dfrac{2s^2 + 5s + 1}{s^2 + 2s + 3}$，求当输入是周期为 4s 的方波时的输出响应。

MATLAB 源程序为：

```
num=[2,5,1]; den=[1,2,3];          %系统传递函数
t=0:0.1:10; peiod=4;               %设置时间和周期
u=(rem(t,peiod)>=peiod./2);        %生成方波
lsim(num,den,u,t);                 %系统时域响应
```

title('方波响应')

程序运行后可得如图 4.26 所示的响应曲线。

（2）对任意输入的离散 LTI 系统的响应函数 dlsim

格式一：[y,x]=dlsim(a,b,c,d,u)

功能：返回离散 LTI 系统：

$$\begin{cases} x[n+1] = ax[n] + bu[n] \\ y[n] = cx[n] + du[n] \end{cases} \quad (4-42)$$

对输入序列 u 的响应 y 和状态记录 x。

格式二：[y,x]=dlsim(a,b,c,d,u,x0)

功能：给出在初始状态 x0 下针对输入 u 的输出响应。

格式：[y,x]=dlsim(num,den,u)

功能三：给出传递函数 $g(z) = num(z)/den(z)$ 形式下的系统输出响应。

说明：当 dlsim 函数不带输出变量时，可在当前图形窗口中直接绘出系统的输出响应曲线；当带输出变量调用函数时，可得到系统输出响应曲线的数据，而不直接绘制出曲线。

【例 4-27】 有二阶离散系统：$H(z) = \dfrac{2z^2 - 3.4z + 1.5}{z^2 - 1.2z + 0.8}$，求系统对 100 点随机噪声的响应曲线。

MATLAB 源程序为：

```
num=[2,-3.4,5.5];    den=[1,-1.2,0.8];      %系统传递函数
u=randn(1,100);                              %产生随机信号
dlsim(num,den,u);                            %系统时域响应
title('随机噪声响应')
```

程序运行后的曲线如图 4.27 所示。

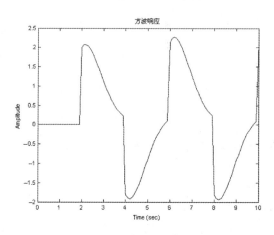
图 4.26 连续系统的响应曲线

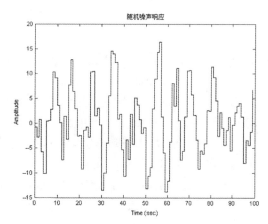
图 4.27 离散系统的响应曲线

4.5.2 LTI 系统的单位冲激响应

所谓单位冲激响应是指系统当输入信号为单位冲激函数时系统的输出。

对于连续 LTI 系统，单位冲激响应表示为：$h(t) = T[\delta(t)]$。

对于离散 LTI 系统，单位冲激响应表示为：$h(n) = T[\delta[n]]$。

当系统以传递函数、状态方程给出时,MATLAB 给出了专门求解系统单位冲激响应、单位阶跃响应的函数命令。

1. 求连续 LTI 系统的单位冲激响应函数 impulse

格式一:[Y,T] = impulse(sys)或 impulse(sys)

功能:返回系统的响应 Y 和时间向量 T,自动选择仿真的时间范围。其中 sys 可为系统传递函数(tf)、零极点增益模型(zp)或状态空间模型(ss)。当 impulse 函数不带输出变量时,可在当前图形窗口中直接绘出系统的单位冲激响应曲线。

格式二:impulse(sys,tfinal)

功能:返回时间 t=0 到 t=tfinal 之间的系统的响应。

【例 4-28】 有二阶连续系统:

$$\begin{bmatrix} x'_1 \\ x'_2 \end{bmatrix} = \begin{bmatrix} -0.55 & -0.78 \\ 0.78 & 0 \end{bmatrix} \begin{bmatrix} x_1 \\ x_2 \end{bmatrix} + \begin{bmatrix} 1 \\ 0 \end{bmatrix} u, \quad y = \begin{bmatrix} 1.96 & 6.45 \end{bmatrix} \begin{bmatrix} x_1 \\ x_2 \end{bmatrix} + [0]u$$

求系统的单位冲激响应。

MATLAB 源程序如下:

```
a=[-0.55,-0.78;0.78, 0];    b=[1;0];
c=[5.96, 6.45];    d=[0];
impulse(a,b,c,d); title('LTI 系统的冲激响应')
```

程序运行后的结果如图 4.28 所示。

2. 求离散系统的单位冲激响应函数 dimpulse

格式一:[y,x]=dimpulse(a,b,c,d)

功能:返回离散 LTI 系统:

$$\begin{cases} x[n+1] = ax[n] + bu[n] \\ y[n] = cx[n] + du[n] \end{cases} \quad (4\text{-}43)$$

的单位冲激响应 y 向量和时间状态历史记录 x 向量。

格式二:[y,x]=dimpulse(a,b,c,d,iu)

功能:返回第 iu 个输入到所有输出的冲激响应。

格式三:[y,x]=dimpulse(num,den)

功能:返回多项式传递函数 $g(z) = \text{num}(z)/\text{den}(z)$ 表示的系统冲激响应,其中 num 和 den 为按 z 的递减幂次排列的多项式系数。

格式四:dimpulse(a,b,c,d,iu,n)或 dimpulse(num,den,n)

功能:可利用用户指定的取样点 n 来求出系统的单位冲激响应。

注意:当函数 dimpulse 不带输出变量时,可在当前图形窗口中直接绘出系统的单位冲激响应;当带输出变量调用函数时,可得到系统单位冲激响应的输出数据,而不直接绘制出曲线。

【例 4-29】 有二阶离散系统:$H(z) = \dfrac{2z^2 - 3.5z + 1.5}{z^2 - 1.7z + 0.3}$,求系统的单位冲激响应。

MATLAB 源程序为:

```
num=[2,-3.5,1.5];
den=[1,-1.7,0.3];
dimpulse(num,den);
```

title('离散 LTI 系统的冲激响应')

程序运行后的结果如图 4.29 所示。

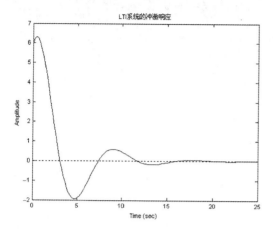

图 4.28　连续系统的单位冲激响应曲线　　　图 4.29　离散系统的单位冲激响应曲线

4.5.3　时域响应的其他函数

1. 连续 LTI 系统的零输入响应函数 initial

格式一：[y,t,x]=initial(a,b,c,d,x0)

功能：计算出连续时间 LTI 系统由于初始状态 x0 所引起的零输入响应 y。其中 x 为状态记录，t 为仿真所用的采样时间向量。

格式二：[y,t,x]=initial(a,b,c,d,x0,t0)

功能：利用指定的时间向量 t0 来计算零输入响应。

说明：当函数 initial 不带输出变量调用函数时，在当前图形窗口中直接绘制出系统的零输入响应曲线；当带输出变量调用函数时，可得到系统零输入响应的输出数据，而不直接绘制出曲线。

【例 4-30】 对例 4-28 所示的二阶连续系统，当初始状态 x0=[1;0]时，求系统的零输入响应。

MATLAB 源程序为：

```
a=[-0.55,-0.78;0.78, 0];    b=[1;0];
c=[5.96, 6.45];    d=[0];
x0=[1;0];    t0=0:0.1:20;        %系统初始状态及响应时间
initial(a,b,c,d,x0,t0);title('LTI 系统的零输入响应')
```

程序运行后的结果如图 4.30 所示。

2. 求离散系统的零输入响应函数 dinitial

格式一：[y,x,n]=dinitial(a,b,c,d,x0)

功能：计算离散时间 LTI 系统由初始状态 x0 所引起的零输入响应 y 和零状态响应 x，取样点数由函数自动选取。n 为仿真所用的点数。

格式二：[y,x,n]=dinitial(a,b,c,d,x0,n0)

功能：利用指定取样点数 n0 来计算零输入响应。

说明：当函数 dinitial 不带输出变量调用函数时，在当前图形窗口中直接绘制出系统的零输入响应曲线；当带输入变量调用函数时，可得到系统零输入响应的输出数据，而不直接绘制出曲线。

【例 4-31】 有二阶离散系统：

$$\begin{bmatrix} x_1[n+1] \\ x_2[n+1] \end{bmatrix} = \begin{bmatrix} -0.55 & -0.78 \\ 0.78 & 0 \end{bmatrix} \begin{bmatrix} x_1[n] \\ x_2[n] \end{bmatrix} + \begin{bmatrix} 1 \\ 0 \end{bmatrix} u[n], \quad y[n] = \begin{bmatrix} 1.96 & 6.45 \end{bmatrix} \begin{bmatrix} x_1[n] \\ x_2[n] \end{bmatrix}$$

当初始状态为 x0=[1;0]时，求系统的零输入响应。

MATLAB 源程序为：

    a=[-0.55,-0.78;0.78, 0]; b=[1;0];
    c=[5.96, 6.45]; d=[0]; x0=[1;0]
    dinitial(a,b,c,d,x0); title('离散系统的零输入响应');

程序运行后的结果如图 4.31 所示。

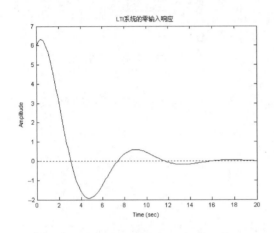

图 4.30　连续系统的零输入响应曲线　　　图 4.31　离散系统的零输入响应曲线

3．求连续系统的单位阶跃响应函数 step

格式一：[Y,T] = step(sys)　 或 step(sys)

功能：返回系统的单位阶跃响应 Y 和仿真所用的时间向量 T，自动选择仿真的时间范围。其中 sys 可为系统传递函数（tf）、零极点增益模型（zp）或状态空间模型（ss）。当函数 step 不带输出变量时，可在当前图形窗口中直接绘出系统的单位阶跃响应曲线；当带输出变量调用函数时，可得到系统单位冲激响应的输出数据，而不直接绘制出曲线。

格式二：step(sys,tfinal)

功能：返回时间 t=0 到 t=tfinal 之间的系统的响应。

4．求离散系统的单位阶跃响应函数 dstep

格式一：[y,x]=dstep(a,b,c,d)

功能：返回离散 LTI 系统：

$$\begin{cases} x[n+1] = ax[n] + bu[n] \\ y[n] = cx[n] + du[n] \end{cases} \quad (4-44)$$

的单位阶跃响应 y 向量和时间状态历史记录 x 向量。

格式二：[y,x]= dstep (a,b,c,d,iu)

功能：返回第 iu 个输入到所有输出的单位阶跃响应。

格式三：[y,x]= dstep (num,den)

功能：返回多项式传递函数 $g(z) = \text{num}(z)/\text{den}(z)$ 表示的系统单位阶跃响应，其中 num 和 den 为按 z 的递减幂次排列的多项式系数。

格式四：dstep (a,b,c,d,iu,n)或 dstep (num,den,n)

功能：可利用用户指定的取样点 n 来求出系统的单位阶跃响应。

注意：当函数 dstep 不带输出变量时，可在当前图形窗口中直接绘出系统的单位阶跃响应曲线；当带输出变量调用函数时，可得到系统单位阶跃响应的输出数据，而不直接绘制出曲线。

4.6 线性时不变系统的频率响应

在 MATLAB 信号处理工具箱中，专门为用户提供了求连续和离散时间系统频率响应的函数命令。

1. 求模拟滤波器 $H_a(s)$ 的频率响应函数 freqs

格式一：H=freqs(B,A,W)

功能：计算由向量 W(rad/s)指定的频率点上模拟滤器系统函数 $H_a(s)$ 的频率响应 $H_a(j\Omega)$，结果存于 H 向量中。向量 B 和 A 分别为模拟滤波器系统函数 $H_a(s)$ 的分子和分母多项式系数。

格式二：[H,w]=freqs(B,A,M)

功能：计算出 M 个频率点上的频率响应存于向量 H 中，M 个频率存放在向量 w 中。freqs 函数自动将这 M 个频点设置在适当的频率范围。默认 w 和 M 时 freqs 自动选取 200 个频率点计算。

说明：不带左端输出向量时，freqs 函数将自动绘出频率响应的幅频和相频曲线。

【例 4-32】 已知某模拟滤波器的系统函数
$$H_a(s) = \frac{1}{s^4 + 2.6131s^3 + 3.4142s^2 + 2.6131s + 1}$$
求该模拟滤波器的频率响应。

MATLAB 源程序如下。
```
B=1;A=[1,2.6131,3.4142,2.6131,1];
W=0:0.1:2*pi*5;
freqs(B,A,W)
```
该程序运行后，其结果如图 4.32 所示。

2. 求数字滤波器 $H(z)$ 的频率响应函数 freqz

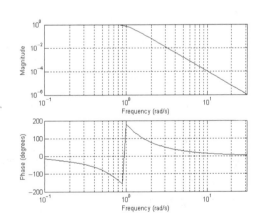

图 4.32 模拟滤波器的频率响应

格式一：H=freqz(B,A,W)

功能：计算由向量 W(rad)指定的数字频率点上（通常指$[0,\pi]$范围的频率）数字滤波器 $H(z)$ 的频率响应 $H(e^{j\omega})$，结果存于 H 向量中。向量 B 和 A 分别为数字滤波器系统 $H(z)$ 的分子和分母多项式系数。

格式二：[H,W]=freqz(B,A,N)

功能：计算出 N 个频率点上的频率响应存放在向量 H 中，N 个频率存放在向量 W 中。freqz 函数自动将这 N 个频点均匀设置在频率范围$[0,\pi]$上。默认 W 和 N 时，freqz 函数自动选取 512 个频率点计算。

格式三：[H,W]=freqz(B,A,N,'whole')

功能：计算出 N 个频率点上的频率响应存放在向量 H 中，N 个频率存放在向量 W 中。freqz 函数自动将这 N 个频点均匀设置在频率范围[0, 2π]上。

格式四：[H,F]=freqz(B,A,N,Fs)　或　[H,F] = freqz(B,A,N,'whole',Fs)

功能：按指定的采样频率 Fs(Hz)及 N 个频率点，返回频率响应向量 H 和频率向量 F(Hz)。

格式五：H=freqz(B,A,F,Fs)

功能：计算出指定频率向量 F(Hz)和采样频率 Fs(Hz)的频率响应。

格式六：[H,W,S] = freqz(...)　或　[H,F,S] = freqz(...)

功能：返回有关函数 freqzplot 的相关信息。

说明：不带输出向量时 freqz 函数将自动绘出频率响应的幅频和相频特性曲线。

【例 4-33】 已知某数字滤波器的系统函数 $H(z)=1-z^{-8}$，求该滤波器的频率响应。

MATLAB 源程序为：

```
B=[1 0 0 0 0 0 0 0 -1];     %系统函数分子多项式系数
A=1;                        %系统函数母子多项式系数
freqz(B,A)
```

该程序运行后的结果如图 4.33 所示。

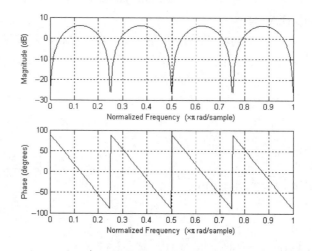

图 4.33　滤波器幅频和相频特性曲线

3. 滤波函数 filter

从频域角度，无论是连续时间 LTI 系统还是离散时间 LTI 系统，系统对输入信号的响应，实质上就是对输入信号的频谱进行不同选择处理的过程，这个过程称为滤波。因此，在 MATLAB 的信息处理工具箱中，提供了一维滤波函数 filter 和二维滤波函数 filter2。

格式：y=filter(B,A,x)

功能：对向量 x 中的数据进行滤波处理，即差分方程求解，产生输出序列向量 y。B 和 A 分别为数字滤波器系统函数 $H(z)$的分子和分母多项式系数向量。要求 $a(1)=1$，否则就应归一化。

$$H(z)=\frac{B(z)}{A(z)}=\frac{b(1)+b(2)z^{-1}+\cdots+b(M)z^{-(M-1)}+b(M+1)z^{-M}}{a(1)+a(2)z^{-1}+\cdots+a(N)z^{-(N-1)}+a(N+1)z^{-N}} \tag{4-45}$$

filter 函数还有多种调用方式，请用 help 语句查阅。

【例4-34】 设系统差分方程为
$$y(n) - 0.8y(n-1) = x(n)$$
求该系统对信号 $x(n) = 0.8^n R_{32}(n)$ 的响应。

MATLAB 源程序为：

```
B=1; A=[1,-0.8];     %系统函数分子分母系数
n=0:31; x=0.8.^n;    %系统激励信号
y=filter(B,A,x);     %系统响应
subplot(2,1,1);stem(x)
subplot(2,1,2);stem(y)
```

该程序运行所得结果如图 4.34 所示。

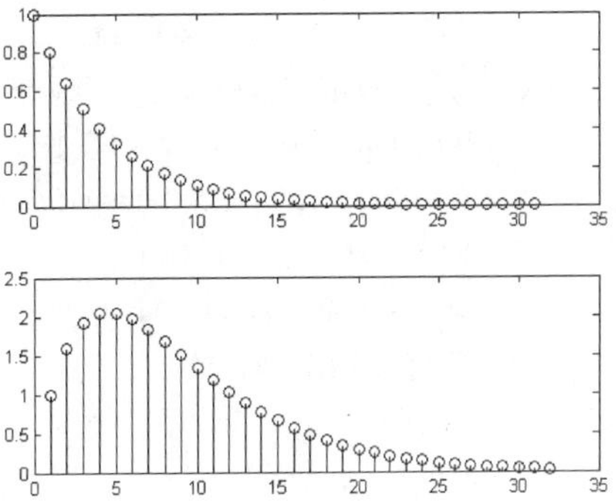

图 4.34 系统对信号的响应

4.7 傅里叶变换

我们知道，傅里叶变换就是建立以时间为自变量的"信号"与以频率为自变量的"频谱函数"之间的某种变换关系。所以，当自变量"时间"或"频率"取连续值或离散值时，就形成了几种不同形式的傅里叶变换，如表 4.3 所示。

表 4.3 傅里叶变换形式

时域信号特性	频谱特性	变换名称
非周期连续信号	连续频谱	傅里叶变换
周期性连续信号	离散频谱	傅里叶级数
非周期离散信号	连续频谱	序列傅里叶变换
周期性离散信号	周期性离散频谱	离散傅里叶级数
离散信号（有限样本点）	周期性离散频谱	离散傅里叶变换

4.7.1 连续时间、连续频率——傅里叶变换（FT）

这就是连续时间非周期信号 $x(t)$ 的傅里叶变换关系，所得到的是连续的非周期的频谱密度函数 $X(j\Omega)$。其变换对为：

正变换：
$$X(j\Omega) = \text{FT}[x(t)] = \int_{-\infty}^{\infty} x(t) e^{-j\Omega t} dt \tag{4-46}$$

逆变换：
$$x(t) = \text{IFT}[X(j\Omega)] = \frac{1}{2\pi} \int_{-\infty}^{\infty} X(j\Omega) e^{j\Omega t} d\Omega \tag{4-47}$$

【例 4-35】 分析如图 4.35 所示的矩形脉冲信号 $f(t)$（非周期信号）在 $\Omega = -40 \sim 40 \text{ rad/s}$ 区间的频谱。

根据式（4-16），矩形脉冲信号的频谱为：

$$F(j\Omega) = \int_{-\infty}^{\infty} f(t) e^{-j\Omega t} dt \tag{4-48}$$

按 MATLAB 作数值计算的要求，它不能计算无限区间，根据信号波形的情况，将积分上下限定为 0～10s，并将 t 分成 N 等份，用求和代替积分。这样，式（4-18）可写为

$$F(j\Omega) = \sum_{i=1}^{N} f(t_i) e^{-j\Omega t} \Delta t = [f(t_1), f(t_2), \cdots, f(t_n)] \; [e^{-j\Omega t_1}, e^{-j\Omega t_2}, \cdots, e^{-j\Omega t_n}]' \Delta t \tag{4-49}$$

这说明求和的问题可以用 $f(t)$ 行向量乘以 $e^{-j\Omega t_n}$ 列向量来实现。式中 Δt 是 t 的增量，在程序中用 dt 表示。由于求一系列不同 Ω（程序中 Ω 用 W 表示）处的 F 值，都用同一公式，这就可以利用 MATLAB 中的元素群运算能力。类似地也可得到傅里叶逆变换的数值计算式。

MATLAB 源程序如下：

```
clear,tf=10;
N = input('取时间分隔的点数 N= ');
dt = 10/N;t = [1:N]*dt;            %给出时间分割
```

```
f =[ones(1,N/2),zeros(1,N/2)];          %给出信号（此处是方波）
wf = input('需求的频谱宽度 wf= ');
Nf = input('需求的频谱点数 Nf= ');
w1 =linspace(0,wf,Nf);dw=wf/(Nf–1);
F1 = f*exp(–j*t'*w1)*dt;                %求傅里叶变换
w = [–fliplr(w1),w1(2:Nf)];             %补上负频率
F = [fliplr(F1),F1(2:Nf)];              %补上负频率区的频谱
subplot(1,2,1),
plot(t,f,'linewidth',1.5),              %画出时间序列
grid on
set(gcf,'color','w')                    %设置图形背景色为白色
axis([0,10,0,1.1])
subplot(1,2,2),
plot(w,abs(F),'linewidth',1.5)          %画出频率特性
grid on
```

程序运行结果：若取时间分隔的点数 N=256，需求的频谱宽度 wf=40，需求的频谱点数 Nf=64，所得结果如图 4.35(a)所示。若取时间分隔的点数 N=64，频谱宽度 wf=40，频谱点数 Nf=256，则得结果如图 4.35(b)所示。此时采样周期为 dt=10/64s，对应的采样频率 fs=1/dt=6.4Hz 或 Ω_s = 40.2124 rad/s。从图中可看出高频频谱以 $\Omega_s/2$ 处为基准线的转迭，出现频率泄漏。

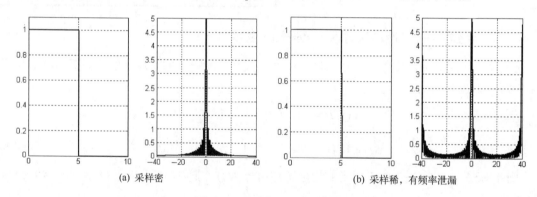

图 4.35 时域信号及其频谱图

4.7.2 连续时间、离散频率——傅里叶级数（FS）

设 $x(t)$ 代表一个周期为 T_0 的周期性连续时间函数，$x(t)$ 可展开成傅里叶级数，其傅里叶级数的系数为 $X(jk\Omega_0)$，$X(jk\Omega_0)$ 是离散频率的非周期函数。$x(t)$ 和 $X(jk\Omega_0)$ 组成的变换对为：

正变换：
$$X(jk\Omega_0) = \text{FS}[x(t)] = \frac{1}{T_0}\int_{-T_0/2}^{T_0/2} x(t)\text{e}^{-jk\Omega_0 t}\text{d}t \qquad (4\text{-}50)$$

逆变换：
$$x(t) = \text{IFS}[X(jk\Omega_0)] = \sum_{k=-\infty}^{\infty} X(jk\Omega_0)\text{e}^{jk\Omega_0 t} \qquad (4\text{-}51)$$

式中，$\Omega_0 = 2\pi/T_0$ 为离散频率相邻两谱线之间的角频率间隔，k 为谐波序号。

4.7.3 离散时间、连续频率——序列傅里叶变换（DTFT）

如果信号 $x(n)$ 是非周期且绝对可和，则它的离散时间傅里叶变换对为：

正变换： $$X(\mathrm{e}^{\mathrm{j}\omega}) = \mathrm{DTFT}[x(n)] = \sum_{n=-\infty}^{\infty} x(n)\mathrm{e}^{-\mathrm{j}\omega n} \quad (4-52)$$

逆变换： $$x(n) = \mathrm{IDTFT}[X(\mathrm{e}^{\mathrm{j}\omega})] = \frac{1}{2\pi}\int_{-\pi}^{\pi} X(\mathrm{e}^{\mathrm{j}\omega})\mathrm{e}^{\mathrm{j}\omega n}\mathrm{d}\omega \quad (4-53)$$

在时域上是离散序列，而在频域上是连续函数，即具有连续的频谱。这里的 ω 为数字频率，它与模拟角频率 Ω 的关系为：$\omega = \Omega T$，其中 T 为模拟信号 $x(t)$ 离散成序列 $x(n) = x(nT)$ 的采样时间间隔。

值得注意的是，对于序列傅里叶变换，如果 $x(n)$ 为无限长，那么就不能用 MATLAB 直接利用式（4-52）来计算 $X(\mathrm{e}^{\mathrm{j}\omega})$，只可以用它对表达式 $X(\mathrm{e}^{\mathrm{j}\omega})$ 在 $[0,\pi]$ 频率点上求值，再画出它的幅度和相位（或者实部和虚部）。例如求 $x(n) = (0.5)^n u(n)$ 的离散时间傅里叶变换。可先求得 $X(\mathrm{e}^{\mathrm{j}\omega})$ 的理论表达式：

$$X(\mathrm{e}^{\mathrm{j}\omega}) = \sum_{n=-\infty}^{\infty} x(n)\mathrm{e}^{-\mathrm{j}\omega n} = \sum_{n=0}^{\infty} x(n)\mathrm{e}^{-\mathrm{j}\omega n} = \sum_{n=0}^{\infty}(0.5\mathrm{e}^{-\mathrm{j}\omega})^n = \frac{1}{1-0.5\mathrm{e}^{-\mathrm{j}\omega}} = \frac{\mathrm{e}^{-\mathrm{j}\omega}}{\mathrm{e}^{\mathrm{j}\omega}-0.5}$$

然后再利用 MATLAB 求在 $[0,\pi]$ 频率点上的值。

如果 $x[n]$ 为有限长，那么就可直接用 MATLAB，根据式（4-52），在任意频率对 $X(\mathrm{e}^{\mathrm{j}\omega})$ 进行数值计算。

【例 4-36】 求 $x(n) = (0.9\mathrm{e}^{\mathrm{j}\pi/3})^n$，$0 \le n \le 10$ 的离散时间傅里叶变换。

MATLAB 源程序为：

```
n=0:10;x=(0.9*exp(j*pi/3)).^n;
k=-200:200;w=(pi/100)*k;
X=x*(exp(-j*pi/100)).^(n'*k);
magX=abs(X);angX=angle(X);
subplot(2,1,1);plot(w/pi,magX);grid
axis([-2,2,0,8])
xlabel('frequency in pi units');ylabel('|X|');
title('Magnitude Part')
subplot(2,1,2);plot(w/pi,angX/pi);grid
axis([-2,2,-1,1])
xlabel('frequency in pi units');ylabel('Radians/pi');
title('Angle Part')
```

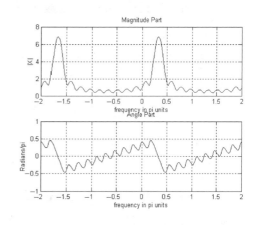

图 4.36　幅频和相频特性曲线

程序运行结果如图 4.36 所示。

4.7.4　离散时间、离散频率——离散傅里叶级数（DFS）

设 $\tilde{x}(n)$ 是周期为 N 的周期序列，则 $\tilde{x}(n)$ 的离散傅里叶级数只有 N 个独立的谐波成分，数字基频为 $\omega_0 = 2\pi/N$，谐波成分为 $2\pi k/N$，$k = 1,2,\cdots,N-1$。k 次谐波的系数大小为 $\tilde{X}(k)$。$\tilde{x}(n)$ 与 $\tilde{X}(k)$ 的变换对为：

正变换： $$\tilde{X}(k) = \mathrm{DFS}[\tilde{x}(n)] = \sum_{n=0}^{N-1} \tilde{x}(n) W_N^{nk} \quad k = 0,1,2,\cdots,N-1 \quad (4-54)$$

逆变换： $$\tilde{x}(n) = \mathrm{IDFS}[\tilde{X}(k)] = \frac{1}{N}\sum_{k=0}^{N-1} \tilde{X}(k) W_N^{-nk} \quad n = 0,1,2,\cdots,N-1 \quad (4-55)$$

式中，$W_N^{nk} = e^{-j\frac{2\pi}{N}nk}$。可以看出谐波系数 $\tilde{X}(k)$ 也是一个以 N 为周期的周期序列。

4.7.5 离散时间、离散频率——离散傅里叶变换（DFT）

如果时域序列 $x(n)$ 是有限长的，长度为 N，它的频谱可通过离散傅里叶变换（DFT）来获得，其变换对为：

正变换： $$X(k) = \text{DFT}[x(n)] = \sum_{n=0}^{N-1} x(n) W_N^{nk} \qquad k = 0,1,2,\cdots,N-1 \qquad (4\text{-}56)$$

逆变换： $$x(n) = \text{IDFT}[X(k)] = \frac{1}{N}\sum_{k=0}^{N-1} X(k) W_N^{-nk} \qquad n = 0,1,2,\cdots,N-1 \qquad (4\text{-}57)$$

由 DFT 变换对可以看出，DFT 是对有限长序列频谱的离散化，通过 DFT 使时域有限长序列与频域有限长序列相对应，从而可在频域用计算机进行信号处理。更重要的是 DFT 有多种快速算法（FFT），可使信号处理速度成倍提高，使数字信号的实时处理得以实现。因此 DFT 是数字信号处理中最重要的数学工具之一，有广泛的实际应用价值。

MATLAB 在其基础部分，不仅提供了一维快速傅里叶正变换和逆变换的函数 fft 与 ifft，同时还提供了多维快速傅里叶正变换和逆变换的函数 fft2,ifft2,fftn,ifftn。在信号处理工具箱中还提供了线性调频 Z 变换函数 czt、正/逆离散余弦变换函数 dct 与 idct，以及频移函数 fftshift 等。

1．一维快速正傅里叶变换函数 fft

格式：X=fft(x,N)

功能：采用 FFT 算法计算序列向量 x 的 N 点 DFT 变换，当 N 默认时，fft 函数自动按 x 的长度计算 DFT。当 N 为 2 的整数次幂时，fft 按基 2 算法计算，否则用混合算法。

2．一维快速逆傅里叶变换函数 ifft

格式：x=ifft(X,N)

功能：采用 FFT 算法计算序列向量 X 的 N 点 IDFT 变换。

3．二维快速正傅里叶变换函数 fft2

格式：X=fft2(x)

功能：返回矩阵 x 的二维 DFT 变换。

4．二维快速逆傅里叶变换函数 ifft2

格式：x=ifft2(X)

功能：返回矩阵 X 的二维 IDFT 变换。

5．线性调频 Z 变换函数 czt

格式：y=czt(x,m,w,a)

功能：计算由 z=a*w.^(−(0:m−1))定义的 Z 平面螺线上各点的 Z 变换。其中，a 规定了起点，w 规定了相邻点的比例，m 规定了变换长度。后三个变元默认值是 a=1,w=exp(j*2*pi/m), m=length(x)。因此，y=czt(x)就等同于 y=fft(x)。读者可以通过 help 和 cztdemo 来加深理解。

6. 正/逆离散余弦变换函数 dct 和 idct

格式：y=dct(x,N)

功能：完成如下的变换，N 的默认值为 length(x)。idct 函数的调用格式与 dct 相仿。

$$y(k) = \text{DCT}[x(n)] = \sum_{n=1}^{N} 2x(n)\cos\left\{\left[\frac{\pi}{2N}k(2n+1)\right]\right\}, \quad k=0,1,\cdots,N-1 \quad (4\text{-}58)$$

7. 将零频分量移至频谱中心的函数 fftshift

格式：Y=fftshift(X)

功能：用来重新排列 X=fft(x)的输出。当 X 为向量时，它把 X 的左右两半进行交换，从而将零频分量移至频谱中心。如果 X 是二维傅里叶变换的结果，它同时把 X 左右和上下进行交换。

8. 基于 FFT 重叠相加法 FIR 数字滤波器的实现函数 fftfilt

格式一：y=fftfilt(b,x)

功能：采用重叠相加法 FFT 实现对信号向量 x 快速滤波，得到输出序列向量 y。向量 b 为 FIR 数字滤波器的单位脉冲响应列，h(n)=b(n+1)，n=0,1,2,…，length(b) −1。

格式二：y=fftfilt(b,x,N)

功能：自动选取 FFT 长度 NF=2^nextpow2(N)，输入数据 x 的分段长度 M=NF−length(b)+1。其中 nextpow2(N)函数求一个整数，满足：

$$2^{\wedge}(\text{nextpow2}(N)-1) < N \leq 2^{\wedge}\text{nextpow2}(N)$$

默认 N 时，fftfilt 自动选择合适的 FFT 长度 NF 和对 x 的分段长度 M。

【例 4-37】 用 FFT 计算下面两个序列的卷积。

$$x(n) = \sin(0.4n)R_N(n), \quad h(n) = 0.9^n R_M(n)$$

并测试直接卷积和快速卷积的时间。

大家知道，对于两个有限长序列 x(n)（长度为 N）和 h(n)（长度为 M），它们的线性卷积表达式为 $y_l(n) = h(n) * x(n)$，若直接计算线性卷积，则将影响处理速度。为了提高处理速度，通常采用圆周卷积（亦称循环卷积）代替线性卷积，即利用 DFT 将时域卷积转换为频域相乘，然后再进行 IFFT 得到时域卷积。用圆周卷积（FFT）替代线性卷积的计算方框图如图 4.37 所示。注意：用圆周卷积替代线性卷积时，一定要使 FFT 变换的长度 L≥N+M−1，输出的 y(n)才等于 x(n)与 h(n)的线性卷积。因此，按照该方框图很容易编写出如下 MATLAB 程序：

```
xn= sin(0.4*[1:15]);        %对序列 x(n)赋值，M=15
hn= 0.9.^(1:20);            %对序列 h(n)赋值，N=20
tic,                        %计时开始
yn=conv(xn,hn);             %直接调用函数 conv 计算卷积
toc,                        %计时结束
M=length(xn); N=length(hn); %求序列 x(n)和 h(n)的长度
nx=1:M; nh=1:N;             %求序列 x(n)和 h(n)的时间序列
%圆周卷积等于线性卷积的条件：圆周卷积区间长度 L≥M+N−1
L=pow2(nextpow2(M+N-1));    %取 L 为大于等于且最接近(N+M−1)的 2 的正次幂
tic,                        %快速卷积计时开始
Xk=fft(xn,L);               %L 点 FFT[x(n)]
Hk=fft(hn,L);               %L 点 FFT[h(n)]
Yk=Xk.*Hk;                  %频域相乘得 Y(k)
```

```
yn=ifft(Yk,L);                    %L 点 IFFT 得到卷积结果 y(n)
toc,                              %快速卷积计时结束
subplot(2,2,1),stem(nx,xn,'.'); ylabel('x(n)');      %绘制 x(n)的棒状图
subplot(2,2,2),stem(nh,hn,'.');ylabel('h(n)');       %绘制 h(n)的棒状图
subplot(2,1,2);ny=1:L;stem(ny,real(yn),'.');ylabel('y(n)');   %绘制 y(n)的棒状图
```

该程序运行所得结果如图 4.38 所示，所用时间分别为，0.0100s 和 0.0000s。说明，MATLAB 中的计时比较粗糙，要比较两种算法的运行时间，必须取较大的 N 和 M。

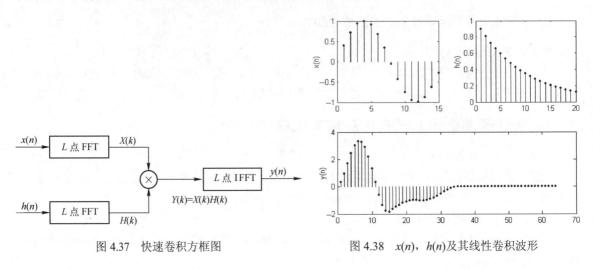

图 4.37 快速卷积方框图　　　　图 4.38 $x(n)$，$h(n)$及其线性卷积波形

4.8 IIR 数字滤波器的设计方法

数字滤波器从功能上分类，可以分成低通、高通、带通和带阻等滤波器，它们的理想幅度特性如图 4.39 所示。

一般情况下，数字滤波器的频率响应函数可用下式来表示：

$$H(\mathrm{e}^{\mathrm{j}\omega}) = \left|H(\mathrm{e}^{\mathrm{j}\omega})\right|\mathrm{e}^{\mathrm{j}\theta(\omega)}$$

式中，$\left|H(\mathrm{e}^{\mathrm{j}\omega})\right|$ 称为幅度响应，$\theta(\omega)$ 称为相位响应。幅度响应反映了信号通过该滤波器后各频率成分的衰减情况，而相位响应反映各频率成分通过滤波器后时间上的延时情况。

按实现的网络结构或单位冲激响应进行分类，数字滤波器可以分成无限长单位冲激响应（IIR）数字滤波器和有限长单位冲激响应（FIR）数字滤波器。它们的系统函数分别为：

IIR： $$H(z) = \sum_{k=0}^{M} b_k z^{-k} \bigg/ \sum_{k=0}^{N} a_k z^{-k}$$ （4-59）

FIR： $$H(z) = \sum_{n=0}^{N-1} h(n) z^{-n}$$ （4-60）

一般情况下，滤波器的技术指标要求由幅度响应给出，对相位响应一般不作要求。但如果对输出波形有特殊要求，

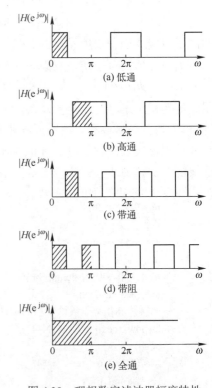

图 4.39 理想数字滤波器幅度特性

则就需要考虑相位特性指标，例如，数字语音合成、波形信号传输、数字图像处理等。滤波器的性能指标，以低通滤波器为例加以说明，如图 4.40 所示，频率响应由通带、过渡带、阻带组成。

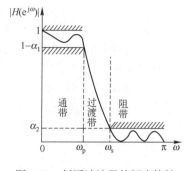

图 4.40 低通滤波器的幅度特性

- 频率在 $|\omega| \leq \omega_p$ 范围称为通带，其幅度响应要求满足 $1-\alpha_1 \leq |H(e^{j\omega})| \leq 1$，其中 ω_p 称为通带截止频率，α_1 称为通带容限。
- 频率在 $\omega_s \leq |\omega| \leq \pi$ 范围称为阻带，其幅度响应要求满足 $|H(e^{j\omega})| \leq \alpha_2$，其中 ω_s 称为阻带截止频率，α_2 称为阻带容限。
- 频率在 $\omega_p \leq |\omega| \leq \omega_s$ 范围称为过渡带。

在工程技术中，通带和阻带内的允许衰减一般用分贝（dB）为单位来表示，定义：

通带最大衰减：
$$R_p = 20 \lg \frac{|H(e^{j\omega_{max}})|}{|H(e^{j\omega_p})|} = -20 \lg |H(e^{j\omega_p})| = -20 \lg (1-\alpha_1) \quad (4-61)$$

通常 $\omega_{max} = 0$，$|H(e^{j\omega_{max}})| = 1$。

阻带最小衰减：
$$R_s = 20 \lg \frac{|H(e^{j\omega_{max}})|}{|H(e^{j\omega_s})|} = -20 \lg |H(e^{j\omega_s})| = -20 \lg \alpha_2 \quad (4-62)$$

通常 $\omega_{max} = 0$，$|H(e^{j\omega_{max}})| = 1$。当 $|H(e^{j\omega_p})| = \sqrt{2}/2 = 0.707$ 时，$R_p = 3$ dB，称 ω_p 为 3dB 通带截止频率。

4.8.1 冲激响应不变法

冲激响应不变法（亦称为脉冲响应不变法）设计 IIR 数字滤波器的基本原理是，对具有传递函数 $H_a(s)$ 的模拟滤波器的冲激响应 $h_a(t)$，将以周期 T 采样所得的离散序列 $h_a(nT)$，作为数字滤波器的单位冲激响应 $h(n)$，即 $h(n)$ 与 $h_a(t)$ 满足如下关系：

$$h(n) = h_a(t)|_{t=nT} \quad (4-63)$$

当模拟滤波器的系统函数 $H_a(s)$ 只有单阶极点时，则利用冲激响应不变法所得数字滤波器的系统函数 $H(z)$ 有以下对应关系：

$$H_a(s) = \sum_{k=1}^{N} \frac{A_k}{s - s_k} \rightarrow H(z) = \sum_{k=1}^{N} \frac{A_k}{1 - e^{s_k T} z^{-1}} \quad (4-64)$$

在 MATLAB 工具箱中，提供了专用函数 impinvar 来实现以上计算，其调用格式如下。

格式一：[BZ,AZ] =impinvar(B,A,Fs)

功能：把具有[B,A]模拟滤波器传递函数模型转换成采样频率为 Fs(Hz)的数字滤波器的传递函数模型[BZ,AZ]。采样频率的默认值为 Fs=1。

格式二：[BZ,AZ] = impinvar(B,A,Fs,TOL)

功能：利用指定的容错误差 TOL 来确定极点是否重复。如果设置的容差增大，则函数认为相邻很近的极点为重复极点的可能性增大。默认的 TOL=0.001，即 0.1%。

【例 4-38】 一个四阶 Butterworth 模拟低通滤波器的系统函数如下：

$$H_a(s) = \frac{1}{s^4 + \sqrt{5}s^3 + 2s^2 + \sqrt{2}s + 1}$$

试用冲激响应不变法求出 Butterworth 数字滤波器的系统函数。

MATLAB 源程序如下：

    num=[1];   %模拟滤波器系统函数的分子系数
    den=[1,sqrt(5),2,sqrt(2),1];   %模拟滤波器系统函数的分母系数
    [num1,den1]=impinvar(num,den)   %求数字低通滤波器的系统函数

程序的执行结果如下：

    num1 =   –0.0000   0.0942   0.2158   0.0311
    den1 =   1.0000   –2.0032   1.9982   –0.7612   0.1069

所以，IIR 数字滤波器的传递函数为：

$$H(z) = \frac{0.0942z^{-1} + 0.2158z^{-2} + 0.0311z^{-3}}{1 - 2.0032z^{-1} + 1.9982z^{-2} - 0.7612z^{-3} + 0.1069z^{-4}}$$

若再利用 dimpulse 函数就可求出数字滤波器的单位冲激响应。

4.8.2 双线性变换法

为了克服冲激响应不变法产生的频率混叠现象，需要使 s 平面与 z 平面建立一一对应的单值关系，即求出 $s = f(z)$，然后将它代入 $H_a(s)$ 就可以求得 $H(z)$，即

$$H(z) = H_a(s)\big|_{s=f(z)} \tag{4-65}$$

为了得到 $s = f(z)$ 的函数关系，双线性变换法利用频率变换关系：

$$\Omega = \frac{2}{T}\tan\left(\frac{\omega}{2}\right) \tag{4-66}$$

得到

$$s = \frac{2}{T}\frac{1-z^{-1}}{1+z^{-1}} \tag{4-67}$$

式中，$T = 1/F_s$ 为采样周期。这是双线性变换法中的基本关系。

MATLAB 信号处理工具箱为实现双线性变换提供了函数 bilinear，基本调用格式如下。

格式一：[Zd,Pd,Kd]=bilinear(Z,P,K,Fs)

功能：把模拟滤波器的零极点模型转换成数字滤波器的零极点模型，其中 Fs 为采样频率。

格式二：[numd,dend]=bilinear(num,den,Fs)

功能：把模拟滤波器的传递函数模型转换成数字滤波器的传递函数模型。

格式三：[Ad,Bd,Cd,Dd]=bilinear(A,B,C,D,Fs)

功能：把模拟滤波器的状态方程模型转换成数字滤波器的状态方程模型。

说明：以上三种调用格式中，可以再增设一个畸变频率 Fp(Hz)输入参数，即[…]=bilinear[…,Fs,Fp]。在进行双线性变换之前，对采样频率进行畸变处理，以保证频率冲激响应在双线性变换前后，在 Fp 处具有良好的单值映射关系。

【例 4-39】 一个三阶模拟 Butterworth 低通滤波器的传递函数为：

$$H(s) = \frac{1}{s^3 + \sqrt{3}s^2 + \sqrt{2}s + 1}$$

试用双线性变换法求出数字 Butterworth 低通滤波器的传递函数。MATLAB 源程序如下：

    num=1;   %模拟滤波器系统函数的分子系数
    den=[1,sqrt(3),sqrt(2),1];   %模拟滤波器系统函数的分母系数
    [num1,den1]=bilinear(num,den,1) %求数字滤波器的传递函数

运算的结果如下：

```
num1 =    0.0533    0.1599    0.1599    0.0533
den1 =    1.0000   -1.3382    0.9193   -0.1546
```

4.8.3 IIR 数字滤波器的频率变换设计法

IIR 数字滤波器的频率变换设计法的基本思想是，由原型低通滤波器，通过频率变换形成不同形式的数字滤波器。其实现过程分为两种：其一，首先根据滤波器设计要求，设计模拟原型低通滤波器，然后进行频率变换，将其转换为相应的模拟滤波器（高通、带通等），最后利用冲激响应不变法或双线性变换法，将模拟滤波器数字化成相应的数字滤波器；其二，首先根据滤波器设计要求，设计模拟原型低通滤波器，然后利用冲激响应不变法或双线性变换法，将模拟原型低通滤波器数字化成数字原型低通滤波器，最后进行频率变换，将数字原型低通滤波器转换为相应的数字滤波器（高通、带通等）。但两种方法设计的结果相同。

1. MATLAB 的典型设计

表 4.4 IIR 滤波器阶次估计函数

函 数 名	功 能
buttord	计算 Butterworth 滤波器的阶次和截止频率
cheb1ord	计算 Chebyshev I 型滤波器的阶次
cheb2ord	计算 Chebyshev II 型滤波器的阶次
ellipord	计算椭圆滤波器最小阶次

为了实现频率变换设计 IIR 数字滤波器，MATLAB 在信号处理工具箱中提供了大量的 IIR 数字滤波器设计的相关函数，其中包括：IIR 滤波器阶次估计函数（如表 4.4 所示）、模拟低通滤波器原型设计函数（如表 4.5 所示），以及模拟滤波器变换函数（如表 4.6 所示）。每个函数有多种调用方法，读者可通过 Help 来获得帮助。

表 4.5 模拟低通滤波器原型设计函数

函 数 名	功 能
besselap	Bessel 模拟低通滤波器原型设计
buttap	Butterworth 模拟低通滤波器原型设计
cheb1ap	Chebyshev I 型模拟低通滤波器原型设计
cheb2ap	Chebyshev II 型模拟低通滤波器原型设计
ellipap	椭圆模拟低通滤波器原型设计

表 4.6 模拟滤波器变换函数

函 数 名	功 能
lp2bp	把低通模拟滤波器转换成为带通滤波器
lp2bs	把低通模拟滤波器转换成为带阻滤波器
lp2hp	把低通模拟滤波器转换成为高通滤波器
lp2lp	改变低通模拟滤波器的截止频率

因此，利用这些函数，IIR 数字滤波器的频率变换设计将变得非常简单。利用 MATLAB 设计 IIR 数字滤波器可分以下几步来实现，其实现流程如图 4.41 所示。说明如下。

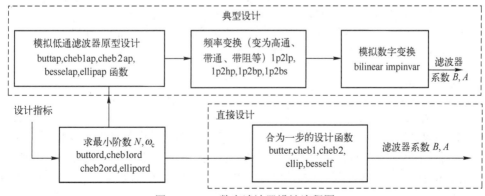

图 4.41 IIR 数字滤波器设计流程图

① 按一定规则将数字滤波器的技术指标转换为模拟低通滤波器的技术指标（见本书参考文献[9]）；

② 根据转换后的技术指标使用滤波器阶数函数，确定滤波器的最小阶数 N 和截止频率 ω_c；

③ 利用最小阶数 N 产生模拟低通滤波器原型；

④ 利用截止频率 ω_c 把模拟低通滤波器原型转换成模拟低通、高通、带通或带阻滤波器；

⑤ 利用冲激响应不变法或双线性变换法把模拟滤波器转换成数字滤波器。

以上滤波器的设计过程称为典型滤波器的设计。下面以巴特沃思（Butterworth）滤波器设计函数为例，介绍此流程图中函数的功能和用法。其他类型的滤波器设计函数用法可类推。

（1）利用函数 buttord 求模拟滤波器最小阶数和截止频率

格式：[N,Wc] = buttord(wp,ws,Rp,Rs,'s')

功能：根据模拟滤波器指标 wp（通带频率）、ws（阻带频率）、Rp（通带最大衰减（dB））和 Rs（阻带最小衰减（dB）），求出巴特沃思（Butterworth）模拟滤波器的阶数 N 及截止频率 Wc，此处 wp、ws 及 Wc 均以弧度/秒为单位。说明：去掉最后的变元 s 后，它就用于数字滤波器设计。

（2）模拟低通滤波器原型设计函数 buttap

格式：[z,p,k] = buttap(N)

功能：返回 N 阶归一化原型巴特沃思（Butterworth）模拟滤波器的零极点增益模型[z,p,k]。利用 zp2tf 函数很容易求出滤波器的传递函数模型[B,A]。

（3）模拟频率变换函数 lp2lp

格式：[Bt,At] = lp2lp(B,A,Wo)

功能：把单位截止频率的模拟低通滤波器系数[B,A]变换为另一截止频率 Wo（弧度/秒）的低通滤波器系统[Bt,At]。

（4）模拟数字变换函数——双线性变换法函数 bilinear 或脉冲响应不变法函数 impinvar

以下通过例题具体说明。

【例 4-40】 设计一个数字信号处理系统，它的采样率为 Fs=100Hz，希望在该系统中设计一个 Butterworth 型高通数字滤波器，使其通带中允许的最大衰减为 0.5dB，阻带内的最小衰减为 40dB，通带上限临界频率为 40Hz，阻带下限临界频率为 30Hz。

MATLAB 源程序如下：

```
%把数字滤波器的频率特征转换成模拟滤波器的频率特征
wp=40*2*pi;ws=30*2*pi;rp=0.5;rs=40;Fs=100;  %实际应为 wp=2*Fs*tan(0.4*pi); ws=2*Fs*tan(0.3*pi);
[N,Wc]=buttord(wp,ws,rp,rs,'s');            %选择滤波器的最小阶数
[Z,P,K]=buttap(N);                          %创建 Butterworth 低通滤波器原型
[A,B,C,D]=zp2ss(Z,P,K);                     %零极点增益模型转换为状态空间模型
[AT,BT,CT,DT]=lp2hp(A,B,C,D,Wc);            %实现低通向高通的转变
[num1,den1]=ss2tf(AT,BT,CT,DT);             %状态空间模型转换为传递函数模型
%运用双线性变换法把模拟滤波器转换成数字滤波器
[num2,den2]=bilinear(num1,den1,100);
[H,W]=freqz(num2,den2);                     %求频率响应
plot(W*Fs/(2*pi),abs(H));grid;              %绘出频率响应曲线
xlabel('频率/Hz'); ylabel('幅值')
```

程序运行结果如图 4.42 所示（说明：程序中未使用频率预畸变处理的转换指标）。

【例 4-41】 利用冲激响应不变法设计一个低通 Chebyshev Ⅰ型数字滤波器，其通带上限临界频率为 0.3Hz，阻带临界频率为 0.4Hz，采样频率为 1000Hz，在通带内的最大衰减为 0.3dB，阻带内的最小衰减为 80dB。

MATLAB 源程序如下：

```
%把数字滤波器的频率特性转换成模拟滤波器的频率特性
wp=300*2*pi;ws=400*2*pi;rp=0.3;rs=80;Fs=1000;
[N,Wc]=cheb1ord(wp,ws,rp,rs,'s');        %选择滤波器的最小阶数
[Z,P,K]=cheb1ap(N,rp);                   %创建 Chebyshev I 低通滤波器原型
[A,B,C,D]=zp2ss(Z,P,K);
[AT,BT,CT,DT]=lp2lp(A,B,C,D,Wc);         %实现低通向低通的转变
[num1,den1]=ss2tf(AT,BT,CT,DT);
%运用冲激响应不变法把模拟滤波器转换成数字滤波器
[num2,den2]=impinvar(num1,den1,Fs);
[H,W]=freqz(num2,den2);                  %绘出频率响应曲线
plot(W*Fs/(2*pi),abs(H));grid;
xlabel('频率/Hz');ylabel('幅值')
```

运行该程序所得频率响应如图 4.43 所示。

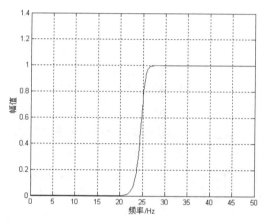

图 4.42　Butterworth 高通滤波器频率响应

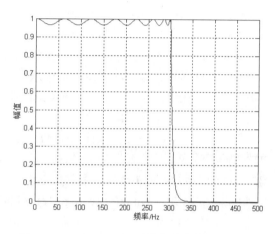

图 4.43　Chebyshev I 型数字滤波器频率响应

2. MATLAB 的直接设计

另外，MATLAB 信号处理工具箱还提供了几个直接设计 IIR 数字滤波器的函数，如表 4.7 所示。这些函数把典型设计中的第（2）、（3）、（4）步骤集成为一个整体，为设计 IIR 数字滤波器带来了极大的方便。直接设计的设计流程如图 4.41 所示。

下面仍以巴特沃思滤波器设计函数 butter 为例进行说明，其他函数的使用类似。直接设计 IIR 数字滤波器的步骤如下。

表 4.7　IIR 数字滤波器设计函数

函　数　名	功　　　能
butter	巴特沃思（Butterworth）模拟和数字滤波器设计
cheby1	切比雪夫（Chebyshev）I 型滤波器设计（通带波纹）
cheby2	切比雪夫（Chebyshev）II 型滤波器设计（阻带波纹）
ellip	椭圆（Cauer）滤波器设计
maxflat	一般巴特沃思数字滤波器设计（最平滤波器）
prony	利用 Prony 法进行时域 IIR 滤波器设计
stmcb	利用 Steiglitz-McBride 迭代法求线性模型
yulewalk	递归数字滤波器设计

（1）利用 buttord 函数求数字滤波器的最小阶数和截止频率

格式：[N,wc] = buttord(wp,ws,Rp,Rs)　或　[N,wc] = buttord(wp,ws,Rp,Rs,'z')

功能：求出巴特沃思数字滤波器的阶数 N 及频率参数 wc（即 3dB），此处 wp、ws 及 wc 均在[0,1]区间归一化，以 π 弧度为单位。对带通或带阻滤波器，wp、ws 都是两元素向量，例如：

低通滤波器：wp = 0.1，ws = 0.2

高通滤波器：wp = 0.2，ws = 0.1
带通滤波器：wp = [0.2,0.7]，ws = [0.1,0.8]
带阻滤波器：wp = [0.1,0.8]，ws = [0.2,0.7]

说明：MATLAB 在滤波器设计的频率归一化时，使用的频率是 Nyqusit 频率，即为采样频率 Fs 的一半。因此，在滤波器的阶数选择和设计中的截止频率均使用 Nyquist 频率进行归一化处理。

（2）利用函数 butter 直接设计

格式一：[B,A] = butter(N,wc)

功能：设计 N 阶截止频率为 wc 的 Butterworth 低通数字滤波器的传递函数模型系数[B, A]，系数长度为 N+1。截止频率 wc 必须归一化，满足 0 < wc < 1.0，它的最大值为采样频率的一半。当 wc 为两元素向量 wc=[w1,w2]时，函数返回 2N 阶的带通数字滤波器，通带为 w1<w<w2。

格式二：[B,A] = butter(N,wc,'high')

功能：设计高通数字滤波器系数 B,A。

格式三：[B,A] = butter(N,wc,'stop')

功能：设计带阻数字滤波器系数 B、A，频率 wc = [w1,w2]。

格式四：[Z,P,K] = butter(...)   或   [A,B,C,D] = butter(...)

功能：返回所设计数字滤波器的零极点增益[Z,P,K]或状态模型系数[A,B,C,D]。

由此可见，在通常情况下，有了 IIR 滤波器阶次估计，利用直接设计 IIR 数字滤波器的函数，数字滤波器设计问题也就解决了。

值得一提的是：① 在直接设计 IIR 数字滤波器的函数中，采用的是双线性变换函数 bilinear，如果要用冲激响应不变法就得分步进行，即采用典型设计法。② 表 4.7 中的 butter 函数、cheby1 函数、cheby2 函数和 ellip 函数，不仅可以设计数字滤波器，而且还可以设计模拟滤波器。例如，当采用 butter(n,wn,'s')、butter(n,wn,'high','s') 和 butter(n,wn,'stop','s')时，用于设计模拟滤波器，此时截止频率 wc 的单位为弧度/秒，它可以大于 1.0。

【例 4-42】 试设计一个带阻 IIR 数字滤波器，具体要求是，通带截止频率：wp1=650Hz, wp2=850Hz；阻带截止频率：ws1=700Hz, ws2=800Hz；通带内的最大衰减为 rp=0.1dB；阻带内的最小衰减为 rs=50dB；采样频率为 Fs=2000Hz。

MATLAB 源程序如下：

```
wp1=650;wp2=850;ws1=700;ws2=800;rp=0.1;rs=50;Fs=2000;
wp=[wp1,wp2]/(Fs/2);ws=[ws1,ws2]/(Fs/2);    %利用 Nyquist 频率进行归一化
[N,wc]=ellipord(wp,ws,rp,rs,'z');            %求滤波器阶数
[num,den]=ellip(N,rp,rs,wc,'stop');          %求滤波器传递函数
[H,W]=freqz(num,den);                        %绘出频率响应曲线
plot(W*Fs/(2*pi),abs(H));grid;
xlabel('频率/Hz');ylabel('幅值')
```

该程序运行后的频率响应如图 4.44 所示。

【例 4-43】 设计一个 Chebyshev I 型带通滤波器，具体要求：wp1=60Hz, wp2=80Hz, ws1=55Hz, ws2=85Hz, rp=0.5dB, rs=60dB, Fs=200Hz。

MATLAB 源程序如下：

```
wp1=60;wp2=80;ws1=55;ws2=85;rp=0.5;rs=60;Fs=200;
wp=[wp1,wp2] /(Fs/2);ws=[ws1,ws2] /(Fs/2);   %利用 Nyquist 频率归一化
[N,wc]=cheb1ord(wp,ws,rp,rs);                %求滤波器阶数
[num,den]=cheby1(N,rp,wc);                   %求滤波器传递函数
[H,W]=freqz(num,den);                        %绘出频率响应曲线
```

```
plot(W*Fs/(2*pi),abs(H));grid;
xlabel('频率/Hz');ylabel('幅值')
```
该程序运行后的频率响应如图 4.45 所示。

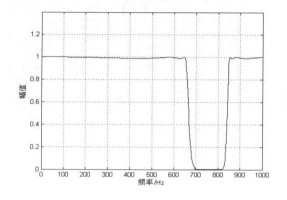
图 4.44 椭圆带阻滤波器的频率响应

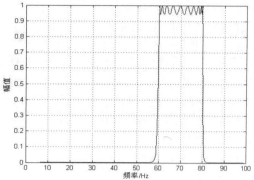
图 4.45 Chebyshev Ⅰ型带通滤波器的频率响应

4.9 FIR 数字滤波器设计

在数字信号处理的许多领域中，如图像处理、数字通信等领域，常常要求滤波器具有线性相位。FIR 数字滤波器的最大优点就是容易设计成线性相位特性，而且它的单位冲激响应是有限长的，所以它永远是稳定的。FIR 数字滤波器的单位冲激响应 h(n) 的 Z 变换为：

$$H(z) = \sum_{n=0}^{M-1} h(n)z^{-n} = h(0) + h(1)z^{-1} + \cdots + h(N-1)z^{-(M-1)} \tag{4-68}$$

由上式可以看出 $H(z)$ 是 z^{-1} 的 $M-1$ 次多项式，它在 z 平面内有 $M-1$ 个零点，同时在原点有 $M-1$ 个重极点。设计 FIR 数字滤波器最常用的方法是窗函数设计法和频率采样法。

4.9.1 窗函数设计法

窗函数设计法的基本原理是，为了用 $H(e^{j\omega}) = \sum_{n=0}^{M-1} h(n)e^{-jn\omega}$ 逼近理想的频率响应 $H_d(e^{j\omega}) = \sum_{n=-\infty}^{\infty} h_d(n)e^{-jn\omega}$，获取有限长序列 $h(n)$ 的最有效方法是用一个有限长的窗口函数序列 $w(n)$ 来截取无限长序列 $h_d(n)$，即：

$$h(n) = w(n)h_d(n) \tag{4-69}$$

其中

$$H_d(e^{j\omega}) = \begin{cases} e^{j\alpha\omega} & \omega_{c_1} \leqslant |\omega| \leqslant \omega_{c_2} \\ 0 & 0 < |\omega| < \omega_{c_1}, \ \omega_{c_2} < |\omega| \leqslant \pi \end{cases} \tag{4-70}$$

$$h_d(n) = \frac{1}{2\pi} \int_{-\pi}^{\pi} H_d(e^{j\omega})e^{jn\omega}d\omega = \frac{\sin[\omega_c(n-\alpha)]}{\pi(n-\alpha)} \tag{4-71}$$

在 MATLAB 信号处理工具箱中为用户提供了 Boxcar（矩形）、Bartlet（巴特利特）、Hanning（汉宁）等窗函数，这些窗函数可通过 "help signal\signal" 获取。由于这些窗函数的调用格式相同，下面仅以 Boxcar（矩形）函数为例说明其调用格式。

格式：w = boxcar(M)

功能：返回 M 点矩形窗序列。

窗的长度 M 又称为窗函数设计 FIR 数字滤波器的阶数。根据卷积理论可知，$H(e^{j\omega})$ 是理想的频率响应与窗函数频率响应的圆周卷积：

$$H(e^{j\omega}) = \frac{1}{2\pi}\int_{-\pi}^{\pi} H_d(e^{j\theta})W(e^{j(\omega-\theta)})d\theta \quad (4-72)$$

因此，$H(e^{j\omega})$ 逼近程度的好坏完全取决于窗函数的频率特性。表 4.8 给出了部分窗函数的频率特性。

表 4.8 在相同条件下，部分窗函数的频率特性

名 称	主瓣带宽	过渡带宽	最小阻带衰减
Boxcar（矩形）	$4\pi/M$	$1.8\pi/M$	21 dB
Bartlet（巴特利特）	$8\pi/M$	$4.2\pi/M$	25 dB
Hanning（汉宁）	$8\pi/M$	$6.2\pi/M$	44 dB
Hamming（哈明）	$8\pi/M$	$6.6\pi/M$	53 dB
Blackman（布莱克曼）	$12\pi/M$	$11\pi/M$	74 dB

注：取 Kaiser 窗时用 kaiserord 函数来估计窗的长度 M。

【例 4-44】 用矩形窗设计线性相位 FIR 数字低通滤波器，该滤波器的通带截止频率 $\omega_c = \pi/4$，单位脉冲响 $h(n)$ 的长度 $M=21$。并绘出 $h(n)$ 及其幅度响应特性曲线。

MATLAB 源程序为：

```
M=21; wc=pi/4;                    %理想低通滤波器参数
n=0:M-1; r=(M-1)/2;
nr=n-r+eps*((n-r)==0);            %处理 sin(nr)/(nr)出现 0/0 情况
hdn=sin(wc*nr)/pi./nr;            %计算理想低通单位脉冲响应 hd(n)
if rem(M,2)~=0,hdn(r+1)=wc/pi; end;  %M 为奇数时，处理 n=r 点的 0/0 型
wn1=boxcar(M);                    %矩形窗
hn1=hdn.*wn1';                    %加窗
subplot(2,1,1);stem(n,hn1,'.'); line([0,20],[0,0]);
xlabel('n'),ylabel('h(n)'),title('矩形窗设计的 h(n)');
hw1=fft(hn1,512);w1=2*[0:511]/512;  %求频谱
subplot(2,1,2),plot(w1,20*log10(abs(hw1)))
xlabel('w/pi'),ylabel('幅度(dB)');title('幅度特性(dB)');
```

程序运行结果如图 4.46 所示。

在 MATLAB 信号处理工具箱中，除提供窗函数命令外，还提供用窗函数法设计 FIR 数字滤波器的专用命令 fir1。利用该函数可设计出具有标准频率响应的 FIR 滤波器，所得滤波器系数（单位冲激响应）为实数。其基本调用格式如下。

格式一：B=fir1(N,wc)

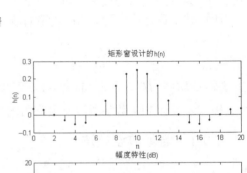

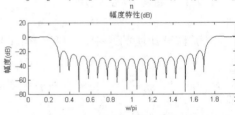

图 4.46 矩形窗设计 FIR 滤波器

功能：设计一个具有线性相位的 N 阶（N 点）低通 FIR 数字滤波器，返回的向量 B 为滤波器的系数（单位冲激响应序列），其长度为 N+1。截止频率 wc 必须在 0 到 1.0 之间，1.0 对应于采样频率的一半（Fs/2）。滤波器的归一化增益在 wc 处为-6dB。

格式二：B=fir1(N,wc,'high') 或 B = fir1(N,wc,'low')

功能：设计一个高通数字滤波器或低通数字滤波器。如果 wc 是一个包含两个元素的向量，wc=[w1,w2]，则 B=fir1(N,wc)或 B = fir1(N,wc,'bandpass')，返回一个 N 阶的带通数字滤波器，其通带为 w1<w<w2。

格式三：B=fir1(N,wc,'stop')

功能：设计一个带阻滤波器。如果 wc 是一个多元素的向量，wc=[w1,w2,w3,w4,…,wn]，fir1 返回一个 N 阶多通带滤波器，其频带为：0 < w < w1,w1 < w < w2,…,wn < w < 1。

B=fir1(N,wc,'dc-1')　　使第一个频带为通带；

B=fir1(N,wc,'dc-0')　　使第一个频带为阻带。

注意：对于在 Fs/2 附近为通带的滤波器，如高通或带阻滤波器，N 必须为偶数。即使用户定义 N 为奇数，函数 fir1 也会自动对它增加 1。

格式四：B = fir1(N,wc,win)

功能：用指定窗函数 win 设计 FIR 数字滤波器。默认情况下，fir1 使用 Hamming 窗。可以在参数中指定其他窗，包括矩形窗、Hanning 窗、Bartlett 窗、Blackman 窗、Kaiser 窗等。例如，B=fir1(N,Wn,kaiser(N+1,4))使用一个 beta=4 的 Kaiser 窗。

格式五：B=fir1(N,Wn,'noscale')

功能：所设计滤波器不进行归一化。默认或 B=fir1(N,Wn,'scale')情况下，滤波器被归一化，以使经加窗后第一通带的中心幅值刚好为 1。

【例 4-45】 设计一个 24 阶 FIR 带通滤波器，通带为 0.30<w<0.70。MATLAB 源程序为：

```
wc=[0.30 0.70];            %设置通带的范围
b=fir1(24,wc);             %调用 fir1 函数
freqz(b);                  %绘制滤波器的频率响应曲线
figure
stem(b,'.');               %绘制单位冲激响应序列
line([0,25],[0,0]);xlabel('n');ylabel('h(n)');
```

程序运行结果如图 4.47 所示。

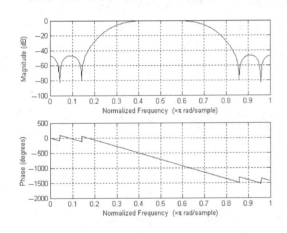
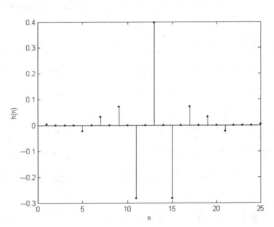

图 4.47　带通滤波器的频率响应及单位冲激响应

【例 4-46】用窗函数设计一个多通带滤波器，归一化的通带是：[0,0.2], [0.4,0.6], [0.8,1.0]。注意高频端为通带，故滤波器的阶数应为偶数。这里取 N=40，MATLAB 源程序为：

```
wc=[0.2,0.4,0.6,0.8];      %设置阻带的范围
b=fir1(40,wc,'dc-1');      %使第一个频带 0<w<0.2 为通带
freqz(b);                  %绘制滤波器的频率特性曲线
figure(2)
stem(b,'.');               %绘制单位冲激响应序列
line([0,45],[0,0]);xlabel('n');ylabel('h(n)');
```

程序运行结果如图 4.48 所示。

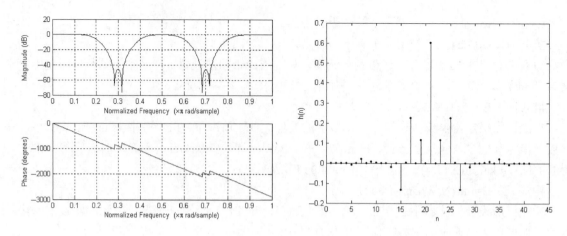

图 4.48 多通带滤波器的频率响应及单位冲激响应

4.9.2 频率采样法

频率采样法（亦称频率抽样法）设计的基本原理是，对所期望的滤波器的频率响应 $H_d(e^{j\omega})$，在频域上进行采样，以此来确定 FIR 滤波器的 $H(k)$，即令：

$$H(k) = H_d(e^{j2\pi k/N}) \tag{4-73}$$

然后，对 $H(k)$ 进行傅里叶逆变换 $h[n]=\text{IDFT}[H(k)]$，获得所设计 FIR 滤波器的单位冲激响应。对于线性相位 FIR 滤波器的 $H(k)$，在设计时还应满足采样值的幅度与相位约束条件。

由频率采样法设计的滤波器，在每个采样点上，频率响应将严格与理想特性一致，而在采样点之间的频率响应，则是由各采样点的内插函数延伸叠加来形成的，因此，如果各采样点之间的理想特性越平缓，则内插值就越接近理想值，逼近也就越好。在频域采样时，理想的矩形特性经过采样，在通带的边缘由于采样点之间的突然变化引起了频率特性的起伏变化，使阻带衰减减小。在窗函数法中用加宽过渡带来换取阻带的衰减，在这里可以通过选择适当的通带与阻带之间的过渡带的频率采样来达到峰值逼近误差最小。在过渡带的频率采样值以 H_T 表示，H_T 究竟取几点，这要根据实际需要来确定，一般 H_T 取 1～3 点以后就能得到良好的效果。

由于受 N 个采样点的限制，滤波器的截止频率 ω_c 不能任意选择，为了能自由选择 ω_c，应增加采样点数 N。

【例 4-47】 用频率采样法设计一个具有线性相位的低通滤波器，其理想频率选择性为：

$$\left|H(e^{j\omega})\right| = \begin{cases} 1, & 0 \leqslant \omega \leqslant \omega_c \\ 0, & \text{其他} \end{cases}$$

已知截止频率为 0.5π，采样点数 $N=33$。

由于采样的 $|H(k)|$ 关于 $\omega = \pi$ 对称，采样点数 $N=33$，采样点之间的频率间隔为 $2\pi/33$，截止频率为 0.5π，因此，截止频率采样点的位置应为：$0.5 \times 33/2 = 8.25 \approx 8$。所以，在 $0 \leqslant \omega \leqslant \pi$ 区域，采样的 $H(k)$ 的幅度满足：

$$|H(k)| = \begin{cases} 1, & 0 \leqslant k \leqslant \text{Int}[N\omega_c/2\pi] = (N-1)/4 \\ 0, & \text{Int}[N\omega_c/2\pi]+1 \leqslant k \leqslant (N-1)/2 \end{cases} = \begin{cases} 1, & 0 \leqslant k \leqslant 8 \\ 0, & 9 \leqslant k \leqslant 16 \end{cases}$$

若设计滤波器的相位满足 $\theta(\omega) = -\omega(N-1)/2$，单位冲激响应满足偶对称性 $h(n) = h(N-1-n)$，则采样 $H(k)$ 的相位大小为：

$$\theta(k) = \begin{cases} -\pi k(N-1)/N, & k = 0, \cdots, (N-1)/2 \\ \pi(N-k)(N-1)/N, & k = (N+1)/2, \cdots, N-1 \end{cases}$$

所以，采样 $H(k)$ 应满足：

$$H(k) = \begin{cases} |H(k)| \mathrm{e}^{-\mathrm{j}\pi k(N-1)/N}, & k = 0, \cdots, (N-1)/2 \\ |H(k)| \mathrm{e}^{\mathrm{j}\pi(N-k)(N-1)/N}, & k = (N+1)/2, \cdots, N-1 \end{cases}$$

MATLAB 源程序为：

```
N=33;
H=[ones(1,9),zeros(1,15),ones(1,9)];       %确定采样点的幅度大小
%H(1,10)=0.5; H(1,24)=0.5;                 %设置过渡点
k=0:(N-1)/2;k1=(N+1)/2:(N-1);
A=[exp(-j*pi*k*(N-1)/N),exp(j*pi*(N-k1)*(N-1)/N)];  %确定采样点的相位大小
HK=H.*A;                                   % 求采样点的 H(k)
hn=ifft(HK);                               %求出 FIR 的单位冲激响应 h(n)
freqz(hn,1,256);                           %画幅频相频曲线
figure(2);
stem(real(hn),'.');                        %绘制单位冲激响应的实部
line([0,35],[0,0]);xlabel('n');ylabel('Real(h(n)');
```

程序运行结果如图 4.49 所示。从图中可以看出，最小阻带衰减约–20dB，不令人满意。

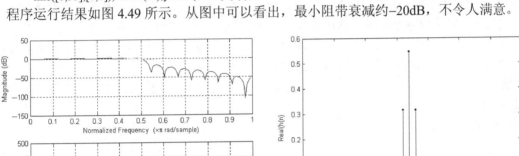

图 4.49 FIR 滤波器频率特性曲线（N=33）

为了增加阻带衰减，可以加宽过渡带，如增加一个过渡点 $H(k)$=0.5，在程序中增加一条命令行：

```
H(1,10)=0.5; H(1,24)=0.5;                  %设置过渡点
```

程序运行结果如图 4.50 所示，可以看出最小阻带衰减约– 40dB，代价是增加了过渡带宽度。

注意：在该例子中，所获得的滤波器系数为复数。

在 MATLAB 信号处理工具箱中，为频率采样法设计 FIR 滤波器提供了专用函数命令 fir2。该函数的功能是，利用频率采样法，设计任意响应的 FIR 数字滤波器，所得滤波器系数为实数，具有线性相位，且满足偶对称性 B(k) = B(N+2–k)，k = 1,2,…,N+1。其基本调用格式如下。

格式一：B=fir2(N,F,A)

功能：设计一个 N 阶的 FIR 数字滤波器，其频率响应由向量 F 和 A 指定，滤波器的系数（单位冲激响应）返回在向量 B 中，长度为 N+1。向量 F 和 A 分别指定滤波器的采样点的频率及其幅值，所期望的滤波器的频率响应可用 plot(F,A)绘出（F 为横坐标，A 为纵坐标）。F 中的频率必须在 0.0～

1.0 之间，1.0 对应于采样频率的一半。它们必须按递增的顺序从 0.0 开始到 1.0 结束。

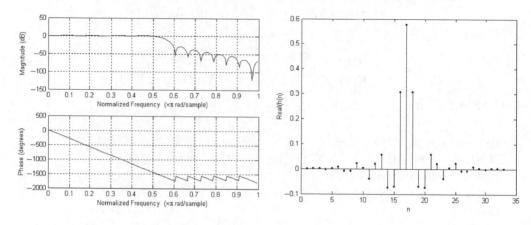

图 4.50　FIR 滤波器频率特性曲线（$N=65$）

格式二：B=fir2(N,F,A,win)

功能：用指定的窗函数设计 FIR 数字滤波器，窗函数包括 Boxcar、Hann、Bartlett、Blackman、Kaiser 及 Chebwin 等。例如，B=fir2(N,F,bartlett(N+1)) 使用的是三角窗；B=fir2(N,F, M,chebwin(N+1,R)) 使用的是 Chebyshev 窗。默认情况下，函数 fir2 使用 Hamming 窗。

注意：对于在 Fs/2 附近增益不为零的滤波器，如高通或带阻滤波器，N 必须为偶数。即使用户定义 N 为奇数，函数 fir2 也会自动对它加 1。

【例 4-48】 试用频率采样法设计一个 FIR 数字低通滤波器，该滤波器的截止频率为 0.5π，频率采样点数为 33。

MATLAB 源程序为：

```
N=32;                          %因 fir2 设计的长度是 N+1，因此长度需要减 1
F=[0:1/32:1];                  %设置采样点的频率，采样频率必须含 0 和 1。
A=[ones(1,16),zeros(1,N-15)];  %设置采样点相应的幅值
B=fir2(N,F,A);                 %调用函数 fir2
freqz(B);                      %绘制滤波器的频率响应曲线
figure(2);stem(B,'.');         %绘制单位冲激响应的实部
line([0,35],[0,0]);xlabel('n');ylabel('h(n)');
```

程序运行结果如图 4.51 所示。

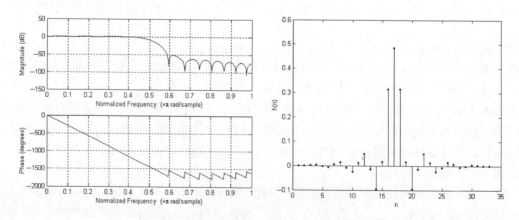

图 4.51　滤波器的频率响应和单位冲激响应序列

【例 4-49】 试用 fir2 设计一个 38 阶的多带 FIR 数字滤波器，其频率特性为：

$$\left|H(\mathrm{e}^{j\omega})\right| = \begin{cases} 1 & 0 \leqslant \omega \leqslant 0.4\pi \\ 0 & 0.4\pi < \omega \leqslant 0.6\pi \\ 0.5 & 0.6\pi < \omega \leqslant 0.7\pi \\ 0 & 0.7\pi < \omega \leqslant 0.8\pi \\ 1 & 0.8\pi < \omega \leqslant \pi \end{cases}$$

MATLAB 源程序如下：

```
f=0:0.002:1;                                    %设置采样点的频率
m(1:201)=1; m(202:301)=0;   m(302:351)=0.5;     %设置采样点相应的幅值
m(352:401)=0; m(402:501)=1;
plot(f,m,'k:'); hold on
b=fir2(38,f,m);                                 %调用函数 fir2
[h,f1]=freqz(b);
f1=f1./pi;                                      %频率归一化
plot(f1,abs(h)); legend('理想滤波器', '设计滤波器');
xlabel('归一化频率');ylabel('幅值');
```

该程序运行结果如图 4.52 所示。

4.9.3 MATLAB 的其他相关函数

在 MATLAB 信号处理工具箱中，不仅提供了 FIR 窗函数设计法和频率采样设计法专用命令，同时还提供了等波纹最佳一致逼近法、最小二乘逼近法等函数命令，这为用户的 FIR 数字滤波器的设计提供了方便。由于篇幅限制，下面仅就这些函数的基本调用方式和功能做一简要说明。

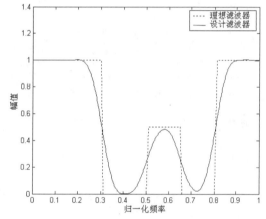

图 4.52 理想滤波器与设计滤波器

1. 最小二乘逼近法设计线性相位 FIR 滤波器函数 fircls

格式：B=fircls(N,F,A,UP,LO)

功能：用有限制条件的最小二乘逼近法设计线性相位 FIR 滤波器，返回的是一个长度为 N+1 的线性相位 FIR 滤波器，其期望逼近的频率响应为分段恒定的，由向量 F 和 A 指定，各段幅度波动的上下限由向量 UP 和 LO 给定。A 中的各元素分别为各恒定段的频率响应的理想幅值，A 中元素的个数为不同的频段数。UP 和 LO 的长度与 A 的相同，它们给定频率响应各频段的上下限。F 中的元素为临界频率，这些频率必须按递增的顺序从 0.0 开始到 1.0 结束。F 的长度为 A 的长度加 1。

注意：其一，通过设置阻带的 LO 为 0，可以得到幅值非负的频率响应，这样的频谱能够保证获得一个最小相位的滤波器；其二，设计过程的监视可由参数 'trace' 和 'plot' 决定。使用参数 'trace' 可以得到迭代进程的文字报告，如 fircls(N,F,A,UP,LO,'trace')；使用参数 'plot'可以得到迭代进程的绘图表示，用 'both' 可二者兼得。

【例 4-50】 试用 fircls 设计一个带通滤波器，其通带为[0.4,0.8]，允许波动的范围为-0.2~0.2。用所设计的滤波器对信号

$$\sin(2\pi \times 30t) + 0.5\sin(2\pi \times 180t) + 0.2\sin(2\pi \times 270t)$$

滤波（信号采样频率为 600Hz）。

MATLAB 源程序为：

```
N=51;                           %所设计滤波器的阶数
%在 0<w<0.4 和 0.8<w<1，频率响应幅度为 0；在 0.4<w<0.8，频率响应幅度为 1。
f=[0 0.4 0.8 1]; a=[0 1 0];
up=[0.02 1.02 0.01];            %采样点允许波动的上限幅度
lo=[−0.02 0.98 −0.01];          %采样点允许波动的下限幅度
b=fircls(N,f,a,up,lo);
freqz(b);                       %绘制滤波器的频率响应
t=0 : 1/600 : 1;
sig=sin(2*pi*30*t)+0.5*sin(2*pi*180*t)+0.2*sin(2*pi*270*t);
%信号由 30,180,270Hz 的正弦波叠加而成，归一化频率分别为 0.1,0.6,0.9
newsig=fftfilt(b,sig);          %用重叠相加法 FFT 实现对信号向量快速滤波
ft=t(300:333);ns=newsig(300:333); %取一段，放大显示（时间轴），放大倍数为 12
zns=interp(ns,8);znt=interp(ft,8); %插值（上采样）
figure(2);plot(znt,zns);        %注意显示的结果为一幅值约为 0.6 的正弦波
```

程序运行结果如图 4.53 所示。从图中可以看出，$\sin(2\pi \times 180t)$ 成份通过滤波器。

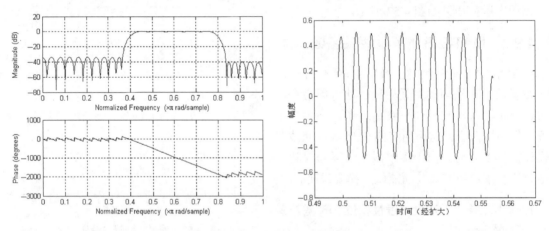

图 4.53 带通滤波器的频率响应及信号滤波后的结果

2. 有限制条件的最小二乘逼近法设计低通和高通 FIR 数字滤波器函数 fircls1

格式一：B=fircls1(N,WO,DP,DS)

功能：返回的是一个长度为 N+1 的线性相位低通 FIR 滤波器，其截止频率为 WO，通带偏离 1.0 的最大值为 DP，阻带偏离 0 的最大值为 DS。WO 在 0～1.0 之间（1.0 对应于采样频率的一半）。

格式二：B=fircls1(N,WO,DP,DS,'high')

功能：返回一高通滤波器（阶数 N 必须为偶数）。

格式三：B=fircls1(N,WO,DP,DS,WT) 和 B=fircls1(N,WO,DP,DS,WT,'high')

功能：使所设计的滤波器满足通带或阻带的边界条件。如果 WT 位于通带内，那么使用这一参数将保证 $|E(WT)| \leqslant DP$，$E(w)$ 为误差函数；同样，如果 WT 位于阻带内，将保证 $|E(WT)| \leqslant DS$。

注意：用很小的 DP 和 DS 设计窄带滤波器时，可能不存在满足要求的给定长度的滤波器。

格式四：B=fircls1(N,WO,DP,DS,WP,WS,k)

功能：给平方误差加权，通带的权比阻带的大 k 倍。WP 为最小二乘权函数的通带边缘频率，

WS 为阻带边缘频率（WP<WO<WS）。为了满足一定条件或者设计没有加权函数的高通滤波器，必须使 WS<WO<WP，例如 fircls1(N,WO,DP,DS,WP,WS,K,WT,'high')。使用参数'trace'可以得到迭代进程的文字报告，如 fircls1(N,WO, DP,DS,…,'trace')。使用参数'plot'可以得到迭代进程的绘图表示，如 fircls1(N,WO,DP, DS,…,'plots')。用'both'可二者兼得。

【例 4-51】 试用 fircls1 设计低通 FIR 数字滤波器，归一化截止频率为 0.3，通带波纹为 0.02，阻带波纹为 0.008。

MATLAB 源程序为：

```
N=55;                  %滤波器阶数
wo=0.3;                %截止频率
dp=0.02;               %通带波纹
ds=0.008;              %阻带波纹
h=fircls1(N,wo,dp,ds);[H,f] = freqz(h);
plot(f/pi,abs(H));     %绘制滤波器的频率特性曲线
xlabel('归一化频率');ylabel('幅度');
wp=0.28;               %通带频率
ws=0.32;               %截止频率
k=10;                  %通带加权
h1=fircls1(N,wo,dp,ds,wp,ws,k);
[H1,f1]=freqz(h1);
figure(2),plot(f1/pi,abs(H1));
xlabel('归一化频率');ylabel('幅度');
```

该程序运行结果如图 4.54 所示。

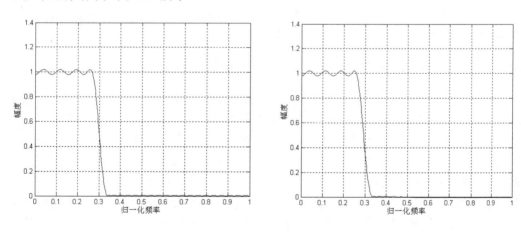

图 4.54 用 fircls1 设计的滤波器的频率特性

3. 最小二乘逼近法设计线性相位 FIR 数字滤波器函数 firls

格式一： B=firls(N,F,A)

功能：返回一个长度为 N+1 的线性相位 FIR 数字滤波器（系数为实对称），期望的频率响应由向量 F 和 A 确定，且按升序列取 0～1 之间的值，1 对应于采样频率的一半，A 是长度与 F 相同的实向量，它用来指定滤波器频率响应的期望幅值，期望的频率响应由点(F(k),A(k))和(F(k+1),A(k+1))(k 为奇数)的连线组成。函数 firls 把 F(k+1)和 F(k+2)(k 为奇数)之间的频带视为过渡带或者说是所不关心的频带，所以所期望的频率响应是分段线性的，其总体平方误差为最小。

格式二： B=firls(N,F,A,W)

功能：使用权系数 W 给误差加权。W 的长度为 F 和 A 的一半，其元素表明在使总体误差为最小时的重要程度。

格式三： B=firls(N,F,A,'Hilbert')   或   B=firls(N,F,W,'Hilbert')

功能：设计具有奇对称系数的滤波器，也就是说，B(k)= -B(N+2-k)（k=1,2,…,N+1）。一种特殊情况是，其整数各频带的幅值都接近于 1，如 B=firls(30,[0.1,0.9],[1,1],'Hilbert')

格式四： B=firls(N,F,A,'differentiator')   或   B=firls(N,F,A,W,'differentiator')

功能：设计奇对成的滤波器，但是它在非零幅值的频带有着特殊的加权方案，其权值等于 W 除以频率的平方，这样滤波器的低频性能比高频性能要好一些。

【例 4-52】 设计一个特殊滤波器，使其频率响应在频带[0,0.4]内从 1.0 线性降低到 0.5，而在频带[0.7,0.9]内恒为 1.0，其他频带不予考虑。

MATLAB 源程序为：
```
b=firls(30,[0,0.4,0.7,0.9],[1.0,0.5,1.0,1.0]);
freqz(b)
```
程序运行结果如图 4.55 所示。

4．升余弦 FIR 滤波器设计函数 firrcos

格式： B=firrcos(N,Fc,DF,Fs)

功能：返回一个 N 阶低通线性且具有升余弦过渡频带的 FIR 滤波器。Fc 为截止频率，Fs 为采样频率，DF 为过渡带，三者之间满足：滤波必须足够小以使 Fc±DF/2 在[0,Fs/2]范围。默认时，采样频率 Fs=2。

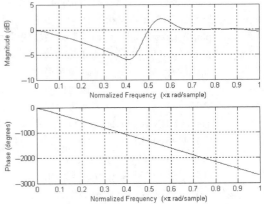

图 4.55　用 firls 设计的滤波器的频率响应

5．Parks-McClellan 优化等波纹 FIR 滤波器设计函数 remez

与其他设计法相比，采用 remez 算法实现线性相位 FIR 数字滤波器的等波纹最佳一致逼近设计，其优点是：在设计指标相同时，可使滤波器阶数最低；在阶数相同时，使通带最平坦，阻带最小衰减最大；通带和阻带均为等波纹形式，最适合设计片段常数特性的滤波器。其基本调用格式如下。

格式一： B=remez(N,F,A)

功能：返回一个长度为 N+1 的线性相位（实对称系数）FIR 滤波器，滤波器的理想频率响应由 F 和 A 描述，这种滤波器是按最大绝对误差最小化的逼近准则设计的。F 的元素是成对的频带边缘，按升序列取 0～1.0 之间的值，1.0 对应于采样频率的一半。A 是长度与 F 相同的实向量，它用来描述期望的滤波器的频率响应，期望的频率响应由点(F(k),A(k))和(F(k+1),A(k+1))的连线组成（k 为奇数）；函数 remez 把 F(k+1)和 F(k+2)（k 为奇数）之间的频带视为过渡带或者说是不予考虑的频带，这样期望得到的频谱是分段线性的。设计得到的滤波器的最大误差为最小。

注意：对于在 Fs/2 附近增益不为零的滤波器，如高通或带阻滤波器，N 必须为偶数。即使用户定义 N 为奇数，函数 remez 也会自动对它增加 1。

格式二： B=remez(N,F,A,W)

功能：用权值 W 给误差函数加权，对应于每一频带，加权向量 W 的长度为 F 和 A 的一半，加权值越大，逼近精度越高。

格式三：B=remez(N,F,A,'Hilbert') 或 B=remez(N,F,A,W,'Hilbert')

功能：设计具有奇对称系数的滤波器，即 B(k)= –B(N+2–k), k=1,2,…,N+1。一种特殊情况是，其整个频带的幅值都接近于 1，如 B=remez(30,[0.1,0.9],[1,1],'Hilbert')。

格式四：B=remez(N,F,A,'differentiator') 或 B=remez(N,F,A,W,'differentiator')

功能：设计奇对称的滤波器，但是它在非零幅值的频带有着特殊的加权方案，其权值等于 W 除以频率的平方，这样滤波器的低频性能比高频性能要好一些。

另外，函数 remez 可以用函数 remezord 来产生输入的参数。函数 remezord 用于估算 FIR 数字滤波器的等波纹最佳一致逼近设计的最低阶数 N，从而使滤波器在满足指标的前提下造价最低。基本调用格式如下：

  [N,Fo,Ao,W] = remezord(F,A,DEV,Fs)

功能：返回参数供 remez 函数使用。设计的滤波器可以满足由参数 F,A,DEV 和 Fs 指定的指标。F 和 A 与 remez 中所用的类似，这里 F 可以是模拟频率(Hz)或归一化数字频率，但必须以 0 开始，以 Fs/2（用归一化频率时为 1）结束，而且其中省略了 0 和 Fs/2 两个频点。Fs 为采样频率，默认时为 2Hz。DEV 为各逼近频段允许的幅频响应偏差（波纹振幅）。remez 函数调用 remezord 返回的参数的格式为：B=remez(N,Fo,Ao,W)。

【例 4-53】 设计一个低通滤波器，其截止频率为 1500Hz，阻带的起始频率为 2000Hz，通带波纹的最大允许值为 0.01，阻带波纹的最大允许值为 0.1，采样频率为 8000Hz。

MATLAB 源程序为：

  [n,fo,mo,w]=remezord([1500,2000],[1,0],[0.01,0.1],8000);
  b=remez(n,fo,mo,w);freqz(b);

或者 c=remezord([1500,2000],[1,0],[0.01,0.1],8000,'cell');
  b=remez(c{:}); freqz(b);

设计得到的滤波器的频率响应如图 4.56 所示。

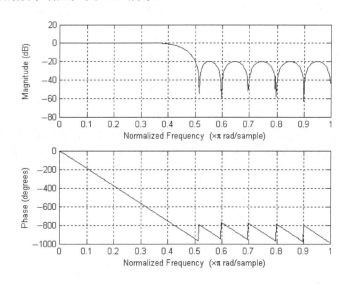

图 4.56 用 remez 设计的滤波器的频率响应

注意：① 阶数 N 为近似值。如果滤波器不满足最初要求的特性，阶数可取得大一些，如 N+1, N+2 等。② 如果截止频率接近 0 或 Nyquist 频率（采样频率的一半），或 DEV 取得过大，结果可能不准确。

4.10 多采样率信号处理

多采样率信号处理广泛应用于要求转换采样率,或要求系统工作在多采样率状态的信号处理系统中。例如,多种媒体——语音、视频、数据的传输,由于它们的频率各不相同,采样率自然不同,必须进行采样率的转换。从信号采样角度,我们将这样的操作处理称为对离散时间信号进行采样率转换的抽取和内插。

4.10.1 抽取

对信号 $x(n)$ 采样率降低整数 M 倍的抽取过程是,保留下标为 M 整数倍的这些样本点,而去除两个样本之间的 $M-1$ 个样本点,即

$$x_D(n) = x(Mn) \tag{4-74}$$

若设原离散信号 $x(n)$ 的采样周期为 T,经 M 倍抽取后的信号 $x_D(n)$ 的采样周期为 T',则 T 与 T' 之间满足:

$$T' = MT \tag{4-75}$$

采样率降低的过程又称为下采样或降采样。在降低采样率过程中,会产生混叠,为了避免抽取序列的频谱产生混叠,在信号抽取前利用低通滤波器对信号进行滤波,如图 4.57 所示。理想低通滤波器频率响应为:

$$H(e^{j\omega}) = \begin{cases} 1 & |\omega| \leqslant \pi/M \\ 0 & \pi/M < |\omega| \leqslant \pi \end{cases} \tag{4-76}$$

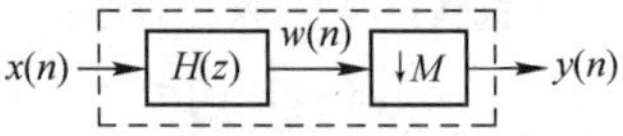

图 4.57 滤波抽取系统

4.10.2 内插

内插又称为上采样或升采样,其原理是在信号 $x(n)$ 的每对采样值间插入 $L-1$ 个零值,使得采样率提高 L 倍,即

$$x_I(n) = \begin{cases} x(n/L) & n = 0, \pm L, \pm 2L, \cdots \\ 0 & \text{其他} \end{cases} \tag{4-77}$$

如果内插前 $x(n)$ 的采样周期为 T,则插零后序列的采样周期为:

$$T' = T/L \tag{4-78}$$

信号的内插虽然不会引起频谱的混叠,但会产生镜像频谱。为了消除这些镜像频谱,可将内插后的信号通过低通滤波器,如图 4.58 所示。即首先在信号 $x(n)$ 的每对采样值间插入 $L-1$ 个零值;然后通过低通滤波器进行平滑处理。该低通滤波器的理想频率响应为:

$$H(e^{j\omega}) = \begin{cases} G & |\omega| \leqslant \pi/L \\ 0 & \text{其他} \end{cases} \tag{4-79}$$

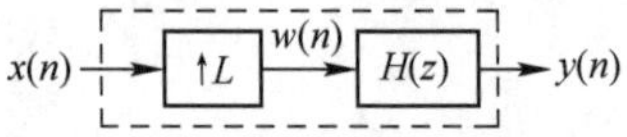

其中,G 为增益。若要求理想内插器能恢复内插前的信号,则 G 必须等于 L。这样,该滤波器可以滤除内插信号频谱中的镜像频谱,仅保留 $[-\pi/L, \pi/L]$ 范围内的频谱。

图 4.58 L 倍内插滤波系统

4.10.3 有理数倍采样率转换

给定信号 $x(n)$,若希望将采样率转换为任意有理数 L/M,可以通过把 M 倍抽取和 L 倍内插结合起来得到。通常采用先做 L 倍的内插,然后再做 M 倍的抽取方法来实现,如图 4.59(a)所示。

新系统输出信号的采样率为:
$$f'_s = Lf_s / M \quad (4\text{-}80)$$

其中,$f_s = 1/T$ 为原离散信号 $x(n)$ 的采样率。

若将图 4.59(a)所示的内插抗镜像低通滤波器 $h_I(n)$ 和抽取抗混叠低通滤波器 $h_D(n)$ 合并为一个数字低通滤波器 $h(n) = h_I(n) * h_D(n)$,如图 4.59(b)所示,则该低通滤波器 $h(n)$ 工作在 Lf_s 采样频率之下。由于此滤波器同时用作内插和抽取的运算,因此它的理想频率响应为:

$$H(e^{j\omega}) = \begin{cases} L & |\omega| \leqslant \min\{\pi/L, \pi/M\} \\ 0 & \text{其他} \end{cases} \quad (4\text{-}81)$$

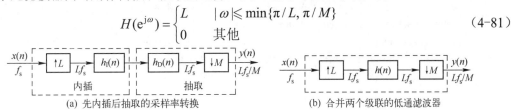

图 4.59 有理数倍 L/M 采样率转换系统

在 MATLAB 信号处理工具箱中,为多采样率信号处理提供了相关专用函数命令。

1. 降采样与抽取函数

对于采样,在 MATLAB 中为用户提供了降采样函数 downsample 和抽取函数 decimate。两个函数的差别在于,函数 decimate 先将输入数组 $x(n)$通过一个低通滤波器,再降采样;而函数 downsample 则不进行低通滤波,只对信号降采样。

(1) 降采样函数 downsample

格式一:[y]=downsample(x, D)

功能:将输入数组 x 降采样到输出数组 y,从第 1 个样本开始按每隔 D 个样本采样一次。若 x 为矩阵,则按行降采样。

格式二:[y]=downsample(x, D, phase)

功能:按参数 phase 指定样本偏移量,将输入数组 x 降采样到输出数组 y,从第 1+phase 个样本开始按每隔 D 个样本采样一次。若 x 为矩阵,则按行降采样。phase 必须是在 0 和(D-1)之间的某个整数。

(2) 抽取函数 decimate

格式一:y=decimate(x, D)

功能:实现对输入数组 x 以原始采样率的 1/D 倍抽取,得到的重采样数组 y 的长度要比数组 x 短 D 倍。在抽取之前,函数 decimate 默认低通滤波器是截止频率为 $0.8\pi/D$ 的 8 阶切比雪夫 I 型低通滤波器。

格式二:y = decimate(x, D, N)

功能:使用 N 阶切比雪夫滤波器。

格式三:y = decimate(x, D, 'FIR')

功能:使用 fir1(30,1/D)产生的 30 阶 FIR 数字低通滤波器。

格式四:y = decimate(x, D, N, 'FIR')

功能:使用 N 阶 FIR 数字低通滤波器。

【例 4-54】 令 $x(n) = \cos(0.125\pi n)$,产生一个大的 $x(n)$ 的样本,然后利用抽取因子 $D = 2$、4 和 8 对它抽取,给出抽取结果。

MATLAB 源程序如下:

```
n=0:2048;   x = cos(0.125*pi*n);              %原始信号
k1=256; k2=k1+32; m=0:(k2−k1);                %取信号中的一段输出，以避免端头效应
subplot(2,2,1); stem(m,x(m+k1+1),'filled');   %绘制原始信号
axis([−1,33, −1.1,1.1]); xlabel('n');ylabel('幅度');title('原始信号');
set(gca,'xtick',[0,16,32]); set(gca,'ytick',[ −1,0,1]);
D=2; y = decimate(x,D);                       %按2倍抽取
subplot(2,2,2); stem(m,y(m+k1/D+1),'filled'); %绘制2倍抽取信号
axis([−1,33, −1.1,1.1]); xlabel('n');ylabel('幅度');title('2倍抽取信号');
set(gca,'xtick',[0,16,32]); set(gca,'ytick',[ −1,0,1]);
D=4; y = decimate(x,D);                       %按4倍抽取
subplot(2,2,3); stem(m,y(m+k1/D+1),'filled'); %绘制4倍抽取信号
axis([−1,33, −1.1,1.1]); xlabel('n');ylabel('幅度');title('4倍抽取信号');
set(gca,'xtick',[0,16,32]); set(gca,'ytick',[ −1,0,1]);
D=8; y = decimate(x,D);                       %按8倍抽取
subplot(2,2,4); stem(m,y(m+k1/D+1),'filled'); %绘制8倍抽取信号
axis([−1,33, −1.1,1.1]); xlabel('n');ylabel('幅度');title('8倍抽取信号');
set(gca,'xtick',[0,16,32]); set(gca,'ytick',[ −1,0,1]);
```

该程序运行结果如图 4.60 所示。从图中可看出，对于 $D=2$ 和 $D=4$ 的抽取序列是正确的，并在较低的采样率下代表了原始序列 $x(n)$。然而，对于 $D=8$，得到的抽取序列几乎都是零。这是因为在降采样之前，函数 decimate( ) 采用的低通滤波器已经将 $x(n)$ 进行滤波处理，该默认低通滤波器的截止频率是 $0.8\pi/D=0.1\pi$，将原始信号频率 0.125π 滤掉了。

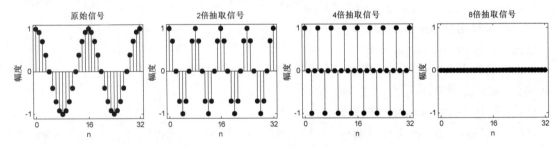

图 4.60 原始信号与抽取信号

2. 升采样函数与内插函数

对于内插，在 MATLAB 中为用户提供了升采样函数 upsample 和内插函数 interp。这两个函数的区别在于，函数 interp 先对输入数组 $x(n)$ 升采样，然后通过了一个低通滤波器实现样本内插；而函数 upsample 只对信号升采样，没有采用低通滤波器。

（1）升采样函数 upsample

格式一：[y]=upsample(x,I)

功能：将输入数组 x 升采样到输出数组 y，即在输入样本之间插入（I-1）个零值。若 x 为矩阵，则按行插入零值。

格式二：[y]=upsample(x,I,phase)

功能：按参数 phase 指定样本偏移，将输入数组 x 升采样到输出数组 y，phase 必须是在 0 和 (I-1) 之间的某个整数。

（2）内插函数 interp

格式一：[y,h]=interp(x,I)

功能：实现对输入数组 x 以原始采样率的 I 内插，得到的重采样数组 y 的长度是原数组 x 的 I 倍长，即 length(y) = I*length(x)。在函数 interp 中采用一个对称的滤波器，该滤波器是内部设计的，能使原样本通过不受改变，并且在样本之间进行内插，使得内插值和它们的理想值之间的均方误差最小。输出 h 给出了该低通滤波器的单位脉冲响应。

格式二：[y,h]=interp(x,I,L,cutoff) 或 [y]=interp(x,I,L,cutoff)

功能：实现对输入数组 x 以原始采样率的 I 内插。输入的第 3 个可选参数 L 指定对称滤波器长度为 2*L*I+1，第 4 个可选参数 cutoff 指定输入信号的截止频率 0 <cutoff <= 1.0。L 和 cutoff 的默认值为 4 和 0.5。

【例 4-55】 令 $x(n) = \cos(\pi n)$，产生 $x(n)$ 的样本并利用内插因子 $I = 2$、4 和 8 对它进行内插，给出内插结果。

MATLAB 源程序如下：

```
n=0:256; x = cos(pi*n);              %原始信号
k1=64; k2=k1+32; m=0:(k2-k1);        %取信号中的一段输出，以避免端头效应
subplot(2,2,1); stem(m,x(m+k1+1),'filled');   %绘制原始信号
axis([-1,33, -1.1,1.1]); xlabel('n'); ylabel('幅度');title('原始信号');
set(gca,'xtick',[0,16,32]); set(gca,'ytick',[ -1,0,1]);
I=2; y = interp(x,I);                %按 2 倍内插
subplot(2,2,2); stem(m,y(m+k1*I+1),'filled');   %绘制 2 倍内插信号
axis([-1,33, -1.1,1.1]); xlabel('n');ylabel('幅度');title('2 倍内插信号');
set(gca,'xtick',[0,16,32]); set(gca,'ytick',[ -1,0,1]);
I=4; y = interp(x,I);                %按 4 倍内插
subplot(2,2,3); stem(m,y(m+k1*I+1),'filled');   %绘制 4 倍内插信号
axis([-1,33, -1.1,1.1]); xlabel('n'); ylabel('幅度');title('4 倍内插信号');
set(gca,'xtick',[0,16,32]); set(gca,'ytick',[ -1,0,1]);
I=8; y = interp(x,I);                %按 8 倍内插
subplot(2,2,4); stem(m,y(m+k1*I+1),'filled');   %绘制 8 倍内插信号
axis([-1,33, -1.1,1.1]); xlabel('n'); ylabel('幅度');title('8 倍内插信号');
set(gca,'xtick',[0,16,32]); set(gca,'ytick',[ -1,0,1]);
```

该程序运行结果如图 4.61 所示。由图可见，三个 I 值对应的内插序列都是合适的，并代表了在较高采样率下的原正弦信号 $x(n)$。

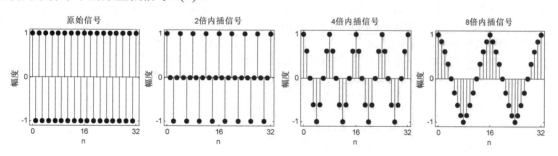

图 4.61 原始信号与内插信号

3. 有理数倍采样率转换函数

在 MATLAB 信号处理工具箱中，为用户提供了一个有理数倍采样率转换函数 resample 和一个"升采样-滤波-降采样"的特殊函数 upfirdn。相对 resample 函数，upfirdn 函数没有滤波延迟补偿。

（1）有理数倍采样率转换函数 resample

格式一：y=resample(x,I,D)

功能：实现将数组 x 中的信号以原采样率 I/D 倍的采样率重新采样，所得重采样序列 y 要长 I/D 倍。若 x 为矩阵，则按行操作。I 和 D 必须是正整数。resample 函数通过内部利用 firls 函数设计的一个 FIR 滤波器 h 作为抗混叠理想低通滤波器，同时也对这个滤波器的延迟进行补偿。

格式二：[y,h]=resample(x,I,D,N, beta)

功能：利用 x 样本的 2*N*max(1,D/I)权重和，计算 y 的样本。N 的默认值是 10，当 N=0 时，采用最邻近插值获得 y(n)= x(round((n-1)*D/I)+1) (y(n) = 0 if round((n-1)*D/I)+1 > length(x))。内部 FIR 滤波器由 beta 指定的参数利用凯塞（Kaiser）窗来设计，默认值 beta=5。

格式三：y =resample(x,I,D,h)

功能：用指定的线性相位 FIR 数字滤波器 h，实现将数组 x 中的信号以原采样率 I/D 倍的采样率重新采样。若 FIR 数字滤波器 h 不具有线性相位，则需调用 upfirdn 函数来实现。

格式四：[y,h]=resample(x,I,D, ...)

功能：返回升采样后所用的 FIR 滤波器的单位冲激响应序列 h。

（2）"升采样-滤波-降采样"函数 upfirdn

格式：y=upfirdn(x,h,I,D)

功能：对信号 x 首先完成 I 升采样（插零值），然后利用 FIR 滤波器 h 对插零后的信号进行滤波，最后对滤波后的信号实现 D 降采样（直接抽取）。输出信号 y 的长度为 length(y)=ceil(((length(x)-1)*I + Length(h))/D)。相对 resample 函数，upfirdn 函数没有滤波延迟补偿。

【例 4-56】令 $x(n) = \cos(0.125\pi n)$，按照 3/2、3/4 和 5/8 改变其采样率，给出结果。

MATLAB 源程序如下：

```
n=0:2048; x = cos(0.125*pi*n);              %原始信号
k1=256; k2=k1+32; m=0:(k2-k1);              %取信号中的一段输出，以避免端头效应
subplot(2,2,1); stem(m,x(m+k1+1),'filled'); %绘制原始信号
axis([-1 33, -1.1,1.1]); xlabel('n'); ylabel('幅度');title('原始信号');
set(gca,'xtick',[0,16,32]); set(gca,'ytick',[ -1,0,1]);
D=2;I=3; y = resample(x,I,D);               %绘制3/2 倍重采样
subplot(2,2,2); stem(m,y(m+k1*I/D+1),'filled');
axis([-1,33, -1.1,1.1]); xlabel('n'); ylabel('幅度');title('3/2 倍抽取信号');
set(gca,'xtick',[0,16,32]); set(gca,'ytick',[ -1,0,1]);
D=4; I=3; y = resample(x,I,D);              %3/4 倍重采样
subplot(2,2,3); stem(m,y(m+k1*I /D+1),'filled'); %绘制 3/4 倍抽取信号
axis([-1 33, -1.1,1.1]); xlabel('n'); ylabel('幅度');title('3/4 倍抽取信号');
set(gca,'xtick',[0,16,32]); set(gca,'ytick',[ -1,0,1]);
D=8;I=5; y = resample(x,I,D);               5/8 倍重采样
subplot(2,2,4); stem(m,y(m+k1*I /D+1),'filled'); %绘制 5/8 倍抽取信号
axis([-1,33, -1.1,1.1]); xlabel('n'); ylabel('幅度');title('5/8 倍抽取信号');
set(gca,'xtick',[0,16,32]); set(gca,'ytick',[ -1,0,1]);
```

该程序运行结果如图 4.62 所示图形。原信号 $x(n)$ 在余弦波的一个周期内有 16 个样本。因为第 1 个采样率按 3/2 转换是大于 1 的，所以总效果是对 $x(n)$ 内插，所得信号在一个周期内有 16*3/2=24 个样本。其余两个采样率转换因子都小于 1，总的效果是对 $x(n)$ 抽取，所得信号在每个周期分别为 12 和 10 个样本。

【例 4-57】编写程序对一个时域有限长且频域有限带宽的输入序列分别进行内插与抽取，分析原输入序列与内插和抽取后序列的频谱变化。

MATLAB 源程序如下：

```
% 分析抽取与内插对频谱的影响
freq = [0,0.45,0.5,1]; mag = [0,1,0,0];
x = fir2(99, freq, mag);                %利用 fir2 函数产生一个有限长序列
% 求取并画入输出谱
[Xz, w] = freqz(x, 1, 512);
subplot(3,1,1); plot(w/pi, abs(Xz)); axis([0,1,0,1]); grid
xlabel('\omega/ \pi'); ylabel('幅度'); title('输入谱');
%产生抽取序列
D = input('输入抽取因子 D= ');
y = downsample(x,D);
% 求取并画出输出谱
[Yz, w] = freqz(y, 1, 512);
subplot(3,1,2); plot(w/pi, abs(Yz)); axis([0,1,0,1]); grid
xlabel('\omega/ \pi'); ylabel('幅度'); title('输出谱');
%产生内插序列
I = input('输入内插因子 I= ');
y = zeros(1, I*length(x)); y([1: I: length(y)]) = x;
% 求取并画出输出谱
[Yz, w] = freqz(y, 1, 512);
subplot(3,1,3); plot(w/pi, abs(Yz)); axis([0,1,0,1]); grid
xlabel('\omega/ \pi'); ylabel('幅度'); title('输出谱');
```

运行该程序，输入 $D=2$ 和 $I=3$，所得结果如图 4.63 所示。从图中可以看出，抽取信号的频谱展宽了 2 倍，而内插信号的频谱被压缩了 3 倍，出现了镜像成份。

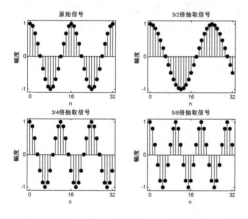

图 4.62 原始信号与有理因子重采样信号

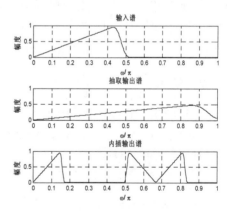

图 4.63 原序列与 2 倍抽取、3 倍内插序列的频谱

4.11 离散信号处理系统设计分析实例

下面通过三个例子来说明离散信号处理系统的设计分析过程，并利用 MATLAB 完成设计仿真，MATLAB 在数字信号处理中的其他应用与实践，可参考本书参考文献[29]。

4.11.1 双音拨号信号的频谱分析

在电话系统中，均采用双音拨号，即每一位号码由两个不同的单音频组成，一个是高频，另

一个为低频。例如号码"1"用697Hz和1209Hz两个频率构成，对应的双音拨号信号为 $x_1(t) = \sin(2\pi f_1 t) + \sin(2\pi f_2 t)$，其中 $f_1 = 697\text{Hz}$，$f_2 = 1209\text{Hz}$。电话机键盘上每一位号码的频率分配情况如表4.9所示，目前，表4.9中最后一列在电话中暂时没有使用。试设计一个数字信号处理系统完成对不同拨号信号的频谱分析。

表4.9 双音拨号的频率分配（单位：Hz）

高频带 低频带	1029	1336	1477	1633
697	1	2	3	A
770	4	5	6	B
852	7	8	9	C
942	*	0	#	D

1. 设计分析

根据对离散系统的功能要求，可选择如图4.64所示的系统结构来完成对信号的频谱分析，即用离散傅里叶变换（DFT）对模拟信号进行频谱分析。

图4.64 离散频谱分析系统结构

根据用数字方法对模拟信号进行处理的要求，需要确定3个参数：采样频率 f_s，DFT的变换点数 N，以及对信号的记录时间长度 T_p。

（1）确定采样频率

确定采样频率 f_s，也是确定DFT的频谱分析的频谱最大范围。从表4.9中可知，要检测信号的频率范围为697～1633Hz，因此，检测信号的最高频率应为 $f_h = 1633\text{Hz}$，根据奈奎斯特（Nyquist）采样定理，采样频率为 $f_s \geqslant 2f_h = 3266\text{Hz}$。

（2）确定数据记录（采样）的长度

确定数据记录（采样）的长度，实际上就是确定按键时间的长短，这是因为只有拨号时才产生双音拨号信号。由于数据记录（采样）的长度与频谱分析的分辨率有关，因此，从表4.9中要检测的8个频率可以发现，相邻间隔最小的是频率697Hz和频率770Hz，间隔是73Hz，要求DFT至少能够分辨相隔73Hz的两个信号，即要求 $\Delta f \leqslant 73\text{Hz}$。由于DFT的分辨率与信号的记录时间 T_p 有关，即 $T_p = 1/\Delta f \geqslant 1/73\text{s} = 13.7\text{ms}$。因此，采样点数 $N = T_p/T = T_p f_s \approx 45$。

2. 设计仿真

根据分析所获得的参数以及图4.57仿真结构，MATLAB源程序如下：

```
dm=[1,2,3,65;4,5,6,66;7,8,9,67;42,0,35,68];   %键盘号码对的数值
Tp=0.0137;fs=3266;                             %记录长度和采样频率
T=1/fs;N=Tp*fs;                                %计算采样周期和采样点数
f1=[697,770,852,941];                          %低频率向量
f2=[1209,1336,1477,1633];                      %高频率向量
TD=input('输入4位电话号码=');                  %输入4位电话号码
for m=1:4
    d=fix(TD/10^(4-m));                        %从输入的电话号码中分离出单个号码
    TD=TD-d*10^(4-m);
    for i=1:4
        for j=1:4
            if(dm(i,j)==abs(d)); break;end     %查找相应号码的高频成分f2
        end
        if(dm(i,j)==abs(d)); break,end         %查找相应号码的低频成分f1
    end
    n=0:N-1;
    x=sin(2*pi*n*f1(i)*T)+sin(2*pi*n*f2(j)*T); %双音频离散信号
```

```
        X=fft(x,128);            %利用 FFT 计算频谱
        subplot(2,2,m);plot([0:127]*fs/128,abs(X));    %绘制频谱幅度
        axis([500,fs/2,0,25]); grid
        xlabel('f(Hz)'); ylabel('|X(f)|')
    end;
```

运行该程序,输入"1458"号码后,所得频谱如图 4.65 所示。说明:(1)在实际中,考虑到存在语音干扰,除了检测这 8 个频率外,还需要通过检测它们的二次倍频的幅度大小来判断相应的频率是否存在。这样频谱分析的频率范围为 697~3266Hz, $f_s \geq 2f_h = 6.53\text{kHz}$,通常取 $f_s = 8\text{kHz}$。(2)考虑到可靠性,拨号时间应留有富裕量,要求按键的时间在 40ms 以上。

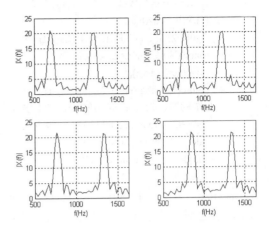

图 4.65 双音拨号信号的频谱

4.11.2 去噪处理

去噪处理是信号处理中最常见的处理操作,这是因为在实际信号获取过程中,有用信号总要受到噪声的干扰。信号去噪的处理方法很多,这里仅以滤波去噪方式为例,说明该系统的设计过程。

人体心电图信号在测量过程中,往往会受到工业高频干扰,所以必须经过去噪处理后,才能判断心脏功能的有用信息。试设计一个人体心电图信号处理系统,功能要求为:

① 对已采集的数据完成去噪处理;
② 绘制去噪前后的心电图曲线;
③ 绘制出去噪前后的功率谱曲线。

已知一实际人体心电图信号采样序列样本为 $x(n)$ = {-4, -2, 0, -4, -6, -4, -2, -4, -6, -6, -4, -4, -6, -6, -2, 6, 12, 8, 0, -16, -38, -60, -84, -90, -66, -32, -4, -2, -4, 8, 12, 12, 10, 6, 6, 4, 0, 0, 0, 0, 0, -2, -2, 0, 0, -2, -2, -2, -2, 0},采样周期 T = 0.005s。

1. 设计分析

(1)绘制原始心电图曲线,由原始数据变化快慢粗略判断信号的最高频率。由于数据变化最快的地点发生在 xn(16)=12 到 xn(23)=-90 之间,时间间距 $t_0 = 7 \times T$,因此可粗略估计出原始信号中的最频率 $f_h \approx 1/2t_0 \approx 15\,\text{Hz}$。

(2)设计滤波器。相对于心电图信号而言,工业高频干扰可认为是交流电(50Hz)及以上的频率,因此,滤波器为低通滤波器,截止频率 $\Omega_s = 50\text{Hz}$,并设通带最大衰减 0.5dB,阻带最小衰减 40dB。

2. 设计仿真

MATLAB 源程序为:

```
    xn=[-4, -2, 0, -4, -6, -4, -2, -4, -6, -6, -4, -4, -6, -6, -2, 6, 12, 8, 0, -16, -38, -60, -84, -90, -66, -32,
    -4, -2, -4, 8, 12, 12, 10, 6, 6, 4, 0, 0, 0, 0, 0, -2, -2, 0, 0, -2, -2, -2, -2, 0];
    N=length(xn); T=0.005; n=[0:N-1]*T;
    figure(1); subplot(2,1,1),plot(n, xn);        %绘制滤波前的心电图曲线
    xlabel('时间'); ylabel('幅值'); title('原始心电图'); grid
```

```
wp=40; ws=50; rp=0.5; rs=40; Fs=1/T;
[N,Wc]=buttord(wp/(Fs/2),ws/(Fs/2),rp, rs,'z');      %设计 Butterworth 低通滤波器
[b,a]=butter(N,Wc);
[H,W]=freqz(b,a);                                     %求滤波器的频率特性
figure(2); plot(W*Fs/(2*pi), abs(H)); grid;           %绘制滤波器的幅度响应
xlabel('频率/Hz'); ylabel('幅值');
yn=filter(b,a,xn);                                    %对信号滤波去噪处理
figure(1); subplot(2,1,2); plot(n,yn);                %绘制滤波后的心电图曲线
xlabel('时间'); ylabel('幅值'); title('滤波后的心电图'); grid
figure(3); subplot(2,1,1); psd(xn,[ ],200);           %绘制原始数据的功率谱
title('原始数据的功率谱');
subplot(2,1,2); psd(xn,[ ],200);                      %绘制滤波后数据的功率谱
title('滤波后数据的功率谱')
```

程序运行结果如图 4.66 所示。从图 4.66(a)中可以明显看出,滤波之后的波形变得比滤波前更加平滑,达到了设计要求。说明:滤波器的主要作用是按照设计者的目的,突出或抑制一些频率。在本例设计中,我们设计了一个 IIR 数字低通滤波器,主要抑制高频段,突出低频段。当然也可设计 FIR 数字滤波器来实现,留给读者完成。

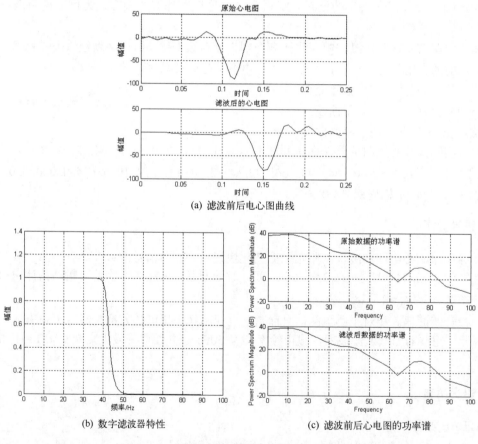

(a) 滤波前后电心图曲线

(b) 数字滤波器特性   (c) 滤波前后心电图的功率谱

图 4.66 心电图去噪处理

4.11.3 多采样率频谱分析

若设模拟带通信号频率范围为 1~1.1kHz,设计一个采样频率为 8kHz 的数字频谱分析系统,

要求频率分辨率0.1Hz。若对信号直接用FFT进行频谱分析,问FFT点数至少为多大?设计一个数字变速率算法,能够使用2048点FFT达到频率分辨率0.1Hz的要求。

1. 设计分析

根据$\Delta f = f_s/N$,如果频率分辨率要求达到0.1Hz,即$f_s/N \leqslant 0.1$,从而得到$N \geqslant f_s/0.1 = 80000$。因此,如果直接用FFT对信号进行频谱分析,则FFT点数至少应该为80000点;由于此带通信号的带宽为$\Delta f = 100$Hz,根据带通采样定理,如果要使信号无失真恢复,那么采样频率$f_s \geqslant 2(f_H - f_L) = 2\Delta f = 200$。因此,要使用2048点FFT达到所要求的频率分辨率,其采样频率为$f_s \leqslant 2048 \times 0.1 = 204.8$,设采用204Hz的采样频率。具体设计思想如下:

(1)模拟带通信号的频率范围是1~1.1kHz,经过8kHz的采样后,对应的数字频率为$[0.25\pi, 0.275\pi]$;用FIR数字滤波器设计方法来设计一个有限长序列,使其频率范围为$[0.25\pi, 0.275\pi]$。

(2)由于原始的带通信号已经使用了8kHz的采样频率,为了使整个过程对信号的整体采样频率达到204Hz,可以将信号先内插51倍,然后再抽取2000倍,即8000×51/2000=204,这样就可以达到所要求的采样频率。抽取分成两级级联实现,选取为50×40,这样做可以使滤波器的过渡带的要求放宽些,并且使计算的效率会得到明显的改善。

(3)在进行内插和抽取之前,应各加上一个抗混叠数字滤波器来滤除多余的频带。

(4)为了设计抗混叠数字滤波器方便,考虑用低通滤波器来设计;这就要求前面需要用调制信号将带通信号搬移到低频。

2. 设计仿真

MATLAB源程序如下:

```
N=1023; fpts=[0,0.225,0.25,0.275,0.30,1];
mag=[0,0,1,1,0,0]; signal_0=firpm(N,fpts,mag);        %产生原始带通信号
[H0,w0]=freqz(signal_0,1,2048);
figure(1); plot(w0/pi,abs(H0));                       %绘制原信号频谱
xlabel('归一化的数字频率, \omega/pi');
ylabel('幅度'); title('原始带通信号幅度谱');
n=0:N; carrier=sin(21*pi*n/80);                       %载波信号
signal_1=(4/3)*carrier.*signal_0;                     %对带通信号进行调制
[H,w]=freqz(signal_1,1,2048);
figure(2); plot(w/pi,abs(H));                         %绘制调制信号频谱
xlabel('归一化的数字频率, \omega/pi');
ylabel('幅度'); title('调制后信号的幅度谱');
b = fir1(50,0.1);                                     %窗函数法设计滤波器
signal_2 = fftfilt(b,signal_1,1024);                  %对调制信号滤波
[H,w]=freqz(signal_2,1,2048);
figure(3); plot(w/pi,abs(H));                         %绘制调制信号滤波后的频谱
xlabel('归一化的数字频率, \omega/pi');
ylabel('幅度'); title('经低通滤波后的信号幅度谱');
L=51; Up_insert=zeros(1,L*length(signal_2));
Up_insert([1:L:length(Up_insert)])=signal_2;          %将低通滤波后的信号进行上抽51倍
[h2,w2]=freqz(Up_insert,1,2048);
figure(4); plot(w2/pi,abs(h2));                       %绘制内插51倍后的信号幅度谱
```

```
xlabel('归一化的数字频率, \omega/pi');
ylabel('幅度'); title('再经内插51倍后的信号幅度谱');
b = fir1(200,0.001);                              %窗函数法设计滤波器
signal_3 = fftfilt(b,Up_insert,1024);             %对内插51倍后的信号滤波
[H,w]=freqz(signal_3,1,2048);
figure(5); plot(w/pi,abs(H));                     %绘制信号滤波后的频谱
xlabel('归一化的数字频率, \omega/pi');
ylabel('幅度'); title('再经低通滤波后的信号幅度谱');
M=50;                                             %将低通滤波后的信号进行下抽50倍
Down_gain1=M*signal_3(1:M:length(signal_3));
[H,w]=freqz(Down_gain1,1,2048);
figure(6); plot(w/pi,abs(H)); xlabel('归一化的数字频率, \omega/pi');
ylabel('幅度'); title('抽取50倍后的信号幅度谱');
M=40;                                             %再将信号下抽40倍
Down_gain2=M*Down_gain1(1:M:length(Down_gain1));
[H1,w1]=freqz(Down_gain2,1,2048);                 %2048点的FFT
figure(7); plot(w1/pi,abs(H1)); xlabel('归一化的数字频率, \omega/pi');
ylabel('幅度'); title('再抽取40倍后的信号幅度谱');
figure(8);  stem(w1/pi,abs(H1));axis([0 0.1 0 1.5]);
xlabel('归一化的数字频率, \omega/pi'); ylabel('幅度');
figure(9);                                        %FFT局部放大图
stem(w1/pi,abs(H1)); axis([0.19550 0.2 0 1.5]);
xlabel('归一化的数字频率, \omega/pi'); ylabel('幅度');
```

程序运行结果如图 4.67～图 6.75 所示。

原始带通信号经以 8kHz 的频率采样后的幅度谱如图 4.67 所示。

将原始带通信号进行调制将频谱搬移到基带。可以采用频率为 1050Hz 的正弦信号对其进行调制，由于信号被以 8kHz 的频率进行采样，频率为 1050Hz 的正弦信号对应的离散时间信号为 $\sin(21\pi n/80)$，也就是采用数字信号 $\sin(21\pi n/80)$ 对原始带通信号进行调制，调制后的信号幅度谱如图 4.68 所示。

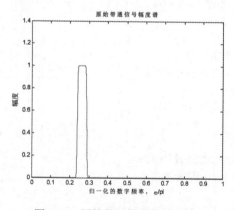

图 4.67 原始带通信号的幅度谱

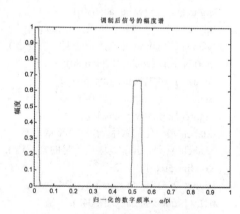

图 4.68 调制后信号的幅度谱

由于信号经调制后，频谱范围变为[0, 0.0125]和[0.5, 0.525]，需要将高频的部分滤除，这里采用窗函数法设计 FIR 滤波器，截止频率设为 0.1。滤波后的信号幅度谱如图 4.69 所示。

将滤波后的信号进行内插 51 倍，根据多采样率信号处理理论可知，信号频谱在其频域范围内将进行压缩 51 倍并出现镜像频谱成分，其信号幅度谱如图 4.70 所示。

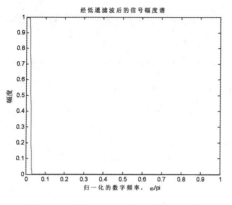
图 4.69 低通滤波后信号的幅度谱

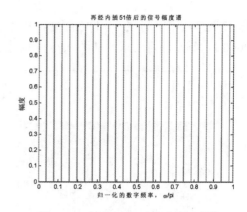
图 4.70 内插 51 倍后信号的幅度谱

由于内插后的信号在频域范围内有大量镜像成分，同时也为了防止在后续抽取时，信号频谱发生混叠，需要对内插后的信号进行低通滤波处理，将需要的第一条谱线以外的其他频率成分滤除。根据计算，第一条谱线的频谱范围为 0～0.0125/51，采用 FIR 低通滤波器，其截止频率为 0.001，滤波后信号的幅度谱如图 4.71 所示。

将滤波后的信号按 50 倍抽取，此时信号在频域范围内将会展宽，其幅度谱如图 4.72 所示。再将信号下抽 40 倍，其幅度谱如图 4.73 所示。

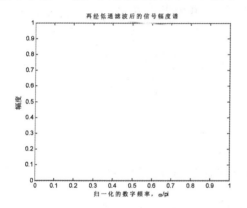
图 4.71 再经低通滤波后信号的幅度谱

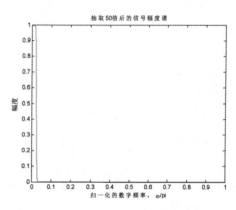
图 4.72 50 倍抽取后信号的幅度谱

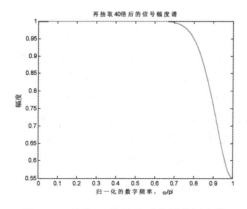
图 4.73 再做 40 倍抽取后信号的幅度谱

最后得到的信号采样频率为 204Hz，信号的 2048 点 FFT 幅度谱如图 4.74 所示，图中只画出了归一化数字频率区间在[0,0.1]的部分。其细节如图 4.75 所示。此时，频率分辨率为 204/2048=0.0996<0.1，满足题目要求。从图 4.75 中也能清楚看出这一点。

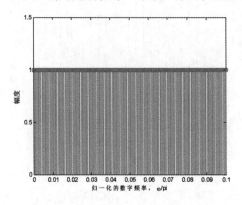

图 4.74 信号的 2048 点 FFT 幅度谱

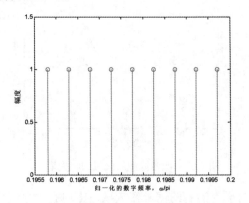

图 4.75 信号的 2048 点 FFT 幅度谱细节

习题

1 若 $x(n) = \cos\left(\dfrac{n\pi}{6}\right)$ 是一个 $N=12$ 的有限长序列，计算它的 DFT 并画出图形。

2 求有限长序列 $x(n) = 5 \times 0.6^n$（$0 \leq n < 20$）的圆周移位 $f(n) = x((n-10))_{20} R_{20}(n)$。

3 已知两序列为

$$x(n) = \begin{cases} 0.8 & 0 \leq n \leq 11 \\ 0 & \text{其他} \end{cases}, \quad h(n) = \begin{cases} 1 & 0 \leq n \leq 5 \\ 0 & \text{其他} \end{cases}$$

求两序列的线性卷积。

4 用 FFT 实现上题中两序列的线性卷积。

5 求传递函数 $H(z) = \dfrac{2 + 3z^{-1}}{1 + 0.4z^{-1} + z^{-2}}$ 的零极点和增益。

6 求传递函数 $H(z) = \dfrac{4z^4 + 15.6z^3 + 6z^2 + 2.4z - 6.4}{3z^4 + 2.4z^3 + 6.3z^2 - 11.4z + 6}$ 的因式形式，并画出零极点图。

7 对传递函数 $H(z) = \dfrac{18}{18 + 3z^{-1} - 4z^{-2} - z^{-3}}$ 进行部分分式展开。

8 有一模拟滤波器，其传递函数如下，画出它的幅频和相频曲线。

$$H(s) = \dfrac{0.2s^2 + 0.3s + 1}{s^2 + 0.4s + 1}$$

9 设计一个 10 阶的带通 Butterworth 滤波器，它的通带范围为 100～200Hz，并画出它的单位冲激响应。

10 用双线性变换法设计一个 Butterworth 低通滤波器，要求其通带截止频率为 100Hz，阻带截止频率为 200Hz，通带衰减 Rp<2dB，阻带衰减 Rs>15dB，采样频率 Fs=500Hz。

11 设计一个阶数为 48，通带范围为 $0.35 \leq \omega \leq 0.65$ 的带通 FIR 线性相位滤波器，并分析它的频率特性。

12 用汉明窗设计一个 FIR 线性相位低通数字滤波器，已知 $\omega_c = 0.3\pi$，$N=37$。

13 用频率采样法设计一个线性相位 FIR 数字高通滤波器，已知 $\omega_c = 0.9\pi$，$N=56$。

14 设数据采样频率为 1000Hz，截止频率为 300Hz，设计一个 6 阶的高通 ChebyshevⅡ型数字滤波器，要求其阻带比通带低 50dB。

15 设计一个 12 阶 Butterworth 低通滤波器，其截止频率为 0.4πrad，求出它的 101 点单位冲激响应并画图。

16 分别利用函数 downsample 和 decimate 对以下序列按 4 倍抽取运算。利用 stem 函数画出原序列和降采样后的序列。求出原信号与抽取信号的频谱,并比较两者的差异。

(1) $x_1(n) = \cos(0.1\pi n) + \cos(0.4\pi n)$, $0 \leqslant n \leqslant 100$;

(2) $x_2(n) = 0.1n$, $0 \leqslant n \leqslant 100$;

(3) $x_3(n) = 1 - \cos(0.25\pi n)$, $0 \leqslant n \leqslant 100$。

17 分别利用函数 upsample 和 interp 对习题 16 中的序列按 4 倍内插运算。求出原信号与内插信号的频谱,并比较两者的差异。

18 令 $x(n) = \cos(0.1\pi n) + 0.5\sin(0.2\pi n) + 0.25\cos(0.4\pi n)$,利用具有默认参数的函数 resample 完成。

(1) 将序列 $x(n)$ 以 4/5 倍原采样率重采样得到 $y_1(m)$,并给出这两个序列的 stem 图。求出原信号与重采样信号的频谱,并比较两者的差异。

(2) 将序列 $x(n)$ 以 5/4 倍原采样率重采样得到 $y_2(m)$,并给出这两个序列的 stem 图。求出原信号与重采样信号的频谱,并比较两者的差异。

(3) 将序列 $x(n)$ 以 2/3 倍原采样率重采样得到 $y_3(m)$,并给出这两个序列的 stem 图。求出原信号与重采样信号的频谱,并比较两者的差异。

(4) 说明这三个序列中的哪些保留了原序列 $x(n)$ 的"形状"。

第 5 章　MATLAB 在自动控制原理中的应用

在 MATLAB 的 Control System Toolbox（控制系统工具箱）中提供了许多仿真函数与模块，用于对控制系统的仿真和分析。因此，本章着重介绍控制系统的模型、时域分析方法和频域分析方法、极点配置与观测器设计及最优控制系统设计等内容。

5.1　控制系统模型

5.1.1　控制系统的描述与 LTI 对象

从数学描述的角度，自动控制系统可分为线性系统和非线性系统。由于非线性系统领域太宽，有无数不同的数学描述，也没有统一的通用解法，所以，在 MATLAB 中，着重于线性系统的算法。这是因为，在实际应用中，对于非线性系统，往往可利用小偏差线性化的方法，把某些非线性系统近似为线性系统来求解。在线性系统中，又着重于线性时不变（LTI）系统，或称定常线性系统。

1. 控制系统的模型及转换

在本书第 4 章中，已经详细讨论了一般线性系统的求解方法。线性控制系统是一般线性系统的子集，因此，前述方法当然也适用于控制系统，它们是线性控制理论的基础。

在自动控制系统中，对 LTI 系统，无论是连续 LTI 系统，还是离散 LIT 系统，在 MATLAB 中，对系统的描述采用三种模型：状态空间（ss）模型、传递函数（tf）模型、零极点增益（zpk）模型。其中状态空间模型由式（4-25）或式（4-26）来表示，传递函数模型由式（4-17）或式（4-18）来表示，而零极点增益模型则由式（4-19）或式（4-20）来表示。同时，MATLAB 还为用户提供了模型转换函数：ss2tf,ss2zp,tf2ss,tf2zp,zp2ss,zp2tf。它们的作用和调用方法，在 4.4.2 节已做了详细介绍，这里就不再赘述。

2. LTI 对象

为了分析系统的特性，用户可以选择不同形式的系统模型来描述系统。然而，从系统模型表达式可以看出，无论采取状态空间模型、传递函数模型还是零极点增益模型进行描述，每种方法都需要几个参数矩阵，这对系统的调用和计算都很不方便。根据软件工程中面向对象的思想，MATLAB 通过建立专用的数据结构类型，把线性时不变（LTI）系统的各种模型封装成为统一的 LTI 对象，这样，在一个名称之下包含了该系统的全部属性，大大方便了系统的描述和运算。

MATLAB 控制系统工具箱中规定的 LTI 对象，包含以下三种子对象：ss 对象、tf 对象和 zpk 对象，它们分别与状态空间模型、传递函数模型和零极点增益模型相对应。每个对象都具有其属性和方法，通过对象方法可以存取或者设置对象的属性值。在控制系统工具箱中，这三种对象除了具有 LTI 的共同的属性（即子对象可以继承父对象的属性）外，还具有各自特有的属性。这些共同属性见表 5.1。

- 当系统为离散系统时，给出了系统的采样周期 Ts。Ts＝0 或默认时表示系统为连续时间系统；Ts=-1 表示系统是离散系统，但它的采样周期未定。
- 输入时延 Td 仅对连续时间系统有效，其值为由每个输入通道的输入时延组成的时延数组，默认表示无输入时延。
- 输入变量名 InputName 和输出变量名 OutputName 允许用户定义系统输入/输出的名称，其值为一字符串单元数组，分别与输入/输出有相同的维数，可默认。
- 说明 Notes 和用户数据 UserData 用以存储模型的其他信息，常用于给出描述模型的文本信息，也可以包含用户需要的任意其他数据，可默认。

三种对象的特有属性见表 5.2。

表 5.1 LTI 共有属性

属性名称	意义	属性值的变量类型
Ts	采样周期	标量
Td	输入时延	数组
InputName	输入变量名	字符串单元矩阵（数组）
OutputName	输出变量名	字符串单元矩阵（数组）
Notes	说明	文本
UserData	用户数据	任意数据类型

表 5.2 三种子对象特有属性

对象名称	属性名称	意义	属性值的变量类型
tf 对象 （传递函数）	den	传递函数分母系数	由行数组组成的单元阵列
	num	传递函数分子系数	由行数组组成的单元阵列
	variable	传递函数变量	s, z, p, k, z^{-1} 中之一
zpk 对象 （零极点增益）	k	增益	二维矩阵
	p	极点	由行数组组成的单元阵列
	variable	零极点增益模型变量	s, z, p, k, z^{-1} 中之一
	z	零点	由行数组组成的单元阵列
ss 对象 （状态空间）	a	系数矩阵	二维矩阵
	b	系数矩阵	二维矩阵
	c	系数矩阵	二维矩阵
	d	系数矩阵	二维矩阵
	e	系数矩阵	二维矩阵
	StateName	状态变量名	字符串单元向量

5.1.2 LTI 模型的建立及转换函数

在 MATLAB 的控制系统工具箱中，各种 LTI 对象模型的生成和模型间的转换都可以通过一个相应的函数来实现，这样的函数有五个，如表 5.3 所示。其中 dss 和 ss 函数都生成状态空间模型（它包含了描述状态空间模型）；filt 函数生成的仍然是传递函数模型，它的存储变量仍是 num、den，不过自动取 z^{-1} 为显示变量，所以，这五种函数实际上生成的仍然是前面所说的三种对象模型。注意：表 5.3 中所列的基本格式给出了最低限度应输入的基本变元，这些变元后面还可以增加对象的属性参数。各个函数的详细调用格式，可通过 Help 命令来获取。

表 5.3 生成 LTI 模型的函数

函数名称及基本格式	功能
dss(a,b,c,d,…)	生成（或将其他模型转换为）描述状态空间模型
filt(num,den, …)	生成（或将其他模型转换为）DSP 形式的离散传递函数
ss(a,b,c,d, …)	生成（或将其他模型转换为）状态空间模型
tf(num,den, …)	生成（或将其他模型转换为）传递函数模型
zpk(z,p,k,…)	生成（或将其他模型转换为）零极点增益模型

【例 5-1】 生成连续系统的传递函数模型。
>>s1=tf([3,4,5],[1,3,5,7,9])

得出： Transfer function:

$$\frac{3s^2 + 4s + 5}{s^4 + 3s^3 + 5s^2 + 7s + 9}$$

【例 5-2】 生成离散系统的传递函数模型。
>>s2=tf([3,4,5],[1,3,5,7,9],0.1,'InputName','电流','OutputName','转速')

得出： Transfer function from input "电流" to output "转速":

$$\frac{3z^2 + 4z + 5}{z^4 + 3z^3 + 5z^2 + 7z + 9}$$

Sampling time: 0.1

说明：根据函数调用规定，紧接着基本变元的第一个不加属性名称的变元表示采样周期，有了这个变元，就是离散系统。所以就自动以 z 作为传递函数变量来显示。

【例 5-3】 模型的转换。
>>s3=filt([3,4,5],[1,3,5,7,9],0.1)

得到： Transfer function:

$$\frac{3 + 4z^{-1} + 5z^{-2}}{1 + 3z^{-1} + 5z^{-2} + 7z^{-3} + 9z^{-4}}$$

Sampling time: 0.1

比较例 5-2 与例 5-3 可以发现，这两个传递函数是不同的，它们之间差了一个因子 z^2。差别原因在于 filt 函数把分子、分母系数向量中的第一项对齐（都是 z^{-1} 的零次项），分子比分母系数向量短的部分在后面补零。而 tf 函数把分子、分母系数向量中的末项对齐（都是 z 的零次项），分子比分母系数向量短的部分在前面补零。这个差别因子的值取决于分母系数向量和分子系数向量长度之差。

【例 5-4】 生成离散系统的零极点模型。
MATLAB 源程序为：
z={[ ], −0.5};
p={0.3,[0.1+2i,0.2−2i]};
k=[2,3];
s6=zpk(z,p,k,−1)

前两行外括号是花括号，说明是单元阵列，两单元可以不同长，表示有不同数量的零极点。末行最后一个变元 "−1" 表示定义的是采样系统，但采样周期未定。如果省略它，MATLAB 就认为是连续系统。上述程序运行得：

Zero/pole/gain from input 1 to output:　　←从第 1 输入端口至输出的零极点增益

$$\frac{2}{(z-0.3)}$$

Zero/pole/gain from input 2 to output:　　←从第 2 输入端口至输出的零极点增益

3 (z+0.5)

```
           -------------------
           (z– (0.1+2i)) (z– (0.2–2i))
              Sampling time: unspecified
```
表明该系统为双输入单输出的离散系统。

【例 5-5】 生成连续系统的零极点模型。

MATLAB 源程序为：

```
z={[];–0.5};
p={0.3;[0.1+2i,0.2–2i]};
k=[2;3];
s6=zpk(z,p,k)
```

该程序运行得：

Zero/pole/gain from input to output...

$$\#1: \quad \frac{2}{(s-0.3)} \qquad \leftarrow 从输入至第1输出端口的零极点增益$$

$$\#2: \quad \frac{3\,(s+0.5)}{(s-(0.1+2i))\,(s-(0.2-2i))} \qquad \leftarrow 从输入至第2输出端口的零极点增益$$

表明该系统为单输入双输出的连续系统。得出的是输入到输出"#1:"和输出"#2:"的零极点增益表达式。对多输入多输出（MIMO）系统，MATLAB 的规定是：不同行代表不同输出，不同列代表不同输入。其系统函数表现为一个输出数 Ny 乘以输入数 Nu 的系统函数矩阵。

【例 5-6】 已知某系统的动态特性由下列状态空间模型描述：

$$\begin{bmatrix} x_1' \\ x_2' \\ x_3' \end{bmatrix} = \begin{bmatrix} 1 & -1 & 0 \\ 0 & 2 & 0 \\ 1 & 0 & 1 \end{bmatrix} \begin{bmatrix} x_1 \\ x_2 \\ x_3 \end{bmatrix} + \begin{bmatrix} 1 \\ 0 \\ -1 \end{bmatrix} u \qquad \begin{bmatrix} y_1 \\ y_2 \end{bmatrix} = \begin{bmatrix} 1 & 0 & 0 \\ 1 & 2 & 1 \end{bmatrix} \begin{bmatrix} x_1 \\ x_2 \\ x_3 \end{bmatrix}$$

求该系统的传递函数，零极点增益模型。

MATLAB 源程序为：

```
A=[1, –1,0;0,2,0;1,0,1];
B=[1;0; –1];
C=[1,0,0;1,2,1];
D=[0;0];
sys=ss(A,B,C,D)
systf=tf(sys)
syszpk=zpk(sys)
```

该程序运行结果为：

```
a =        x1    x2    x3
     x1    1    –1    0
     x2    0     2    0
     x3    1     0    1
b =        u1
     x1    1
     x2    0
     x3   –1
c =        x1    x2    x3
     y1    1     0    0
     y2    1     2    1
d =        u1
```

```
                y1    0
                y2    0
Continuous-time model.
Transfer function from input to output...

         1
#1:    -----
        s−1

             1
#2:    ------------
        s^2 − 2 s + 1

Zero/pole/gain from input to output...

         1
#1:    -----
        (s−1)

          1
#2:    -------
        (s−1)^2
```

5.1.3 LTI 对象属性的设置与转换

1. LTI 对象属性的获取与设置

对象属性的获取和修改函数见表 5.4。各个函数的详细调用格式，可通过 Help 命令来获取。

表 5.4 对象属性的获取和修改函数

函数名称及基本格式	功 能
get(sys, 'PropertyName', 数值, …)	获得 LTI 对象的属性
set(sys, 'PropertyName', 数值, …)	设置和修改 LTI 对象的属性
ssdata, dssdata(sys)	获得变换后的状态空间模型参数
tfdata(sys)	获得变换后的传递函数模型参数
zpkdata(sys)	获得变换后的零极点增益模型参数
class	模型类型的检测

【例 5-7】 获取一个 tf 对象的属性并修改属性值。

```
>>sys=tf([3,4,5],[1,3,5,7,9]);     %生成传递函数模型——连续系统
>>get(sys)                          %获取系统模型属性
```

得到：
```
    num: {[0 0 3 4 5]}              ←传递函数模型的分子
    den: {[1 3 5 7 9]}              ←传递函数模型的分母
    Variable: 's'                   ←传递函数模型的变量为's'
    Ts: 0                           ←采样周期: 0
    ioDelay: 0                      ←i/o 延迟: 0
    InputDelay: 0                   ←输入延迟: 0
    OutputDelay: 0                  ←输出延迟: 0
    InputName: {''}                 ←输入名: 无
    OutputName: {''}                ←输出名: 无
    InputGroup: {0x2 cell}          ←输入群: 0x2 单元
    OutputGroup: {0x2 cell}         ←输出群: 0x2 单元
    Notes: {}                       ←注释: 无
```

```
           UserData: []                    ←用户数据：无
```
要修改系统的属性，可以用 set 命令。例如输入：
```
    >>set(sys,'num',[0,1,2,3,4],'den',[2,4,6,8,10])
```
再输入：   `>>get(sys)`
得到：   num: {[0 1 2 3 4]}
         den: {[2 4 6 8 10]}
         Variable: 's'
         … …

【例 5-8】 获取一个 ss 对象的属性并修改属性值。

MATLAB 源程序为：
```
A=[1,-1,0;0,2,0;1,0,1];
B=[1;0;-1];
C=[1,0,0;1,2,1];
D=[0;0];
sys=ss(A,B,C,D);
get(sys)
```
运行得到：
```
                a: [3x3 double]
                b: [3x1 double]
                c: [2x3 double]
                d: [2x1 double]
                e: []
       StateName: {3x1 cell}
              Ts: 0
         ioDelay: [2x1 double]
      InputDelay: 0
     OutputDelay: [2x1 double]
       InputName: {''}
      OutputName: {2x1 cell}
      InputGroup: {0x2 cell}
     OutputGroup: {0x2 cell}
           Notes: {}
        UserData: []
```
在状态空间模型中，它的系数矩阵 a,b 并没有完全显示出来。要得到它，可以输入
```
    >>sys.a
    ans =     1   -1    0
              0    2    0
              1    0    1
```
要修改这个属性，可输入
```
    >>sys.a={[1,-1,1;0,2,1;1,0,0]}
```
注意外括号是花括号，这是单元阵列的规定。若在语句后不加 "；"，MATLAB 会把修改后的系统状态空间模型显示出来，得到：
```
    a =         x1    x2    x3
         x1     1    -1     1
         x2     0     2     1
```

```
              x3    1    0    0
    b =            u1
              x1    1
              x2    0
              x3   −1
    c =            x1   x2   x3
              y1    1    0    0
              y2    1    2    1
    d =            u1
              y1    0
              y2    0
    Continuous-time model.
```

为了检测系统模型类型，可在命令窗口输入：

>>class(sys)

ans= ss   ←状态空间模型

2．LTI 模型的转换函数

当采用 LTI 对象以后，系统状态空间（ss）、传递函数（tf）和零极点增益（zpk）模型之间的转换，可以直接调用 dssdata,ssdata,tfdata 和 zpkdata 来实现。但值得一提的是，这些函数仅仅用来获得转换后的系统状态空间、传递函数和零极点增益参数，但并不生成新的系统。要显示和存储这些转换后的参数，左端必须列出相应数目的输出变元。

【例 5-9】 传递函数模型参数的转换。

>>sys=tf([3,4,5],[1,3,5,7,9]);   %生成传递函数模型——连续系统

若要求出 sys 的零极点增益系统，可输入：

>>[z1,p1,k1,T1s]=zpkdata(sys)

得到：   z1 =   [2x1 double]
          p1 =   [4x1 double]
          k1 =   3
          T1s =   0

再输入： >>z1{1},p1{1}

          ans =   −0.6667 + 1.1055i
                  −0.6667 − 1.1055i
          ans =   −1.6673 + 0.9330i
                  −1.6673 − 0.9330i
                   0.1673 + 1.5613i
                   0.1673 − 1.5613i

要求出 sys 的状态空间系数矩阵，可输入：

>>[a2,b2,c2,d2,Ts2]=ssdata(sys)

得到：   a2 =   −3.0000   −0.6250   −0.2188   −0.2813
                  8.0000   0   0   0
                  0   4.0000   0   0
                  0   0   1.0000   0
         b2 =   1
                  0

		0		
c2 =		0	0.3750	0.1250	0.1563
d2 =	0			
Ts2 =	0			

在 MATLAB 工具箱中，还提供了一组检测模型类型的相关函数，如表 5.5 所示。

表 5.5 模型检测函数

函数名及调用格式	功　能
isct(sys)	判断 LTI 对象 sys 是否为连续时间系统。若是，返回 1；否则返回 0
isdt(sys)	判断 LTI 对象 sys 是否为离散时间系统。若是，返回 1；否则返回 0
isempty(sys)	判断 LTI 对象 sys 是否为空。若是，返回 1；否则返回 0
isproper(sys)	判断 LTI 对象 sys 是否为特定类型对象。若是，返回 1；否则返回 0
issiso(sys)	判断 LTI 对象 sys 是否为 SISO 系统。若是，返回 1；否则返回 0
size(sys)	返回系统 sys 的维数

5.1.4 典型系统的生成

在 MATLAB 控制系统工具中，提供一些常见的线性时不变（LTI）系统的生成函数。

1．随机生成 N 阶稳定的连续状态空间模型函数 rss

格式：sys = rss(N,P,M)

功能：随机生成 N 阶稳定的连续状态空间模型，该系统具有 M 个输入，P 个输出。默认时 P=M=1，即 sys=rss(N)。

【例 5-10】 利用 rss 函数生成 4 阶稳定的连续状态空间系统。可输入：

>>sys=rss(4)

得到：　a =　　　　　x1　　　　x2　　　　x3　　　　x4

　　　　x1　　−0.3622　　−0.2779　　0.02553　　−0.06104

　　　　x2　　−0.2779　　−0.6707　　−0.02826　　−0.2603

　　　　x3　　0.02553　　−0.02826　　−1.273　　−0.09996

　　　　x4　　−0.06104　　−0.2603　　−0.09996　　−0.9993

　　b =　　　　　u1

　　　　x1　　0

　　　　x2　　−1.336

　　　　x3　　0.7143

　　　　x4　　1.624

　　c =　　　　　x1　　x2　　x3　　x4

　　　　y1　　0　　0　　1.254　　0

　　d =　　　　　u1

　　　　y1　　−1.441

Continuous-time model.

2. 随机生成 N 阶稳定的连续线性模型系数函数 rmodel

格式一：[num,den]=rmodel(N,P)
功能：生成一个 N 阶连续的传递函数模型系统，该系统具有 P 个输出。
格式二：[A,B,C,D]=rmodel(N,P,M)
功能：生成一个 N 阶连续的状态空间模型系统，该系统具有 M 个输入，P 个输出。
说明：函数 rmodel 仅用于产生 LTI 对象的系数，它并不生成 LTI 对象本身。

【例 5-11】 利用 rmodel 函数生成 4 阶连续的传递函数模型系统。可输入：

>>[num,den]=rmodel(4)

得到传递函数模型的系数：

```
num =        0        0        0    0.6686   -0.8627
den =   1.0000   5.5785  14.3941  14.6296        0
```

3. 离散时间 N 阶稳定随机系统生成函数 drss 和 drmodel

drss 和 drmodel 函数的用法与 rss 和 rmodel 函数的用法相仿，不同点仅仅在于它生成的是离散系统。

【例 5-12】 生成一个四阶双输入三输出的稳定离散状态空间系统。可输入：

>>sys=drss(4,3,2)

得到：

```
a =           x1         x2         x3         x4
      x1    0.6156     0.5256     0.3078    -0.1917
      x2   -0.1854     0.4347     0.3494     0.5783
      x3    0.4209    -0.4459     0.5249     0.1941
      x4    0.4429     0.1257    -0.4437     0.5448

b =           u1         u2
      x1    0.5711     0.7119
      x2   -0.3999     1.29
      x3    0.69       0.6686
      x4    0.8156     0

c =           x1         x2         x3         x4
      y1    0          0          0          0.2193
      y2   -0.01979    0         -0.8051    -0.9219
      y3   -0.1567    -1.056      0.5287    -2.171

d =           u1         u2
      y1    0          0
      y2   -1.011      1.692
      y3    0          0

Sampling time: unspecified
Discrete-time model.
```

4. 二阶系统生成函数 ord2

格式一：[A,B,C,D] = ord2(Wn,Z)

功能：生成固有频率为 Wn，阻尼系数为 Z 的连续二阶状态空间模型系统。

格式二：[num,den] = ord2(Wn,Z)

功能：生成固有频率为 Wn，阻尼系数为 Z 的连续二阶传递函数模型系统。

说明：该函数也用来产生二阶系统的系数，不能生成系统本身，因此，它的左端输出变量的数目为四个或两个，决定了生成的系统属于状态空间还是传递函数类型。

【例 5-13】 生成一个具有如下传递函数的连续二阶系统的传递函数模型和状态空间模型，其中 $\omega_n = 10$，$\xi = 0.5$。

$$H(s) = \frac{1}{s^2 + 2\xi\omega_n s + \omega_n^2}$$

输入：　　>>[num,den]=ord2(10,0.5)

得到：　　num =　　1

　　　　　den =　　1　　10　　100

输入：　　>>[a,b,c,d]=ord2(10,0.5)

得到：　　a =　　0　　1

　　　　　　　　−100　−10

　　　　　b =　　0

　　　　　　　　1

　　　　　c =　　1　　0

　　　　　d =　　0

5. 系统时间延迟的 Pade 近似函数 pade

格式：sysx = pade(sys,N)

功能：对连续系统 sys 产生 N 阶 Pade 近似的延迟后，生成新的系统 sysx。

5.1.5　LTI 模型的简单组合与复杂模型组合

1. LTI 模型的简单组合

对 LTI 控制系统，系统的组合方式与 4.4.3 节所讨论的一样，有三种组合：级联、并联和反馈。对这三种组合方式，在 MATLAB 中仍用 series、parallel 和 feedback 函数来完成。

若假定两环节均为单输入单输出的系统 SA 和 SB。在控制系统工具箱里，合成系统的特性可以用下列语句实现。

两个环节级联：sys＝series(SA,SB)

两个环节并联：sys=parallel(SA,SB)

A 环节前向，B 环节反馈：S=feedback(SA,SB)

当在多输入多输出系统中调用上述函数时，还必须增加输入变量和输出变量的编号，其基本调用格式为：

级联：sys=series(SA,SB,outputA,inputB)

说明：后两个变元为互相级联的两系统输出编号和 B 系统输入编号。

并联：sys=parallel(SA,SB,InputA,InputB,OutputA,OutputB)

说明：前两个变元为互相并联的两系统输入编号，后两个变元为互相并联的两系统输出编号。

反馈：sys=feedback(SA,SB,feedout,feedin,sign)

说明：SA,SB 后的两个变元为 A 系统输出反馈编号和 B 系统输入编号，末变元表示正负反馈，负反馈可默认。

【例 5-14】 计算图 5.1 所示的系统的传递函数。

MATLAB 源程序为：

```
s1=tf([2,5,1],[1,2,3])        %系统 s1 的传递函数模型
s2=zpk(-2,-10,5)              %系统 s2 的零极点增益模型
sys=feedback(s1,s2)           %s1 环节前向，s2 环节反馈 5(s+2)/(s+10)
```

程序运行结果为：

Transfer function: ← 系统 s1 的传递函数模型

$$\frac{2s^2+5s+1}{s^2+2s+3}$$

Zero/pole/gain: ← 系统 s2 的零极点增益模型

$$\frac{5(s+2)}{s+10}$$

Zero/pole/gain: ← 系统 s1、s2 的反馈零极点增益模型

$$\frac{0.18182(s+10)(s+2.281)(s+0.2192)}{(s+3.419)(s^2+1.763s+1.064)}$$

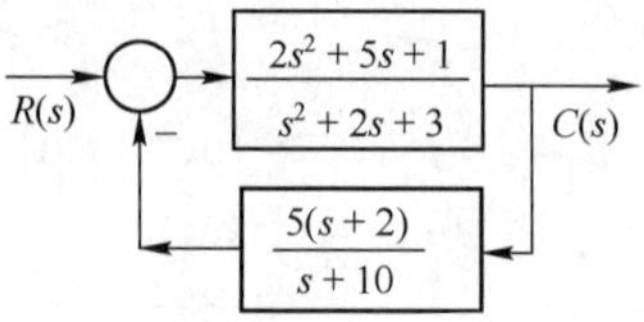

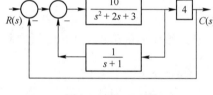

图 5.1 例 5-14 图

【例 5-15】 系统方框图如图 5.2 所示，求系统的传递函数。

MATLAB 源程序为：

```
s1=tf(10,[1,2,3]);        %系统 s1
s2=tf(1,[1,1]);           %系统 s2
s3=zpk([],0,4);           %系统 s3
sb1=feedback(s1,s2);
sb2=series(sb1,s3);
sys=feedback(sb2,1)
```

该程序运行结果为：

Zero/pole/gain:

$$\frac{40(s+1)}{(s+4.242)(s+0.7933)(s^2-2.036s+11.89)}$$

图 5.2 例 5-15 图

说明：在 MATLAB 控制系统工具箱中，LTI 对象运算的优先级规则为：状态空间→零极点增益→传递函数。因此，合成系统函数的对象特性应按照环节的最高等级来确定。例如只要有一个环节使用零极点增益，其他环节是传递函数，则最后的系统函数就表现为零极点增益。

2. LTI 模型的复杂模型组合

对复杂系统的任意组合，在 MATLAB 中，则采用集成的软件包，让机器自动去完成复杂的组合，人们只要输入各环节的 LTI 模型和相应的连接矩阵与输入矩阵，指定输出变量，软件包会自动判别输入的模型表述方式，做出相应的运算并最后给出组合后系统的状态方程。在求解过程中，主要涉及 append 函数和 connect 函数。

（1）状态空间组合函数 append

格式：sys = append(sys1,sys2,...)

功能：将 LTI 对象 sys1,sys2,… 的输入和输出连接起来形成模型。

（2）框图建模函数 connect

格式：sysc = connect(sys,q,inputs,outputs)

功能：返回由框图说明的 LTI 对象 sys 和互连矩阵 q 的组合系统的状态空间模型。互连矩阵 q 中的每一行由组合系统的一个输入编号和构成该输入的其他输出编号组成，其中该行的第一个元素为该输入的编号，接下来的元素则由构成该输入的其他子框的输出编号组成，如果为负反馈，则编号应取负号。例如编号为 2、15 和 6 的子框的输出构成输入编号 7，其中 15 的输入为负反馈，则内连矩阵 q 的第 7 行为[7,2,−15,6]。向量 inputs 和 outputs 分别表示连接后系统的输入和输出。

通常，MATLAB 求复杂系统任意组合的状态方程可由以下五个步骤来完成：

① 对方框图中的各个环节进行编号，建立它们的对象模型。在有多输入多输出环节时，对输入和输出也要按环节的次序分别进行编号，当然它们的编号会大于环节的编号。

② 利用 append 函数命令建立无连接的状态空间模型。

  sap=append(s1,s2,…,sm)

③ 按规定写出系统的互连矩阵 q。互连矩阵 q 中的每一行由组合系统的一个输入编号和构成该输入的其他输出编号组成，其中该行的第一个元素为该输入的编号，接下来的元素则由构成该输入的其他子框的输出编号组成，如果为负反馈，则编号应取负号。

④ 选择组合系统中需保留的对外的输入和输出端的编号并列出。

  inputs=[i1,i2,…] outputs=[j1,j2,…]

⑤ 用 connect 命令生成组合后的系统。

注意：不管各个环节使用的是什么类型的对象，合成的结果都将是状态空间模型。

【例 5-16】 求如图 5.3 所示系统的合成系统的系统模型，其中：

$$A = \begin{bmatrix} -9 & 17 \\ -2 & 3 \end{bmatrix}, \quad B = \begin{bmatrix} -0.5 & 0.5 \\ -0.002 & -1.8 \end{bmatrix}, \quad C = \begin{bmatrix} -3 & 2 \\ -13 & 18 \end{bmatrix}, \quad D = \begin{bmatrix} -0.5 & -0.1 \\ -0.6 & 0.3 \end{bmatrix}$$

MATLAB 源程序为：

```
s1=tf(10,[1,5],'inputname','u1','outputname','x1');
A=[−9,17; −2,3];
B=[−0.5,0.5; −0.002, −1.8];
C=[−3,2; −13,18];
D=[−0.5, −0.1; −0.6,0.3];
s2=ss(A,B,C,D,'inputname',{'u2','u3'},'outputname',
{'x2','x3'});
s3=zpk(−1, −2,2,'inputname','u4','outputname','x4');
sap=append(s1,s2,s3);          %建立无连接的状态空间模型
Q=[1,0,0;2,0,0;3,1, −4;4,3,0]; %按规定写出系统的互连矩阵 Q
%确定外输入输出。系统的外输入 r=[u1,u2],对外输出 y=[x2,x3]
inputs=[1,2];outputs=[2,3];
%用 connect 命令生成组合后的系统
sc=connect(sap,Q,inputs,outputs);
set(sc,'inputname',['r1';'r2'],'outputname',{'y1';'y2'});
sc
```

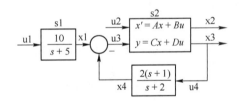

图 5.3 例 5-16 的图

该程序运行结果为：

```
a =           x1         x2        x3        x4
     x1      −5          0         0         0
     x2     0.7813    −0.875     5.75     0.4419
     x3    −2.813    −31.25     43.5    −1.591
```

```
       x4    0.6629   -11.49    15.91    -1.625
b =           r1       r2
       x1    4        0
       x2    0        -0.125
       x3    0        -1.352
       x4    0        -0.5303
c =           x1       x2       x3       x4
       y1    -0.1563  -4.625   4.25     -0.08839
       y2    0.4688   -8.125   11.25    0.2652
d =           r1       r2
       y1    0        -0.575
       y2    0        -0.375
```
Continuous-time model.

5.1.6 连续系统与采样系统之间的转换

随着计算机在控制系统中的广泛使用，采样系统的分析设计也变得更加普遍和重要。所谓采样系统是指将连续系统的部分控制部分进行离散化，形成一类由连续部分和采样离散部分混合构成的系统。由于采样系统方程比较容易求解，且所得的结果接近实时运行，因此，人们往往把连续系统有意地转化为性能相当的采样系统；反过来，有时人们用测量和辨识的方法，得到系统差分方程模型，希望由它求得相应于实际物理世界的连续系统模型。

连续系统到采样系统的转换关系如下。若连续系统的状态方程为：

$$x' = Ax + Bu \tag{5-1}$$
$$y = Cx + Du \tag{5-2}$$

则对应的采样系统状态方程为：

$$x(k+1) = A_d x(k) + B_d u(k) \tag{5-3}$$
$$y(k) = C_d x(k) + D_d x u(k) \tag{5-4}$$

式中，$A_d = e^{At}$，$B_d = \int_0^{T_s} e^{A(t-\tau)} B \mathrm{d}\tau$，$C_d = C$，$D_d = D$，$T_s$ 为采样周期。

反之，采样系统到连续系统的转换关系为上式的逆过程：

$$A = \frac{1}{T_s} \ln A_d, \quad B = (A_d - I)^{-1} A B_d, \quad C = C_d, \quad D = D_d \tag{5-5}$$

需要指出的是，虽然算式简明，但因为这些系数都是矩阵，连续系统与采样系统之间的转换计算是十分繁杂的，即使是三阶系统，用手工进行运算也是非常困难的。因此，计算机辅助设计在这个领域就更显得不可缺少。在 MATLAB 控制工具箱中提供了相关函数命令。

1. 连续系统转换为采样系统的函数 c2d

格式一： sysd = c2d(sysc,Ts,method)

功能：把连续系统 sysc 按指定的采样周期 Ts 和 method 方法，转换为采样系统 sysd。其中 method 共有五种选择，对应下列字符串。

'zoh'：零阶保持器（默认值）；

'foh'：一阶保持器；

'tustin'：双线性变换（tnsth）法；

'prewarp'：频率预修正双线性变换法，用此法时还增加一个变元（边缘频率 Wc），即调用格

式为：sysd = c2d(sysc,Ts,'prewarp',Wc);

'matched'：根匹配法。

格式二：[sysd,G] = c2d(sysc,Ts,method)

功能：对于状态空间模型，将连续系统的初始条件映射成离散初始条件存放于矩阵 G 中，如系统 sysc 的初始条件为 x0、u0，则离散的初始条件为 xd[0] = G * [x0;u0]，ud[0] = u0。

2．采样系统转换为连续系统的函数 d2c

格式：sysc = d2c(sysd,method)

功能：用指定的方法 method，将采样系统 sysd 转换成一等效连续系统 sysc，其中可选方法为：

'zoh'：零阶保持器（默认值）；

'tustin'：双线性变换（tnsth）法；

'prewarp'：频率预修正双线性变换法，用此法时还增加一个变元（边缘频率 Wc），即 sysc = d2c(sysd,'prewarp',Wc);

'matched'：根匹配法。

3．采样系统改变采样频率的函数 d2d

格式：sys = d2d(sys,Ts)

功能：将采样系统 sys 按采样周期 Ts 重新采样形成一个等效的新采样系统。转换过程是，先将待变换的采样系统按零阶保持器转换为原来的连续系统，然后再用新的采样频率和零阶保持器转换为新的采样系统。

【例 5-17】 系统的传递函数为：$H(s) = \dfrac{2s^2 + 5s + 1}{s^2 + 2s + 3}$，输入延时 $T_d = 0.35$ 秒，试用一阶保持法对连续系统进行离散，采样周期 $T_s = 0.1$ s。

MATLAB 源程序为：

```
sys=tf([2,5,1],[1,2,3],'td',0.5);    %生成连续系统的传递函数模型
sysd=c2d(sys,0.1,'foh')              %形成采样系统
```

程序运行结果为：

```
Transfer function:
            2.036 z^2 – 3.628 z + 1.584
z^(–5) * ---------------------------------
              z^2 – 1.792 z + 0.8187

Sampling time: 0.1
```

5.2　控制系统的时域分析

时域分析是一种直接在时间域中对系统进行分析的方法，具有直观和准确的优点。它是根据控制系统输入与输出之间的时域表达式，来分析系统的稳定性、瞬态过程和稳态误差的。在一定输入作用下，系统输入量的时域表达式可由微分方程求得，也可由传递函数得到。由于传递函数和微分方程之间具有确定的关系，在初始条件为零时，一般都利用传递函数进行研究，由传递函数这一数学模型间接评价系统的特性，则是一种间接分析方法，它可以简便、快速地得到系统的各种时域性能指标。控制系统最常用的分析方法有两种：一是当输入为单位阶跃信号时，求出系统的响应；二是当输入为单位冲激信号时，求出系统的响应。在 MATLAB 中，提供了常用的时

域分析函数。

1. 生成特定激励信号的函数 gensig

格式一：[u,t] = gensig(type,tau)

功能：按指定的类型 type 和周期 tau 生成特定类型的激励信号 u。其中变元 type 可取字符为：'sin'（正弦），'square'（方波），'pulse'（脉冲）。

格式二：[u,t] = gensig(type,tau,tf,Ts)

功能：按指定持续时间 tf 和采样周期 Ts，生成特定类型的激励信号 u。

【例 5-18】 生成一个周期为 5s，持续时间为 30s，采样周期为 0.1s 的正弦波。

MATLAB 源程序为：

    [u,t]=gensig('sin',5,30,0.1);
    plot(t,u);xlabel('t');ylabel('sin(t)');

该程序运行所得结果如图 5.4 所示。

2. LTI 模型的单位冲激响应函数 impulse

格式一：impulse(sys)

功能：绘制系统 sys（sys 由函数 tf、zpk 或 ss 产生）的单位冲激响应，结果不返回数据，只返回图形。对多输入多输出模型，将自动求每一输入的单位冲激响应。对于连续系统，仿真的起始位置 $t=0$，逐渐衰减。

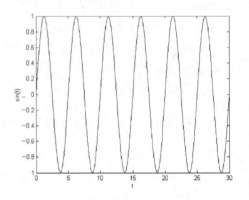

图 5.4 正弦输出波形

格式二：impulse(sys,tfinal)

功能：仿真时间从 $t=0$ 到 $t=$ tfinal。对离散系统，若对采样没有说明，tfinal 则作为采样数。

格式三：impulse(sys,T)

功能：按用户指定的时间向量 T 进行仿真。对于离散模型，T 的形式为 Ti:Ts:Tf，Ts 为采样时间间隔；对于连续模型，T 为 Ti:dt:Tf，dt 为离散近似该连续系统的采样时间间隔。冲激响应总是假设在 $t=0$ 上升，与 Ti 无关。

格式四：impulse(sys1,sys2,...,T)

功能：在一张图上画出多个系统的单位冲激响应。也可采用如下格式：

impulse(sys1,'r',sys2,'y- -',sys3,'gx')

对每个系统的响应曲线作标注。

格式五：[Y,T] = impulse(sys)

功能：返回 LTI 模型 sys 的单位冲激响应 Y 和仿真时间向量 T 数据，不返回图形。若系统有 NY 个输出，NU 个输入，时间向量 T 的长度为 LT=length(T)，则 Y 为一数组，大小为 size(Y)=[LT, NY, NU]，其中 Y(:,:,j) 给出了第 j 个输入的单位冲激响应。

【例 5-19】 系统传递函数 $G(s)=\dfrac{4}{s^2+s+4}$，求脉冲响应。

MATLAB 源程序如下：

    sys=tf(4,[1 1 4]);   %生成传递函数模型
    impulse(sys);   %计算并绘制系统的脉冲响应
    title('脉冲响应');

该程序运行所得结果如图 5.5 所示。

3. 状态空间模型系统的零输入响应函数 initial

格式一：initial(sys,x0)

功能：绘制状态空间模型 sys 在初始条件 x0 下的零输入响应，不返回数据，只绘出响应曲线。该响应由如下方程表征：

连续时间：$x' = Ax$，$y = Cx$，$x(0) = x0$

离散时间：$x[k+1] = Ax[k]$，$y[k] = Cx[k]$，$x[0] = x0$

格式二：initial(sys,x0,tfinal)

功能：仿真时间从 $t = 0$ 开始到 $t = $ tfinal 截止。对离散时间模型，若对采样时间没有特定说明，则 tfinal 为采样数。

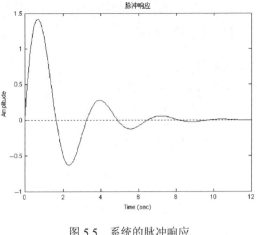

图 5.5　系统的脉冲响应

格式三：initial(SYS,X0,T)

功能：按用户指定的时间向量 T 进行仿真。对于离散模型，T 为 Ti:Ts:Tf，Ts 为采样时间间隔；对于连续模型，T 为 0:dt:Tf，dt 为离散近似该连续系统的采样时间间隔。

格式四：initial(SYS1,SYS2,...,X0,T)

功能：在一张图上画出多个 LTI 模型的响应。也可采用如下格式，对每个系统的响应曲线作标注。

initial(sys1,'r',sys2,'y– –',sys3,'gx',x0)

格式五：[y,t,x] = initial(sys,x0)

功能：用来计算系统在初始条件下的零输入响应，它给出输出变量和状态变量随时间变化的数值解，结果不返回图形。

【例 5-20】 绘制以下系统的零输入响应。

$$\begin{bmatrix} x'_1 \\ x'_2 \end{bmatrix} = \begin{bmatrix} 1 & 0 \\ 2 & 3 \end{bmatrix} \begin{bmatrix} x_1 \\ x_2 \end{bmatrix}, \quad y = \begin{bmatrix} 3 & 1 \end{bmatrix} \begin{bmatrix} x_1 \\ x_2 \end{bmatrix}$$

MATLAB 源程序如下：

```
a=[1,0;2,3]; c=[3,1];
x0=[1,1];
sys=ss(a,[],c,[]);
initial(sys,x0);
```

该程序运行所得结果如图 5.6 所示。

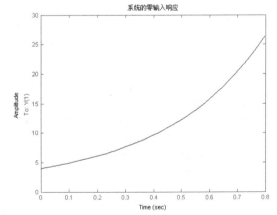

4. LTI 模型任意输入的响应函数 lsim

格式一：lsim(sys,u,T)

图 5.6　系统的零输入响应

功能：计算和绘制 LTI 模型 sys 在任意输入 u、持续时间 T 作用下的输出 y，不返回数据，只返回图形。T 为时间数组，它的步长必须与采样周期 Ts 相同。当 u 为矩阵时，它的列作为输入，且与 T(i)行的时间向量相对应。例如 t = 0:0.01:5; u = sin(t); lsim(sys,u,t)完成系统 sys 对输入 u(t)=sin(t)在 5s 内的响应仿真。

格式二：Y = lsim(SYS,U,T)

功能：返回 LTI 模型 SYS 在任意输入 U、持续时间 T 的作用下的输出 Y 的数值解，不返回图形。其他调用格式与 impulse 和 initial 函数相同。

【例 5-21】 求系统 $G(s) = \dfrac{s+1}{s^2+2s+5}$ 的方波响应，其中方波周期为 6s，持续时间 12s，采样周期为 0.1s。

MATLAB 源程序为：

```
[u,t]=gensig('square',6,12,0.1);    %生成方波信号
plot(t,u,'--');hold on;              %绘制激励信号
sys=tf([1,1],[1,2,5]);               %生成传递函数模型
lsim(sys,u,t,'k');                   %系统对方波激励信号的响应
```

该程序运行所得结果如图 5.7 所示。

5．LTI 模型的阶跃响应函数 step

格式一： step(sys)

功能：绘制系统 sys（sys 由函数 tf、zpk 或 ss 产生）的阶跃响应，结果不返回数据，只返回图形。对多输入多输出模型，将自动求每一输入的阶跃响应。

格式二： [y,t] = step(sys)

功能：返回 LTI 模型 sys 的阶跃响应 y 和仿真时间向量 t 数据，不返回图形。若系统有 NY 个输出，NU 个输入，时间向量 t 的长度为 LT=length(t)，则 y 为一数组，大小为 size(y)=[LT NY NU]，其中 y(:,:,j) 给出了第 j 个输入的单位冲激响应。其他调用格式与 impulse 函数相同。

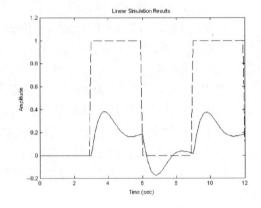

图 5.7　方波响应曲线

【例 5-22】 含有零点的二阶系统的传递函数 $G(s) = \dfrac{\omega_n^2(T_m s + 1)}{s^2 + 2\xi\omega_2 s + \omega_n}$，设其固有频率 $\omega_n = 1$，阻尼系数 $\xi = 0.4$，在 $T_m = 0.5, 1, 2$ 时，分别画出其阶跃响应函数。将该系统在条件 $T_s = 0.5$ 下离散化，再求阶跃响应。

MATLAB 源程序如下：

```
wn=1;Ts=0.5;zeta=0.4;
for Tm=[0.5,1,2]
    sys=tf([Tm,1]*wn^2,[1,2*zeta*wn,wn^2]);   %生成不同的 LTI 模型——连续系统
    sysd=c2d(sys,Ts);                         %连续系统转换成采样系统
    figure(1),step(sys),hold on               %连续系统的阶跃响应
    figure(2),step(sysd),hold on              %采样系统的阶跃响应
end
```

该程序运行所得结果如图 5.8 所示。从图中可以看出，所有的零点越小，即时间常数 T_m 越大，则阶跃过渡过程的超调加大，上升时间减小，使系统的跟踪速度加快。

【例 5-23】 含有极点的二阶系统传递函数 $G(s) = \dfrac{\omega_n^2}{(s^2 + 2\xi\omega_2 s + \omega_n^2)(T_m s + 1)}$，设其固有频率 $\omega_n = 1$，阻尼系数 $\xi = 0.4$，在 $T_m = 0.5, 1, 2$ 时，分别画出其阶跃响应函数。

MATLAB 源程序如下：

```
wn=1;zeta=0.4;
for Tp=[0.5,1,2]
    den=conv([Tp,1],[1,2*zeta*wn,wn.^2]);   %求传递函数的分母
```

```
s=tf(wn.^2,den);          %求传递函数模型
figure(1),step(s),hold on; %求系统的阶跃响应
figure(2),pzmap(s),hold on; %绘制系统的零极点
w=1;p=covar(s,w);         %计算输入为白噪声时输出响应的协方差
end
```

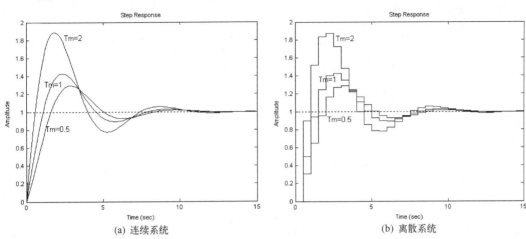

(a) 连续系统　　　　　　　　　　　　(b) 离散系统

图 5.8　有零点的二阶系统在不同阻尼系数下的阶跃响应曲线

程序运行所得结果如图 5.9 所示，系统协方差响应大小分别为 0.5303,0.4018 和 0.2462。从图中可以看出，附加的零点越小，即时间常数 T_m 越大，则阶跃过渡过程的上升时间加大，使系统的跟踪速度减慢，同时对噪声的抑制能力增强。

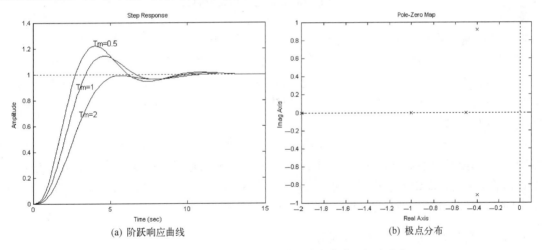

(a) 阶跃响应曲线　　　　　　　　　　(b) 极点分布

图 5.9　系统在不同极点下的阶跃响应曲线及极点分布

【例 5-24】　求多输入输出系统的单位阶跃响应和单位冲激响应。

$$x' = \begin{bmatrix} 2.25 & -5 & -1.25 & -0.5 \\ 2.25 & -4.25 & -1.25 & -0.25 \\ 0.25 & -0.5 & -1.25 & -1 \\ 1.25 & -1.75 & -0.25 & -0.75 \end{bmatrix} x + \begin{bmatrix} 4 & 6 \\ 2 & 4 \\ 2 & 2 \\ 0 & 2 \end{bmatrix} u, \quad y = \begin{bmatrix} 0 & 0 & 0 & 1 \\ 0 & 2 & 0 & 2 \end{bmatrix} x$$

MATLAB 源程序为：

```
a=[2.25, -5, -1.25, -0.5;2.25, -4.25, -1.25, -0.25;
0.25, -0.5, -1.25, -1;1.25, -1.75, -0.25, -0.75];
```

```
b=[4,6;2,4;2,2;0,2];
c=[0,0,0,1;0,2,0,2];
d=zeros(2,2);
figure(1);step(a,b,c,d);        %求系统的单位阶跃响应
figure(2);impulse(a,b,c,d)      %求系统的单位冲激响应
```

程序运行结果如图 5.10 所示。

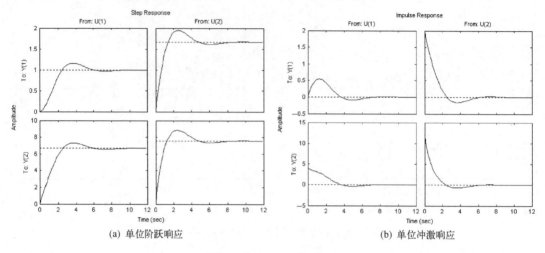

(a) 单位阶跃响应　　　　　　　　　　　(b) 单位冲激响应

图 5.10　例 5-24 输出图形

5.3　控制系统的根轨迹

在控制系统分析中，为了避开直接求解高阶多项式的根时所遇到的困难，在实践中提出了一种图解求根法，即根轨迹法。所谓根轨迹是指当系统的某一个（或几个）参数从 $-\infty$ 到 $+\infty$ 时，闭环特征方程的根在复平面上描绘的一些曲线。应用这些曲线，可以根据某个参数确定相应的特征根。在根轨迹法中，一般取系统的开环放大倍数 K 作为可变参数，利用它来反映开环系统零极点与闭环系统极点（特征根）之间的关系。

根轨迹可以分析系统参数和结构已定的系统的时域响应特性，以及参数变化对时域响应特性的影响，而且还可以根据对时域响应特性的要求确定可变参数及调整开环系统零极点的位置，并改变它们的个数。也就是说根轨迹法可用于解决线性系统的分析与综合问题。为此，MATLAB 提供了专门绘制根轨迹的函数命令，使绘制根轨迹变得轻松自如。

1. 绘制系统的零极点图函数 pzmap

格式一：pzmap(sys)

功能：计算并在复平面内绘制出 LTI 模型 sys 的极点和（传输）零点，只返回图形，不返回数据。在图中，极点用"×"表示，零点用"o"表示。对连续系统，在 s 平面上绘制；对离散系统，在 z 平面上绘制。

格式二：pzmap(sys1,sys2,...)

功能：在一张图中，绘制多个 LTI 模型的极点和（传输）零点。为了区分不同系统的零极点，可采用格式：pzmap(sys1,'r',sys2,'y',sys3,'g')，进行标注。

格式三：[p,z] = pzmap(sys)

功能：计算并返回零极点数据，不返回图形。

2．计算系统的极点函数 pole

格式：p = pole(sys)
功能：计算 LTI 模型的极点，极点向量 p 为列向量。

3．极点排序函数 esort 和 dsort

格式：s = esort(p)   或   s = dsort(p)
功能：将极点向量 p 中的复极点按降序排列，对不稳定极点，排在最前面。稳定连续系统的极点实部为负，稳定离散系统的极点幅值小于 1。函数 esort 按实部排列，函数 dsort 则按虚部排列。

4．计算系统的固有频率和阻尼系数的函数 damp

格式一：[Wn,Z] = damp(sys)
功能：计算系统所有极点的固有频率 Wn 和阻尼系数 Z。对离散模型而言，等效 s 平面的固有频率和阻尼系数为：Wn = abs(log(lambda))/Ts，Z = –cos(angle(log(lambda)))。当采样周期 Ts 无定义时，则返回空值。

格式二：[Wn,Z,P] = damp(sys)
功能：同时返回极点。

5．计算直流增益的函数 dcgain

格式：k = dcgain(sys)
功能：计算 LTI 模型 sys 的稳态（直流或低频率）增益。

6．求系统的传输零点的函数 tzero

格式一：z = tzero(sys)   或   z = tzero(A,B,C,D)
功能：返回 LTI 系统 sys（或状态空间模型）的传输零点。
格式二：[z,gain] = tzero(sys)
功能：如果系统为 SISO，在返回传输零点的同时，还返回系统的传递函数增益。注意此处的 gain 不是直流增益，而是 zpk 模型中的 k。另外只适用于单输入单输出系统，若 sys 为多输入多输出系统，则返回的 gain 为空。

7．求系统根轨迹的函数 rlocus

格式一：rlocus(sys)
功能：计算并绘制单输入单输出 LTI 模型 sys 的根轨迹图。根轨迹图用于具有负反馈环节系统（如图 5.11 所示）的分析，反馈增益 K 的大小为 $0\sim\infty$。

格式二：rlocus(sys,K)
功能：按指定的反馈增益 K，计算并绘制 LTI 模型 sys 的根轨迹图。

格式三：rlocus(sys1,sys2,...)
功能：在一张图上绘制多个系统的根轨迹图。为了区分不

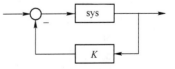

图 5.11　反馈系统方框图

同系统的根轨迹图,可采用格式:rlocus(sys1,'r',sys2,'y:',sys3,'gx'),对线型设置不同的颜色和标注。

格式四: [R,K] = rlocus(sys)　或　R = rlocus(sys,K)

功能:按指定增益 K 返回根位置矩阵 R,R 共有 length(K)列,第 j 列对应于增益 K(j)的根。

8．计算给定一组根的根轨迹增益函数 rlocfind

格式: [K,poles] = rlocfind(sys)

功能:求 SISO 系统 sys 的一组给定的根(该根由 rlocus 函数产生)的根轨迹增益。其方法是先由 rlocus 函数画出系统的根轨迹图,再输入 rlocfind(sys),根轨迹图上会出现随鼠标移动的十字线,用鼠标左键选定该根轨迹上的点,MATLAB 将计算并显示其增益和根值。本函数同时适合于连续和离散系统。

格式二: [K,poles] = rlocfind(sys,P)

功能:按指定的根位置 P 计算相应根轨迹增益 K(即最接近希望位置的根轨迹增益)和极点 poles。K 的第 j 记录为位置 P(j)的增益,矩阵 poles 的第 j 列为相应的极点。

【例 5-25】 连续系统 $H(s) = \dfrac{2s^2 + 5s + 1}{s^2 + 2s + 3}$,试绘制其零极点图和根轨迹图。

MATLAB 源程序为:

```
num=[2,5,1]; den=[1,2,3];sys=tf(num,den);     %生成传递函数模型
figure(1); pzmap(sys);title('零极点图');        %绘制零极点图
figure(2); rlocus(sys); sgrid; title('根轨迹'); %绘制根轨迹图
```

程序运行结果如图 5.12 所示。

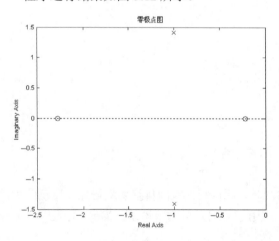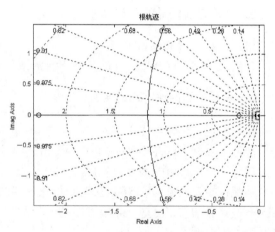

图 5.12　例 5-25 图

【例 5-26】 设系统的开环传递函数 $H(s) = \dfrac{1}{s^4 + 12s^3 + 30s^2 + 50s + 3}$,试画出系统的根轨迹,并求出临界点(即根在虚轴上)的增益。设 $T_s = 0.5$,将系统离散化后,再求离散系统的根轨迹,并求出临界点(即根在虚轴上)的增益。

MATLAB 源程序为:

```
clear;clc;clf;
disp('分析连续系统');
s=tf(1,[1,12,30,50,3]);        %生成传递函数模型
figure(1);rlocus(s);           %绘制根轨迹图
```

```
sgrid;                          %绘制连续系统根平面上的等阻尼和固有频率网格
title('连续系统根轨迹图');
rlocfind(s);                    %计算给定根轨迹增益
disp('分析离散系统');
sd=c2d(s,0.5,'t');              %生成采样系统
figure(2);rlocus(sd);           %绘制根轨迹图
zgrid;                          %绘制离散系统根平面上的等阻尼和固有频率网格
title('离散系统根轨迹图');
rlocfind(sd);                   %计算给定根轨迹增益
```

该程序运行后所得的根轨迹图如图 5.13 所示，所求增益如下：

分析连续系统   分析离散系统
Select a point in the graphics window   Select a point in the graphics window
selected_point = 0.0297 + 1.9062i   selected_point = 0.5856 + 0.8108i
ans = 96.3483   ans = 105.0459

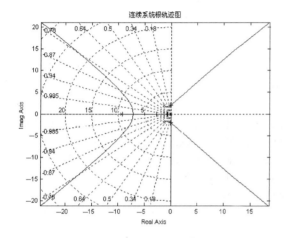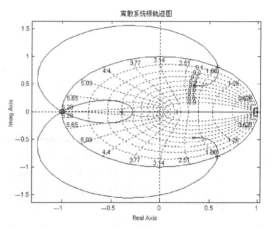

图 5.13 系统根轨迹图

说明：两个所求系统增益 K 值的微小差别可能由多种原因造成。首先是鼠标器的取值不可能很准确；其次是连续系统离散化以后的临界增益发生了变化，一般说来，连续系统经过采样以后再闭环，采样器延时会使系统的稳定性下降。另外，本例用的双线性变换对稳定性的影响比较小，若用零阶保持器，影响要大得多。

在用根轨迹解决问题的时候，通常要有一个交互的过程，因此，不能指望将一个编好的程序执行到底，而是要在命令窗中，根据显示的结果，不断输入新的命令才行。

【例 5-27】 设某系统的开环传递函数 $H(s) = \dfrac{K(T_m s + 1) \mathrm{e}^{-T_d s}}{s^2}$，其中 $K = 0.1 \mathrm{s}^{-2}$，$T_m = 5 \mathrm{s}$，时延 $T_d = 1 \mathrm{s}$。试绘制其根轨迹，寻找阻尼系数最大的主导共轭极点并确定此时系统的开环增益 K，并绘出其脉冲响应。

首先建立系统在开环状态下的模型，它是一个带时延环节的二阶无静差系统，因为根轨迹函数 rlocus 不能用于带时延环节的系统，必须把时延环节近似为多项式，即用 pade 命令。若以六阶多项式来近似代替时延环节，则开环系统的近似多项式模型为 spd=pade(s,6)。然后调用根轨迹函数 rlocus 绘制根轨迹。MATLAB 源程序为：

```
K=0.1;Tm=5;Td=1;
s=tf(K*[Tm,1],[1,0,0],'Td',Td)    %建立系统在开环状态下的模型
spd=pade(s,6)                     %以六阶多项式来近似代替时延环节的模型
```

```
figure(1);rlocus(spd);
```
程序运行后得到如图 5.14 所示系统根轨迹和相关结果。

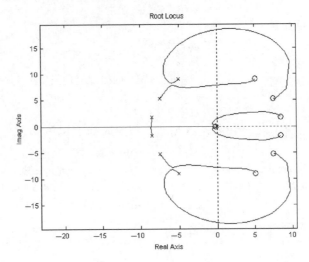

图 5.14　系统根轨迹图

```
Warning: LTI property TD is obsolete. Use 'InputDelay' or 'ioDelay'.
         See LTIPROPS for details.
>> In C:\MATLAB6p1\toolbox\control\control\@lti\pvset.m at line 24
   In C:\MATLAB6p1\toolbox\control\control\@tf\pvset.m at line 62
   In C:\MATLAB6p1\toolbox\control\control\@lti\set.m at line 88
   In C:\MATLAB6p1\toolbox\control\control\@tf\tf.m at line 203
   In C:\MATLAB6p1\work\padexamp.m at line 5
Transfer function:
```

$$\exp(-1*s) * \frac{0.5\,s + 0.1}{s^2}$$

Transfer function:

$$\frac{0.5\,s^7 - 20.9\,s^6 + 415.8\,s^5 - 4956\,s^4 + 36792\,s^3 - 158760\,s^2 + 299376\,s + 66528}{s^8 + 42\,s^7 + 840\,s^6 + 10080\,s^5 + 75600\,s^4 + 332640\,s^3 + 665280\,s^2}$$

从根轨迹图中可以看出，系统有八个极点，共有八条根轨，而我们关心的主导极点是离原点最近的复极点。为了找到阻尼系数最大的主导极点，要用 rlocfind 函数，利用鼠标来完成此点的选取，通过人机交互确定 K 后，再构成闭环系统并求其脉冲响应。

由于主导极点在根轨迹图中看得不是太清楚，为此，可以利用 axis 命令把根轨坐标放大，如在命令窗中输入：

```
>>axis([-3,3,-3,3]);
```

或者将 K 加密（细分）后，利用 rlocus 函数命令重画根轨迹图，如在命令窗中输入：

```
>>rlocus(spd,0:0.1:1.5);
```

得如图 5.15 所示根轨迹图。

然后再在命令窗中输入：

```
>>rlocfind(spd)
```

此时在图形屏幕出现十字线，选择根轨迹与阻尼系数最大的网线相切的点，单击鼠标左键，命令窗出现：

```
Select a point in the graphics window
```

```
selected_point =    -0.4917 + 0.2329i
ans =       0.9700
```

这就是说，最佳的增益将在 $k = 0.9700$ 时。注意这个 k 不是题中的 K，而是指系统 spd 的系统函数上应该乘的增益。按这个 k 值闭合系统，并求其脉冲响应，可再输入：

  >>sbpd=feedback(spd,1);
  >>impulse(sbpd)

所得脉冲响应如图 5.16 所示。

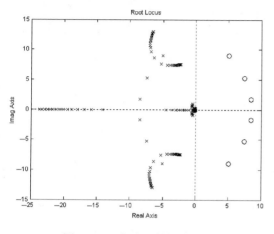

图 5.15 K 加密后的根轨迹图

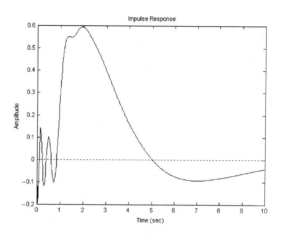

图 5.16   系统的脉冲响应

5.4   控制系统的频域分析

  频域分析法是应用频率特性研究控制系统的一种经典方法。采用这种方法可直观地表达系统的频率特性，分析方法比较简单，物理概念比较明确，对于防止结构谐振、抑制噪声、改善系统稳定性和暂态性能等问题，都可以从系统的频率特性上明确地看出其物理实质和解决途径。频率分析法主要包括三种方法：Bode 图（幅频和相频特性曲线），Nyquist 曲线，Nichols 图。

1. Bode 图

  设已知系统的传递函数为：

$$H(s) = \frac{b_1 s^m + b_2 s^{m-1} + \cdots + b_{m+1}}{a_1 s^n + a_2 s^{n-1} + \cdots + a_{n+1}} \tag{5-6}$$

则可直接求出系统的频率响应为：

$$H(\mathrm{j}\omega) = \frac{b_1 (\mathrm{j}\omega)^m + b_2 (\mathrm{j}\omega)^{m-1} + \cdots + b_{m+1}}{a_1 (\mathrm{j}\omega)^n + a_2 (\mathrm{j}\omega)^{n-1} + \cdots + a_{n+1}} \tag{5-7}$$

系统的 Bode 图就是 $H(\mathrm{j}\omega)$ 的幅值与相位对 ω 进行绘图，因此也可称为幅频和相频特性曲线。

2. Nyquist 曲线

  奈奎斯特（Nyquist）曲线是根据开环频率特性在复平面上绘出幅相轨迹，根据开环 Nyquist 曲线，可判断闭环系统的稳定性。

  反馈控制系统稳定的充要条件是，Nyquist 曲线按逆时针包围临界点（-1，j0）p 圈，p 为开环传递函数位于右半 s 平面的极点数，否则闭环系统不稳定。这就是著名的奈氏判决。当开环传递函数包含虚轴上的极点时，闭合曲线应以 $\varepsilon \to 0$ 的半圆从右侧绕过该极点。

3．Nichols 图

根据闭环频率特性的幅值和相位可画出 Nichols 图，从中可直接得到闭环系统的频率特性。

在 MATLAB 控制工具箱中所提供的频域分析函数如表 5.6 所示。在这些函数中凡是以系统名称 sys 作为输入变元的，都同时适用于连续系统和离散系统，而且也适用于多输入输出系统。

表 5.6 频域分析函数

函数名	功　能	函数名	功　能
bode	绘制 Bode 图	dbode	绘制离散系统的 Bode 图
nichols	绘制 Nichols 图	dnichols	绘制离散系统的 Nichols 图
nyquist	绘制 Nyquist 图	dnyquist	绘制离散系统的 Nyquist 图
sigma	绘制系统奇异值 Bode 图	ngrid	绘制 Nichols 网格图
evalfr	计算系统单个复频率点的频率响应	margin	计算系统的增益和相位裕度
freqresp	计算系统在给定实频率区间的频率响应		

（1）求 LTI 系统的 Bode 频率响应函数 Bode

格式一：bode(sys)

功能：计算并绘制 LTI 模型 sys（由 tf、zpk、ss 或 frd 函数生成）的 Bode 图，不返回数据。

格式二：bode(sys,{wmin,wmax})

功能：在指定频率[wmin, wmax]范围（单位弧度/秒）绘制 Bode 图。

格式三：bode(sys,w)

功能：按指定的频率向量 w（单位弧度/秒）计算 Bode 响应图。其中频率向量 w 由 logspace 函数产生。

格式四：bode(sys1,sys2,…,w)

功能：在一张图上画出多个系统的 Bode 图，也可用以下格式对不同系统进行标注。

$$\text{bode(sys1,'r',sys2,'y– –',sys3,'gx')}$$

格式五：[mag,phase] = bode(sys,w)　或　[mag,phase,w] = bode(sys)

功能：返回频率响应的幅度 mag 与相位 phase 向量。当系统 sys 有 ny 个输出和 nu 个输入时，向量 mag 和 phase 的大小为[ny,nu,length(w)]，其中 mag(:,:,k)和 phase(:,:,k)对应于频率 w(k)的响应。

说明：对于采样周期为 Ts 的离散系统，bode 函数利用 z = exp(j*w*Ts)变换，将单位圆映射到实频率轴。其频率响应绘制到略小于 Nyquist 频率 pi/Ts，Ts 的默认值为 1。另外，函数 nyquist、nichols 的调用格式与函数 bode 的调用格式相同，只是功能不同，这里不再赘述。

（2）求离散系统的 Bode 频率响应函数 dbode

格式一：dbode(a,b,c,d,Ts,iu)

功能：绘制状态空间模型（a,b,c,d）系统第 iu 个输入到所有输出的 Bode 图，Ts 为采样周期。频率范围由函数自动选取，1/Ts 为采样频率，频率点在 $0 \sim \pi/\text{Ts}$ 间选取，在响应快速变化的位置上会自动采用更多的样点。

格式二：dbode(num,den,Ts)

功能：绘制离散函数 $g(z) = \text{num}(z)/\text{den}(z)$ 模型的 Bode 图。

格式三：dbode(a,b,c,d,Ts,iu,w)　或　dbode(num,den,Ts,w)

功能：绘制指定频率 w 范围的 Bode 图。

格式四：[mag,phase,w] = dbode(a,b,c,d,Ts,...)　或　[mag,phase,w] = dbode(num,den,Ts,...)

功能：返回频率向量 w、幅度矩阵 mag 和相位矩阵 phase，不返回 Bode 图。

说明：函数 dnyquist、dnichols 的调用格式与函数 dbode 的调用格式相同，只是功能不同，这里不再赘述。

（3）计算系统单个频率响应的函数 evalfr

格式：fresp = evalfr(sys,x)

功能：计算连续或离散传递函数模型 sys 在指定单个复频率点 x 的频率响应。其计算公式为：$H(f) = D + C(xE - A)^{-1}B$。

（4）计算系统在给定频率范围的频率响应函数 freqresp

格式：h = freqresp(sys,w)

功能：计算系统 sys 在给定频率范围 w 的频率响应。若系统有 ny 个输出和 nu 个输入，频率向量 w 有 nw 个频率，则频率响应 h 的大小为[ny,nu,nw]，其中 h(:,:,k)对应于频率 w(k)响应。

【例 5-28】 试绘制二阶系统 $H(s) = \dfrac{\omega_n^2}{s^2 + 2\xi\omega_n + \omega_n^2}$，在 ξ 取不同值时的 Bode 图。设固有频率 $\omega_n = 10$，阻尼系数 $\xi = 0.1, 0.3, 0.7, 1.0$。若将系统离散，采样周期 Ts=0.1，绘制此时系统的 Bode 图。

MATLAB 源程序为：

```
clear;clf;wn=10;
for zeta=[0.1:0.3:1]                    %设定不同的阻尼系数
    [n,d]=ord2(wn,zeta);s1=tf(n*wn^2,d); %生成二阶连续系统
    sd1=c2d(s1,0.1);                    %转化成采样系统
    figure(1);bode(s1),hold on;         %画 Bode 图
    grid on;title('连续系统的 Bode 图');
    figure(2);bode(sd1);hold on;        %画 Bode 图，注意离散系统用同样的命令
    grid on;title('离散系统的 Bode 图');
end
```

程序运行结果如图 5.17 所示。从图中可以看出，二阶连续系统在阻尼系数 ξ 很小时，其幅频特性在转折频率处出现谐振峰，相频特性在这个频率附近迅速下降。随着 ξ 的增大，幅频特性的峰值减小，在 $\xi \geqslant 0.7$ 以后，幅度特性单调下降，相频特性的下降也趋于平缓。

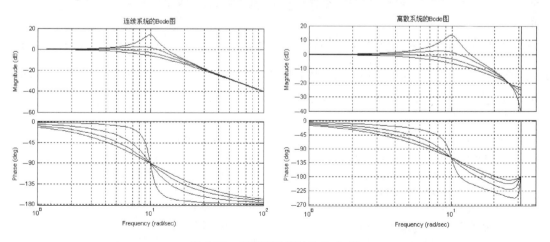

图 5.17　ξ 取不同值时的 Bode 图

离散系统的频率响应在低频区与连续系统基本相同。在高频区有一个最高极限频率，这个频率是采样频率一半。在本例中采样周期 Ts=0.1，故采样频率为 $2\pi/\text{Ts} = 62.8\text{s}^{-1}$。这体现了采样定理的规律，即经过采样以后的信号，只能保留半采样频率以下的频谱，折叠相加到关于半采样频率点对称的频带上，造成了这部分频谱的畸变。所以实际设计采样开关时通常把频率选为系统工作频率（注意是 f 而不是 ω）的 5~10 倍。

【例 5-29】 试绘制开环系统 $H(s)=\dfrac{50}{(s+5)(s-2)}$ 的 Nyquist 曲线，判断闭环系统的稳定性，并求出闭环系统的单位冲激响应。

MATLAB 源程序为：

```
k=50;z=[];p=[-5,2];
sys=zpk(z,p,k);
figure(1);nyquist(sys);title('Nyquist 曲线图');
figure(2);sb=feedback(sys,1);
impulse(sb);title('单位冲激响应');
```

程序运行结果如图 5.18 所示。从图中可以看出，系统 Nyquist 曲线按逆时针方向包围 (-1,0j) 点 1 圈，而开环系统包含右半 s 平面的 1 个极点，因此闭环系统稳定，这可从单位冲激响应图中得到证实。

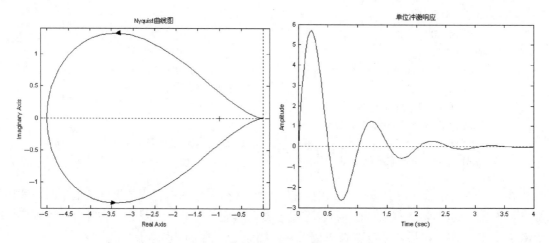

图 5.18 开环系统的 Nyquist 曲线图及单位冲激响应

【例 5-30】 设一开环不稳定系统的传递函数 $H(s)=\dfrac{50}{(s-1.2)(s+1)(s+6)}$。画出其 Nyquist 曲线，判断其闭环稳定性，并用 MATLAB 其他函数加以检验。在此系统上加一个零点 $(s+0.5)$ 后，再做同样工作，把两种情况进行比较并讨论。

MATLAB 源程序为：

```
s1=zpk([],[1.2, -1, -6],50);              %生成连续系统 s1
figure(1);subplot(2,2,1),nyquist(s1),grid;   %画 s1 的 Nyquist 曲线
subplot(2,2,2),impulse(s1),grid;             %画 s1 的开环冲激响应
subplot(2,2,3),margin(s1),grid;              %画 s1 的 Nichols 图
sb1=feedback(s1,1)                            %形成闭环系统 sb1
subplot(2,2,4),impulse(sb1),grid              %画闭环系统的冲激响应
s2=zpk(-0.5,[1.2, -1, -6],50);               %对 s1 加零点形成连续系统 s2
figure(2);subplot(2,2,1);nyquist(s2),grid;   %画 s2 的 Nyquist 曲线
```

```
    subplot(2,2,2),impulse(s2),grid;              %画 s2 的开环冲激响应
    subplot(2,2,3),margin(s2),grid;               %画 s2 的 Nichols 图
    sb2=feedback(s2,1)                            %形成闭环系统 sb2
    subplot(2,2,4),impulse(sb2),grid              %画闭环系统的冲激响应
```

程序运行后，s1 闭环后构成和系统 sb1 零极点增益模型为：

Zero/pole/gain:

$$\frac{50}{(s+7.013)(s^2 - 1.213s + 6.103)}$$

s2 闭环后构成和系统 sb2 零极点增益模型为：

Zero/pole/gain:

$$\frac{50(s+0.5)}{(s+0.3914)(s^2 + 5.409s + 45.48)}$$

得到的图形如图 5.19 所示。

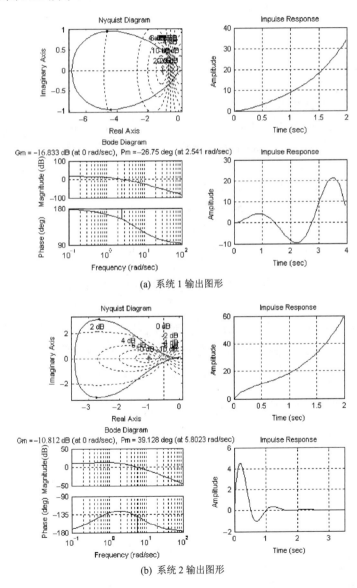

(a) 系统 1 输出图形

(b) 系统 2 输出图形

图 5.19 例 5-30 的图

从两个闭环模型的分母可以清楚地看出，系统 1 是不稳定的，系统 2 则是稳定的。从它们的第 4 个子图（闭环单位冲激响应）上，也可以得出同样的结论。而从 Nyquist 曲线上分析也可得出相同的结论。因为系统开环有一个右半面极点，Nyquist 曲线必须以逆时针绕（–1,0j）点转一圈，系统才是稳定的。从子图 1 可以看出，系统 1 的 Nyquist 曲线是顺时针方向，因此是不稳定的；系统 2 的 Nyquist 曲线是逆时针方向，因此是稳定的。从子图 2 可以看出，两个开环系统的脉冲响应是不稳定的，说明两系统开环都是不稳定的。

【例 5-31】 求二阶系统 $H(s) = \dfrac{1}{s^2 + 0.4\omega_n + 1}$ 的增益和相位裕量；并分别求该系统在 1+j，1,10 和 100 处的频率响应。

MATLAB 源程序为：

```
[n,d]=ord2(1,0.2);sys=tf(n,d);
disp('系统增益和相位裕量');
[Gm,Pm,wcg,wcp]=margin(sys)
disp('系统在 1+j 处的频率响应')
z=1+j;evalfr(sys,z)
disp('系统在 1,10 和 100 处的频率响应')
w=[1,10,100];
H=freqresp(sys,w)
```

程序运行结果为：系统增益和相位裕量

    Gm =Inf Pm =32.8443 wcg =Inf wcp = 1.3567

    系统在 1+j 处的频率响应

    ans = 0.1813 – 0.3109i

    系统在 1、10 和 100 处的频率响应

    H(:,:,1) = 0 – 2.5000i

    H(:,:,2) = –0.0101 – 0.0004i

    H(:,:,3) = –1.0001e–004 –4.0007e–007i

5.5 系统的状态空间分析函数

在自动控制系统分析中，状态空间分析是一种较复杂的分析方法。这是因为：其一，它用矩阵进行运算和求解；其二，它的非唯一性，即对同一个系统，通过相似变换，可以有无数种 A,B,C,D 组合来描述。MATLAB 控制工具箱提供的状态空间分析函数如下。

5.5.1 系统可观性与可控性判别函数

1. 可控性矩阵函数 ctrb

格式：Co=ctrb(sys) 或 Co=ctrb(A,B)

功能：求得系统的可控性矩阵 Co，若矩阵 Co 的秩等于系统的阶次，即 rank(Co)=n，则系统可控。

2. 可观性矩阵函数 obsv

格式：Ob=obsv(sys) 或 Ob=obsv(A,C)

功能：求得系统的可观性矩阵 Ob，若 rank(Ob)=n，则系统可观。

3. Gramian 矩阵函数 gram

Gramian 矩阵是系统可观性、可控性的另一判据。

格式一：Wc=gram(sys,'c')

功能：求可控 Gramian 矩阵 Wc，它的满秩（rank(Wc)=n）与系统的可控等价。

格式二：Wo=gram(sys, 'o')

功能：求可观 Gramian 矩阵 Wo，它的满秩（rank(Wo)=n）与系统的可观等价。

说明：调用此函数时，要求系统必须是稳定的。可用于时变系统。

【例 5-32】 设系统的状态空间方程为：

$$x' = \begin{bmatrix} -3 & 1 \\ 1 & -3 \end{bmatrix} x + \begin{bmatrix} 1 & 1 \\ 1 & 1 \end{bmatrix} u, \quad y = \begin{bmatrix} 1 & 1 \\ 1 & -1 \end{bmatrix} x$$

判别系统的可控性和可观性。

MATLAB 源程序为：

```
A=[-3,1;1,-3];B=[1,1;1,1];C=[1,1;1,-1];D=[0];
cam=ctrb(A,B);rcam=rank(cam)              %求可控性矩阵的秩
oam=obsv(A,C);roam=rank(oam)              %求可观性矩阵的秩
```

执行后得可控性矩阵和可观性矩阵的秩分别为 rcam = 1 和 roam = 2，由于系统阶次为 2，因此，该系统为不可控但可观系统。

5.5.2 系统相似变换函数

1. 通用相似变换函数 ss2ss

格式：syst=ss2ss(sys,T)

功能：通过非奇异变换矩阵 T，把状态变量由 x 变成 $z = Tx$，变换后的状态空间模型 syst 为：

$$z' = [TAT^{-1}]z + [TB]u, \quad y = [CT^{-1}]z + Du \tag{5-8}$$

2. 变为规范形式的函数 canon

格式一：csys=canon(sys,type)

功能：用来把系统 sys 变为规范形 csys。type 用来选择规范的类型，有两种可选规范形式：'modal'（约当矩阵形式）和'companion'（伴随矩阵形式）。

格式二：[csys,T]=canon(sys, type)

功能：同时返回变换矩阵 T。

3. 系统分解为可控和不可控两部分的函数 ctrbf

格式：[Abar,Bbar,Cbar,T,k]=ctrbf(A,B,C)

功能：把系统分解为可控和不可控两部分，其中 Abar = T * A * T', Bbar = T * B, Cbar = C * T', Abar = $\begin{bmatrix} Auc & 0 \\ A21 & Ac \end{bmatrix}$, Bbar = $\begin{bmatrix} 0 \\ Bc \end{bmatrix}$, Cbar = $\begin{bmatrix} Cuc & Cc \end{bmatrix}$, (Ac,Bc) 是可控的子空间，而 Cc(sI − Ac)'Bc = C(sI − A)'B。T 为变换矩阵，k 是长度为 n 的矢量，其元素为各块的秩。

说明：当状态方程系数矩阵的秩 r_A = rank(A) 和可控矩阵的秩 r_c = sum(k) 满足：$r_A = r_c$，则系统安全可控；如果 $r_A < r_c$，则有 $r_A - r_c$ 个状态不可控，可控阶梯型分解有效，即系统可分为可控和

不可控两个部分。

4．系统分解为可观和不可观两部分的函数 obsvf

格式：[Abar,Bbar,Cbar,T,k]=obsvf(A,B,C)

功能：把系统分解为可观和不可观两部分，其中 $Abar = T*A*T'$，$Bbar = T*B$，$Cbar = C*T'$，$Abar = \begin{bmatrix} Ano & A12 \\ 0 & Ao \end{bmatrix}$，$Bbar = \begin{bmatrix} Bno \\ Bo \end{bmatrix}$，$Cbar = \begin{bmatrix} 0 & Co \end{bmatrix}$，(Ao, Bo) 是可观的子空间，而 $Co(sI - Ao)'Bo = C(sI - A)'B$。T 为变换矩阵，k 是长度为 n 的矢量，其元素为各块的秩。

【例 5-33】 设系统的状态空间方程为：

$$x' = \begin{bmatrix} -2 & 2 & -1 \\ 0 & -2 & 0 \\ 1 & 4 & 3 \end{bmatrix} x + \begin{bmatrix} 0 \\ 0 \\ 1 \end{bmatrix} u, \quad y = \begin{bmatrix} 1 & -1 & 1 \end{bmatrix} x$$

将其做可控性结构分解。

MATLAB 源程序如下：

```
A=[-2,2,-1;0,-2,0;1,4,3];B=[0;0;1];C=[1,-1,1];D=0;    %系数矩阵赋值
s1=ss(A,B,C,D);                                        %生成 LTI 模型
[Abar,Bbar,Cbar,T,k]=ctrbf(A,B,C)                      %可控性结构分解
rA=rank(A)                                             %求状态方程系数矩阵的秩
rc=sum(k)                                              %求判断可控矩阵的秩
```

程序运行结果如下：

```
Abar =   -2    0    0
         -2   -2   -1
         -4    1    3
Bbar =    0
          0
         -1
Cbar =   -1   -1   -1
T =       0    1    0
         -1    0    0
          0    0   -1
k =       1    1    0
rA =      3
rc =      2
```

以上结果说明系统有一个状态变量可控。

【例 5-34】 设系统的状态空间方程为：

$$x' = \begin{bmatrix} 1 & 0 & 0 \\ 2 & 2 & 3 \\ -2 & 0 & 1 \end{bmatrix} x + \begin{bmatrix} 1 \\ 2 \\ 2 \end{bmatrix} u, \quad y = \begin{bmatrix} 1 & 1 & 2 \end{bmatrix} x$$

将它变换为"约当"规范形式。

MATLAB 源程序如下：

```
A=[1,0,0;2,2,3;-2,0,1];B=[1;2;2];C=[1,1,2];D=0;
s1=ss(A,B,C,D);
disp('约当标准型'),s2=canon(s1,'model')
```

程序运行结果：

约当标准型
Warning: Matrix is close to singular or badly scaled. Results may be inaccurate. RCOND = 3.510833e –017.(矩阵接近奇异，结果可能不准确。RCOND = 3.510833e–017)

```
a=        x1    x2    x3
   x1      2     0     0
   x2      0     1     0
   x3      0     0     1
b =       u1
   x1      12
   x2     –2.848e+016
   x3      2.848e+016
c =       x1       x2         x3
   y1      1     – 0.3162   – 0.3162
d =       u1
   y1      0
continuous-time model.
```

5.6 极点配置和观测器设置

给定控制系统，通过设计反馈增益 k 使闭环系统具有期望的极点，从而达到适当的阻尼系数和无阻尼自然频率，这就是极点配置问题。但极点配置是基于状态反馈的，即 $u = -kx$，因此状态 x 必须可测，当状态不可测时，则应设计状态观测器。设计的状态观测器也应具有适当的频率特性，因此也可指定其极点的位置，从而使状态观测器的设计转化为极点配置问题。

MATLAB 的控制系统工具箱提供了 place、acker 等函数，如表 5.7 所示，它们可以方便地进行极点配置和状态估计，免去烦琐的运算过程。

表 5.7 状态空间设计函数

分类	函数名称和典型输入变元	功 能
极点配置和状态估计器	acker(A,B,p)	SISO 系统极点配置
	place(A,B,p)	MIMO 系统极点配置
	estim(sys,L)	生成系统状态估计器
	reg(sys,K,L)	生成系统调节器
矩阵方程求解	lyap	解连续（Lyapunov）方程
	dlyap	解离散 Lyapunov 方程
	care	解代数黎卡提（Riccati）方程
	dare	解离散代数 Riccati 方程

1. SISO 系统极点配置函数 acker

格式：k=acker(a,b,p)

功能：利用 Ackermann 公式计算反馈增益矩阵 ***k***，使采用负反馈 $u = -kx$ 的单输入系统 $x' = ax + bu$ 具有指定的闭环极点 p，即 p=eig(a–b*k)。
注意：通过该函数求得的数字不是完全可靠；对于阶数大于 10 的系统或弱控系统将很快终止；当闭环非零极点数大于期望极点数的 10%时，将给出警告信息。

2. MIMO 系统极点配置函数 place

格式一：K = place(A,B,p)

功能：计算反馈增益矩阵 ***K***，使采用全反馈 $u = -Kx$ 的多输入系统具有指定的闭环极点 p，即 p=eig(A–B*K)。

格式二：[K,Prec,Message] = place(A,B,p)

功能：同时返回系统闭环实际极点与希望极点 p 的接近程度 Prec。Prec 中的每个变量的值为匹配的位数。如果系统闭环的实际极点偏离希望极点 10%以上，则 Message 将给出警告信息。

【例5-35】 设系统的状态方程为 $x' = Ax + Bu$，其中 $A = \begin{bmatrix} 0 & 1 & 0 \\ 0 & 0 & 1 \\ -1 & -5 & -6 \end{bmatrix}$，$B = \begin{bmatrix} 0 \\ 0 \\ 1 \end{bmatrix}$，要求利用状态反馈公式控制 $u = -Kx$，将此系统的闭环极点配置成 $p_{1,2} = -2 \pm 2j$ 及 $p_3 = -10$。求状态反馈增益矩阵 K。

MATLAB 源程序为：

```
A=[0,1,0;0,0,1;-1,-5,-6];B=[0;0;1];
p(1)=-2+2i;p(2)=-2-2i;p(3)=-10;
kp=place(A,B,p)
ka=acker(A,B,p)
```

运行结果为： kp =　　　79.0000　　　43.0000　　　8.0000
　　　　　　 ka =　　　79　　　　　43　　　　　　8

【例5-36】 设系统的状态方程为：$x' = Ax + Bu$，$y = Cx$。其中

$$A = \begin{bmatrix} 0 & 1 & 0 \\ 0 & 0 & 1 \\ -6 & -11 & -6 \end{bmatrix}, \quad B = \begin{bmatrix} 0 \\ 0 \\ 1 \end{bmatrix}, \quad C = \begin{bmatrix} 1 & 0 & 0 \end{bmatrix}$$

要求设计全阶状态观测器 $\hat{x}' = A\hat{x} + L[z(t) - C\hat{x}(t)]$ 使它的闭环极点配置成 $p_1 = -2 + j2\sqrt{3}$，$p_2 = -2 - j\sqrt{3}$，$p_3 = -5$。求状态观测矩阵 L。

MATLAB 源程序为：

```
A=[0,1,0;0,0,1;-6,-11,-6];B=[0;0;1];C=[1,0,0];D=0;
p(1)=-2+2*sqrt(3)*i;p(2)=-2-2*sqrt(3)*i;p(3)=-5;
Lp=place(A',C',p')'
La=acker(A',C',p')'
disp('原系统的模型')
s1=ss(A,B,C,D);
disp('合成系统的模型')
es1=estim(s1,Lp);
```

程序运行结果为： Lp =　　　3.0000　　　　　La =　　　3.0000
　　　　　　　　　　　　7.0000　　　　　　　　　　7.0000
　　　　　　　　　　　 -1.0000　　　　　　　　　 -1.0000

【例5-37】 设离散系统的状态方程为：$x'(k+1) = A_d x(k) + B_d u(k)$，$y(k) = C_d x(k)$。其中

$$A_d = \begin{bmatrix} 0 & 0 & -0.5 \\ 1 & 0 & 0.2 \\ 0 & 1 & 0.8 \end{bmatrix}, \quad B_d = \begin{bmatrix} 0 \\ 0 \\ 1 \end{bmatrix}, \quad C_d = \begin{bmatrix} 1 & 0 & 0 \end{bmatrix}$$

要求设计全阶状态观测器，使它的闭环极点配置成 $p_{1,2} = -0.5 \pm j0.7$，$p_3 = -0.1$。

MATLAB 源程序为：

```
Ad=[0,0,-0.5;1,0,0.2;0,1,0.8];Bd=[0;0;1];Cd=[1,0,0];
pbd=[0.5+0.7j,0.5-0.7j,-0.1];
Lp=place(Ad',Cd',pbd)
pd=eig(Ad);
figure(1),zplane(NaN,pd);
figure(2),zplane(NaN,pbd');
```

程序运行结果为： Lp =　　　-0.1000　　　0.8920　　　-1.5200。

所得图形如图 5.20 所示。

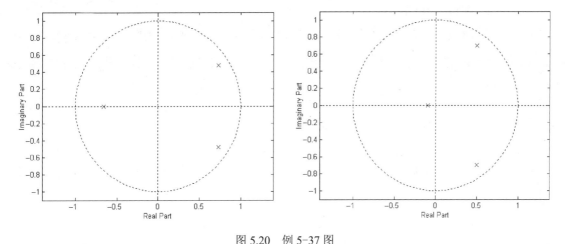

图 5.20 例 5-37 图

5.7 最优控制系统设计

对于线性时不变（LTI）系统：

$$x'(t) = Ax(t) + Bu(t) \quad (5-9)$$
$$y(t) = Cx(t) + Du(t) \quad (5-10)$$

线性二次型（LQ）最优控制器的任务是设计 $u(t)$，使线性二次型最优控制指标（代价函数）：

$$J = \frac{1}{2}\int_{t_0}^{t_f}(x^T Qx + u^T Ru + x^T Nu)dt \quad (5-11)$$

最小。由于线性二次型的性能指标易于分析、计算、处理，可得到要求的代数结果，通过线性二次型最优化方法得到的闭环系统具有稳健性好，无穷大增益裕量和 60°相角裕量的优点，因而在控制系统的各个领域内都得到了广泛重视和应用。

然而，线性二次型调节器（LQR）控制的闭环系统的动态响应与加权系数矩阵 Q 和 R 之间存在着非常复杂的对应关系，这就给加权矩阵的选择带来许多困难。目前普遍采用的仿真试凑法无疑限制了 LQR 设计方法在工程上的推广应用。采用试凑法获得的最优控制是"人工"意义下的最优，而不是真正意义上的最优。实际上在这种情况下无法获得最优解，因而采用基于仿真的优化方法求取最满意解是解决这类问题的最佳途径。在 MATLAB 的控制系统工具箱中提供了相关函数命令，如表 5.8 所示，这些函数为用户的仿真带来了方便。

表 5.8 LQ 和 LQR 最优控制函数

函数名称和典型输入变元	功 能
lqr(A,B,Q,R)	连续系统的 LQ 调节器设计
lqr2(A,B,Q,R)	连续系统的 LQ 调节器设计
dlqr(A,B,Q,R)	离散系统的 LQ 调节器设计
lqry(A,B,Q,R)	系统的 LQ 调节器设计
lqrd(A,B,Q,R,Ts)	连续代价函数的离散 LQ 调节器设计
kalman(sts,Qn,Rn,Nn)	系统的 Kalman 滤波器设计
kalmd(sys,Qn,Rn,Ts)	连续系统的离散 Kalman 滤波器设计
lqgreg(kest,k)	根据 Kalman 和状态反馈增益设计调节器

1. 连续系统的线性二次型调节器设计函数

lqr、lqr2 和 lqry 函数可求解连续系统线性二次型调节稳定器问题及其他相关的黎卡提（Riccati）方程。lqr2 与 lqr 函数类似，只是算法具有更强的稳健性。

格式：[k,s,e]=lqr(A,B,Q,R,N)

功能：计算出最佳反馈增益矩阵 **k**，采用反馈律 **u** = −**kx**，使代价函数 $J = \int \{x^T Qx + u^T Ru + 2x^T Nu\} dt$ 最小，这当然要受状态方程的约束。矩阵 **N** 的默认值为零。另外也返回黎卡提（Riccati）方程

$$sA + A^T s - (sB + N)R^{-1}(B^T s + N^T) + Q = 0 \tag{5-12}$$

的正定矩阵解 **s** 和系统的特征值 e= eig(A−B*k)。

格式：[k,s,e] = lqry(sys,Q,R,N)

功能：可求得最佳反馈增益矩阵 **k**。如果 sys 是连续系统，采用反馈律 **u** = −**kx**，使代价函数 $J = \int \{y^T Qy + u^T Ru + 2y^T Nu\} dt$ 最小。这当然要受状态方程的约束：**x** = **Ax′** + **Bu**，**y** = **Cx** + **Du**；如果 sys 是离散系统，采用反馈律 **u**[n] = −**kx**[n]，使代价函数 $J = \sum \{y^T Qy + u^T Ru + 2y^T Nu\}$ 最小，同样要受状态方程约束：**x**[n+1] = **Ax**[n] + **Bu**[n]，**y**[n] = **Cx**[n] + **Du**[n]。另外也同时返回黎卡提（Riccati）方程

$$sA + A^T s - (sB + N)R^{-1}(B^T s + N^T) + Q = 0 \tag{5-13}$$

的正定矩阵解 **s** 和系统的特征值 e= eig(A−B*k)。

2．离散系统的线性二次型调节器设计函数

dlqr 和 dlqry 函数可求解离散系统线性二次型调节稳定器问题及其他相关的 Riccati 方程。

格式：[k,s,e] = dlqr(A,B,Q,R,N)

功能：计算出最佳反馈增益矩阵 **k**，采用反馈律 **u**[n] = −**kx**[n]，使代价函数 $J = \sum \{x^T Qx + u^T Ru + 2x^T Nu\}$ 最小，同样要受状态方程约束 **x**[n+1] = **Ax**[n] + **Bu**[n]。另外也同时返回黎卡提（Riccati）方程

$$A^T sA - s - (A^T sB + N)(R + B^T sB)^{-1}(B^T sA + N^T) + Q = 0 \tag{5-14}$$

的正定矩阵解 **s** 和系统的特征值 e= eig(A−B*k)。

格式：[k,s,e] = dlqry(A,B,C,D,Q,R)

功能：可求得最佳反馈增益矩阵 **k**，采用反馈律 **u**[n] = −**kx**[n]，使代价函数 $J = \sum \{y^T Qy + u^T Ru\}$ 最小，同样要受状态方程约束 **x**[n+1] = **Ax**[n] + **Bu**[n]，**y**[n] = **Cx**[n] + **Du**[n]。另外也同时返回黎卡提（Riccati）方程的正定矩阵解 **s** 和系统的特征值 e= eig(A−B* k)。

【**例 5-38**】 设系统的状态方程 **x′** = **Ax** + **Bu**，性能指标 $J = \int_0^\infty (x'Qx + u'Ru) dt$，其中：

$$A = \begin{bmatrix} 0 & 1 & 0 \\ 0 & 0 & 1 \\ -35 & -27 & -9 \end{bmatrix}, \quad B = \begin{bmatrix} 0 \\ 0 \\ 1 \end{bmatrix}, \quad Q = \begin{bmatrix} 1 & 0 & 0 \\ 0 & 1 & 0 \\ 0 & 0 & 1 \end{bmatrix}, \quad R = 1$$

求黎卡提（Riccati）方程的正定矩阵解 **s**，最佳反馈增益矩阵 **k** 和矩阵 **A**−**Bk** 的特征值。

MATLAB 源程序为：

```
clear;clc
A=[0,1,0;0,0,1; -35, -27, -9];B=[0;0;1];    %设定原系统
Q=eye(3);R=1;                                %设定 Q,R 矩阵
[k,s,e]=lqr(A,B,Q,R)                         %调用 lqr 函数
```

程序运行结果为：

最佳反馈增益矩阵
  k =   0.0143   0.1107   0.0676
黎卡提（Riccati）方程的正定矩阵解
  s =   4.2625   2.4957   0.0143
         2.4957   2.8150   0.1107
         0.0143   0.1107   0.0676
矩阵 A–Bk 的特征值
  e =   –5.0958   –1.9859 + 1.7110i   –1.9859 – 1.7110i

【例 5-39】 设系统的状态方程为 $x' = Ax + Bu$，$y = Cx + Du$，性能指标为

$$J = \int_0^\infty (x'Qx + u'Ru)\mathrm{d}t$$

其中：$A = \begin{bmatrix} 0 & 1 & 0 \\ 0 & 0 & 1 \\ -1 & -4 & -9 \end{bmatrix}$，$B = \begin{bmatrix} 0 \\ 0 \\ 1 \end{bmatrix}$，$C = \begin{bmatrix} 1 & 0 & 0 \end{bmatrix}$，$D = 0$，$Q = \begin{bmatrix} q & 0 & 0 \\ 0 & 1 & 0 \\ 0 & 0 & 1 \end{bmatrix}$，$R$ 为标量。

试讨论权重系数 Q 及 R 取值不同对最佳反馈增益矩阵 k 和阶跃响应的影响。

MATLAB 源程序为：

```
A=[0,1,0;0,0,1;-1,-4,-9];B=[0;0;1];C=[1,0,0];D=0;   %设定系数矩阵
q=input('q=');R=input('R=');                        %输入加权常数
Q=diag([q,1,1]);                                    %生成权重矩阵
[k,s,e]=lqr(A,B,Q,R); k,e                           %求最优控制的反馈增益矩阵
A1=A-B*k;B1=B*k(1);C1=C;D1=D;                       %加反馈后的系统矩阵
s0=ss(A,B,C,D);                                     %原系统的 LTI 模型
[y,t,x]=step(s0);                                   %原系统的阶跃响应(含全部状态变量)
figure(1)
plot(t,y,'*',t,x),grid,                             %绘制全部状态变量的阶跃响应曲线
s1=ss(A1,B1,C1,D1);                                 %加反馈后系统的 LTI 模型
[y1,t1,x1]=step(s1);u1=k*x1';                       %加反馈后系统的阶跃响应，并求出控制量 u1
figure(2),plot(t1,y1,'*',t1,u1,'.-',t1,x1),grid     %绘制响应曲线
legend('y1','u1','x1');
```

程序运行结果如下。

输入：q=100, R=1

得到： k = 9.0499   10.2286   1.1221

   e = –8.6042
       –0.7590 + 0.7694i
       –0.7590 – 0.7694i

所得图形如图 5.21 和图 5.22(a)所示。

若输入：q=10, R=10

得到： k = 0.4142   0.8834   0.1031

   e =   –8.5514
         –0.2759 + 0.2988i
         –0.2759 – 0.2988i

所得图形如图 5.22(b)所示。

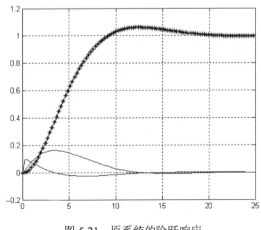

图 5.21 原系统的阶跃响应

原系统的阶跃响应如图 5.21 所示，它不受权重参数 q 和 R 的影响，两种情况下是一样的。加最优反馈后系统的阶跃响应如图 5.22 所示。在 $q = 100$，$R = 1$ 的情况下，系统不在乎 u 的大小，

它力求以减小 x 中的第一个分量 $x(:,1)$ 来减小 J,此时,曲线中的 u1 值就相当大(注意坐标刻度)。同时,过渡过程的时间比原系统大大缩短。由约 20s 缩短到约 5s。这从特征方程的根上也可看出。

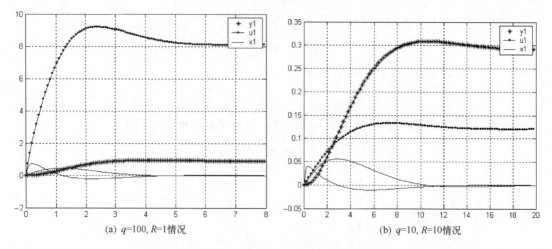

(a) q=100, R=1 情况   (b) q=10, R=10 情况

图 5.22 加最优反馈后系统的阶跃响应

在 $q=10$,$R=10$ 时,u 的大小对 J 的影响大大增加,最优反馈必须避免太大的控制作用。反映在输出曲线中,u1 几乎减小了 50 倍,同时,过渡过程的时间长了。特别是稳态误差太大了,本来应该为 1,实际输出 y 约为 0.3,在实际系统中,这通常是不能接受的。所以,尽管最优控制的理论很严密,但权重系数的选择还是人为的,与工程实际经验有很大关系。

【例 5-40】 系统模型为 $x'=Ax+Bu$,$y=Cx$,以状态反馈构成控制律 $u=-kx$,设计最优控制器,使性能指标 $J=\int_0^\infty (x'Qx+u'Ru)\mathrm{d}t$ 最小,其中:

$$A=\begin{bmatrix} -0.2 & 0.5 & 0 & 0 & 0 \\ 0 & -0.5 & 1.6 & 0 & 0 \\ 0 & 0 & -14.3 & 85.8 & 0 \\ 0 & 0 & 0 & -33.3 & 100 \\ 0 & 0 & 0 & 0 & -10 \end{bmatrix},\ B=\begin{bmatrix} 0 \\ 0 \\ 0 \\ 0 \\ 30 \end{bmatrix},\ C=[1\ 0\ 0\ 0\ 0],\ Q=1,\ R=1$$

MATLAB 源程序为:

```
%状态阶跃响应
A= -diag([0.2,0.5,14.3,33.3,10])+diag([0.5,1.6,86.8,100],1);
B=[0,0,0,0,30]';C=[1,0,0,0,0];D=0;
Q=diag([1,1,1,1,1]);R=1;[k,s,e]=lqr(A,B,Q,R);
disp('最优反馈增益矩阵 k');k
%阶跃响应
k1=k(1);
Ac=A-B*k;Bc=B*k1;Cc=C;Dc=D;          %闭环状态系统
figure(1);step(Ac,Bc,Cc,Dc);title('优化系统的阶跃响应');
xlabel('Sec');ylabel('Output y=x1');
figure(2);[y,x,t]=step(Ac,Bc,Cc,Dc);
plot(t,x,'k');
title('状态阶跃响应');
xlabel('Sec');ylabel('Output x1,x2,x3,x4,x5');
```

程序运行结果为:

k =   0.5937   0.8940   0.6455   1.4551   2.9548

所得图形如图 5.23 所示。

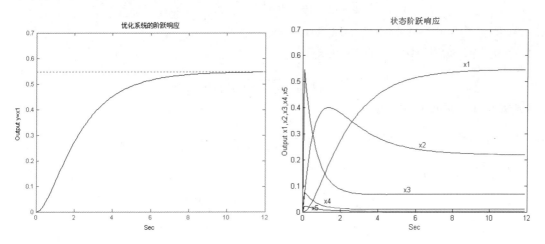

图 5.23 优化阶跃响应与状态阶跃响应

习题

1 已知连续系统的传递函数为：$G(s) = \dfrac{3s^4 + 2s^3 + 5s^2 + 4s + 6}{s^5 + 3s^4 + 4s^3 + 2s^2 + 7s + 2}$。

（1）求出该系统的零、极点及增益；（2）绘出其零、极点图，判断系统稳定性。

2 已知典型二阶系统的传递函数为：$G(s) = \dfrac{\omega_n}{s^2 + 2\zeta\omega_n s + \omega_n^2}$，其中 $\omega_n = 6$，绘制系统在 $\zeta = 0.1, 0.2, 1.0, 2.0$ 时的单位阶跃响应。

3 已知三阶系统的传递函数为：$G(s) = \dfrac{100(s+2)}{s^3 + 1.4s^2 + 100.44s + 100.04}$，绘制系统的单位阶跃响应和单位脉冲响应曲线。

4 用 MATLAB 求出 $G(s) = \dfrac{s^2 + 2s + 2}{s^4 + 7s^3 + 3s^2 + 5s + 2}$ 的极点。

5 对图 5.24 所示系统，利用 MATLAB 求解当 $K = 10$ 和 $K = 10^5$ 时：
（1）系统的类型；（2）K_P、K_u 和 K_a；
（3）系统的输入分别为 $30u(t)$、$30tu(t)$、和 $30t^2 u(t)$ 时，系统的稳态误差。

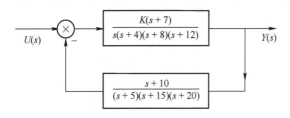

图 5.24 系统结构图

6 设系统的状态方程为：

$$\begin{bmatrix} x_1' \\ x_2' \\ x_3' \end{bmatrix} = \begin{bmatrix} 2 & 1 & 0 \\ 0 & 2 & 1 \\ 0 & 0 & 2 \end{bmatrix} \begin{bmatrix} x_1 \\ x_2 \\ x_3 \end{bmatrix} + \begin{bmatrix} 0 \\ 1 \\ 3 \end{bmatrix} u, \quad y = \begin{bmatrix} 4 & 1 & 6 \end{bmatrix} \begin{bmatrix} x_1 \\ x_2 \\ x_3 \end{bmatrix}$$

试求：（1）系统模型；（2）当初始条件为 0 时系统的阶跃响应。

7 设有一单位负反馈系统，其开环系统函数为：

$$G(s) = \frac{5(s+20)}{s(s+4.59)(s+3.41s^2+16.35)}$$

试求该系统开环和闭环单位阶跃响应。

8 设单位负反馈系统开环传递函数为：$G(s) = \dfrac{K}{(s^2+5s+7)(s^2+3s+12)}$，求其根轨迹图。

9 判断下列系统的可控性和可观性，并进行可控和可观结构分解。

$$A = \begin{bmatrix} 1 & 2 & 3 \\ 1 & 4 & 6 \\ 2 & 1 & 7 \end{bmatrix}, \quad B = \begin{bmatrix} 1 & 9 \\ 0 & 0 \\ 2 & 0 \end{bmatrix}, \quad C = \begin{bmatrix} 1 & 0 & 0 \\ 2 & 1 & 0 \end{bmatrix}$$

10 设系统的特征方程为：

$$0.001s^4 + 0.05s^3 + 0.2s^2 + 0.4s + 1 = 0$$

试判断系统的稳定性。

11 已知系统的连续部分传递函数为 $G(s) = \dfrac{7}{s(s^2+3s+5)}$，设采样频率 $T_s = 0.1\text{s}$，试求用零阶保持器和双线性变换所得的传递函数 $G(z)$。

12 设单位负反馈系统前向开环传递函数为 $G(s) = \dfrac{K}{s(s+3)(s+1)}$，为了使系统闭环主导极点具有的阻尼比等于 0.4，试确定 K 的值。

13 已知系统的动态特性由下列状态空间模型描述：

$$\begin{bmatrix} x_1' \\ x_2' \\ x_3' \end{bmatrix} = \begin{bmatrix} 1 & -1 & 0 \\ 0 & 2 & 0 \\ 1 & 0 & 4 \end{bmatrix} \begin{bmatrix} x_1 \\ x_2 \\ x_3 \end{bmatrix} + \begin{bmatrix} 1 \\ 0 \\ -1 \end{bmatrix} u \quad \begin{bmatrix} y_1 \\ y_2 \end{bmatrix} = \begin{bmatrix} 2 & 0 & 0 \\ 1 & 2 & 3 \end{bmatrix} \begin{bmatrix} x_1 \\ x_2 \\ x_3 \end{bmatrix}$$

求出它的传递函数模型和零极点模型。

14 二阶系统的传递函数为 $H(s) = \dfrac{1}{s^2 + 2\zeta\omega_n s + \omega_n^2}$，设固有频率 $\omega_n = 10$，在阻尼系数 $\zeta = [0.1 \quad 0.3 \quad 0.7 \quad 1]$ 时，分别画出其脉冲响应函数。将系统在条件 $T_s = 0.1$ 下离散化，同样画出脉冲响应函数曲线。

15 设系统的开环传递函数为 $G(s) = \dfrac{Ke^{-0.1s}}{s(s+1)}$，求用四阶 Pade 多项式近似延迟环节所得的模型并画出 Bode 图。

第6章 通信系统仿真

本章将着重介绍 MATLAB 通信工具箱及其在通信系统中的应用，给出了信源编译码、调制解调技术、通信仿真输出和同步技术仿真的 MATLAB 仿真方法与技巧。通过对本章大量实例的学习，读者可以加深对 MATLAB 通信工具的认识，并熟练掌握其应用。

6.1 通信工具箱函数

在 MATLAB 的 Communication Toolbox（通信工具箱）中提供了许多仿真函数和模块，用于对通信系统进行仿真和分析。用户可以根据需要选择这些仿真函数和模块构筑自己的通信系统仿真模型。对于通信工具箱中的仿真模块既可以直接调用，也可以根据不同的需要进行修改，使其满足具体设计和运算需要。

在通信工具箱中，主要包括两部分内容：通信函数命令和 Simulink 的 Communications Blockset（通信模块集）仿真模块。用户既可以在 MATLAB 的工作空间中直接调用工具箱中的函数，也可以使用 Simulink 平台构造自己的仿真模块，以扩充工具箱的内容。同时，通信工具箱提供了在线交互式演示，以方便用户学习和使用。关于 Communications Blockset（通信模块集）的功能和使用方法将在第 7 章详细介绍。

通信工具箱的安装：用户可以在安装 MATLAB 时选中安装的子目录 Communication Toolbox，这样 MATLAB 安装完毕后，将自动安装通信工具箱。若要验证是否已经安装通信工具箱软件，可以在 MATLAB 的主工具箱目录下查看是否存在名为 Comm、Commsim 和 Commfun 的子目录，若有，则表示已经成功安装该工具箱。

在通信工具箱中包含了对通信系统进行设计、分析和仿真时最常用的函数，这些函数放置在 Comm 子目录下。在 MATLAB 命令窗中输入命令：>>help comm，可打开通信工具箱中的函数名称和内容列表，如表 6.1 所示。其内容包含了 Signal Sources（信号源函数）、Signal Analysis Function（信号分析函数）、Source Coding（信源编码）、Error Control Coding（差错控制编码函数）、Lower Level Function for Error Control Coding（差错控制编码的底层函数）、Modulation/Demodulation（调制/解调函数）、Special Filters（特殊滤波器设计函数）、Lower Level Function for Specials Filters（设计特殊滤波器的底层函数）、Channel Functions（信道函数）、Galosi Field Computation（有限域估计函数），以及 Utilities（实用工具函数）。

用户可以通过不同的方式查询工具箱中的函数。用户需要实现系统的某种功能时，可以先到上述函数集中寻找相应的函数，找到后，再查询该函数的详细内容（包括函数功能说明、调用方式和可选择的方式等）。

例如，查询基带模拟调制函数的信息：用户先在上述函数集中找到 Modulation/Demodulation（调制/解调函数），接着查找与基带模拟调制对应的函数 amodce。若要继续查询该函数的更详细的帮助信息，可以在命令窗口中输入命令：

>>help amodce

表 6.1 通信工具箱函数

类 别	函数名称	功能说明
Signal Sources （信号源函数）	randerr	生成随机误差图
	randint	生成均匀分布的随机整数信号
	randsrc	按预定方式生成随机信号矩阵
	wgn	生成高斯白噪声信号
Signal Analysis Function （信号分析函数）	biterr	计算误比特数和误比特率
	eyediagram	生成眼图
	scatterplot	生成散布图
	symerr	计算误符号数和误符号率
Source Coding （信源编码）	compand	计算 μ 率或 A 率压扩
	dpcmdeco	差分脉码调制译码
	dpcmenco	差分脉码调制编码
	dpcmopt	采用优化脉冲编码调制进行参数估计
	lloyds	采用训练序列和 Lloyd 算法优化标量算法
	quantiz	生成量化序列和量化值
Error Control Coding （差错控制编码函数）	bchpoly	产生 BCH 码的生成多项式
	convenc	卷积纠错码
	cyclgen	产生循环码的生成矩阵和校验阵
	cyclpoly	产生循环码的生成多项式
	decode	纠错解码
	encode	纠错编码
	gen2par	生成矩阵和校验阵的转换
	gfweight	计算线性分组码的最小距离
	hammgen	产生 hamm 码的生成矩阵和校验阵
	rsdecof	对编码文本进行 R-S 译码
	rsencof	对文本进行 R-S 编码
	rspoly	产生 R-S 码生成多项式
	syndtable	产生故意译码表
	vitdec	利用 Viterbi 算法译卷积码
Lower Level Function for Error Control Coding （差错控制编码的底层函数）	bchdeco	BCH 纠错译码
	bchenco	BCH 纠错编码
	rsdeco	R-S 码译码
	rsdecode	指数形式的 R-S 码译码
	rsenco	R-S 码编码
	rsencode	指数形式的 R-S 码编码
Modulation/Demodulation （调制/解调函数）	ademod	带通模拟解调
	ademodce	基带模拟解调
	amod	带通模拟调制
	amodce	带基模拟调制
	apkconst	计算和绘制 QASK 调制图
	ddemod	带通数字解调
	ddemodce	基带数字解调
	demodmap	数字解调逆映射
	dmod	带通数字调制
	dmodce	基带数字调制
	modmap	数字调制映射
	qaskdeco	矩形 QASK 码译码
	qaskenco	计算和绘制 QASK 矩形图

续表

类 别	函数名称	功能说明
Special Filters（特殊滤波器设计函数）	hank2sys	Hankel 矩阵到线性系统的转换
	hilbiir	设计希尔伯特变换 IIR 滤波器
	rcosflt	用升余弦函数滤波器进行信号滤波
	rcosine	用升余弦函数滤波器设计
Lower Level Function for Specials Filters（设计特殊滤波器的低层函数）	rcosfir	用升余弦函数 FIR 滤波器设计
	rcosiir	用升余弦函数 IIR 滤波器设计
Channel Functions（信道函数）	awgn	对信号添加高斯白噪声
Galois Field Computation（有限域估计函数）	gfadd	有限域多项式或元素加法
	gfconv	有限域多项式卷积计算
	gfcosets	有限域数乘计算
	gfdeconv	有限域多项式逆卷积计算
	gfdiv	有限域除法计算
	gffilter	有限域过滤计算
	gflineq	有限域求解方程 $Ax=b$
	gfminpol	寻找有限域最小多项式
	gfmul	有限域多项式或元素乘法
	gfplus	有限域加法
	gfpretty	有限域多项式表示方式
	gfprimck	有限域多项式可约性检测
	gfprimdf	显示有限域定维数的原始多项式
	gfprimfd	查找有限域的原始多项式
	gfrank	有限域矩阵求秩
	gfrepcov	有限域多项式的转换
	gfroots	有限域多项式求根
	gfsub	有限域多项式减法
	gftrunc	有限域多项式截断处理
	gftuple	有限域的多数组表示方式
Utilities（实用工具函数）	bi2de	二进制到十进制的转换
	de2bi	十进制到二进制的转换
	erf	误差函数
	erfc	补充误差函数
	istrellis	检查输出是否为一个格形结构
	marcumq	广义 Marcum Q-函数
	oct2dec	八进制到十进制的转换
	poly2trellis	把编码多项式转换成格形形式
	vec2mat	把矢量转换成矩阵

这时即可得到函数 amodce 的详细的帮助信息：

    AMODCE Analog baseband modulator.　　←说明该函数的功能：模拟基带调制
      Y = AMODCE(X, Fs, METHOD...) outputs the complex envelope of　　←该函数的调用格式
    the modulation of the message signal X.　The sample frequency
    of X and Y is Fs (Hz). For information about METHOD and

```
subsequent parameters, and about using a specific modulation
technique, type one of these commands at the MATLAB prompt:
%以下是基带模拟调制的可选择方式
FOR DETAILS, TYPE        MODULATION TECHNIQUE
amodce amdsb-tc          %Amplitude modulation, double sideband
                         %with transmission carrier
amodce amdsb-sc          %Amplitude modulation, double sideband
                         %suppressed carrier
amodce amssb             %Amplitude modulation, single sideband
                         %suppressed carrier
amodce qam               %Quadrature amplitude modulation
amodce fm                %Frequency modulation
amodce pm                %Phase modulation
See also ADEMODCE, DMODCE, DDEMODCE, AMOD, ADEMOD.    ←其他相关函数
```

通过 Help 命令，可以较详细地了解某函数的功能、调制方式及相关的参数说明。

6.2 信息的量度与编码

信源熵的输出可以用随机过程来表达。对于一个离散无记忆平稳随机过程，其信息量（熵）定义为：

$$H(X) = -\sum_{x \in X} p(x) \log_2 p(x)$$

式中，X 表示信源取值集合，$p(x)$ 是信源取值 x 的概率。

6.2.1 Huffman 编码

信源编码是数字通信中的重要环节之一。信源编码的主要任务就是减少冗余，提高编码效率。信源编码可分为两类：无失真编码和限失真编码。目前已有各种无失真编码算法，例如 Huffman 编码和 Lempel-Ziv 编码。这里主要讨论无失真编码中的最佳变长编码——Huffman 码。Huffman 编码的基本原理就是为概率较小的信源输出分配较长的码字，而对那些出现可能性较大的信源输出分配较短的码字。

Huffman 编码算法及步骤如下：

① 将信源消息按照概率大小顺序排队。

② 按照一定的规则，从最小概率的两个消息开始编码。例如：将较长的码字分配给较小概率的消息，把较短的码字分配给概率较大的消息。

③ 将经过编码的两个消息的概率合并，并重新按照概率大小排序，重复步骤②。

④ 重复上面步骤③，一直到合并的概率达到 1 时停止。这样便可以得到编码树状图。

⑤ 按照后出先编码的方式编程，即从数的根部开始，将 0 和 1 分别放到合并成同一节点的任意两个支路上，这样就产生了这组 Huffman 码。

Huffman 码的效率为： $\eta = 信息熵 / 平均码长 = H(X)/L$

【例 6-1】利用 Huffman 编码算法实现对某一信源的无失真编码。该信源的字符集为 $X=\{x1, x2, \cdots, x6\}$，相应的概率向量为：$P=\{0.30, 0.10, 0.21, 0.09, 0.05, 0.25\}$。

首先将概率向量 P 中的元素进行排序，$P=\{0.30, 0.25, 0.21, 0.10, 0.09, 0.05\}$。然后根据 Huffman 编码算法得到 Huffman 树状图，如图 6.1 所示，编码之后的树状图如图 6.2 所示。

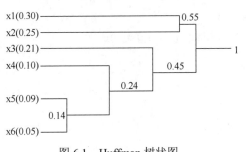

图 6.1 Huffman 树状图

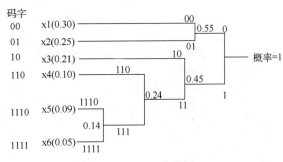

图 6.2 Huffman 编码树

由图 6.2 可知 x1,x2,x3,x4,x5,x6 的码字依次分别为：00,01,10,110,1110,1111。

平均码长： $\overline{L}=2\times(0.30+0.25+0.21)+3\times0.10+4\times(0.09+0.05)=2.38$ b

信源的熵为： $H(X)=-\sum_{i=1}^{6}p_i\log_2 p_i=2.3549$ b

所以 Huffman 码的效率为： $\eta=H(X)/\overline{L}=0.9895$

因此，可以利用 MATLAB 将 Huffman 编码算法编写成函数文件 huffmancode，实现对具有概率向量 P 的离散无失真信源的 Huffman 编码，并得到其码字和平均码长。该函数文件 huffmancode 程序如下：

```
function [h,l]=huffmancode(P);
%HUFFMAN Huffman code generator
if length(find(P<0))~=0,
        error('Not a prob.vector')          %判断是否符合概率分布的条件
end
if abs(sum(P) −1)>10e−10
        error('Not a prob.vector')
end
n=length(P);
for i=1:n−1                                 %对输入的概率进行从大到小排序
    for j=i:n
        if P(i)<=P(j)
          p=P(i); P(i)=P(j);P(j)=p;
        end
    end
end
disp('概率分布'),P                           %显示排序结果
Q=P;
m=zeros(n−1,n);
for i=1:n−1
    [Q,l]=sort(Q);
    m(i,:)=[l(1:n−i+1),zeros(1,i−1)];
    Q=[Q(1)+Q(2),Q(3:n),1];
end
for i=1:n−1
     c(i,:)=blanks(n*n);
end
%以下计算各个元素码字
c(n−1,n)='0';
```

```
            c(n–1,2*n)='1';
        for i=2:n–1
                c(n–i,1:n–1)=c(n–i+1,n* (find(m(n–i+1,:)==1)) – (n–2):n* (find(m(n–i+1,:)==1)));
                c(n–i,n)='0';
                c(n–i,n+1:2*n–1)=c(n–i,1:n–1);
                c(n–i,2*n)='1';
                for j=1:i–1
                    c(n–i,(j+1)*n+1:(j+2)*n)=c(n–i+1,n*(find(m(n–i+1,:)==j+1) –1)+1:n*find(m(n–i+1,:)= =j+1));
                end
        end
        for i=1:n
            h(i,1:n)=c(1,n*(find(m(1,:)==i) –1)+1:find(m(1,:)==i) *n);
            ll(i)=length(find(abs(h(i,:))~=32));
        end
        l=sum(P. *ll);            %计算平均码长
```

在命令窗口中，只需调用函数文件 huffmancode，计算如下：

```
>> P=[0.30 0.10 0.21 0.09 0.05 0.25];
>> [h,l]= huffmancode(P)
h =11               ←输出各个元素码字
   10
   00
   010
   0111
   0110
l =2.3800           ←输出平均码长
```

6.2.2 MATLAB 信源编/译码方法

大多数信源（如语音、图像）最开始都是模拟信号，但是模拟信号在传输过程中不易处理，而数字信号在传输过程中却易于处理，所以将模拟信号转换成数字信号是很有必要的。为了将信源输出数字化，信源必须量化为确定数目的级数。量化方案可划分为标量量化和矢量量化两种。在标量量化中每个信源输出都分别被量化，标量量化可进一步分为均匀量化和非均匀量化。在均匀量化中量化区域是等长的；在非均匀量化中量化区域可以是不等长的。矢量量化是对信源输出组合进行整体量化。

在标量量化中，随机标量 X 的定义域被划分成 N 个互不重叠的区域 R_i，$1 \leqslant i \leqslant N$，$R_i$ 被称为量化间隔，且在每个区域内选择一个点作量化级数。这样落在区域 R_i 内的随机变量的所有值都被量化为第 i 个量化级数，用 $\hat{x}_i$ 来表示。这就意味着：

$$x \in R_i = Q(x) = \hat{x}_i$$

可见，这类量化引入了失真，其均方误差为：

$$D = \sum_{i=1}^{N} \int_{R_i} (x - \hat{x}_i)^2 f_x(x) \mathrm{d}x$$

式中，$f_x(x)$ 是信源随机变量的概率密度函数。信号量化噪声比为：

$$SQNR = 10 \lg E[X^2]/D$$

在 MATLAB 通信工具箱中提供了两种信源编/译码的方法，即标量量化和预测量化，其信源编码函数如表 6.1 所示。

1．标量量化

标量量化就是给每个落入某一特定范围的输入信号分配一个单独值的过程，并且落入不同范围内的信号分配的值也各不相同。

（1）信源编码中的 μ 律或 A 律压扩计算函数 compand

格式一：out=compand(in, param, V)

功能：实现 μ 律压扩，其中 param 为 μ 值，V 为峰值。

格式二：out=compand(in, param, V, method)

功能：实现 μ 律或 A 律压扩，其中 param 为 μ 值或 A 值，V 为峰值，压扩方法由 method 指定。参数 method 的含义如表 6.2 所示。

表 6.2　参数 method 的说明

method	含　义
'mu/compressor'	μ 律压缩
'mu/expander'	μ 律扩展
'A/compressor'	A 律压缩
'A/expander'	A 律扩展

（2）产生量化索引和量化输出值的函数 quantiz

格式一：indx=quantiz(sig, partition)

功能：根据判断向量 partition，对输入信号 sig 产生量化索引 indx，indx 的长度与 sig 矢量的长度相同。向量 partition 则是由若干个边界判断点且各边界点的大小严格按升序排列组成的实矢量。若 partition 的矢量长度为 $N-1$，则索引向量 indx 中的每个元素的大小为 $[0, N-1]$ 范围内的一个整数。量化方法如下：

若信号 sig 小于或等于 partition(1)，则输出 0；若信号 sig 大于 partition(1)，而小于或等于 partition(i+1)，则输出 i；若信号 sig 大于 partition($N-1$)，则输出 $N-1$。

格式二：[indx, quant]=quantiz(sig, partition, codebook)

功能：根据码本 codebook，产生量化索引 indx 和信号的量化值 quant。codebook 存放每个 partition 的量化值，对应 indx=$i-1$ 的值在 codebook(i)，若 partition 的长度为 $N-1$，则 codebook 长度为 N。

格式三：[indx, quant, distor]=quantiz(sig, partition, codebook)

功能：产生量化索引 indx、信号量化值 quant 及量化误差 distor。

（3）采用训练序列和 Lloyd 算法优化标量算法的函数 lloyds

格式：[parition, codebook]=lloyds(training_set, ini_codebook)

功能：用训练集矢量 training_set 优化标量量化参数 partition 和码本 codebook。ini_codebook 是码本 codebook 的初始值。码本长度大于等于 2，输出码本的长度与初始码本长度相同。输出量化参数 partition 的长度较码本长度小 1。当 ini_codebook 为整数时，该函数以其作为码本的长度。当处理后相对误差小于 10^{-7} 时，停止进行处理。由于受篇幅的限制，在后面章节中，只对该函数的部分调用格式做简要介绍。

【例 6-2】　用训练序列和 Lloyd 算法，对一个正弦信号数据进行标量量化。

MATLAB 源程序如下：

```
N=2^3;                              %以 3 比特传输信道
t=[0:100] *pi/20;
u=cos(t);
[p,c]=lloyds(u,N);                  %生成分界点矢量和编码手册
[index,quant,distor]=quantiz(u,p,c);%量化信号
plot(t,u,t,quant,'*');
```

该程序运行结果将显示出正弦信号的量化效果图，如图 6.3 所示。

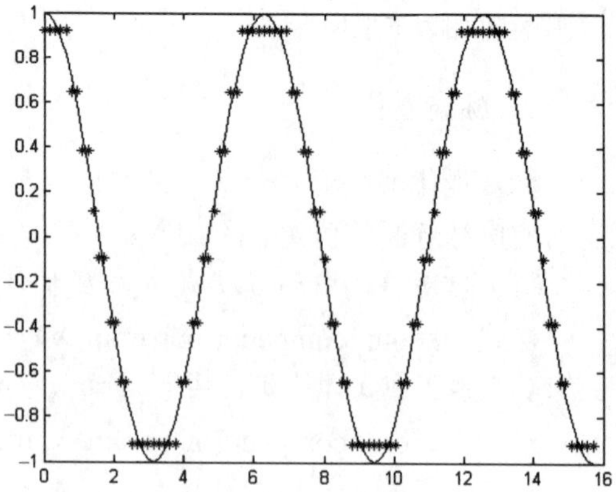

2．预测量化

如果知道一些发送信号的先验信息，就可以利用这些信息，根据过去发送的信号来估计下一个将要发送的信号值，这样的过程即称之为预测量化。

差分脉冲编码调制（DPCM）就是采用了预测量化技术。MATLAB 通信工具箱提供了 dpcmopt、dpcmenco 函数和 dpcmdeco 函数。

图 6.3　标量化前、后信号的比较

（1）差分脉冲调制编码函数 dpcmenco

格式一：indx=dpcmenco(sig, codebook, partition, predictor)

功能：返回 DPCM 编码的编码索引 indx。其中参数 sig 为输入信号，predictor 为预测器传递函数，其形式为$[0, t_1, \cdots, t_m]$。预测误差的量化参数由 partition 和 predictor 指定。

格式二：[indx, quant]=dpcmenco(sig, codebook, partition, predictor)

功能：除产生 DPCM 编码的编码索引 indx 外，还产生量化值 quant。输入参数 codebook, partition, predictor 可以由 dpcmopt 函数估计。当预测器为一阶传递函数时，为 DPCM 增量编码调制。

（2）信源编码中的 DPCM 解码函数 dpcmdeco

格式一：sig=dpcmdeco(indx, codebook, predictor)

功能：根据 DPCM 信号编码索引 indx 进行解码。predictor 为指定的预测器，codebook 为码本。

格式二：[sig, quant]=dpcmdeco(indx, codebook, predictor)

功能：根据 DPCM 信号编码索引 indx 进行解码，同时输出量化的预测误差 quant。输入参数 codebook, predictor 可以用 dpcmopt 函数估计。通常 m 阶预测器传递函数的形式为$[0, t_1, \cdots, t_m]$。

（3）用训练数据优化差分脉冲调制参数的函数 dpcmopt

格式一：predictor=dpcmopt(training_set, ord)

功能：对给定训练集的预测器进行估计，训练集及其顺序由 training_set 和 ord 指定，预测器由 predictor 输出。

格式二：[predictor, codebook, partition]=dpcmopt(training_set, ord, ini_codebook)

功能：输出预测器 predictor、优选码本 codebook、预测误差 partition。输入变量 ini_codebook 可以是码本矢量的初值或其长度。

【例 6-3】用训练数据优化 DPCM 方法，对一个余弦信号数据进行标量量化。

MATLAB 源程序如下：

```
N=2^3;                                          %以 3 比特传输信道
t=[0:100]*pi/20;
u=cos(t);
[predictor,codebook,partition]=dpcmopt(u,1,N);  %优化的预测传递函数
[index,quant]=dpcmenco(u,codebook,partition,predictor);  %使用 DPCM 编码
[sig,equant]=dpcmdeco(index,codebook,predictor);         %使用 DPCM 解码
plot(t,u,t,equant,'*');
```

该程序运行后所得图形如图 6.4 所示。

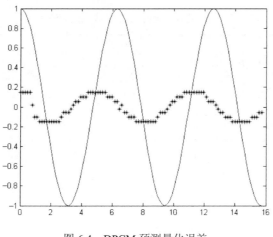

图 6.4 DPCM 预测量化误差

6.3 差错控制编/译码方法

在通信系统中，差错控制编/译码技术被广泛地用于检查和纠正信息在传递过程中发生的错误。在发送端，差错控制编码添加了一定的冗余码元到信源序列；接收时就利用这些冗余信息来检测和纠正错误。

差错控制亦称为纠错编码。纠错编码主要有分组码和卷积码两种类型。在分组码中，编码算法作用于将要传输的连续和 K 位信息码元，形成 N 位的分组码（codeword）。分组码一般可以用符号（N,K）表示。卷积码（convolutional codes）是由 Elias 提出的。在卷积码中没有相互独立的组。编码过程可以看作是一个宽度为 K 的滑动窗口，该窗口以步长 K 位在信元上滑动，随着窗口的每次滑动编码过程都需要一个 N 位的信号。

纠错编码的解码有代数和概率两种方法。代数解码基于代数和有限域的数学特征，通常用于分组码中。MATLAB 通信工具箱提供了一系列函数用于有限域计算。概率解码中最常用的是 Viterbi 解码，用于卷积码解码。常用的纠错编码方法包括线性分组码、海明码、循环码、BCH 码、Reed-Solomon 码和卷积码。

在 MATLAB 通信工具箱中，所有这些编/译码运算都提供了相关的函数来实现，如表 6.1 所示。解码函数中可选参数取决于所采取的编码方法，同一信号的编码和解码过程必须使用同一种方法。

1. 纠错编码函数 encode

格式一：code=encode(msg, N, K, method, opt)

功能：用 method 指定的方法完成纠错编码。其中 msg 代表信息码元，可以为二进制矢量或一个 L 列矩阵；N 为码长；K 为信源长度；method 是规定的编码方法，允许的编码方法包括 hamming（Hamming 编码）、linear（线性分组码）、cyclic（循环编码）、bch（BCH 编码）、rs（R-S 编码）。opt 是一个可选择的优化参数，如表 6.3 所示。当 method = '…/decimal'时，输入的信息 msg 则为十进制整数。在进行编码处理计算之前，该函数首先将十进制数转换成 M 位的二进制数，其中 M 为满足 $N \leqslant 2^M -1$ 的最小整数。code 的格式与 msg 的格式相匹配，当 msg 为一 L 列矩阵时，输出 code 为一 L 列矩阵。

表 6.3　参数 method 及参数 opt 的说明

method	编 码 方 案
'hamming' 或 'hamming/decimal'	Hamming 码。Hamming 码是单个纠错的码，它的码长 $N=2^M-1$，其中 M 是一个大于等于 3 的整数，信息位长度为 $N-M$。参数 opt 可指定为本原多项式在 GF(2)中所定义的阶数 N，如果 opt 未定义，则该函数指定为隐含本原多项式
'linear' 或 'linear/decimal'	线性分组码。opt 必须为 $K\times N$ 大小的生成矩阵
'cyclic' 或 'cyclic/decimal'	循环码。opt 为 $N-K$ 阶的循环码多项式，必须给出，可用 cyclpoly 来选取一个合适的循环码多项式
'bch' 或 'bch/decimal'	BCH 码。opt 指定为 BCH 码的生成多项式，如果 opt 未给出，该函数采用隐含的生成多项式。用 bchpoly 可以观察 BCH 码的有效码长、信息长度及纠错能力
'rs', 'rs/decimal'或 'rd/power'	Reed-Solomon 码。RS 码字长度 N 必须等于 2^M-1，M 是一个大于等于 3 的整数。信息位 K 小于 N，纠错位数 $T=\text{floor}((N-K)/2)$。为了有效，$N-K$ 应为偶数。信息 msg 既可以是一个矢量也可以是 $K\times M$ 大小的矩阵。opt 包含 GF(2^M)中的所有元素，如果 opt 未给出，该函数在编码之前先计算出 GF(2^M)的所有元素。当 method = 'rs/decimal'时，输入数据 msg 必须是 K 列矩阵，数据大小为[0, $N-1$]之间的整数。当 method = 'rs/power'时，表明 msg 中的元素为 GF(2^M)指数形式中的元素，msg 必须是 K 列矩阵，元素大小为不大于 $N-2$ 的整数

格式二：[code, added]=encode(msg,N,K, method, opt)

功能：该函数输出为对 K 位信息输入进行正确编码所增加的列数。

2．纠错译码函数 decode

格式：msg=decode(code,n,k,method)

功能：用指定的 method 方式进行译码。为了正确地复制出信源序列，编码和译码的调用方式必须相同。

【例 6-4】 下面是使用 MATLAB 对一个信号进行差错控制编/译码的例子。

MATLAB 源程序如下：

```
n=31;                              %码长
k=26;                              %信源长度
num_of_row=200;
msg=randint(k*num_of_row,1,2);     %信号码元
code=encode(msg,n,k,'hamming');    %Hamming 编码
msg1=decode(code,n,k,'hamming');   %Hamming 解码
errs1=biterr(msg,msg1)             %计算误差比特数目
noise=randerr(num_of_row,n,3);     %随机误差比特
code=rem(code(:)+noise(:),2);      %在每个码字随机增加一个误差比特
rcv=decode(code,n,k,'hamming');    %Hamming 解码
errs2=biterr(rcv,msg)              %计算误差比特数目
```

该程序运行后就能得到误差比特数目：

errs1 =　 0　　 errs2 =　 585

注意：每次计算的误差比特数目不一定相同，这是由随机比特数目引起的。Hamming 编码对 N, K 的取值有特殊限制，具体情况可以查看 hamming 码参数表。

3．卷积纠错编码函数 convenc

格式一：code=convenc(msg, trellis)

功能：利用 poly2trellis 函数定义的格型 trellis 结构，对二进制矢量信息 msg 进行卷积编码。编码器的初始状态为零状态。

格式二：code=convenc(msg, trellis, init_state)

功能：编码器的初始状态按特定的 init_state 状态进行卷积编码。init_state 为 0～ numstates-1

之间的整数，默认值为 0。其中 numstates 为格形变量 trellisk 中的状态数。

格式三：[code, final_state]=convenc(…)

功能：返回编码器的最终状态。

4. 将卷积编码多项式转换成格型（trellis）结构函数 poly2trellis

格式一： trellis = poly2trellis(constrainlength,codegenerator)

功能：将前向反馈卷积编码器的多项式转换成一格型（trellis）结构。例如对于码率为 K/N，即输入信息长度为 K 位，输出长度为 N 的卷积编码器，若 constrainlength 为 $1×K$ 的矢量，表明对输入 K 位信息流中的每一位进行延迟；若 codegenerator 为 $K×N$ 矩阵，表明 N 位输出与 K 位输入有连接。

格式二： trellis = poly2trellis(constrainlength, codegenerator,feedbackconnection)

功能：将后向反馈卷积编码器的多项式转换成一格型（trellis）结构。若 feedbackconnection 为 $1×K$，表明 K 位输入中的每位有反馈连接。 变量 trellis 结构如下：

  numInputSymbols （输入信息符号数）
  numOutputSymbols （输出符号数）
  numStates   （状态数）
  nextStates   （相邻状态数）
  outputs   （输出矩阵）

【例 6-5】 利用 convenc 函数对一个信号进行卷积编码。

MATLAB 源程序如下：

```
t = poly2trellis([3 3],[4 5 7;7 4 2]);
msg = [1 1 0 1 0 0 1 1];
[code1 state1]=convenc([msg(1:end/2)],t);           %前半部分编码
[code2 state2]=convenc([msg(end/2+1:end)],t,state1); %后半部分编码，但利用了 state1
[codeA stateA]=convenc(msg,t);
```

该程序运行所得结果为[code1,code2]与 codeA 等效。

5. 利用 Viterbi 算法译卷积码函数 vitdec

格式一： decoded = vitdec(code,trellis,tblen,opmode,dectype)

功能：利用 Viterbi 算法译卷积码。code 为 poly2trellis 函数或 istrellis 函数定义的格型 trellis 结构的卷积码。参数 tblen 取正整数，表示记忆（traceback）深度。参数 opmode 代表解码操作模型：

'trunc'：若编码起始状态为零状态，解码器则从最佳状态开始跟踪。

'term'：若编码器的起始和终止状态都假设为零状态，则解码器从零状态开始跟踪。

'cont'：若编码起始状态为零状态，解码器则从最佳状态开始跟踪，对等效 tblen 符号的一位延迟将发生。

参数 dectype 代表 code 中位的表示方式：

'unquant'：解码器要求输入带符号的实数，则+1 代表逻辑"0"，–1 代表逻辑"1"。

'hard'：解码器要求输入二进制数。

格式二： decoded = vitdec(code,trellis,tblen,opmode,'soft',nsdec)

功能：对由 $0\sim 2^{nsdec}$ 之间整数构成的卷积码 code 进行 Viterbi 算法解码，其中 0 代表大多数确信的 0，$2^{nsdec}-1$ 代表了大多数确信的 1。

格式三：[decoded final_metric final_states final_inputs] = vitdec(..., 'cont', ...)

功能：返回在解码结束时的状态（state metrics）、跟踪状态（traceback states）和跟踪输入

(traceback inputs)。final_metric 为具有与最终状态对应的 trellis.numStates 中的状态元数，final_states 和 final_inputs 为 trellis.numStates×tblen 大小的矩阵。

【例 6-6】 利用 vitdec 函数对一个信号进行卷积码译码的例子。

MATLAB 源程序如下：

```
t = poly2trellis([3 3],[4 5 7;7 4 2]);
k = log2(t.numInputSymbols);
msg = [1 1 0 1 1 1 1 0 1 0 1 1 0 1 1 1];
code = convenc(msg,t);
tblen = 3;
[d1]=vitdec(code,t,tblen,'cont','hard');
[d m p in] = vitdec(code,t,tblen,'cont','hard');
```

该程序运行结果：d1 与 d 相同；d 为信息 msg 的延迟结果，d(tblen∗k+1:end) 与 msg(1:end−tblen∗k) 相同。

6.4 模拟调制与解调

为了合理使用频带资源，提高通信质量，需要使用调制技术，对输入信号进行调制（Modulation），使波形满足通信媒体的频带要求；接收端需要对接收的波形进行解调（Demodulation），以恢复原始信号。

根据调制信号的不同，可将调制分为模拟调制和数字调制。模拟调制的输入信号为连续变化的模拟量，数字调制的调制信号是离散的数字量。

对调制进行仿真模拟有两种选择：带通仿真、基带仿真。带通仿真的载波信号包含于传输模型中。由于载波信号的频率远高于输入信号，根据采样定理，采样频率必须至少大于两倍的载波频率才能正确地恢复信号，因此对高频信号的模拟仿真效率低、速度慢。为了加速模拟仿真，一般使用基带仿真，也称为低通对等方法。基带仿真使用带通信号的复包络。

在利用 MATLAB 进行调制/仿真时，既可以采用自定义函数进行调制/仿真，也可以调用 MATLAB 所提供的函数进行仿真。

6.4.1 带通模拟调制/解调

模拟调制是以正弦波为载波的调制方式，它通常分为幅度调制（AM）、频率调制（FM）和相位调制（PM）。幅度调制又可分为常规幅度调制（AM）、抑制载波双边带幅度调制（DSB-AM）、抑制载波单边带幅度调制（SSB-AM）和正交幅度调制（QAM）等。解调就是从调制信号中提取消息信号。解调过程与采用何种解调方式有关。对于常规幅度调制（AM），一般用包络检波进行解调。由于在这种解调方式中，接收机对载波频率和相位精度的了解是无关紧要的，所以解调过程相对简单。对于 DSB-AM 调制和 SSB-AM 调制，用相干解调的方法，它要求在接收机中有一个与载波同频同相的信号。DSB-AM 调制和 SSB-AM 调制的相干解调是，先将其与一个同频同相的正弦载波信号进行混频，然后将混频结果通过一个低通滤波器来实现。接收机中产生所需要的正弦波振荡器，为本地振荡器。

在模拟调制的仿真中包含两个频率：载波频率 f_c 和仿真的采样频率 f_s。

1. 双边幅度调制（DSB-AM）与解调

在 DSB-AM 中，已调信号的时域表示为：

$$u(t) = m(t)c(t) = A_c m(t)\cos(2\pi f_c t + \phi_c) \tag{6-1}$$

式中，$m(t)$ 是消息信号，$c(t) = A_c \cos(2\pi f_c t + \phi_c)$ 为载波，f_c 是载波的频率（单位：Hz），ϕ_c 是初始相位。为了讨论方便取初相 $\phi_c = 0$（以下类似）。

对 $u(t)$ 作傅里叶变换，即可得到信号的频域表示：

$$U(f) = \frac{A_c}{2}M(f - f_c) + \frac{A_c}{2}M(f + f_c) \tag{6-2}$$

传输带宽 B_T 是消息信号带宽 W 的两倍，即：$B_T = 2W$。

【例 6-7】 某消息信号
$$m(t) = \begin{cases} 1, & 0 \leqslant t \leqslant t_0/3 \\ -2, & t_0/3 < t \leqslant 2t_0/3 \\ 0, & \text{其他} \end{cases}$$

用信号 $m(t)$ 以 DSB-AM 方式调制，载波 $c(t) = \cos(2\pi f_c t)$，所得到的已调制信号记为 $u(t)$。设 $t_0 = 0.15\text{s}$，$f_c = 250\text{ Hz}$。试比较消息信号与已调信号，并绘制它们的频谱。

MATLAB 源程序如下：

```
t0=0.15;                                %信号持续时间
ts=0.001;                               %采样时间间隔
Fc=250;                                 %载波频率
Fs=1/ts;                                %采样频率
df=0.3;                                 %频率分辨率
t=[0:ts:t0];                            %时间矢量
m=[ones(1,t0/(3*ts)),-2*ones(1,t0/(3*ts)),zeros(1,t0/(3*ts)+1)];  %定义信号序列
c=cos(2*pi*Fc.*t);                      %载波信号
u=m.*c;                                 %调制信号
[M,m,dfl]=fft_seq(m,ts,df);             %傅里叶变换
M=M/Fs;
[U,u,dfl]=fft_seq(u,ts,df);
U=U/Fs;
[C,c,dfl]=fft_seq(c,ts,df);
f=[0:dfl:dfl*(length(m)-1)]-Fs/2;       %频率矢量
subplot(2,2,1);plot(t,m(1:length(t)));  %未调制信号
title('未调制信号');
subplot(2,2,2);plot(t,u(1:length(t)));  %已调制信号
title('已调制信号');
subplot(2,2,3);plot(f,abs(fftshift(M)));  %未调制信号频谱
title('未调制信号频谱');
subplot(2,2,4);plot(f,abs(fftshift(U)));  %已调制信号频谱
title('已调制信号谱');
```

该程序运行后得到的信号和调制信号，如图 6.5 所示。信号调制前后的频谱对比如图 6.6 所示。

注意：这里调用了傅里叶变换函数 fft_seq，此函数源代码如下：

```
function [M,m,df]=fft_seq(m,ts,df)
%  [M,m,df]=fft_seq(m,ts,df)
%  [M,m,df]=fft_seq(m,ts)
%  M 为输入序列 m 的傅里叶变换，ts 为采样间隔，输入 df 为频率分辨率
%  输出序列 m 按要求的频率分辨率 df 进行补零后的序列
%  输出 df 为最终的频率分辨率
```

```
fs=1/ts;
if nargin==2,   n1=0;
else,   n1=fs/df;
end
n2=length(m);
n=2^(max(nextpow2(n1),nextpow2(n2)));
M=fft(m,n);
m=[m,zeros(1,n−n2)];
df=fs/n;
```

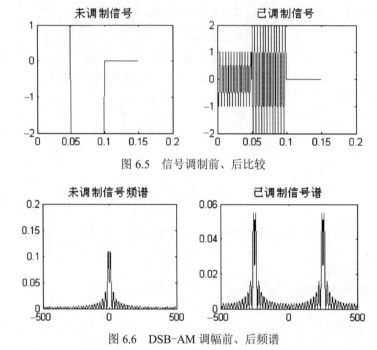

图 6.5 信号调制前、后比较

图 6.6 DSB-AM 调幅前、后频谱

DSB-AM 调制信号的解调过程如图 6.7 所示。

调制信号 $u(t) = A_c m(t)\cos(2\pi f_c t)$ 与接收机本地振荡器所产生的正弦信号 $\cos 2\pi f_c t$ 相乘,可得混频器输出为:

$$y(t) = A_c m(t)\cos(2\pi f_c t)\cos(2\pi f_c t) = \frac{A_c}{2}m(t) + \frac{A_c}{2}m(t)\cos(4\pi f_c t) \quad (6-3)$$

它的傅里叶变换为: $\quad Y(f) = \frac{A_c}{2}M(f) + \frac{A_c}{4}M(f-2f_c) + \frac{A_c}{4}M(f+2f_c)$

可见混频器输出由一个低频分量 $A_c M(f)/2$ 和 $\pm 2f_c$ 处的两个高频分量组成。将 $y(t)$ 通过带宽为 W 的低通滤波器,高频分量被滤除,而与消息信号成正比的低通分量 $A_c m(t)/2$ 被解调。如果调制相位 ϕ_c 未知,则需使用 Costas 环解调方法来恢复接收信号的相位信息。Costas 环如图 6.8 所示。

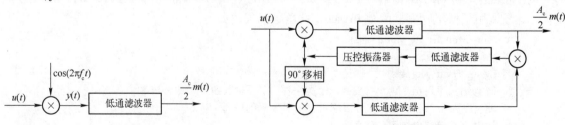

图 6.7 DSB-AM 调制信号的解调   图 6.8 Costas 环解调法

【例 6-8】 对例 6-7 的 DSB-AM 调制信号进行相干解调，并绘出消息信号的时频域曲线。
MATLAB 源程序如下：

```
t0=0.15;                              %信号持续时间
ts=1/1500;                            %采样时间间隔
Fc=250;                               %载波频率
Fs=1/ts;                              %采样频率
df=0.3;                               %频率分辨率
t=[0:ts:t0];                          %时间矢量
m=[ones(1,t0/(3*ts)), -2*ones(1,t0/(3*ts)),zeros(1,t0/(3*ts)+1)];   %定义信号序列
c=cos(2*pi*Fc.*t);                    %载波信号
u=m.*c;                               %调制信号
y=u.*c;                               %混频
[M,m,df1]=fft_seq(m,ts,df);           %傅里叶变换
M=M/Fs;                               %缩放
[U,u,df1]=fft_seq(u,ts,df);
U=U/Fs;
[Y,y,df1]=fft_seq(y,ts,df);
Y=Y/Fs;
f_cutoff=150;                         %滤波器的截止频率
n_cutoff=floor(150/df1);              %设计滤波器
f=[0:df1:df1*(length(m)-1)] -Fs/2;    %频率矢量
H=zeros(size(f));
H(1:n_cutoff)=2*ones(1,n_cutoff);
H(length(f) -n_cutoff+1:length(f))=2*ones(1,n_cutoff);
DEM=H.*Y;                             %滤波器输出的频谱
dem=real(ifft(DEM))*Fs;               %滤波器的输出
subplot(2,2,1);plot(t,m(1:length(t)));  %未调制信号
title('未调制信号');
subplot(2,2,2);plot(t,dem(1:length(t)));  %解调信号
title('解调信号');
subplot(2,2,3);plot(f,abs(fftshift(M)));  %未调制信号频谱
title('未调制信号频谱');
subplot(2,2,4);plot(f,abs(fftshift(DEM)));  %解调信号频谱
title('已调制信号谱');
```

该程序运行后得到的信号和调制信号，以及信号调制前、后的频谱对比如图 6.9 所示。

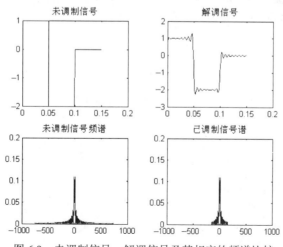

图 6.9 未调制信号、解调信号及其相应的频谱比较

为了恢复消息信号 $m(t)$，将混频信号 $y(t)$ 通过一个带宽为 150Hz 的低通滤波器。这里，滤波器的带宽的选择可以具有一定的任意性，这是因为被调信号没有严格的带限。对于有严格带限的被调信号，低通滤波器带宽的最佳选择为 W，即被调信号的带宽。因此，本例所用的理想低通滤波器为：

$$H(f) = \begin{cases} 1 & |f| \leq 150 \\ 0 & \text{其他} \end{cases}$$

2. 单边带幅度调制（SSB-AM）与解调

去掉 DSB-AM 的一边就得到 SSB-AM。依据所保留的边带是上边，还是下边，可以分为 USSA 和 LSSB 两种不同的方式，此时信号的时域表示为：

$$u(t) = A_c m(t)\cos(2\pi f_c t)/2 \mp A_c \hat{m}(t)\sin(2\pi f_c t)/2 \tag{6-4}$$

在频域表示为：

$$U_{\text{USSB}}(f) = \begin{cases} M(f-f_c) + M(f+f_c) & f_c \leq |f| \\ 0 & \text{其他} \end{cases} \tag{6-5}$$

$$U_{\text{LSSB}}(f) = \begin{cases} M(f-f_c) - M(f+f_c) & f_c \leq |f| \\ 0 & \text{其他} \end{cases} \tag{6-6}$$

这里 $\hat{m}(t)$ 是 $m(t)$ 的希尔特变换，定义为 $\hat{m}(t) = m(t)*(1/\pi t)$，频域表示为 $\hat{M}(f) = -j\text{sgn}(f)M(f)$。SSB 幅度调制占有 DSB-AM 的一半的带宽，即等于信号带宽：$B_T = W$。

【例 6-9】 这里仍然以例 6-7 中提供的信号进行 SSB 幅度调制，试绘制信号的希尔伯特变换和调制信号的频谱。

MATLAB 源程序如下：

```
t0=0.15;                                          %信号保持时间
ts=0.001;                                         %采样时间间隔
Fc=250;                                           %载波频率
Fs=1/ts;                                          %采样频率
df=0.3;                                           %频率分辨率
t=[0:ts:t0];                                      %时间矢量
m=[ones(1,t0/(3*ts)),-2*ones(1,t0/(3*ts)),zeros(1,t0/(3*ts)+1)];  %定义信号序列
c=cos(2*pi*Fc.*t);                                %载波信号
b=sin(2*pi*Fc.*t);
ussb=m.*c-imag(hilbert(m)).*b;                    %上边带调制信号
lssb=m.*c+imag(hilbert(m)).*b;                    %下边带调制信号
[M,m,df1]=fft_seq(m,ts,df);                       %傅里叶变换
M=M/Fs;
[U,ussb,df1]=fft_seq(ussb,ts,df);
U=U/Fs;
[L,lssb,df1]=fft_seq(lssb,ts,df);
f=[0:df1:df1*(length(m)-1)]-Fs/2;                 %频率矢量
subplot(2,2,1);plot(t,ussb(1:length(t)));         %上边带调制信号
title('上边带调制信号');
subplot(2,2,2);plot(t,lssb(1:length(t)));         %下边带调制信号
title('下边带调制信号');
subplot(2,2,3);plot(f,abs(fftshift(U)));          %上边带调制信号频谱
title('上边带调制信号频谱');
subplot(2,2,4);plot(f,abs(fftshift(L)));          %下边带调制信号频谱
title('下边带调制信号频谱');
```

运行该程序得到上、下边带调制信号，如图 6.10 所示。得到上、下边带调制信号频谱，如图 6.11 所示。

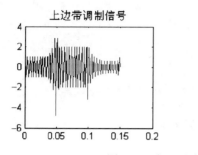
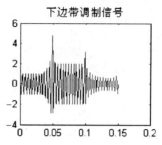

图 6.10　上、下边带调制信号

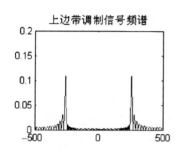
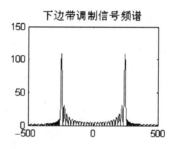

图 6.11　上、下边带调制信号频谱

SSB-AM 调制信号的解调过程基本上与 DSB-AM 调制信号的解调过程是相同的，即调制信号 $u(t) = A_c m(t)\cos(2\pi f_c t)/2 \mp A_c \hat{m}(t)\sin(2\pi f_c t)/2$ 与本地振荡器的输出进行混频得：

$$y(t) = \frac{A_c}{2} m(t)\cos^2(2\pi f_c t) \mp \frac{A_c}{2} m(t)\sin(2\pi f_c t)\cos(2\pi f_c t)$$

$$= \frac{A_c}{4} m(t) + \frac{A_c}{4} m(t)\cos(4\pi f_c t) \mp \frac{A_c}{4} \hat{m}(t)\sin(4\pi f_c t) \quad (6\text{-}7)$$

可见 $y(t)$ 中包含了 $\pm 2f_c$ 处的带通分量和一个与被调信号成正比的低通分量。然后利用低通滤波器对低通分量进行滤波即可恢复被调信号。

【例 6-10】 对例 6-9 的 LSSB 调制信号进行解调，并比较被调信号与解调信号。
MATLAB 源程序如下：

```
t0=0.15;                                %信号持续时间
ts=1/1500;                              %采样时间间隔
Fc=250;                                 %载波频率
Fs=1/ts;                                %采样频率
df=0.3;                                 %频率分辨率
t=[0:ts:t0];                            %时间矢量
m=[ones(1,t0/(3*ts)),-2*ones(1,t0/(3*ts)),zeros(1,t0/(3*ts)+1)];    %定义信号序列
c=cos(2*pi*Fc.*t);                      %载波信号
u=m.*c;                                 %调制信号
y=u.*c;                                 %混频
[M,m,df1]=fft_seq(m,ts,df);             %傅里叶变换
M=M/Fs;                                 %缩放
[U,u,df1]=fft_seq(u,ts,df);
U=U/Fs;
[Y,y,df1]=fft_seq(y,ts,df);
```

```
Y=Y/Fs;
f_cutoff=150;                              %滤波器的截止频率
n_cutoff=floor(150/df1);                   %设计滤波器
f=[0:df1:df1*(length(m)-1)]-Fs/2;          %频率矢量
H=zeros(size(f));
H(1:n_cutoff)=2*ones(1,n_cutoff);
H(length(f)-n_cutoff+1:length(f))=2*ones(1,n_cutoff);
DEM=H.*Y;                                  %滤波器输出的频谱
dem=real(ifft(DEM))*Fs;                    %滤波器的输出
subplot(2,2,1);plot(t,m(1:length(t)));     %未调制信号
title('未调制信号');
subplot(2,2,2);plot(t,dem(1:length(t)));   %解调信号
title('解调信号');
subplot(2,2,3);plot(f,abs(fftshift(M)));   %未调制信号频谱
title('未调制信号频谱');
subplot(2,2,4);plot(f,abs(fftshift(DEM))); %解调信号频谱
title('解调信号频谱');
```

该程序运行结果如图 6.12 所示。

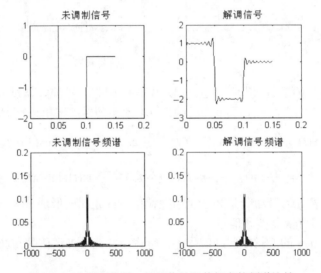

图 6.12 未调制信号、解调信号及其相应的频谱比较

3. 常规幅度调制（AM）

AM 在很多方面与双边带幅度调制类似。不同的是，用 $1+am_n(t)$ 代替 $m(t)$。这里 a 是调制指数，$m_n(t)$ 是经过归一化处理的消息信号。

在常规 AM 中，调制信号的时域表示为：

$$u(t)=A_c[1+am_n(t)]\cos(2\pi f_c t) \tag{6-8}$$

对 $u(t)$ 作傅里叶变换，即可得到信号的频域表示：

$$U(f)=\frac{A_c}{2}[\delta(f-f_c)+aM(f-f_c)+\delta(f+f_c)+aM(f+f_c)] \tag{6-9}$$

传输带宽 B_T 仍然是消息信号带宽的两倍，即：$B_T=2W$。

【例 6-11】 仍然以例 6-9 中提供的信号进行常规幅度调制，给定调制指数 $a=0.8$，试绘制信

号和调制信号的频谱。

MATLAB 源程序如下：

```
t0=0.15;                                %信号保持时间
ts=0.001;                               %采样时间间隔
Fc=250;                                 %载波频率
Fs=1/ts;                                %采样频率
df=0.3;                                 %频率分辨率
a=0.8;                                  %调制系数
t=[0:ts:t0];                            %时间矢量
m=[ones(1,t0/(3*ts)), -2*ones(1,t0/(3*ts)),zeros(1,t0/(3*ts)+1)]; %定义信号序列
c=cos(2*pi*Fc.*t);                      %载波信号
m_n=m/max(abs(m));                      %调制信号
[M,m,dfl]=fft_seq(m,ts,df);             %傅里叶变换
M=M/Fs;
u=(1+a*m_n).*c;                         %调制信号载波
[U,u,dfl]=fft_seq(u,ts,df);
U=U/Fs;
f=[0:dfl:dfl*(length(m)−1)] −Fs/2;      %频率矢量
subplot(2,2,1);plot(t,m(1:length(t)));  %未调制信号
title('未调制信号');
subplot(2,2,2);plot(t,u(1:length(t)));  %已调制信号
title('已调制信号');
subplot(2,2,3);plot(f,abs(fftshift(M))); %未调制信号频谱
title('未调制信号频谱');
subplot(2,2,4);plot(f,abs(fftshift(U))); %已调制信号频谱
title('已调制信号频谱');
```

该程序运行结果如图 6.13 和图 6.14 所示。

AM 信号的解调，可采用包络检波器来实现。AM 调制信号的包络为：

$$V(t) = 1 + am_n(t)$$

式中，$m_n(t)$ 与被调信号 $m(t)$ 成比例，1 对应于可由直流电路分离出来的载波分量。

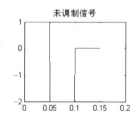
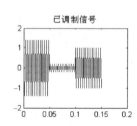
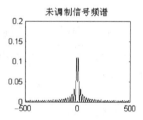
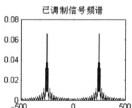

图 6.13　常规幅度调制信号　　　　　　　　图 6.14　常规幅度调制信号频谱

【例 6-12】 利用包络检波方法解调例 6-11 中所得的被调信号。如果被调信号是周期为 t_0 的周期信号，且在调制信号中加入高斯白噪声以使噪声功率为调制信号功率的百分之一，试将该情形与无噪声的情况进行比较。

MATLAB 源程序如下：

```
t0=0.15;                                %信号持续时间
ts=0.001;                               %采样时间间隔
Fc=250;                                 %载波频率
```

```
Fs=1/ts;                                    %采样频率
df=0.3;                                     %频率分辨率
a=0.8;                                      %调制系数
t=[0:ts:t0];                                %时间矢量
m=[ones(1,t0/(3*ts)),-2*ones(1,t0/(3*ts)),zeros(1,t0/(3*ts)+1)];  %定义信号序列
c=cos(2*pi*Fc.*t);                          %载波信号
m_n=m/max(abs(m));                          %归一化后的调制信号
u=(1+a*m_n).*c;                             %调制信号载波
f=[0:df:df*(length(m)-1)]-Fs/2;             %频率矢量
env=abs(Hilbert(u));                        %找出包络
dem1=2*(env-1)/a;                           %去掉dc分量并重新缩放
signal_power=(norm(u)^2)/length(u);         %调制信号功率
noise_std=sqrt(signal_power)/100;           %噪声标准偏差
noise=noise_std*randn(1,length(u));         %产生噪声
r=u+noise;                                  %给调制信号加入噪声
env_r= abs(Hilbert(r));                     %找出包络
dem2=2*(env_r-1)/a;                         %去掉dc分量并重新缩放
subplot(3,1,1);plot(t,m(1:length(t)));      %未调制信号
title('未调制信号');
subplot(3,1,2);plot(t,dem1(1:length(t)));   %无噪声时的调制信号
title('无噪声时的调制信号');
subplot(3,1,3);plot(t,dem2(1:length(t)));   %有噪声时的调制信号
title('有噪声时的调制信号');
```

运行以上程序得到的常规幅度调制信号，如图6.15所示。

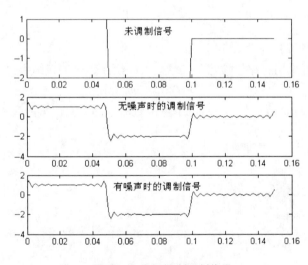

图 6.15 常规幅度调制信号

4．正交幅度调制（QAM）

正交幅度调制信号为： $u(t) = m_I(t)\cos(2\pi f_c t + \phi_c) + m_Q(t)\sin(2\pi f_c + \phi_c)$ （6-10）

式中，$m_I(t)$ 为同相信号，$m_Q(t)$ 为正交信号，f_c 是载波频率(单位：Hz)，ϕ_c 是初始相位。正交幅度调制方框图如图6.16所示。对应的解调方框图如图6.17所示。

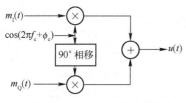
图 6.16 正交幅度调制框图

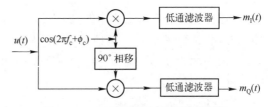
图 6.17 正交幅度调制的解调方框图

5. 频率调制（FM）

频率调制亦称为等振幅调制。在频率调制过程中，输入信号控制载波的频率，使已调信号 $u(t)$ 的频率按输入信号的规律变化。调制公式为：

$$u(t) = \cos(2\pi f_c t + 2\pi\theta(t) + \phi_c) \qquad (6-11)$$

式中，$u(t)$ 是调制后的信号，f_c 是载波的频率（单位 Hz），ϕ_c 是初始相位，$\theta(t)$ 是瞬时相位，它随输入信号的振幅而变化，有：

$$\theta(t) = k_c \int_0^t m(t)\mathrm{d}t \qquad (6-12)$$

式中，k_c 为比例常数，称为调制器的灵敏度。

频率调制的解调过程采用锁相环方法，如图 6.18 所示。MATLAB 工具箱实现的 FM 是窄带频率调制。

6. 相位调制（PM）

相位调制则是利用输入信号 $m(t)$ 控制已调信号 $u(t)$ 的相位，控制规律为：

$$u(t) = \cos(2\pi f_c t + 2\pi\theta(t) + \phi_c) \qquad (6-13)$$

式中，$u(t)$ 为调制后的信号，f_c 为载波频率（单位 Hz），ϕ_c 为初始相位，$\theta(t)$ 是瞬时相位，它随输入信号的振幅而变化，有：

$$\theta(t) = k_c m(t) \qquad (6-14)$$

式中，k_c 为比例常数，称为调制器的灵敏度。相位调制的解调过程如图 6.19 所示。

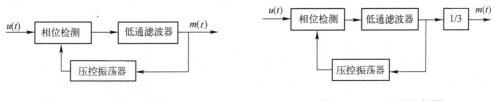

图 6.18 FM 解调方框图　　　　图 6.19 PM 解调方框图

7. 带通模拟调制/解调函数

在 MATLAB 通信工具箱中提供了 amod 和 ademod 函数（见表 6.1），分别用于实现带通模拟调制和解调。这两个函数的调用格式如下。

（1）带通模拟调制函数 amod

格式：y=amod(x,Fc,Fs,method…)

功能：用载波为 Fc(Hz)的信号来调制模拟信号 x，采样频率为 Fs(Hz)，Fc > Fs。变量 Fs 可以是标量也可以为一个二维的矢量。二维矢量中第一个值为采样频率，第二个值为调制载波的初相，初相以弧度为单位，默认值为 0。根据采样定理，采样频率必须大于或等于调制信号最高频率的两倍。字符串变量 method 指定所用的调制方式。可用的模拟调制方式如表 6.4 所示。具体调用格式如下。

表 6.4　模拟调制方式

可选择的参数	含　义
amdsb-tc	双边带载波幅度调制
amdsb-sc	双边带抑制载波幅度调制
amssb	单边带抑制载波幅度调制
qam	正交幅度（QAM）调制
pm	相位调制
fm	频率调制

格式一：y=amod(x,Fc,Fs,'amdsb_tc',offset)或 y=amod(x,Fc,Fs,'am',offset)

功能：用双边带载波幅度调制信号 x。offset 为调制前从输入信号减去的偏移量，默认值为 offset=abs(min(x))。

格式二：y=amod(x,Fc,Fs,'amdsb_sc')

功能：用双边带抑制载波幅度调制信号 x。

格式三：y=amod(x,Fc,Fs,'amssb')

功能：用单边带抑制载波幅度调制信号 x。计算中使用频域希尔伯特变换法。

格式四：y =amod(x,Fc,Fs,'amssb',hil_flt)

功能：在单边带抑制载波幅度调制中，使用时域希尔伯特滤波器，该滤波器传递函数的分子(num)、分母(den)由[num,den]=hilbiir(1/Fs)产生。

格式五：y = amod(x,Fc,Fs,'amssb',hil_flt,den)

功能：在单边带抑制载波幅度调制中，使用时域希尔伯特滤波器，该滤波器传递函数的分子为 num=hil_flt，分母由 den 指定。[num,den]=hilbiir(1/Fs)产生。希尔伯特滤波器可由[num,den] =hilbiir(1/Fs)或[num,den]=hilbiir(1/Fs,delay,bandwidth)完成设计。

格式六：y=amod(x,Fc,Fs,'qam')

功能：用正交幅度调制方法调制输入信号 x。输入信号 x 为具有偶数列的矩阵，矩阵中的奇数列为同相信号，偶数列为正交信号，输出 y 的列数为输入 x 列数的一半。

格式七：y=amod(x,Fc,Fs,'fm',deviation)

功能：用频率调制方法调制输入信号 x，频偏由参数 deviation 指定，默认值为 0。已调信号的频率为 min(x)+Fc～max(x)+Fc。

格式八：y=amod(x,Fc,Fs,'pm',deviation)

功能：用相位调制方式调制输入信号 x，相偏由参数 deviation 指定。

（2）带通模拟解调函数 ademod

格式：z=ademod(y,Fc,Fs,method...)

功能：对载波为 Fc (Hz)的调制信号 y 进行解调，采样频率 Fs (Hz)，Fc＞Fs。它是 amod 函数的逆过程， amod 与 ademod 选择的调制方式必须相同，否则不容易正确复制出原信号。Fs 可以是标量也可以为一个二维的矢量。二维矢量中第一个值为采样频率，第二个值为解调载波的初相，初相以弧度表示，默认值为 0。采样频率必须与调制中所用参数相匹配，而初相可为不同值。该函数在解调中用到一个低通滤波器，低通滤波器传递函数的分子、分母由输入参数 num、den 指定，低通滤波器的采样时间等于 1/Fs。当 num=0 或默认时，函数使用一个默认的巴特沃思低通滤波器，可由[num,den]=butter(5,Fc*2/Fs)生成。因此，字符串变量 method 指定所用的调制方式，可用的模拟调制方式如表 6.4 所示。具体解调的格式如下。

格式一：z=ademod(y,Fc,Fs,'amdsb_tc',offset,num,den) 或 z=ademod(y,Fc,Fs,'am',offset,num, den)

功能：对双边带载波幅度调制信号进行解调。offset 表示解调后从输入信号中需要减去的偏移量，默认值为 offset=abs(min(z))。

格式二：z=ademod(y,Fc,Fs,'amdsb_sc',num,den)

功能：对双边带抑制载波的调制信号进行解调。

格式三：z=ademod(y,Fc,Fs,'amdsb_sc/costas',num,den)

功能：在解调计算中使用柯斯塔斯(Costas)环。

格式四：z=ademod(y,Fc,Fs,'amdssb',num,den)

功能：对单边带抑制载波的调制信号进行解调。

格式五：z=ademod(y,Fc,Fs,'qam',num,den)

功能：对正交幅度调制信号进行解调，输出信号 z 为一个偶数列的矩阵，奇数列为同相分量，偶数列为正交分量。

格式六：z=ademod(y,Fc,Fs,'fm',num,den)

功能：对频率调制信号进行解调。解调过程由相位比较器、低通滤波器及压控振荡器(VCO)组成的锁相环(PLL)来完成。当 Fs 为二维矢量时，第二个值则为 VCO 的初相。

格式七：z = ademod(y,Fc,Fs,'fm',num,den,vcoconst)

功能：由指定参数 vcoconst(Hz/V)解调，默认值为 1。

格式八：z=ademod(y,Fc,Fs,'pm',num,den)

功能：对相位调制信号进行解调。解调过程是由相位比较器、低通滤波器及压控振荡器组成的锁相环来完成。当 Fs 为二维矢量时，第二个值则为 VCO 的初相。

格式九：z = ademod(y,Fc,Fs,'pm',num,den,VCOconst)

功能：由指定参数 VCOconst(Hz/V)解调，默认值为 1。

【例6-13】 使用 MATLAB 对一信号进行正交幅度调制。

MATLAB 源程序如下：

```
Fs=100;                    %采样频率
Fc=15;                     %载波频率
t=0:0.025:2;               %采样时间
x=sin([pi*t',2*pi*t']);    %信号
y=amod(x,Fc,Fs,'qam');     %正交幅度调制
z=ademod(y,Fc,Fs,'qam');   %正交幅度解调
plot(t,x(:,1),'-',t,z(:,1),'--')    %绘制调制信号
hold
plot(t,x(:,2),'-o',t,z(:,2),'--*')  %绘制解调信号
```

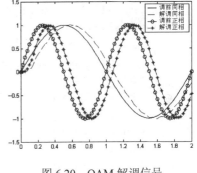

图 6.20　QAM 解调信号

运行该程序得到的信号和解调信号的波形如图 6-20 所示。图中实线为信号源波形，虚线为解调后的波形。在信号源与解调信号之间有一个时间延迟，这是由于在仿真解调过程中使用了低通滤波器。

【例6-14】 对例 6-7 中的信号进行 DSB-AM 和 SSB-AM 的调制与解调，并比较被调信号与解调信号，以及它们的频谱。

MATLAB 源程序如下：

```
t0=0.15;                   %信号持续时间
ts=1/1500;                 %采样时间间隔
Fc=250;                    %载波频率
Fs=1/ts;                   %采样频率
df=0.3;                    %频率分辨率
t=[0:ts:t0];               %时间矢量
m=[ones(1,t0/(3*ts)), -2*ones(1,t0/(3*ts)),zeros(1,t0/(3*ts)+1)];   %定义信号序列
u1=amod(m,Fc,Fs,'amdsb-tc');       %双边带抑制载波幅度调制
y1=ademod(u1,Fc,Fs,'amdsb-tc');    %双边带抑制载波幅度调制/解调
u2=amod(m,Fc,Fs,'amssb');          %单边带抑制载波幅度调制
```

```
y2=ademod(u2,Fc,Fs,'amssb');          %单边带抑制载波幅度调制/解调
[M,m,df1]=fft_seq(m,ts,df);           %傅里叶变换
M=M/Fs;                                %缩放
[U1,u1,df1]=fft_seq(u1,ts,df);
U1=U1/Fs;
[Y1,y1,df1]=fft_seq(y1,ts,df);
Y1=Y1/Fs;
[U2,u,df1]=fft_seq(u2,ts,df);
U2=U2/Fs;
[Y2,y2,df1]=fft_seq(y2,ts,df);
Y2=Y2/Fs;
f=[0:df:df* (length(m) −1)] −Fs/2;    %频率矢量
clf,figure(1);
subplot(2,2,1);plot(t,m(1:length(t))); %未调制信号
title('未调制信号');
subplot(2,2,2);plot(t,y1(1:length(t))); %解调信号
title('解调信号');
subplot(2,2,3);plot(f,abs(fftshift(M))); %未调制信号频谱
title('未调制信号频谱');
subplot(2,2,4);plot(f,abs(fftshift(Y1))); %解调信号频谱
title('解调信号频谱');
figure(2)
subplot(2,2,1);plot(t,m(1:length(t))); %未调制信号
title('未调制信号');
subplot(2,2,2);plot(t,y2(1:length(t))); %解调信号
title('解调信号');
subplot(2,2,3);plot(f,abs(fftshift(M))); %未调制信号频谱
title('未调制信号频谱');
subplot(2,2,4);plot(f,abs(fftshift(Y2))); %解调信号频谱
title('解调信号频谱');
```

该程序运行结果如图 6.21 和图 6.22 所示。

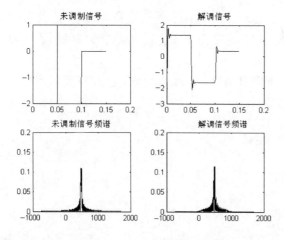

图 6.21 DSB-AM 调制/解调结果

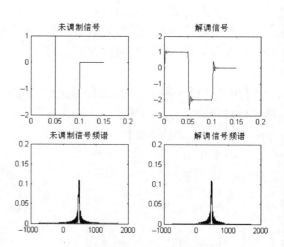

图 6.22 SSB-AM 调制/解调结果

6.4.2 基带模拟调制/解调

在带通仿真时,载波信号包含在传输的信号中,然而,根据 Nyquist 采样定律,仿真采样频率至少大于两倍要仿真模拟信号的频率。对于载波频率 f_c 远远大于消息信号频率的高频信号进行仿真时,若仍采用带通通信系统模拟仿真,就会使计算负担过重、仿真效率低、速度慢。为解决这一问题,引入了基带仿真技术。

基带仿真,也称低通对等方法,使用带通信号的复包络作为输入信号。设 B 为原始信号带宽,基带仿真要求仿真采样率大于或等于 $2B$,而一般情况下有 $B \ll f_c$。基带调制器的输出为复数信号,作为基带解调器的输入。图 6.23 所示为基带调制/解调过程。

实信号 → 基带调制 → 复信号 → 基带信道 → 复信号 → 基带解调 → 实信号

图 6.23 基带调制/解调

MATLAB 通信工具箱提供了六类基带模拟调制技术,即:
- 双边带抑制载波幅度调制(DSB-SC AM)
- 单边带抑制载波幅度调制(SSB-SC AM)
- 双边带载波幅度调制(DSB-TC AM)
- 正交幅度调制(QAM)
- 频率调制(FM)
- 相位调制(PM)

MATLAB 所提供的调制器的输入信号 $u(t)$,除了 QAM 外都是实数信号。QAM 的输入包含两个部分,即同相分量 $u_I(t)$ 和正交分量 $u_Q(t)$。调制器的输出包含同相和正交两部分,即在对一个基带调制的信号进行解调时,MATLAB 解调的结果为复数形式,因此需要一个二维向量来表示。表 6.5 给出了各种调制方法的输出格式($x_I(t)$ 为实数部分,$x_Q(t)$ 为虚数部分)。

$x_I(t)$ 和 $x_Q(t)$ 是调制相移为 0 时的输出,已调信号可以表示为复包络形式:

$$y(t) = [x_I(t) + x_Q(t)]e^{j\theta} = R(t)e^{j\psi(t)} \quad (6-15)$$

式中,θ 为载波相移,$R(t) = \sqrt{x_I^2(t) + x_Q^2(t)}$ 是实包络,$\psi(t)$ 为包络的相位,即

$$\psi = \theta + \alpha \tan \frac{x_I(t)}{x_Q(t)} \quad (6-16)$$

表 6.5 基带调制输出格式

调制方法	$x_I(t)$	$x_Q(t)$	可选参数
DSB-SC AM	$u(t)$	0	无
SSB-SC AM	$u(t)$	$u^*(t), u(t)$ 的 Hilbert 串含传递函数	无
DSB-TC AM	$u(t) - k$	0	k 为调制位移
QAM	$u_I(t)$	$u_Q(t)$	无
FM	$\cos(k \int u(\tau)d\tau)$	$\sin(k \int u(\tau)d\tau)$	k 为调制灵敏度
PM	$\cos[ku(t)]$	$\sin[ku(t)]$	k 为调制灵敏度

复包络信号 $y(t)$ 是基带仿真的输出。

在信道传输过程中,复包络信号 $y(t)$ 可能由于噪声、带宽限制等因素干扰而成为信号 $z(t)$。解调的任务就是从 $z(t)$ 中恢复原始信号 $u(t)$。

基带模拟解调可以分为两类:相干解调和非相干解调。相干解调必须确切地知道载波信号的频率和相位信息,才能够正确复制出原信号。非相干解调的优点是允许在不知道确切的载波频率和相位信息的情况下解调信号,其不足之处在于增加了计算复杂度,并且解调的性能下降。

- 相干解调

接收信号 $z(t)$ 的同相和正交分量为：

$$z_I(t) + jz_Q(t) = z(t)e^{j2\pi(f_c-\hat{f}_c)+j(\theta-\hat{\theta})} \quad (6\text{-}17)$$

式中，f_c 和 θ 分别是载波信号的频率和相位。利用 $z(t)$ 的估值可以恢复信号 $u(t)$。

● 非相干解调

非相干解调可以应用于 DSB-SC AM、DSB-TC AM、FM 和 PM。对于 AM，非相干解调可以使用包络检波法。

通信工具箱中提供了 amodce 和 ademodce 函数（参见表 6.1），分别用于实现基带模拟调制与解调。

1. 基带模拟调制函数 amodce

格式：y=amodce(x,Fs,method,…)

说明：对输入信号 x 进行调制，输出复包络信号。输入/输出的采样频率为 Fs(Hz)。输出 y 为一个复矩阵。Fs 可以是标量也可以为二维的矢量。二维矢量中第一个值为采样频率，第二个值为载波信号的初相，初相以弧度表示，默认值为 0。字符串变量 method 指定所用的调制方式，可选择的具体方式见表 6.4。

格式一：y =amodce(x,Fs,'amdsb_tc',offset) 或 y =amodce(x,Fs,'am',offset)

功能：用双边带载波传输的方式对信号 x 进行调制，输出复包络信号 y。offset 为调制前从输入信号 x 中减去的偏移值，当 offset 被忽略时，该函数默认偏置为 offset=abs(min(x))。

格式二：y =amodce(x,Fs,'amdsb_sc')

功能：用双边带抑制载波的方式对信号 x 进行调制，输出复包络信号 y。

格式三：y =amodce(x,Fs,'amssb')

功能：用单边带抑制载波的方式对信号 x 进行调制，输出复包络信号 y。计算中使用频域希尔伯特变换法。

格式四：y =amodce(x,Fs,'amssb/time')

功能：在单边带抑制载波调制计算中采用时域希尔伯特变换滤波器。该滤波器的分子、分母由[num, den] = hilbiir(1/Fs)决定。

格式五：y =amodce(x,Fs,'amssb/time',num,den)

功能：在单边带调制计算中采用时域希尔伯特变换滤波器。希尔伯特滤波器的分子、分母由输入参数 num、den 决定，可以利用 hilbiir 函数来生成一个希尔伯特滤波器，即

[num, den] = hilbiir(1/Fs, delay, bandwidth, tol)

格式六：y =amodce(x,Fs,'qam')

功能：用正交幅度调制方法来调制输入信号 x，输出复包络信号 y。输入信号 x 为具有偶数列的矩阵，输出 y 的奇数列 y(:, i)为同相分量，偶数列 y(:, 2*i−1)为正交分量。

格式七：y =amodce(x,Fs,'fm',deviation)

功能：用频率调制方法来调制输入信号 x，输出复包络信号 y，频偏参数由 deviation 指定，默认时 deviation=1。

格式八：y =amodce(x,Fs,'pm', deviation)

功能：用相位调制方式来调制输入信号 x，输出复包络信号 y。相偏参数由 deviation 指定，默认时 deviation=1。

2. 基带模拟解调函数 ademodce

格式：z =ademodce(y,Fs,method…)

功能：对接收的复包络信号 y 进行解调，y 的采样频率为 Fs(Hz)。Fs 可为标量也可以为二维矢量。矢量中第一个值为采样频率，第二个值为调制载波的初相，初相用弧度表示，且默认值为 0。采样频率必须与调制中所用的采样频率一致，但初相可以不一致。函数在解调中可使用低通滤波器，低通滤波器传输函数的分子、分母分别由输入参数 num 和 den 指定，低通滤波器的采样时间为 1/Fs。当 num=0 或默认时，该函数将不使用低通滤波器。字符串变量 method 指定所用的调制方式，可选择的具体方式见表 6.4。

格式一：z=ademodce(y,Fs,'amdsb_tc',offset,num,den)或 z=ademodce(y,Fs,'am',offset,num,den)

功能：对双边带载波传输调制的复包络信号 y 进行解调。参数 offset 表示解调后从输入信号中要减去的偏置，默认值为 offset = abs(min(z))。

格式二：z=ademodce(y,Fs,'am/costas',offset,num,den) 或
z=ademodce(y,Fs,'amdsb–tc/costas',offset num,den)

功能：采用 Costas 低通滤波器进行解调。

格式三：z=ademodce(y,Fs,'amdsb_sc',num,den)

功能：对双边带抑制载波调制的复包络信号 y 进行解调。

格式四：z=ademodce(y,Fs,'amdsb_sc/costas',num,den)

功能：在解调计算中使用一个 Costas 环。

格式五：z=ademodce(y,Fs,'amssb',num,den)

功能：对单边带抑制载波调制的复包络信号 y 进行解调。

格式六：z=ademodce(y,Fs,'qam',num,den)

功能：对正交幅度调制的复包络信号 y 进行解调。输出信号 z 的奇数列为解调信号的同相分量，偶数列为解调信号的正交分量。

格式七：z=ademodce(y,Fs,'fm',num,den,vcoconst)

功能：对频率调制的复包络信号 y 进行解调。VCO 控制参数由 vcoconst 指定，默认时为 1。

格式八：z =ademodce(y,Fs,'pm',num,den,vcoconst)

功能：对相位调制的复包络信号 y 进行解调。VCO 控制参数由 vcoconst 指定，默认时为1。

总之，为了正确复制出原信号，基带模拟调制/解调函数 amodce 与 ademodce 选择的调制方式必须相同。

【例 6-15】 利用 MATLAB 对一信号进行基带调制解调。

MATLAB 源程序如下：

```
Fs=100;                                  %信号采样频率
t=[0:1/Fs:5]';                           %信号采样时间
x=[sin(2*pi*t),.5*cos(5*pi*t),sawtooth(4*t)];  %输入信号源
y=amodce(x,Fs,'fm');                     %调制
z=ademodce(y,Fs,'fm');                   %解调
subplot(2,1,1);plot(x);title('原信号');   %绘制原信号
subplot(2,1,2);plot(z);title('解调信号'); %绘制调制解调后的信号
```

运行该程序结果如图 6.24 所示。

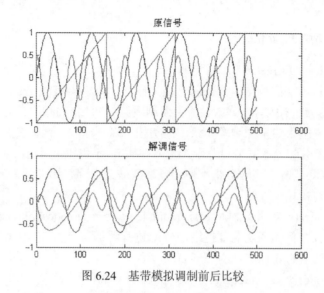

图 6.24 基带模拟调制前后比较

由图 6.24 不难发现：在信号源与解调信号之间有一个时间延迟。这是由于在仿真解调过程中使用了低通滤波器所引起的。

6.5 数字调制与解调

按数字调制的方法分类可以分为多进制幅度键控（M-ASK）、正交幅度键控（QASK）、多进制频率键控（M-FSK）及多进制相位键控（M-PSK）。

数字调制包括数模转换和模拟调制两部分，如图 6.25 所示。数模转换技术将接收到的数字信号转化为模拟信号，模拟信号再完成调制。一般来说，数字信号可以组成一个有限的码符集。例如，在二进制传输时可以将两个二进制数位看作是一个码符，这样得到的码符集为"00"、"01"、"10"和"11"。此时数模转换至少需要四个点来单独映射四个码符。在通信工具箱中，映射点的个数被称为 M 元数。数模转换算法需为每个映射点找到不同的模拟信号集，由模拟信号集组成信号空间，映射点对应的所有模拟信号集被称为点集。

数字解调过程一般是数字调制的逆过程（多频移键控和多相移键控除外），包含模拟解调和数模转换。模拟信号解调后再数字化就得到解调的数字信号。数字调制涉及三个频率，即载波信号频率 F_c、采样频率 F_s 和波特率 F_d。为能够正确解调，频率之间应该满足 $F_s > F_c > F_d$。调制和解调过程必须使用相同的方法才能正确地恢复原始信号。

1. M 元幅度键控调制（M-ASK）

M 元幅度键控调制包含两部分，M-ASK 映射和模拟幅度调制。M-ASK 映射将输入的数字码符映射到区间 $[-x, x]$，数字码符取值范围是 $[0, M-1]$ 区间内的整数。输出信号的幅值分别为 $[-x, x]$ 的 $M-1$ 等分点。注意：M 必须是 2^k，k 是一个正整数。图 6.26 示出了 M 元数为 2、4 和 8 的点集。

图 6.25 数字调制过程

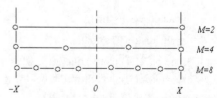

图 6.26 2、4 和 8 点集 M-ASK 映射

2. M元正交键控调制（M-QASK）

M-QASK 是数字调制使用得最多的一种方法。它一般将输入的数字码符映射成为同相和正交的两个独立分量，然后用模拟 QAM 法对它们进行调制；在接收方，接收的信号被解调为同相和正交信号，从映射过程中恢复原始信号。

有许多种方法可将输入信号映射成同相和正交分量。通信工具箱为 M-QASK 提供以下三种方案。

（1）平面直角点集：平面直角点集 QASK 具有规则的方形点集结构。平面直角点集的关键数字是 M 元数 M，通信工具箱限制平面直角点集为 2^k，k 是一个正整数。

（2）圆点集：圆点集在不同的圆周上定义不同的同相和正交分量。圆点集使用三个向量来定义点集，即码符数（nic）、圆半径（ric）和圆的相移（pic），三个向量等长，即等于点集中圆的个数。

（3）任意点集：自定义任意点集只要求映射为一一映射，而对点集结构的形状没有限制，用户可以通过指定映射点的同相和正交分量来选择用户所喜欢的点集形状。任意点集必须确定两个向量，即同相分量向量和正交分量向量，两个向量等长。inph(k)和 quad(k)确定了点的位置。输入码符 k 映射成的同相和正交分量分别是 inph(k+1)和 quad(k+1)。

3. M元频率键控调制（M-FSK）

M 元频率键控调制通过使用输入信号控制输出信号的频率来实现对数字信号的调制。M-FSK 调制过程分成两部分，即映射和模拟调制。映射过程将输入信号反映成载波频率变化，模拟调制即 FM。

M-FSK 的解调过程比较特殊，它使用一个长度为 M 的信号向量来匹配已调信号，解调过程计算接收信号与信号向量的相关度，并据此判断最有可能的码符。计算相关度有两种方法，即相干法和非相干法。相干法要求事先知道已调信号的相位，而非相干法则不要求相位信息，它可以在解调过程中恢复已调信号的相位信息。当然，非相干法的计算复杂度远比相干方法大得多。

4. M元相位键控调制（M-PSK）

M-PSK 通过改变已调信号的相位信息来实现对数字信号的调制。M-PSK 设置不同的初相位以区别不同的数字码符。M-PSK 调制器输入信号的取值区间为[0,M–1]，数字 i 对应的相位位移为 $2\pi i/M$。

M-PSK 的解调过程与 M-FSK 的类似，通过计算输入信号与一组正弦载波的相关度来实现。M-PSK 解调需要知道相位信息。

6.5.1 带通数字调制/解调

在 MATLAB 通信工具箱中提供了函数 dmod 和 ddemod，分别用于实现带通数字调制和解调，同时还提供了在调制前将数字信号映射成模拟信号的函数 modmap，和解调后将模拟信号变换成数字信号的函数 demodmap，对函数 modmap 和函数 demodmap 的使用不作详细说明，读者可通过 Help 命令来获得相关信息。

1. 数字带通调制函数 dmod

格式：y=dmod(x,Fc,Fd,Fs,method…)

功能：对输入信号 x 进行调制并输出数字带通的仿真信号 y。首先用频率为 Fc 的载波去调制数字信号，然后再输出采样频率为 Fs 的仿真已调信号，Fs/Fd 必须是一个正整数。当输入 x 是一个矩阵时，x 中每列做不相关处理，输出矩阵 y 的行数是 Fs/Fd×(x 的行数)。对应输出 y 中相邻点的时间间隔为 1/Fs，而输入 x 的相邻点时间间隔为 1/Fd。变量 Fs 可以是一个标量或两维矢量。当它为矢量时，第一个元素是采样频率，第二个元素是调制载波信号的初相，初相必须用弧度表示，且默认值为 0。为获得最好的效果，频率之间应该具有关系 Fs>Fc>Fd。用户可以利用参数 method 选择相应的调制方法，可选择的调制类型见表 6.6。

格式一：y=dmod(x,Fc,Fd,'ask',M)

表 6.6　参数 method 的可选值

method	调 制 类 型
ask	M 元幅度键控调制（ASK）
fsk	M 元频率键控调制（FSK）
msk	最小键控调制（MSK）
psk	M 元相位键控调制（PSK）
qask	正交幅度键控调制（QASK）

功能：输出 M-ASK 调制信号，M-ASK 的元数由参数 M 指定，输入数字信号为[0,M–1] 范围的整数。输出信号 y 的大小是原信号 x 大小的 Fs/Fd 倍。已调信号的峰值大小为 1。当选用 method ='ask/ nomap '时，则不进行数字到模拟的映射处理，而是假设 x 具有 Fs 的采样频率。使用 modmap('ask',M) 命令可画出平面星座图。

格式二：y=ddemod(x,Fc,Fd,Fs,'psk',M)

功能：调制一个 M-PSK 信号。M-PSK 的元数由参数 M 指定，输入数字信号为[0,M–1]范围的整数。输出信号 y 的大小是原信号 x 大小的 Fs/Fd 倍。已调信号的峰值大小为 1。当选用 method ='psk/ nomap '时，则不进行数字到模拟的映射处理，而是假设 x 具有 Fs 的采样频率。使用 modmap('psk',M) 命令可画出平面星座图。

格式三：y= dmod(x,Fc,Fd,Fs,'qask',M)

功能：输出以平面直角点集表示的 QASK 调制信号，QASK 的元数为参数 M，输入数字信号的范围为[0,M–1]。输出信号 y 的大小是原信号 x 大小的 Fs/Fd 倍。当选用 method ='qask/ nomap '时，则不进行数字到模拟的映射处理，而是假设 x 具有 Fs 的采样频率。使用 modmap('qask',M)命令可画出平面星座图。

格式四：y=dmod(x,Fc,Fd,Fs,'qask/arb',in_phase,quad)

功能：输出以用户自定义的点集表示的 QASK 信号，其同步分量和正交分量分别由参数 in_phase 和 quad 指定，in_phase 和 quad 向量长度必须一致且等于 QASK 的 M 元数。同步分量和正交分量中符号 i(i=0, 1,$\cdots$,M–1) 定义为同步分量和相应正交分量中第 i+1 个元素。使用 modmap('qask/arb',in_phase,quad)可画出自定义的星座图。

格式五：y=dmod(x,Fc,Fd,Fs,'qask/cir', numsig, amp, phase)

功能：输出一个以圆点集表示的 QASK 调制信号。圆周上的点数 numsig、圆半径 amp 及起始点的相位 phase 指定。numsig、amp、phase 向量长度必须相同。phase 默认值为 0，amp 的默认值为[1:length(numsig)]。使用 apkconst(numsig, amp, phase)命令可画出圆点集 QASK 的星座图。

格式六：y=dmod(x,Fc,Fd,Fs,'fsk',M,tone)

功能：输出一个 FSK 调制信号。M-FSK 的元数由参数 M 指定，输入数字信号为[0,M–1] 范围的整数。输出信号 y 的大小是原信号 x 大小的 Fs/Fd 倍。已调信号的峰值大小为 1。参数 tone 为指定的两个连续频率的间隔，默认值为 tone=Fd，输出信号的频率范围为[Fc, Fc+tone* (M–1)]。当选用 method ='ask/ nomap '时，则不进行数字到模拟的映射处理，而是假设 x 具有 Fs 的采样频率。

格式七：y=dmod(x,Fc,Fd,Fs,'msk')

功能：用最小键控方式调制输入信号，输入信号的元素为二进制数。输出信号 y 的大小是原信号 x 大小的 Fs/Fd 倍，已调信号的峰值大小为 1。当选用 method ='ask/ nomap'时，则不进行数字到模拟的映射处理，而是假设 x 具有 Fs 的采样频率。

2. 数字带通解调函数 ddemod

格式：z=ddemod(y,Fc,Fd,Fs,method…)

功能：解调载波为 Fc(Hz)的数字调制信号 y，其采样频率为 Fd，计算采样频率为 Fs。Fs/Fd 必须为正整数。为获得最好的效果，频率之间应该具有关系 Fs>Fc>Fd。用户可以利用参数 method 选择相应的调制方法，可选择的调制类型见表 6.6。输入 y 的两连续点的时间间隔为 1/Fs 秒，输出 z 两连续点的时间间隔为 1/Fd 秒，输出采样点的默认时间偏移量为 0。变量 Fs 可为标量也可为二维矢量，当为矢量时，矢量中第一个值为采样频率，第二个值为载波的初相，初相以弧度表示，且默认值为 0。当 Fd 为一个二维矢量时，Fd 中的第二个值即为输出采样点的时间偏移量，但必须是整数。该函数测出接收码到编码中所有可能的码的距离，然后以离接收码最近的码作为输出数字码。除 method ='msk'和 method ='fsk'解调外，该函数可使用一个指定的低通滤波器，该滤波器的传输函数由分子 num 和分母 den 指定，滤波器的采样时间为 1/Fs，默认滤波器时，在解调时无积分器。

格式一：z=ddemod(y,Fc,Fd,Fs,'ask',M,num,den)

功能：解调 M–ASK 调制信号，输出数字信号为[0,M–1]范围的整数。z=ddemod(y,Fc,Fd,Fs,'ask/costas'…)用 costas 低通滤波器解调。当 method ='ask/nomap'时，解调后不进行映射操作。使用 modmap('ask', M)绘制星座图。

格式二：z=ddemod(y,Fc,Fd,Fs,'psk',M,num,den)

功能：解调 M–PSK 调制信号，输出数字信号为[0,M–1]范围的整数。当 method='psk/nomap'时，解调后不进行映射操作。使用 modmap('psk', M)绘制星座图。

格式三：z=ddemod(y,Fc,Fd,Fs,'fsk',M,tone)

功能：相干解调 M–FSK 调制信号，M–FSK 的元数为 M，参数 tone 为两个连续频率的间隔。解调后的数字符号为[0, M–1]范围的整数。频隙参数由 tone 指定，默认值为 tone=Fd，Fs/Fd 必须大于 M。

格式四：z=ddemod(y,Fc,Fd,Fs,'fsk/noncoherence',M,tone)

功能：非相干解调 M–FSK 调制信号。

格式五：z = ddemod(y,Fc,Fd,Fs,'qask',M,num,den)

功能：解调 M–QASK 调制信号，输出数字信号为[0,M–1]范围的整数。使用 modmap ('qask', M)绘制星座图。

格式六：z = ddemod(y,Fc,Fd,Fs,'qask/arb',in_phase,quad,num,den)

功能：解调以用户自定义的点集表示的 M–QASK 调制信号。使用 modmap('qask/arb', in_phase,quad)可画出自定义的星座图。

格式七：z = ddemod(y,Fc,Fd,Fs,'qask/cir',numsig,amp,phase)

功能：解调一个以圆点集表示的 M–QASK 调制信号。使用 apkconst(numsig, amp, phase)命令可画出圆点集的星座图。

格式八：z = ddemod(y,Fc,Fd,Fs,'msk')

功能：解调 M–MSK 调制信号。频隙间隔 Fd/2，Fs/Fd 必须大于 2。当 method ='msk/nomap'时，解调后不进行映射操作。

格式九：z = ddemod(y, Fc,Fd,Fs,'msk/noncoherence',M,tone)

功能：非相干解调 M-MSK 调制信号。

总之，数字带通调制/解调函数 dmod 与 ddemod 选择的调制方式必须相同，否则不容易正确恢复出原信号。

【例 6-16】 利用 MATLAB 进行带通数字调制/解调——M 元正交幅度键控调制。

MATLAB 源程序如下：

```
M=16;                           %设置 M 的数目
Fc=10;                          %载波频率
Fd=1;                           %信号采样速率
Fs=50;                          %采样频率
x=randint(100,1,M);             %随机信号
y=dmod(x,Fc,Fd,Fs,'qask',M);    %使用 M 元 QASK 调制方式
ynoisy=y+.01*randn(Fs/Fd*100,1);%添加高斯噪声
z=ddemod(ynoisy,Fc,Fd,Fs,'qask',M); %解调信号
s=symerr(x,z);                  %计算符号误差率
t=0.1:0.1:10;
subplot(2,1,1);
plot(t,x');title('原信号')       %绘制原信号
subplot(2,1,2);
plot(t,z');title('经调制解调后的信号') %绘制调制/解调信号
figure; modmap('qask',M)        %绘制星座图
```

该程序运行结果如图 6.27 所示，所得到符号误差率：s=0。

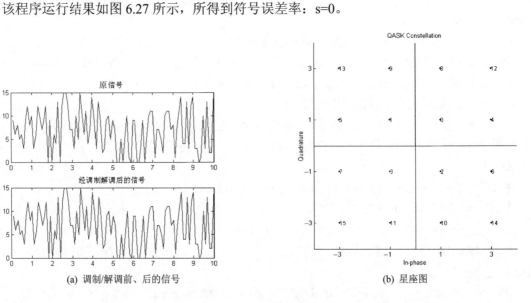

(a) 调制/解调前、后的信号　　　　　　(b) 星座图

图 6.27　16-QASK 调制

6.5.2　基带数字调制/解调

对基带数字调制与解调仿真，在 MATLAB 通信工具箱中分别提供了函数 dmodce 和 ddemodce 来实现。

1. 基带数字调制函数 dmodce

格式：y=dmodce(x,Fd,Fs,method, …)

功能：调制一个带复包络的数字信号，主要用于基带数字调制。输出 y 为复数，其采样频率为 Fs，输入 x 的采样频率为 Fd，Fs/Fd 必须是一个正整数。当输入 x 是一个矩阵时，x 中每列是相互独立的，输出矩阵 y 的行数是 Fs/Fd*（x 的行数）。输入 x 相邻点的时间间隔为 1/Fd，输出相邻点时间间隔是 1/Fs，变量 Fs 可以是一个标量或两维矢量，矢量中第一个值是采样频率，第二个值是调制载波的初始相位，初相必须是弧度，默认值为 0。用户可以利用参数 method 选择相应的调制方法，可选择的调制类型见表 6.6。

格式一：y = dmodce(x,Fd,Fs,'ask',M)

功能：输出 M-ASK 调制信号的复包络信号，y 的大小为原信号 x 大小的 Fs/Fd 倍，y 的幅度峰值大小为 1。输入信号 x 为[0,M–1] 范围的整数。M-ASK 的元数由 M 指定。使用 modmap('ask', M)命令绘制星座图。

格式二：y = dmodce(x,Fd,Fs,'psk',M)

功能：输出 M-PSK 调制信号的复包络信号，y 的大小为原信号 x 大小的 Fs/Fd 倍，y 的幅度峰值大小为 1。输入信号 x 为[0,M–1] 范围的整数。M-PSK 的元数由 M 指定。使用 modmap('psk', M)命令绘制星座图。

格式三：y= dmodce(x,Fd,Fs,'qask',M)

功能：输出以平面直角点集表示的 QASK 调制信号的复包络，QASK 的元数为参数 M，输入信号 x 为[0,M–1] 范围的整数。输出信号 y 的大小是原信号 x 大小的 Fs/Fd 倍。使用 modmap('qask',M)命令可画出平面星座图。

格式四：y=dmodce(x,Fd,Fs,'qask/arb',in_phase,quad)

功能：输出以用户自定义的点集表示的 QASK 调制信号的复包络，其同步分量和正交分量分别由参数 in_phase 和 quad 指定。同步分量和正交分量中符号 $i(i=0, 1,\cdots,M-1)$定义为同步分量和相应正交分量中第 $i+1$ 个元素。使用 modmap('qask/arb',in_phase,quad)可画出自定义的星座图。

格式五：y=dmodce(x,Fd,Fs,'qask/cir', numsig, amp, phase)

功能：输出以圆点集表示的 QASK 调制信号的复包络。圆周上的点数 numsig、圆半径 amp 及起始点的相位 phase 指定。numsig、amp、phase 向量长度必须相同。每个圆周上的星座点数是偶数分布。phase 默认值为 0，amp 的默认值为[1:length(numsig)]。使用 apkconst (numsig, amp, phase)命令可画出圆点集的星座图。

格式六：y=dmodce(x,Fd,Fs,'fsk',M,tone)

功能：输出 M-FSK 调制信号的复包络。M-FSK 的元数由参数 M 指定，输入数字信号为[0,M–1] 范围的整数。输出信号 y 的大小是原信号 x 大小的 Fs/Fd 倍。已调信号的峰值大小为 1。参数 tone 为指定的两个连续频率的间隔，默认值为数 tone=Fd。

格式七：y=dmodce(x,Fd,Fs,'msk')

功能：输出 MSK 调制信号的复包络，输入信号的元素为二进制数。输出信号 y 的大小是原信号 x 大小的 Fs/Fd 倍，已调信号的峰值大小为 1。频隙间隔为 Fd/2。

2. 数字基带解调函数 ddemodce

格式：z=ddemodce(y,Fd,Fs,method…)

功能：解调数字基带调制信号 y，其采样频率为 Fd，计算采样频率为 Fs。Fs/Fd 必须为正整数，变量 Fd 可以是一个标量或两维矢量，矢量中第一个值是采样频率，第二个值为采样时间偏移量，且必须为整数，默认值为 0。用户可以利用参数 method 选择相应的调制方法，可选择的调制类型见表 6.6。除 method ='msk'和 method ='fsk'解调外，该函数可使用一个指定的低通滤波器，该滤波器的传输函数由分子 num 和分母 den 指定，滤波器的采样时间为 1/Fs，默认滤波器时，在解调时无积分器。

格式一：z=ddemodce(y,Fd,Fs,'ask',M,num,den)

功能：解调 M-ASK 调制信号的复包络，输出数字信号为一个范围为[0,M−1]的整数。z=ddemod(y,Fc,Fd,Fs, 'ask/costas'…) 用 Costas 低通滤波器解调。使用 modmap('ask', M)绘制星座图。

格式二：z=ddemodce(y,Fd,Fs,'psk',M,num,den)

功能：解调 M-PSK 调制信号的复包络，解调后的数字符号为[0,M−1]范围的整数。使用 modmap('psk', M)绘制星座图。

格式三：z=ddemodce(y,Fd,Fs,'fsk',M,tone)

功能：相干解调 M-FSK 调制信号的复包络，频隙参数由 tone 指定，默认 tone=Fd, Fs/Fd 必须大于 M。解调后的数字符号在[0, M−1]范围。

z=ddemodce(y,Fd,Fs,'fsk/noncoherence',M,tone) 非相干解调 M-FSK 调制信号的复包络。

格式四：z=ddemodce(y,Fd,Fs,'qask',M,num,den)

功能：解调平面直角点集表示的 QASK 调制信号的复包络，解调的数字符号为[0,M−1]范围的整数。使用 modmap('qask', M)绘制星座图。

z = ddemodce(y, Fd, Fs,'qask/arb',in_phase,quad,num,den) 解调以用户自定义的点集表示的 M-QASK 调制信号的复包络。使用 modmap('qask/arb', in_phase, quad)绘制星座图。

z = ddemodce(y,Fd,Fs,'qask/cir',numsig,amp,phase,num,den) 解调一个以圆点集表示的 M-QASK 调制信号的复包络。使用 apkconst(numsig, amp, phase)绘制星座图。

格式五：z = ddemodce(y, Fd, Fs, 'msk')

功能：解调 M-MSK 调制信号的复包络。解调的数字信号为二进制数，频隙间隔 tone= Fd/2, Fs/Fd 必须大于 2。

z = ddemodce(y, Fd, Fs, 'msk/noncoherence', M, tone) 非相干解调 M-MSK 调制信号复包络，频率间隔由 tone 指定。

总之，数字基带调制/解调函数 dmodce 与 ddemodce 选择的调制方式必须相同，否则不容易正确恢复出原信号。

【例 6-17】 利用 MATLAB 对信号进行基带数字调制/解调。

MATLAB 源程序如下：

```
M=4;                                    %设置 M 的数目
Fd=1;                                   %信号采样速率
Fs=32;                                  %采样频率
SNRperBit=5;                            %信噪比
adjSNR=SNRperBit−10*log10(Fs/Fd)+10*log10(log2(M));
x=randint(5000,1,M);                    %原信号
%正交 FSK 调制
tone=0.5;                               %频率间隙 Δf=Fd/2
randn('state',1945724);                 %设置 RANDN 产生器的状态
w1=dmodce(x,Fd,Fs,'fsk',M,tone);        %调制
y1=awgn(w1,adjSNR,'measured',[],'dB');  %对调制信号添加噪声
z1=ddemodce(y1,Fd,Fs,'fsk',M,tone);     %解调
```

```
ser1=symerr(x,z1)                        %输出符号误差率
%非正交 FSK 调制
tone=0.25;
randn('state',1945724);                  %设置 RANDN 产生器的状态
w2=dmodce(x,Fd,Fs,'fsk',M,tone);         %调制
y2=awgn(w2,adjSNR,'measured',[],'dB');   %对调制信号添加噪声
z2=ddemodce(y2,Fd,Fs,'fsk',M,tone);      %解调
ser2=symerr(x,z2)                        %输出符号误差率
```

该程序运行后可得到信号在正交 FSK 调制和非正交调制解调下的符号误差率如下：

    ser1=   76   ser2=   258

另外，在该程序中使用了信道函数 awgn。

3. AWGN 信道函数 awgn

格式一：y=awgn(x,snr)

功能：向功率为 0dB 的信号 x 添加高斯白噪声，输出信号 y 的信噪比 SNR 为参数 snr（单位：dB）。如果信号 x 为复信号，该函数添加复高斯白噪声。

格式二：y=awgn(x,snr,sigpower)

功能：当参数 sigpower 为具体数值时，它代表信号的功率大小(dB)；当 sigpower='measured' 时，该函数先对信号的功率进行测试，然后再添加高斯噪声。

格式三：y=awgn(x,snr,sigpower,state)

功能：按参数 state 的说明重新设置 RANDN 产生器的状态。

格式四：y=awgn(...,powertype)

功能：说明信噪比 snr 和信号功率 sigpower 的单位。有两种选择：powertype='db'或 powertype='linear'。当 powertype='linear'时，功率的单位为 W。

【例 6-18】 对功率为 0dB 的信号，设置 RANDN 产生器的状态为 1234 状态，添加高斯噪声使其信噪比为 10dB。在 MATLAB 命令窗口中可通过以下命令完成：

```
>>x = sqrt(2)*sin(0:pi/8:6*pi);
>>y = awgn(x,10,0,1234);
```

【例 6-19】 对一未知信号功率的信号添加噪声，设置 RANDN 产生器的状态为 1234 状态，加噪声后的线性信噪比 SNR 为 4。MATLAB 源程序如下：

```
x = sqrt(2)*sin(0:pi/8:6*pi);
y = awgn(x,4,'measured',1234,'linear');
```

6.6 通信系统的性能仿真

6.6.1 通信系统的误码率仿真

通信系统误码率的大小用于衡量通信系统性能的好坏。无论是仿真带通系统还是基带通信系统，通信系统模型的误码率的计算过程主要由设置相关参数、创建信号及信源编码、调制、对调制信号添加高斯噪声、解调、计算系统的误码率等步骤组成。下面通过具体的实例，详细介绍如何利用 MATLAB 通信工具箱中所提供的函数实现系统误码率的仿真。

【例 6-20】 仿真数字带通 QPSK 调制系统的误码率。

MATALB 源程序如下：

```matlab
%第一步：设置相关参数
Fd = 1;                         %信号数据率
Fc = 4;                         %载波频率
Fs = 16;                        %调制信号的采样频率
N = Fs/Fd;
modulation = 'psk';
M=4;    %M 元正交振幅调制参数，当 M=2 时为 BPSK 仿真
k=log2(M);
SNRpBit=0:2:10;                 %设置仿真信噪比的范围
SNR=SNRpBit+10*log10(k);
symbPerIter = 2048;             %设置每次迭代符号的次数
iters=3;   %迭代次数
expSymErrs =30;                 %设置预期误差符号数目
numSymbTot=symbPerIter*iters;
rand('state',56789*10^10);      %设置均匀随机数产生的"随机种子"
randn('state',98765*10^5);      %设置高斯噪声产生的"随机种子"
%计算理论的比特误差和理论符号误差 SER，并绘制 BER 与 SER 曲线
expBER=0.5 *erfc(sqrt(10.^(SNRpBit(:).*0.1)));      %计算理论的比特误差 BER
expSER=1- (1-expBER).^k;                            %计算理论的比特误差和理论符号误差 SER
semilogy(SNRpBit(:), expSER, 'k-', ...
         SNRpBit(:), expBER, 'k:');
legend('理论的 SER','理论的 BER',0);
title('带通 QPSK 调制性能仿真');
xlabel('SNR/bit (dB)');
ylabel('SER 与 BER');
hold on;
%产生 Gray 码编码与解码序列
grayencod=bitxor([0:M-1],floor([0:M-1]/2));
[dummy graydecod]=sort(grayencod); graydecod=graydecod-1;
for(idx2=[1:length(SNR)])       %仿真不同 SNR 值时的 BER 和 SER
    idx=1;
    while ((idx<=iters)|(sum(errSym)<=expSymErrs))
        %第二步：创建信号及 Gray 编码
        msg_orig=randsrc(symbPerIter,1,[0:M-1]);    %产生[0,M-1]之间的信息序列
        %Gray 编码
        msg_gr_orig=grayencod(msg_orig+1)';         %Gray 编码
        %第三步：数字带通调制
        msg_tx=dmod(msg_gr_orig, Fc, Fd, Fs, modulation, M);
        %第四步：对调制信号添加高斯噪声，由于是带通信号，所以噪声功率只有一半
        msg_rx=awgn(msg_tx, SNR(idx2) -10*log10(0.5. *N), 'measured',[],'dB');
        %第五步：解调带通调制信号
        msg_gr_demod = ddemod(msg_rx, Fc, Fd, Fs, modulation, M);
        %第六步：Gray 码解码
        msg_demod = graydecod(msg_gr_demod+1)';
        % 计算本次迭代的 BER、SER
        [errBit(idx) ratBit(idx)] = biterr(msg_orig, msg_demod, k);
        [errSym(idx) ratSym(idx)] = symerr(msg_orig, msg_demod);
```

```
        idx=idx+1;    pause(.1);
    end
    %第七步：计算各次迭代后的平均 BER、SER
    errors(idx2,:)=[sum(errBit),   sum(errSym)];
    ratio(idx2,:)=[mean(ratBit), mean(ratSym)];
    %绘制仿真的 SER、BER 曲线
    semilogy(SNRpBit([1:size(ratio(:,2),1)]),ratio(:,2),'k*', ...
             SNRpBit([1:size(ratio(:,1),1)]),ratio(:,1),'ko');
    legend('理论的 SER','理论的 BER','仿真的 SER','仿真的 BER',0);
    pause(.1);
end
hold off;
```

该程序运行后，计算的比特误差率如图 6.28(a)所示。

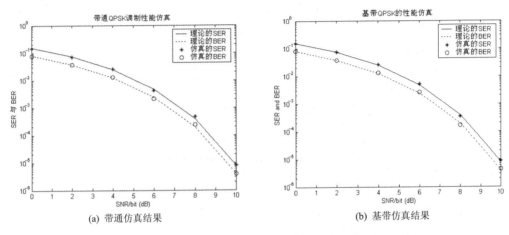

(a) 带通仿真结果　　　　　　　　　　　(b) 基带仿真结果

图 6.28　4-PSK 的误比特率 BER 和误符号率 SER

【例 6-21】 仿真数字基带 QPSK 调制系统的误码率。

MATLAB 的源程序如下：

```
% 第一步：设置数据率、采样频率等相关参数
Fd = 1; Fs = 1;modulation = 'psk';
N = Fs/Fd;
M = 4;                     %M 元正交振幅调制参数，当 M=2 时为 BPSK 仿真
k=log2(M);
SNRpBit=0:2:10;            %设置仿真信噪比的范围
SNR=SNRpBit + 10*log10(k);
symbPerIter = 4096;        %设置每次迭代符号的次数
iters = 3;                 %迭代次数
expSymErrs = 60;           %设置预期误差符号数目
numSymbTot = symbPerIter * iters;
%设置均匀随机数及高斯噪声产生的"随机种子"
rand('state', 123456789);   randn('state', 987654321);
%计算理论的比特误差和理论符号误差 SER，并绘 BER 与 SER 曲线
expBER = 0.5. *erfc(sqrt(10.^(SNRpBit(:).*0.1)) );
expSER = 1 – (1 – expBER) .^ k;
semilogy(SNRpBit(:),expSER,'k–',SNRpBit(:),expBER,'k:');
legend('理论的 SER','理论的 BER',0);
```

```
title('基带 QPSK 的性能仿真');
xlabel('SNR/bit (dB)');ylabel('SER and BER');hold on;
%产生 Gray 码编码与解码序列
grayencod   = bitxor([0:M−1],floor([0:M−1]/2));
[dummy graydecod] = sort(grayencod);    graydecod = graydecod − 1;
for(idx2 = [1:length(SNR)]),            %仿真不同 SNR 值时的 BER 和 SER
        idx = 1;
    while ((idx <= iters) | (sum(errSym) <= expSymErrs))
        %第二步：产生信号及 Gray 编码
        msg_orig = randsrc(symbPerIter,1,[0:M−1]);   %产生[0,M−1]之间的信息序列
        msg_gr_orig = grayencod(msg_orig+1)';        %Gray 编码
        %第三步：数字基带调制
        msg_tx=dmodce(msg_gr_orig, Fd, Fs, modulation, M);
        %第四步：对调制信号添加高斯噪声
        msg_rx = awgn(msg_tx, SNR(idx2) −10∗log10(1.∗N), 'measured', [], 'dB');
        %第五步：解调基带调制信号
        msg_gr_demod = ddemodce(msg_rx, Fd, Fs, modulation, M);
        %第六步：Gray 码解码
        msg_demod = graydecod(msg_gr_demod+1)';
        % 计算本次迭代的 BER、SER
        [errBit(idx) ratBit(idx)] = biterr(msg_orig, msg_demod, k);
        [errSym(idx) ratSym(idx)] = symerr(msg_orig, msg_demod);
        idx = idx + 1;     pause(.1);
    end
    %计算各次迭代后的平均 BER、SER
    errors(idx2,:) = [sum(errBit),   sum(errSym)];
    ratio(idx2,:)   = [mean(ratBit), mean(ratSym)];
    %绘制仿真的 SER、BER 曲线
    semilogy(SNRpBit([1:size(ratio(:,2),1)]),ratio(:,2),'k∗', ...
             SNRpBit([1:size(ratio(:,1),1)]),ratio(:,1),'ko');
    legend('理论的 SER','理论的 BER','仿真的 SER','仿真的 BER',0);
    pause(.1);
end
hold off;
```

该程序运行后计算的比特误差率如图 6.28(b)所示。

6.6.2 误码率仿真界面

MATLAB 提供了一种有效的分析误码率的工具——误码率仿真界面，它可用来计算和比较不同调制方式、不同差错控制编码方式和不同信道噪声模型条件下通信系统的误码率。

在 MATLAB 命令窗口中输入命令：

>>commgui

即可打开一个图形用户界面窗口——误码率仿真窗口，如图 6.29 所示。

由图 6.29 可以看出，误码率仿真窗口包含了通信系统中信号处理的全部过程：信号原信号的生成；信号经过差错控制编码和调制后发送；叠加信道噪声后送到接收设备；经过解调和解码恢复出原始数据，进行误码率计算等过程。

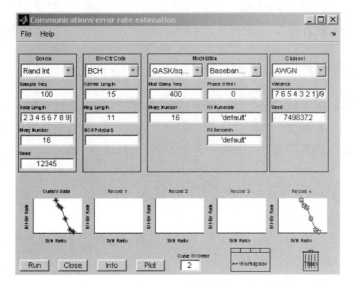

图 6.29 误码率仿真窗口

误码率仿真窗口上半部分，分为以下四个功能区域：
- Source（信号源）；
- Err-Ctr-Code（差错控制编码）；
- Modulation（信号调制编码）；
- Channel（信道）。

在每个部分均有一个下拉菜单，并有多种可供用户选择的方式。下拉菜单的下方有一个文本编辑框，用户一旦选定某种方式，即可以在编辑框中输入该方式要求的参数。全部参数设置好以后，信号的整个处理过程也就随之确定，此时用户就可以开始仿真了。

在窗口的下半部分是仿真的计算结果显示区域和控制仿真按钮。

显示区域共有 5 个小的矩形区域，其中最左边的窗口区域显示当前计算结果，其他的窗口用来保存以前的计算结果，以便进行比较。用户可以把不需要的计算结果拖入到窗口右下角的 Trash（垃圾桶）中。

在功能区域设置好参数之后，单击 Run 按钮即可开始仿真。当仿真结束后，单击 Plot 按钮就可输出计算结果，该结果显示的是极坐标系中信噪比和误码率的曲线图，分别如图 6.30(a)和 6.30(b)所示。用户可以通过该窗口比较不同通信系统模型的误码率，从而得到不同的系统性能。

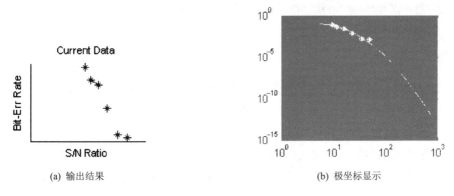

(a) 输出结果　　　　　　　　　　(b) 极坐标显示

图 6.30 误码率仿真输出示意图

6.6.3 眼图/散射图

1. 眼图

在研究数字传输码间干扰及其他信道噪声的时候，眼图是一个很方便的工具。眼图是一个接收信号相对于时间的关系曲线。当到达 x 轴的时间上限时，信号回到时间初始点，这样便产生了一幅重叠图。产生眼图的常用方法是使用示波器，将示波器的扫描频率设为 $1/T$，其中 T 是信号周期。

在 MATLAB 通信工具箱中提供了一个专用函数 eyediagram，其基本调用格式如下。

格式一：eyediagram(x, N)

功能：绘制信号 x 的眼图，该信号在一个扫描周期中有 N 个采样点。N 必须大于 1。

格式二：eyediagram(x, N, period)

功能：按指定的扫描周期 period 绘制眼图。

格式三：eyediagram(x, N, period, offset)

功能：按指定的偏移量 offset 绘制眼图。

【例 6-22】 试绘制 QASK 调制信号的眼图。

MATLAB 源程序如下：

```
M=16;Fd=1;Fs=10;
Pd=100;
msg_d=randint(Pd,1,M);                          %生成随机信号
msg_a=modmap(msg_d,Fd,Fs,'qsk',M);              %采用 QASK 调制方式
delay=3;                                        %提升余弦滤波器的延时
rcv=rcosflt(msg_a,Fd,Fs,'fir/normal',..5,delay); %利用升余弦滤波器对信号滤波
propdelay=delay.*Fs/Fd+1;                       %繁殖延时
rcv1=rcv(propdelay:end-(propdelay-1),:);
N=Fs/Fd;
offset1=0;                                      %无偏移
h1=eyediagram(rcv1,N,1/Fd,offset1);             %绘制眼图
set(h1,'Name','Eye Diagram Displayed with No Offset');
offset2=2;                                      %偏移值为 2
h2=eyediagram(rcv1,N,1/Fd,offset2,'r-');        %绘制眼图
set(h2,'Name','Eye Diagram Displayed with Offset of Two');
```

该程序运行结果如图 6.31 所示。

2. 散射图

散射图与眼图密切相关。散射图记录了在给定判决点处信号的值。在 MATLAB 通信工具箱中也提供了一个专用函数命令 scatterplot 来绘制散射图。基本调用格式如下。

格式一：scatterplot(x,N)

功能：根据指定的参数 N 绘制信号 x 的散射图。x 可为实向量，也可为复向量，或只有两列的矩阵，第一列为信号的实部，第二列为信号的虚部。绘制 x 中的第 N 点时从第一个值开始，默认值 N=1。

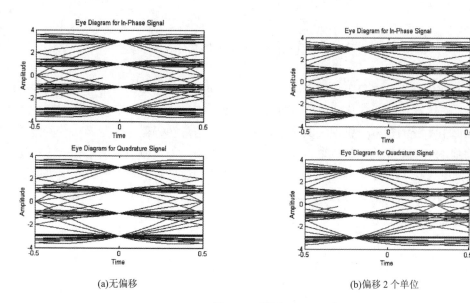

(a)无偏移　　　　　　　　　　　　　(b)偏移2个单位

图 6.31　眼图

格式二：scatterplot(x,N,offset)

功能：按指定的偏移量 offset 绘制散射图。默认值 offset=0。

【例 6-23】　试绘制 QASK 调制信号的散射图。

MATLAB 源程序如下：

```
M=16;Fd=1;Fs=10;
Pd=200;
msg_d=randint(Pd,1,M);                %生成随机信号
msg_a=modmap(msg_d,Fd,Fs,'qask',M);   %采用 QASK 调制方式
rcv=rcosflt(msg_a,Fd,Fs);             %利用升余弦滤波器对信号滤波
N=Fs/Fd;
rcv_a=rcv(3*N+1:end-4*N,:);
h=scatterplot(rcv_a,N,0,'bx');        %绘制散射图
```

该程序运行结果如图 6.32 所示。

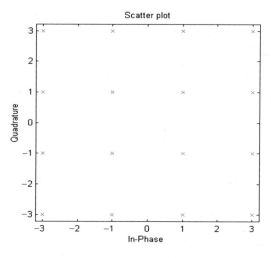

图 6.32　散射图

6.7 扩频通信系统的性能仿真

数字扩频通信技术具有抗干扰能力强、信号发送功率低，以及多个用户可在同一信道内传输信号等优点，已广泛地应用在移动通信和室内无线通信等各种商用应用系统中。图 6.33 所示为一个数字扩频通信系统的基本方框图。其中信道编码器、信道解码器、调制器和解调器是传统数字通信系统的基本构成单元。在扩频通信系统中除了这些单元外，应用了两个相同的伪随机序列发生器，分别作用在发送端的调制器与接收端的解调器上。这两个序列发生器产生伪随机噪声（PN）二值序列，在调制端将传送信号在频域进行扩展，在解调端解扩该扩频发送信号。

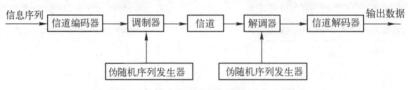

图 6.33　数字扩频通信系统基本方框图

为了正确地进行信号的扩频解扩处理，必须使接收机的本地 PN 序列与接收信号中所包含的 PN 序列建立时间同步。扩频通信系统按其工作方式的不同可分为下列几种：直接序列扩展频谱系统、跳频扩频系统、跳时扩频系统、混合式。本节只讨论两种基本的扩频系统的仿真：直接扩频和跳频系统。

6.7.1 直接序列扩频（DS-SS）系统

假设采用 BPSK 方式发送二进制信息序列的扩频通信。设信息速率为 R_b/s，码元间隔为 $T_b=1/R_s$，传输信道的有效带宽为 B_c（$B_c \gg R_b$），在调制器中，将信息序列的带宽扩展为 $W=B_c$，载波相位以每秒 W 次的速率按伪随机序列发生器序列改变载波相位。这就是直接序列扩频。具体实现如下。

信息序列的基带信号表示为：

$$v(t)=\sum_{n=-\infty}^{\infty} a_n g_T(t-nT_b) \qquad (6\text{-}18)$$

其中 $\{a_n=\pm 1,\ -\infty<n<\infty\}$，$g_T(t)$ 为宽度为 T_b 的矩形脉冲。该信号与 PN 序列发生器输出的信号相乘，得到：

$$c(t)=\sum_{n=-\infty}^{\infty} c_n p(t-nT_c) \qquad (6\text{-}19)$$

$\{c_n\}$ 表示取值为 ±1 的二进制 PN 序列。$p(t)$ 为宽度为 T_c 的矩形脉冲。上述信号的波形如图 6.34 所示。

直扩信号的解调方框图如图 6.35 所示。接收信号先与接收端的 PN 序列发生器产生的与之同步的 PN 序列相乘，此过程称为解扩，相乘的结果可表示为：

$$A_c v(t) c^2(t) \cos 2\pi f_c t = A_c v(t)\cos 2\pi f_c t \qquad (6\text{-}20)$$

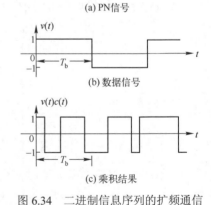

图 6.34　二进制信息序列的扩频通信

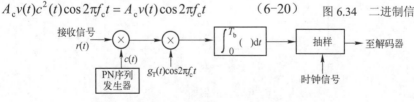

图 6.35　二进制信息序列扩频通信的解调

由于 $c^2(t)=1$，因此解扩处理后的信号 $A_c v(t)\cos 2\pi f_c t$ 的带宽约为 R_b，与发送前信息序列的带宽相同。由于传统的解调器与解扩信号有相同的带宽，这样落在接收信息序列信号带宽的噪声成为加性噪声干扰解调输出。因此，解扩后的解调处理可采用传统的互相关器或匹配滤波器。

【例 6-24】 利用 MATLAB 仿真演示直扩信号抑制正弦干扰的效果。

根据直扩原理，采用如图 6.36 所示的系统进行仿真。首先由随机数发生器产生一系列二进制信息数据(±1)，每个信息比特重复 L_c 次，L_c 对应于每个信息比特所包含的伪码码片数，包含每一比特 L_c 次重复的序列与另一个随机数发生器产生的 PN 序列 $c(n)$ 相乘。然后在该序列上叠加方差为 $\delta^2 = N_0/2$ 的高斯白噪声和形式为 $i(n) = A\sin\omega_0 n$ 的正弦干扰，其中 $0 < \omega_0 < \pi$，且正弦干扰信号的振幅满足条件 $A < L_c$。在解调器中进行与 PN 序列的互相关运算，并且将组成各信息比特的 L_c 个样本进行求和（积分运算）。加法器的输出送到判决器，将信号与门限值 0 进行比较，确定传送的数据为+1 还是−1，计数器用来记录判决器的错判数目。

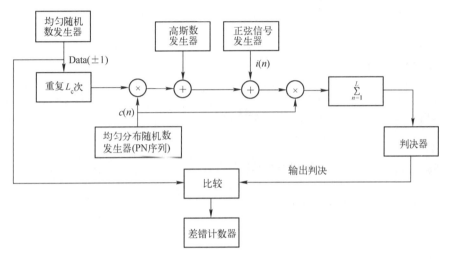

图 6.36 直扩信号抑制正弦干扰系统

MATLAB 源程序如下：

```
Lc=20;      %每比特码片数目
A1=3;       %第一个正弦干扰信号的幅度
A2=7;       %第二个正弦干扰信号的幅度
A3=12;      %第三个正弦干扰信号的幅度
A4=0;       %第四种情况：无干扰
w0=1;       %以弧度表达的正弦干扰信号频率
SNRindB=1:2:30;
for i=1:length(SNRindB)       %计算误码率
    smld_err_prb1(i)=ss_Pe(SNRindB(i),Lc,A1,w0);
    smld_err_prb2(i)=ss_Pe(SNRindB(i),Lc,A2,w0);
    smld_err_prb3(i)=ss_Pe(SNRindB(i),Lc,A3,w0);
end
SNRindB4=0:1:8;
for i=1:length(SNRindB4)      %计算无干扰情况下的误码率
    smld_err_prb4(i)=ss_Pe(SNRindB4(i),Lc,A4,w0);
end
semilogy(SNRindB,smld_err_prb1,'*-',SNRindB,smld_err_prb2,'o-');
hold;
```

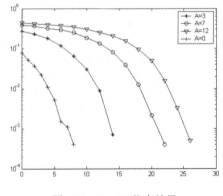

图 6.37 DS-SS 仿真结果

```
semilogy(SNRindB,smld_err_prb3,'v-',SNRindB4,smld_err_prb4,'+-');
legend('A=3','A=7','A=12','A=0');
```

该程序运行结果如图 6.37 所示。

在该程序中所调子程序 ss_Pe 的源程序如下：

```
function[p]=ss_Pe(snr_in_dB,Lc,A,w0)
%运算得出的误码率
snr=10^(snr_in_dB/10);
sgma=1;                    %噪声的标准方差设置为固定值
Eb=2*sgma^2*snr;           %达到设定信噪比所需要的信号幅度
E_chip=Eb/Lc;              %每码片的能量
N=10000;                   %传送的比特数目
%为减少该程序的运算时间，数据的产生、噪声、干扰、译码和差错计算都一
%起执行，这样做有助于超长运算矢量的计算
num_of_err=0;
for i=1:N                  %产生下一数据比特
   temp=rand;
   if(temp<0.5),data=-1;
   else   data=1;
   end;
   for j=1:Lc              %将其重复 Lc 次
      repeated_data(j)=data;
   end;
   for j=1:Lc              %产生比特传输使用的 PN 序列
      temp=rand;
      if(temp<0.5)pn_seq(j)=-1;
      else pn_seq(j)=1;
      end
   end;
   trans_sig=sqrt(E_chip)*repeated_data.*pn_seq;   %发送信号
   noise=sgma*randn(1,Lc);                         %方差为 Sgma^2 的高斯白噪声
   n=(i-1)*Lc+1:i*Lc;                              %干扰
   interference=A*sin(w0*n);
   rec_sig=trans_sig+noise+interference;           %接收信号
   temp=rec_sig.*pn_seq;                           %从接收信号中产生判决变量
   decision_variable=sum(temp);
   if(decision_variable<0) decision=-1;            %进行判决
   else decision=1;
   end;
   if(decision~=data)                              %如果存在传输中的错误，计数器累加操作
      num_of_err=num_of_err+1;
   end;
end;
p=num_of_err/N;                                    %计算的误码率
```

6.7.2 跳频扩频系统（FH-SS）

跳频扩频系统将传输带宽 W 分为很多互不重叠的频率点，按照信号时间间隔在一个或多个频率点上发送信号，根据伪随机发生器的输出，传输的信号选择相应的频率点。即载波的频率在"跳变"，"跳变"的规则由伪随机序列决定。跳频系统发射和接收部分方框图如图 6.38 所示。跳频系

统的数字调制方式可选择 BFSK 或 MFSK。如果采用 BFSK 调制方式，调制器在某一时刻选择 f_0 和 f_1 这一对频率中的一个表示"0"和"1"进行传输。合成出的 BFSK 信号发生器输出的载波频率为 f_c。然后再将这个频率变化的载波调制信号再送入信道。从 PN 序列发生器中得到 m 个比特就可以通过频率合成器产生 $2^m - 1$ 个不同频率载波。

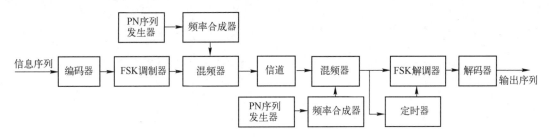

图 6.38 跳频系统发射和接收部分方框图

在接收机有一个与发射部分相同的 PN 序列发生器，用于控制频率合成器输出的跳变载波与接收信号的载波同步。在混频器中将信号进行下变频完成跳频的解跳处理。中频信号通过 FSK 解调器解调输出信息序列。在无线信道情况下，要保持跳频频率合成器的频率同步和信道中产生的信号在跳变时的线性相位是很因难的。因此，跳频系统中通常选用非相干解调的 FSK 调制。

对于跳频通信系统的有效干扰之一则是部分边带干扰，设干扰占据信道带宽的比值为 α，干扰机制可以选取一个 α 值以实现最佳干扰，即误码率最大化。对于 BFSK/FH 通信系统，最佳的干扰方案为：

$$\alpha^* = \begin{cases} 2/\rho_b & \rho_b \geqslant 2 \\ 1 & \rho_b < 2 \end{cases} \quad (6\text{-}21)$$

相应的误码率为：

$$P = \begin{cases} e^{-1}/\rho_b & \rho_b \geqslant 2 \\ 0.5 e^{-1}/\rho_b & \rho_b < 2 \end{cases} \quad (6\text{-}22)$$

式中，$\rho_b = E_b/J_0$，E_b 为每比特能量，J_0 为干扰的功率谱密度。

【例 6-25】采用非相干解调，平方律判决器（即包络判决器），利用 MATLAB 仿真 BFSK/FH 系统在最严重的部分边带干扰下的性能。

根据跳频通信系统原理及部分边带干扰机制，BFSK/FH 系统在最严重的部分边带干扰下的性能仿真方框图如图 6.39 所示。首先由一个均匀随机数发生器产生二元（"0"、"1"）信息序列作为 FSK 调制的输入。FSK 调制器的输出以概率 α（$0 < \alpha < 1$）被加性高斯噪声干扰，第二个均匀随机数发生器用来确定何时有噪声干扰信号，何时无干扰信号。

当噪声出现时，检测器的输出为（假设发送 0）：

$$r_1 = (\sqrt{E_b}\cos\varphi + n_{1c})^2 + (\sqrt{E_b}\sin\varphi + n_{1s})^2$$
$$r_2 = n_{2c}^2 + n_{2s}^2$$

式中，φ 表示信道相移，E_b 为每比特能量，$n_{1c}, n_{1s}, n_{2c}, n_{2s}$ 表示加性噪声分量。当噪声出现时，有：

$$r_1 = E_b, \quad r_2 = 0$$

因此，在检测器中无差错产生，每一个噪声分量的方差为 $\delta^2 = J_0/2\alpha$。为了处理方便起见，可以设 $\varphi = 0$ 并且将 J_0 归一化为 $J_0 = 1$，从而 $\rho_b = E_b/J_0 = E_b$。

MATLAB 仿真源程序为：

```
rho_b1=0:5:35;                    %rho in dB 代表仿真的误码率
rho_b2=0:0.1:35;                  %rho in dB 代表理论计算得出的误码率
```

```
for i=1:length(rho_b1)
    smlid_err_prb(i)=ssfh_Pe(rho_b1(i));          %仿真误码率
end;
for i=1:length(rho_b2)
    temp=10^(rho_b2(i)/10);
    if (temp>2)
        theo_err_rate(i)=1/(exp(1)*temp);         %如果 rho>2 的理论误码率
    else
        theo_err_rate(i)=(1/2)*exp(-temp/2);      %如果 rho<2 的理论误率
    end;
end;
semilogy(rho_b1,smlid_err_prb,'k*',rho_b2,theo_err_rate,'k-'); legend('仿真值','理论值');
```

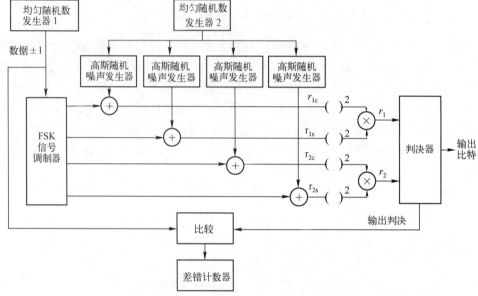

图 6.39 BFSK/FH 系统性能仿真方框图

该程序运行仿真结果如图 6.40 所示。

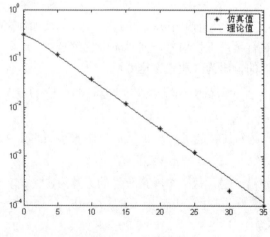

图 6.40 FH-SS 仿真结果

在运行该程序时调用了 ssfh_Pe 子函数,其源程序如下:

```
function[p]=ssfh_Pe(rho_in_dB)
%子程序得出运算误码率,用 dB 值表示的信噪比为子程序的输入变量
rho=10^(rho_in_dB/10);
Eb=rho;                              %每比特能量
if (rho>2)    alpha=2/rho;           %如果 rho>2 优化 alpha
else          alpha=1;               %如果 rho<2 优化 alpha 结束
end;
sgma=sqrt(1/(2*alpha));              %噪声标准方差
N=10000;                             %传输的比特数
for i=1:N                            %产生数据序列
    temp=rand;
    if (temp<0.5)    data(i)=1;
    else             data(i)=0;
    end;
end;
for i=1:N                            %查找接收信号
    if(data(i)==0)                   %传输信号
        rlc(i)=sqrt(Eb); rls(i)=0; r2c(i)=0; r2s(i)=0;
    else
        rlc(i)=0; rls(i)=0; r2c(i)=sqrt(Eb); r2s(i)=0;
    end;
    if(rand<alpha)                   %以概率 alpha 加入噪声并确定接收信号
        rlc(i)=rlc(i)+gngauss(sgma);
        rls(i)=rls(i)+gngauss(sgma);
        r2c(i)=r2c(i)+gngauss(sgma);
        r2s(i)=r2s(i)+gngauss(sgma);
    end;
end;
num_of_err=0;                        %进行判决并计算错误数目
for i=1:N
    r1=rlc(i)^2+rls(i)^2;            %第一判决变量
    r2=r2c(i)^2+r2s(i)^2;            %第二判决变量
    if(r1>r2)    decis=0;
    else         decis=1;
    end;
    if(decis~=data(i))               %如果存在错误,计数器计数
        num_of_err=num_of_err+1;
    end;
end;
p=num_of_err/N;                      %计算误码率
```

其中高斯分布随机变量函数 gngauss 的源程序如下:

```
function [gsrv1,gsrv2]=gngauss(m,sgma)
%         [gsrv1,gsrv2]=gngauss(m,sgma)
%         [gsrv1,gsrv2]=gngauss(sgma)
%         [gsrv1,gsrv2]=gngauss
if nargin == 0,
    m=0;sgma=1;
```

```
elseif  nargin==1,
    sgma=m;m=0;
end;
u=rand;                              %在区间(0,1)内均匀随机分量
z=sgma* (sqrt(2*log(1/(1-u))));      %瑞利分布随机变量
u=rand;                              %在 (0,1)区间内的另一个均匀随机变量
gsrv1=m+z*cos(2*pi*u);
gsrv2=m+z*sin(2*pi*u);
```

6.8 多采样率 FDM 系统设计与仿真

1．设计分析

在频分复用（FDM）中，信道的带宽被分成若干个相互不重叠的频段，每路信号占用其中一个频段；在接收端用适当的带通滤波器将多路信号分开，从而恢复出所需要的原始信号。基于多采样率的频分复用（FDM）的基本原理是，信号首先经过插值器，将频谱搬移到不同频率处；然后经过不同滤波器的滤波，实现复用并传输；最后，在接收端，利用抽取器和滤波器恢复出原信号。以三路信号为例，图 6.41 中由上至下依次给出了三个信号 $x_1(n)$、$x_2(n)$ 和 $x_3(n)$ 经 4 倍内插后的频谱。图中的 f_{s1} 与 f_{s2} 分别表示原采样频率与内插后的采样频率。图 6.41 表明，将三路信号分别做 4 倍的插值后，它们在各自原来的频谱中多出了三个映像。若分别用低通和带通滤波器截取后再叠加，可得到频分复用信号 $x(n)$ 的频谱如图 6.42 所示，实现了频分复用。在接收端再分别用低通和带通滤波器滤出，然后再做四倍的抽取，可以恢复出三路原信号。

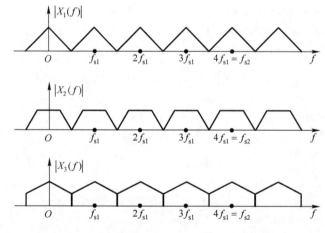

图 6.41 三路信号分别经 4 倍内插后的频谱

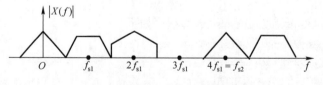

图 6.42 频分复用信号的频谱

因此，多采样率频分复用系统可采用如图 6.43 所示的示意图来实现。图中发送端滤波器组

$G_k(z)\{k=0,2,3\}$，其形式是综合滤波器组，除 $G_0(z)$ 为低通滤波器外，其余都是带通滤波器。右侧接收端滤波器组 $H_k(z)\{k=0,2,3\}$，其形式是分析滤波器组，除 $H_0(z)$ 是低通滤波器外，其余都是带通滤波器。

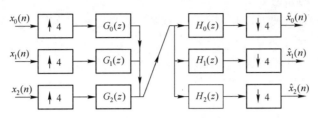

图 6.43 多采样率频分复用系统示意图

2. 设计仿真

（1）采集三路语音信号

利用 MATLAB 中的 wavrecord 函数，分别录三段语音，时间控制在 1s 左右，作为三个声音文件存储在 C:\Program Files\MATLAB61\work\music\ 目录下；也可以截取 wav 格式的三段不同音乐，然后在 MATLAB 中，利用 wavread 函数对语音信号进行采样，记录下采样频率和采样点数。wavrecord 函数的调用格式如下：

y=wavrecord(n,Fs,ch,'dtype')

功能：录取语音信号放在向量 y 中。其中 n 表示样本个数；Fs 表示采样频率（Hz），默认值为 11025Hz；ch 表示声道个数，可设为 1 或 2，默认为 1；'dtype' 为数据类型，可分别设为 'double'（16 位/样本）、'single'（16 位/样本）、'int16'（16 位/样本）和 'uint8'（8 位/样本）。

利用 wavrecord 函数采集三段语音信号的 MATLAB 源程序如下：

```
%获取录音文件
pause
fs=44100;                       %声音的采样频率为 44.1kHz
duration=1;                     %录音时间为 1s
fprintf('按任意键开始录音 1:\n');
pause
fprintf('录音中…\n');
sd1=wavrecord(duration*fs,fs);  %duration*fs 每次获得总的采样数为 44100
fprintf('放音中…\n'); wavplay(sd1,fs);
fprintf('录音 1 播放完毕.\n');
wavwrite(sd1,fs,'sound1.wav');  %将录音文件保存为 WAV 格式的声音文件
fprintf('按任意键开始录音 2:\n');
pause
fprintf('录音中…\n');
sd2=wavrecord(duration*fs,fs);
fprintf('放音中…\n'); wavplay(sd2,fs);
fprintf('录音 2 播放完毕.\n');
wavwrite(sd2,fs,'sound2.wav');
fprintf('按任意键开始录音 3:\n');
pause
fprintf('录音中…\n');
sd3=wavrecord(duration*fs,fs);
```

```
fprintf('放音中…\n'); wavplay(sd3,fs);
fprintf('录音 3 播放完毕.\n');
wavwrite(sd3,fs,'sound3.wav');
```

（2）三路语音信号的频谱分析

画出各语音信号的时域波形，并对语音信号进行频谱分析。从三个语音信号中各截取 1 秒钟的声音片段，然后进行频谱分析。

三路语音信号的时域和频域波形分析的 MATLAB 源程序如下：

```
fprintf('按任意键开始声音样本的时域分析:\n');
pause
fs=44100;                    %声音的采样频率为 44.1kHz
duration=1;
t=0:duration*fs-1;           %总的采样数
%打开保存的录音文件
[sd1,fs]=wavread('c:\program files\matlab61\work\music\sound1.wav');
[sd2,fs]= wavread(' c:\program files\matlab61\work\music\sound4.wav');
[sd3,fs]= wavread(' c:\program files\matlab61\work\music\'sound3.wav');
figure(1)                    %绘制三个声音样本的时域波形
subplot(3,1,1,); plot(t,sd1); xlabel('单位:s'); ylabel('幅度');
subplot(3,1,2); plot(t,sd2); xlabel('单位:s'); ylabel('幅度');
subplot(3,1,3); plot(t, sd3); xlabel('单位:s'); ylabel('幅度');
fprintf('按任意键开始声音样本的频域分析:\n');
pause
f = -fs/2: fs/length(t): fs/2-fs/ length(t);
figure(2);                   %绘制三个声音样本的频谱
subplot(3,1,1); plot(f, abs(fftshift(fft(sd1)))); xlabel('单位:Hz'); ylabel('幅度');
subplot(3,1,2); plot (f, abs(fft(sd2)) ); xlabel('单位:Hz'); ylabel('幅度');
subplot(3,1,3); plot (f,abs(fft(sd3))); xlabel('单位:Hz'); ylabel('幅度');
```

运行程序，得到结果如图 6.44 和图 6.45 所示。

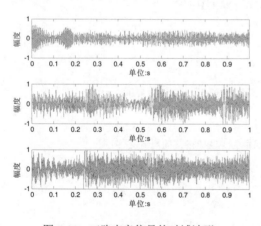

图 6.44　三路声音信号的时域波形

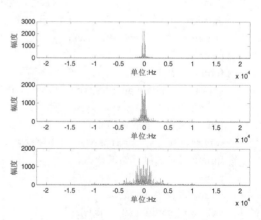

图 6.45　三路声音信号的频谱

（3）对三路信号进行低通滤波

将三路语音信号，先经过一个低通滤波器，目的是将语音信号的频谱限制在一个较小的范围内，防止后续处理时产生混叠。对信号低通滤波的 MATLAB 源程序如下：

```
%对三路信号先低通滤波，截止频率 5000Hz
wp = 5000*2*pi/fs;           %通带截止频率
```

```
ws = 6000*2*pi/fs;              %阻带截止频率
delta_w = ws-wp;
N = ceil(8*pi/delta_w)+1;       %滤波器阶数
coe = fir1(N,wp/pi);            %求取滤波器系数
y1= fftfilt(coe, sd1);          %对3路信号滤波
y2 = fftfilt(coe, sd2);
y3 = fftfilt(coe, sd3);
figure; subplot(2,1,1);
% 求取并画出低通滤波后第一路信号时域波形，截取了1024点
plot(t1, y1(40001:41024)); axis([1, 1024, -0.5, 0.5]);
xlabel('样本'); ylabel('幅度');title('(a)');
% 求取并画出低通滤波后第一路信号频谱
subplot(2,1,2);
[SD1, w] = freqz(y1, 1, 1024);
plot(w/pi, abs(SD1)); axis([0, 1, 0, 800]); grid
xlabel('\omega/ \pi'); ylabel('幅度'); title('(b)');
```

上述程序的运行结果如图6.46所示。从图中可以看出，信号中的高频成份被滤除了。

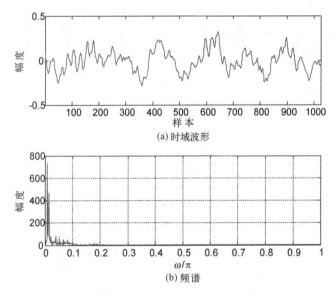

图6.46 滤波后的第一路语音信号

（4）信号4倍内插

以第一路声音信号为例，首先对信号做4倍内插，并比较原信号与内插后信号频谱的变化。对信号做内插的MATLAB源程序如下：

```
L = 4;                              %内插因子
sd11 = zeros(1, L*length(sd1));
sd11([1:L:length(sd11)]) = sd1;     %产生内插序列
sd22 = zeros(1, L*length(sd2));
sd22([1:L:length(sd11)]) = sd2;
sd33 = zeros(1, L*length(sd3));
sd33([1:L:length(sd11)]) = sd3;
%画出第一路原信号与4倍内插后信号的时域波形比较，截取其中1024点
figure; t1 =1:1024; t2 = 1:1024*L;
```

```
subplot(221)
plot(t1,sd1(40001:41024));axis([1 1024 -0.5 0.5]);
xlabel('样本'); ylabel('幅度');    title('(a)');
subplot(2,2,2); plot(t2,sd11(160001:164096));
axis([1, 4096, -0.5, 0.5]); xlabel('样本'); ylabel('幅度'); title('(b)');
subplot(2,2,3);
% 求取并画出原第一路信号频谱
[SD1, w] = freqz(sd1, 1, 1024);
plot(w/pi, abs(SD1)); axis([0 1 0 800]); grid;
xlabel('\omega/ \pi'); ylabel('幅度'); title('(c)');
% 求取并画出内插后第一路信号频谱
[SD11, w] = freqz(sd11, 1, 1024);
subplot(2,2, 4); plot(w/pi, abs(SD11)); axis([0 1 0 800]); grid;
xlabel('\omega/ \pi'); ylabel('幅度'); title('(d)');
```

运行上述程序，得到结果如图 6.47 所示。从图中可以看出，内插信号的频谱被压缩，并出现了镜像成份，需要在随后的抗镜像滤波器中滤除这些镜像成份。其余两路语音信号做类似处理。

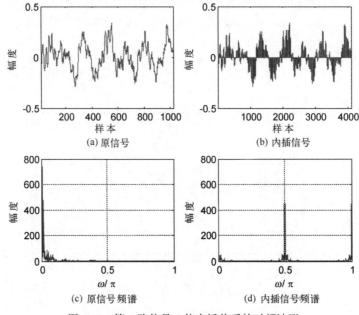

图 6.47 第一路信号 4 倍内插前后的时频波形

（5）综合滤波器组设计并滤波

三段语音信号的频谱集中在 0～5kHz 中，采样率为 44.1kHz，换算为数字频率为 $\omega=2\pi*5000/44100=100\pi/441$，经过四倍插值后，采样率变为 176.4kHz，相应的频谱分别位于 0～100π/1764、782π/1764～982π/1764 和 1664π/1764～π。分别设计低通滤波器、带通滤波器与高通滤波器滤出位于频带 0～100π/1764、782π/1764～982π/1764 和 1664π/1764～π 内的信号频谱。

MATALB 源程序如下：

```
%设计综合滤波器组
%内插后信号频谱以 pi/2 为周期, pi 对应 44100*4/2Hz, 3 路信号频谱分别位于频带
%0～100*pi/(441*4), pi/2～pi/2+100*pi/441, pi～pi+100*pi/441, 3pi/2～3pi/2+100*pi/441
    N = 50;                          %指定滤波器阶数
    wp1 = 100/(441*4);
    coe1 = fir1(N, wp1);             %求低通滤波器系数
```

```
coe2 = fir1(N, [0.5-wp1,0.5+wp1]);        %求带通滤波器系数
coe3 = fir1(N,1-wp1,'high');              %求高通滤波器系数
y1 = fftfilt(coe1,sd11);                  %对各路内插后信号滤波
y2 = fftfilt(coe2,sd22);
y3 = fftfilt(coe3,sd33);
figure; subplot(3,2,1);
% 求取并画出低通滤波后第一路信号时域波形
plot(t1,y1(40001:41024));axis([1, 1024, -0.5, 0.5]);
xlabel('样本');ylabel('幅度');title('(第一路信号时域波形)');
% 求取并画出低通滤波后第一路信号频谱
subplot(3,2,2); [SD1, w] = freqz(y1, 1, 1024);
plot(w/pi, abs(SD1)); axis([0 ,1, 0 ,800]); grid on;
xlabel('\omega/ \pi'); ylabel('幅度');title('(第一路信号频谱)');
subplot(3,2,3);
% 求取并画出带通滤波后第二路信号时域波形
plot(t1,y2(40001:41024));axis([1, 1024, -0.5, 0.5]);
xlabel('样本'); ylabel('幅度'); title('(第二路信号时域波形)');
% 求取并画出带通滤波后第二路信号频谱
subplot(3,2,4); [SD2, w] = freqz(y2, 1, 1024);
plot(w/pi, abs(SD2)); axis([0, 1, 0 ,800]); grid on;
xlabel('\omega/ \pi'); ylabel('幅度'); title('(第二路信号频谱)');
subplot(3,2,5);
% 求取并画出高通滤波后第三路信号时域波形
plot(t1, y3(40001:41024));axis([1, 1024,-0.5, 0.5]);
xlabel('样本'); ylabel('幅度'); title('(第三路信号时域波形)');
% 求取并画出高通滤波后第三路信号频谱
subplot(3,2,6); [SD3, w] = freqz(y3, 1, 1024);
plot(w/pi, abs(SD3)); axis([0 ,1 ,0 ,800]); grid on;
xlabel('\omega/ \pi'); ylabel('幅度'); title('(第三路信号频谱)');
```

运行上述程序，得到结果如图 6.48 所示。

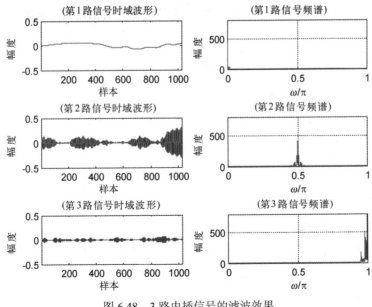

图 6.48　3 路内插信号的滤波效果

（6）加入信道噪声

将三路滤波后的内插信号合成为一路信号，并调用 awgn 函数加入信道高斯白噪声，信噪比（SNR）设定为 30dB。MATLAB 源程序如下：

```
%将三路合成一路信号，并加入信道噪声
SNR = 30;                                    %信噪比
yy = y1+y2+y3;                               %合成一路信号
yy = awgn(yy,SNR);                           %加入信道高斯白噪声
figure; subplot(2,1,1);                      %画出合成信号时域波形
plot(t1,yy(40001:41024));axis([1, 1024, -0.5, 0.5]);
xlabel('样本'); ylabel('幅度'); title('(a)');    %画出合成信号频谱
subplot(2,1,2); [SD, w] = freqz(yy, 1, 1024);
plot(w/pi, abs(SD)); axis([0, 1, 0, 800]); grid on;
xlabel('\omega/ \pi'); ylabel('幅度'); title('(b)');
```

加入高斯白噪声后的合成信号的时域波形及频谱如图 6.49 所示。

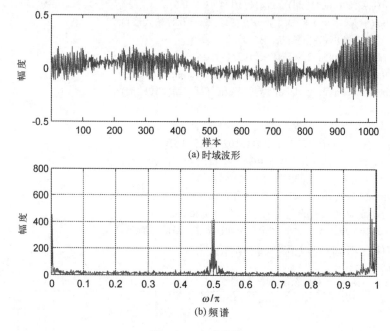

图 6.49　合成信号

（7）设计分析滤波器组并滤波

这里分析滤波器组与综合滤波器组结构相同。然后对合成信号滤波，得到三路语音信号。MATLAB 源程序如下：

```
%设计分析滤波器组,滤波器组系数同综合滤波器组
y11 = fftfilt(coe1, yy);      %对合成信号滤波
y22 = fftfilt(coe2, yy);
y33 = fftfilt(coe3, yy);
```

（8）对三路信号 4 倍抽取，恢复原信号

分别对上一步骤中的三路信号 y11、y22 和 y33 做 4 倍抽取，恢复出各路语音信号，并与原始语音信号做比较。MATLAB 源程序如下：

```
%4 倍抽取,恢复原信号
```

```
y1_est = downsample(y11, L);            % 4 倍抽取
y2_est = downsample(y22, L);
y3_est = downsample(y33, L);
sound(sd1,fs); pause; sound(y1_est, fs); pause;   %恢复信号与原始信号声音比较
sound(sd2,fs); pause; sound(y2_est, fs); pause;
sound(sd3,fs); pause; sound(y3_est, fs);
figure;                                 %恢复信号的时频域波形
subplot(3,2,1); plot(t1,y1_est(40001:41024));
axis([1, 1024, -0.5, 0.5]); xlabel('样本'); ylabel('幅度');
title('(第一路恢复信号时域波形)');
subplot(3,2,2); [SD1_est, w] = freqz(y1_est, 1, 1024);
plot(w/pi, abs(SD1_est)); axis([0 1 0 800]); grid on;
xlabel('\omega/ \pi'); ylabel('幅度'); title('(第一路恢复信号频谱)');
subplot(3,2,3); plot(t1, y2_est (40001:41024));
axis([1, 1024, -0.5, 0.5]); xlabel('样本');
ylabel('幅度');title('(第二路恢复信号时域波形)');
subplot(3,2,4); [SD2_est, w] = freqz(y2_est, 1, 1024);
plot(w/pi, abs(SD2_est)); axis([0 1 0 800]); grid on;
xlabel('\omega/ \pi'); ylabel('幅度'); title('(第二路恢复信号频谱)');
subplot(3,2,5); plot(t1,y3_est (40001:41024));axis([1, 1024,-0.5, 0.5]);
xlabel('样本'); ylabel('幅度'); title('(第三路恢复信号时域波形)');
subplot(3,2,6); [SD3_est, w] = freqz(y3_est, 1, 1024);
plot(w/pi, abs(SD3_est)); axis([0, 1 ,0 ,800]); grid on;
xlabel('\omega/ \pi'); ylabel('幅度'); title('(第三路恢复信号频谱)');
```

运行上述程序得到各路恢复语音信号的时域波形及其频谱如图 6.50 所示。另外，通过播放 3 路原始语音信号与恢复信号，可知两者的声音效果没有较大区别，表明原始语音信号经信道传输，在多采样率 FDMA 系统中得到了较好的恢复，没有发生严重失真。

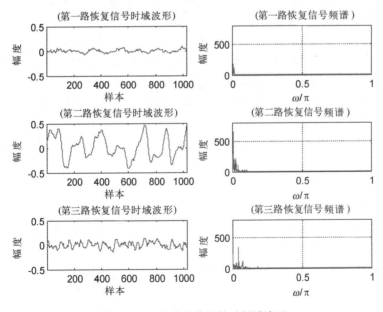

图 6.50　三路恢复信号的时频域波形

习题

1 熟悉通信工具箱的 10 个模块库，并结合自己的专业知识掌握这些模块库的主要功能。

2 设计某一信源的 Huffman 码，该信源的字符集为 $X=\{x1,x2,\cdots,x9\}$，相应的概率矢量为：$P=(0.20, 0.15, 0.13, 0.12, 0.1, 0.09, 0.08, 0.07, 0.06)$，并计算这个码的平均码字长度。

3 产生一个幅度为 1，频率 $\omega=1$ 的正弦序列。采用均匀 PCM 方案，将其进行 8 级和 16 级量化。在同一坐标内绘出原始信号和量化信号的曲线。将两种情况得到的 SQNR 进行比较。

4 信号 $s(t)=\left[\dfrac{\sin(200t)}{200t}\right]^2$，若分别用两种采样频率对其进行采样，$f_1=100\text{Hz}$，$f_2=300\text{Hz}$。试绘制采样后的信号与频谱，并得出结论。

5 某一消息信号的表达式为：

$$m(t)=\begin{cases} 5 & 0\leqslant t\leqslant t_0/4 \\ -4 & t_0/4<t\leqslant t_0/2 \\ 0 & \text{其他} \end{cases}$$

用信号 $m(t)$ 以 DSB-AM 和 SSB-AM 方式调制，载波 $c(t)=\sin(2\pi f_c t)$，所得到的已调制信号记为 $u(t)$。设 $t_0=0.15\text{s}$ 和 $f_c=250\text{Hz}$。试比较消息信号与已调信号，并绘制它们的频谱。

6 若二元信源的统计特性为 $\begin{bmatrix} x_1 & x_2 \\ p & q \end{bmatrix}$，$p+q=1$，计算该信源的平均信息量，并作图观察 p 与 $H(x)$ 的关系。

7 一有限长度信号表达式为：

$$S(t)=\begin{cases} t & 0\leqslant t\leqslant t_0/4 \\ -t+t_0/4 & t_0/4<t\leqslant 3t_0/4 \\ t-t_0 & 3t_0/4<t\leqslant t_0 \end{cases}$$

将其调制在载波 $c(t)=\cos 2\pi f_c t$ 上，假设 $t_0=0.5\text{s}$，$f_c=50\text{Hz}$，采用 AM 调制，调制系数 $a=0.8$，求出已调制信号的时域表达式及时域波形，以及未调信号和已调信号的频谱关系图。

8 对信号 $S(t)=\begin{cases} 1 & 0\leqslant t\leqslant t_0/3 \\ 2 & t_0/3<t\leqslant 2t_0/3 \\ 0 & \text{其他} \end{cases}$ 采用频率调制，在载波 $c(t)=\cos 2\pi f_c t$ 上进行调频，假设 $t_s=0.15\text{s}$，$f_c=100\text{Hz}$，偏移常数 $K_{\text{FM}}=50$，求出未调制信号和已调制信号的波形，以及未调信号和已调信号的频谱。

9 利用随机函数产生一个二元 $\{0,1\}$ 信息序列，试对该信息序列分别进行 $M=8$ 和 16 元正交幅度键控的带通、基带调制/解调，绘制出调制/解调前、后的信号和星座图。

10 利用随机函数产生一个二元 $\{0,1\}$ 信息序列，试对该信息序列分别进行 $M=8$ 和 16 元 PSK 带通、基带调制/解调，绘制出调制/解调前、后的信号。

11 利用随机函数产生一个二元 $\{0,1\}$ 信息序列，试对该信息序列分别进行 $M=8$ 和 16 元 ASK 带通、基带调制/解调，绘制出调制/解调前、后的信号。

12 利用随机函数产生一个二元 $\{0,1\}$ 信息序列，试对该信息序列分别进行 $M=8$ 和 16 元 FSK 带通、基带调制/解调，绘制出调制/解调前、后的信号。

13 一随机二进制序列为 10110001…，符号"1"对应的基带波形为升余弦波形，持续时间为 T_s，符号"0"对应的基带波形恰好与"1"相反，试用 MATLAB 绘制出以下情况的眼图。

（1）示波器扫描周期 $T_0=T_s$；（2）示波器扫描周期 $T_0=2T_s$。

第 7 章　Simulink 的应用

　　MATLAB 除了在工具箱中提供一些具有特殊功能的函数命令供用户调用外，还为用户提供一个建模与仿真的工作平台——Simulink。Simulink 采用模块组合的方法来创建动态系统的计算机模型，其主要特点是快速、准确。对于比较复杂的非线性系统，效果更为明显。Simulink 可以用于模拟线性与非线性系统，连续与非连续系统，或它们的混合系统。除此之外，它还提供图形动画处理方法，以方便用户观察系统仿真的整个过程。本章简要介绍 Simulink 的使用方法、常用模块及功能，通过实例，介绍模块之间的连接和参数的设置，以便读者通过本章学习后，能够自己动手建立简单的仿真模型。

7.1　Simulink 工作平台的启动

　　启动 Simulink，通常有两种方法：在 MATLAB 命令窗口中直接输入 simulink 命令；在 MATLAB 工具栏上单击 Simulink 按钮，如图 7.1 所示。

　　这样就可打开 Simulink 的 Simulink Library Brower（库模块浏览器），如图 7.2 所示。在菜单栏中执行 File|New|Model 命令，就建立了一个名为 untitled 的模型窗口，如图 7.3 所示。在建立了空的模块窗口后，用户可以在此窗口中创建自己需要的 Simulink 模型。

图 7.1　启动 Simulink

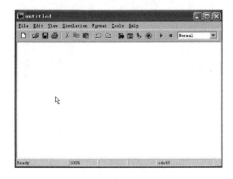

图 7.3　新建的空白模型窗口

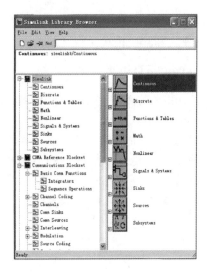

图 7.2　库模块浏览器

7.2　Simulink 仿真原理

1. Simulink 仿真模块

Simulink 通过模块组合的方法可以方便用户快速、准确地创建动态系统的计算机模型。

Simulink 的每一个模块实际上都是一个系统。一个典型的 Simulink 模块包括输入（Input）、状态（States）和输出（Output）三个部分，如图 7.4 所示。

图 7.4　基本模型

- 输入模块：即信号源模块，包括常用数字信号源、函数信号发生器和用户自定义信号；
- 状态模块：即被模拟的系统模块，它是 Simulink 的中心模块，是系统建模的核心和主要部分；
- 输出模块：即信号显示模块，它能够以图形方式或文件格式进行显示，也可以在 MATLAB 的工作空间显示，输出模块主要集中在 Sinks 库。

在以上三个部分中，状态模块是最重要的，它决定了系统的输出，而它的当前值又是前一个时间模块状态与输入的函数。现有的状态模块必须保存前面的状态值，并计算当前的状态值。

Simulink 的状态模块可以是连续的或离散的，或者它们二者的结合。在仿真中，要估计一个系统的输入、状态和输出，都是根据采样的时间点进行的，即仿真时间步。这三个量之间的关系可以用下面方程来描述：

$$y = f_0(t,x,u) \quad x_{d_{K+1}} = f_u(t,x,u) \quad x_c = f_d(t,x,u) \quad x = \begin{bmatrix} x_c \\ x_{d_K} \end{bmatrix} \qquad (7-1)$$

其中，t 是当前时间矢量，x 是当前状态矢量，u 是输入矢量，y 是输出矢量，x_d 是派生的离散状态矢量，x_c 是派生的连续状态矢量。

在每一个采样时刻，Simulink 都将根据当前的时间、输入和状态来调用系统函数去计算系统状态和输出的值。需要注意的是，在设计一个模型时，必须先确定这三个部分的意义，以及它们之间的联系。

当然，Simulink 的仿真模型并非一定要完全包括这三个部分，可以缺少其中一个或者两个，如只有状态模块和输出模块。

2．Simulink 仿真过程

通常 Simulink 仿真过程分为两个阶段。

（1）初始化阶段

初始化阶段需要完成的主要工作及其步骤如下。

① 对模型的参数进行估计，得到它们实际计算的值；
② 展开模型的各个层次；
③ 按照更新的次序对模型进行排序；
④ 确定那些显式化的信号属性，并检查每个模块是否能够接收连接它们输入端的信号；
⑤ 确定所有非显式的信号采样时间模块的采样时间；
⑥ 分配和初始化存储空间，以便存储每个模块的状态和当前值的输出。

（2）模型执行阶段

对于一般的仿真模型是通过采用数值积分来进行仿真的，计算数值积分方法为：

① 按照秩序计算每个模块的积分；
② 根据当前输入和状态来决定状态的微分，得到微分矢量，然后把它返回给解法器，以计算下一个采样点的状态矢量。

在每一个时间步中，Simulink 依次解决下列问题：

- 按照秩序更新模块的输出；
- 按照秩序更新模块的状态；

- 检查模块连续状态的不连续点；
- 计算下一个仿真时间步的时间。

注意：只有在新的状态矢量计算结束后，才能更新被采样的数据模块和接收模块。

7.3 Simulink 模块库

在库模块浏览器中单击 Simulink 前面的"+"号，就能够看到 Simulink 的模块库，如图 7.2 所示。在每一个模块库中又包含了多个功能不同的模块。了解这些模块的功能和掌握这些模块的使用方法，使用户快速入门，也是使用好 Simulink 仿真的关键所在。

采用库技术，可以方便用户从外部的库里复制模块到自己建立的模型窗口中，并且当用户更新已经复制的模块时，在库里的模块能够自动更新，从而减少用户手动更改带来的麻烦。

7.3.1 连续模块库（Continuous）

在连续模块（Continuous）库中包括了常见的连续模块，这些模块如图 7.5 所示。

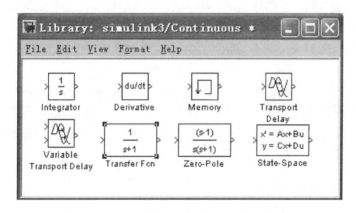

图 7.5 连续模块库

- 积分模块（Integrator）是连续动态系统的最常用的元件，该模块的功能是对输入信号经过数值积分。模块的输入可以是标量，也可以是矢量；输入信号的维数必须与输入信号保持一致。
- 微分模块（Derivative）通过计算差分 $\Delta u / \Delta t$ 近似计算输入变量的微分。模块的输入可以是标量，也可以是矢量；模块的初始输入为 0；微分结果的准确性取决于仿真步长，步长越小，输出结果越精确。
- 线性状态空间模块（State-Space）用于实现以下数学方程描述的系统：

$$\begin{cases} x' = Ax + Bu \\ y = Cx + Du \end{cases} \quad (7-2)$$

其中 u 是输入矢量，x 是当前状态矢量，y 是输出矢量；模块的输入可以是标量，也可以是矢量；A,B,C,D 为方程的系数矩阵。其中 A 必须是 $n \times n$ 方阵，这里 n 是状态的个数；B 是 $p \times p$ 的矩阵，这里 p 是输入的个数；C 是 $q \times n$ 的矩阵，这里 q 是输出的个数；D 是 $p \times q$ 的矩阵。

- 传递函数模块（Transfer Fcn）用于执行一个线性传递函数。传递函数的一般形式为

$$H(s) = \frac{y(s)}{u(s)} = \frac{b_M s^M + b_{M-1} s^{M-1} + \cdots + b_1 s + b_0}{s^N + a_{N-1} s^{N-1} + \cdots + a_1 s + a_0} \quad (7-3)$$

其中 u 是输入矢量，y 是输出矢量，分子的最高阶次不能大于分母的最高阶次，即 $M \leqslant N$；

分母中的多项式就是系统的特征多项式；传递函数是输出的 Laplace 变换和输入的 Laplace 变换的比值。

- 零极点传递函数模块（Zero-Pole）用于建立一个预先指定零极点，并用延迟算子 s 表示连续系统。零极点传递函数的一般形式为

$$H(s) = K \frac{(s-q_1)(s-q_2)\cdots(s-q_M)}{(s-p_1)(s-p_2)\cdots(s-p_N)} \tag{7-4}$$

其中 q_i ($i = 1, 2, \cdots, M$) 是系统的零点；p_i ($i = 1, 2, \cdots, N$) 是系统的极点；K 表示增益，为标量。系统的零点、极点或者为实数，或者以共扼复数形式出现。

此模块的参数设置如下：Zeros 参数设置零点矢量；Poles 参数设置极点矢量；Gain 参数设置增益系数。

- 存储器模块（Memory）实现保持输出前一步的输入值。模块的输入可以是标量，也可以是矢量；模块为单输入和单输出。
- 传输延迟模块（Transport Delay）用于将输入端的信号延迟指定的时间后再传输给输出信号。此模块的输入可以是标量，也可以是矢量。当输入为矢量时，输出就是同样维数的矢量；若存储的值与需要的值不对应，就在两点之间进行插值；对于有精确要求的仿真系统，减小步长可以增加线性插值的精度。

注意：传输延迟模块（Transport Delay）是在模块内部参数设置延迟时间；可以将标量参数扩展成矢量。

- 可变传输延迟模块（Variable Transport Delay）用于将输入端的信号进行可变时间的延迟。模块的输入可以是标量和矢量。只有当输入全部为标量时，输出才是标量，否则输出为矢量；若存储的值与需要的值不对应，就在两点之间进行插值；对于有精度要求的仿真系统，可以使用较小的最大步长或固定步长。

7.3.2 离散模块库（Discrete）

离散模块库主要用于建立离散采样的系统模型，该模块库包括的主要模块如图 7.6 所示。

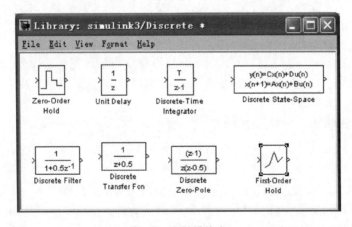

图 7.6 离散模块库

- 零阶保持器模块（Zero-Order-Hold）用于实现在一个步长内将输出的值保持在同一个值上。模块的一个输入和一个输出这两者可以是标量，也可以是矢量；此模块可以离散化一个或多个信号，这样用户可以把它用在不需要其他复杂功能模块但需要模拟采样的情形。
- 单位延迟模块（Unit Delay）将输入信号作单位延迟，并且保持一个采样周期，它相当于

时间算子 z^{-1}。如果输入信号是矢量，那么矢量中所有元素都有相同的延迟时间。
- 离散时间积分模块（Discrete Time Integrator）对离散信号进行积分。使用的积分方法有：前向欧拉法，后向欧拉法，梯形法。可以在模块的参数对话框中定义模块的初始值，可定义积分的上下限。
- 离散状态空间模块（Discrete State Space）用于实现如下数学方程描述的系统：

$$\begin{cases} \boldsymbol{x}[(n+1)T] = \boldsymbol{Ax}(nT) + \boldsymbol{Bu}(nT) \\ \boldsymbol{y}(nT) = \boldsymbol{Cx}(nT) + \boldsymbol{Du}(nT) \end{cases} \quad (7-5)$$

其中 T 为系统的采样周期。
- 离散滤波器模块（Discrete Filter）用于实现无限单位冲激响应（IIR）和有限单位冲激响应（FIR）数字滤波器。该模块输入和输出均为标量。
- 离散传递函数模块（Discrete Transfer Fcn）用于执行一个离散传递函数。离散传递函数的一般形式为

$$H(z) = \frac{y(z)}{u(z)} = \frac{b_0 + b_1 z^{-1} + \cdots + b_M z^{-M}}{1 + a_1 z^{-1} + \cdots + a_N z^{-N}} \quad (7-6)$$

注意：离散传递函数模块在控制领域中表示离散系统；在信号处理时表示滤波器。
- 离散零极点传递函数模块（Discrete Zero-Pole）用于建立一个预先指定零点、极点，并用延迟算子 z 表示的离散系统。离散零极点传递函数的一般形式为

$$H(z) = K \frac{(z-q_1)(z-q_2)\cdots(z-q_M)}{(z-p_1)(z-p_2)\cdots(z-p_N)} \quad (7-7)$$

其中 q_i ($i = 1, 2, \cdots, M$) 是系统的零点；p_i ($i = 1, 2, \cdots, N$) 是系统的极点；K 表示增益，为标量。
- 一阶保持器模块（First Order Hold）在一定时间间隔内保持一阶采样。按照一阶插值的方法计算步长下的输出值，这是与零阶保持器不同的地方。

7.3.3 函数与表格模块库（Function & Table）

函数与表格模块库（Function & Table）主要实现各种一维、二维或更高维函数的查表，另外用户还可以根据需要创建更复杂的函数。该模块库包括多个主要模块，如图 7.7 所示。

- 一维查表模块（Look-Up Table）实现对单路输入信号的查表和线性插值。
- 二维查表模块（Look-Up Table 2-D）实现对二维输入信号的分段线性变换。根据给定的二维平面网格上的高度值，把输入的两个变量经过查表、插值，计算出模块的输出值，并返回这个值。
- 自定义函数模块（Fcn）用于将输入信号进行指定的函数运算，最后计算出模块的输出值。输入的数学表达式应符合 C 语言编程规范；与 MATLAB 中的表达式有所不同，不能完成矩阵运算。
- MATLAB 函数模块（MATLAB Fcn）对输入信号进行 MATLAB 函数及表达式的处理。模块为单输入模块；能够完成矩阵运算。注意：从运算速度角度，Math function 模块要比 Fcn 模块慢。当需要提高速度时，可以

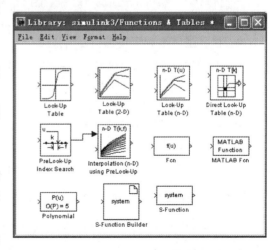

图 7.7 函数与表格模块库

考虑采用 Fcn 或 S 函数模块。
- S 函数模块（S-Function）用于访问一个 S 函数。按照 Simulink 标准，编写用户自己的 Simulink 函数。它能够将 MATLAB 语句、C 语言等编写的函数放在 Simulink 模块中运行，最后计算模块的输出值。

7.3.4 数学模块库（Math）

数学模块库包括多个数学运算模块，如图 7.8 所示。

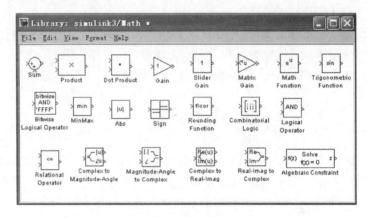

图 7.8 数学模块库

- 求和模块（Sum）用于对多路输入信号进行求和运算，并输出结果。
- 乘法模块（Product）用于实现对多路输入的乘积、商、矩阵乘法或者模块的转置等。
- 矢量的点乘模块（Dot Product）用于实现输入信号的点积运算。
- 增益模块（Gain）的作用是把输入信号乘以一个指定的增益因子，使输入产生增益。
- 常用数学函数模块（Math Function）的作用是给输入信号施加一些常用的数学函数运算。数学函数模块中有 9 种数学函数可供选择：exp, log, log10, square, sqrt, pow, reciprocal, hypot, remmmod。
- 三角函数模块（Trigonometric Function）用于对输入信号进行三角函数运算。三角函数模块中有 10 种三角函数可供选择：sin, cos, tan, asin, acos, atan, atan2, sinh, cosh, tanh。
- 特殊数学模块中包括求最大最小值模块（MinMax）、取绝对值模块（Abs）、符号函数模块（Sign）、取整数函数模块（Rounding Function）等。
- 数字逻辑函数模块包括复合逻辑模块（Combinational Logic）、逻辑运算符模块（Logical Operator）、位逻辑运算符模块（Bitwise Logical Operator）等。
- 关系运算符模块（Relational Operator），关系符号包括：==（等于）、≠（不等于）、<（小于）、<=（小于等于）、>（大于）、>=（大于等于）等。
- 复数运算模块包括计算复数的模与幅角（Complex to Magnitude-Angle）、由模和幅角计算复数（Magnitude-Angle to Complex）、提取复数实部与虚部模块（Complex to Real-Imag）、由复数实部和虚部计算复数（Real-Imag to Complex）。

7.3.5 非线性模块库（Nonlinear）

非线性模块库中包括一些常用的非线性模块，如图 7.9 所示。
- 比率限幅模块（Rate Limiter）用于限制输入信号的一阶导数，使得信号的变化率不超过规定的限制值。一阶导数常用下面的方程式来计算：

$$\text{Rate} = \frac{u(i) - y(i-1)}{t(i) - t(i-1)} \tag{7-8}$$

其中 $u(i)$ 和 $t(i)$ 是模块的当前输入和时间，$y(i-1)$ 和 $t(i-1)$ 是前一步的输出和时间。

- 饱和度模块（Saturation）用于设置输入信号的上下饱和度，即上下限的值，来约束输出值。
- 量化模块（Quantizer）的作用是使输入信号在一个指定的时间间隙内离散化。即把输入信号由平滑状态变成台阶状态。输出采用下面的方程式来计算：

$$y = q * \text{round}(u/q) \tag{7-9}$$

其中 y 是输出，u 是输入，q 是量化时间间隙参数。

- 死区输出模块（Dead Zone）用于设置一个零输出区间，即在规定的区间内没有输出值。区间的上下界可在参数中进行设置。
- 继电模块（Relay）用于实现在两个不同常数值之间进行切换。
- 选择开关模块（Switch）用于根据系统需要在两个信号之间进行切换。即根据设置的门限来确定系统的输出。选择开关的示意图如图 7.10 所示。门限值 Threshold 可在模块的参数属性中进行设置。

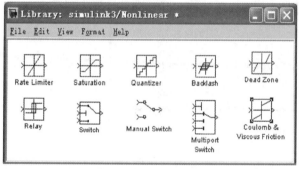

图 7.9 非线性模块库

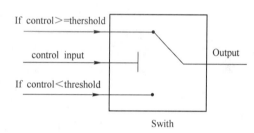

图 7.10 选择开关的示意图

7.3.6 信号与系统模块库（Signals & Systems）

信号与系统模块库包括的主要模块如图 7.11 所示。

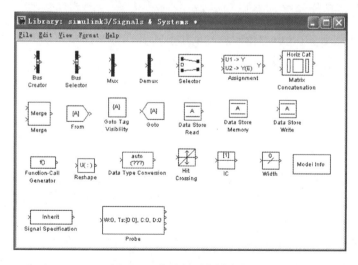

图 7.11 信号与系统模块库

- Bus 信号选择模块（Bus Selector）用于得到从 Mux 模块或其他模块引入的 Bus 信号。
- 混路器模块（Mux）用于把多路信号组成一个矢量信号或者 Bus 信号。
- 分路器模块（Demux）用于把混路器组成的信号按照原来的构成方法分解成多路信号。
- 信号合成模块（Merge）用于把多路信号合成为一个单一的信号。
- 接收/传输信号模块（From/Goto）常常配合使用，From 模块用于从一个 Goto 模块中接收一个输入信号，Goto 模块用于把输入信号传递给 From 模块。
- 初始值设定模块（IC）用于设定与输出端口连接的模块的初始值。

7.3.7 信号输出模块库（Sinks）

信号输出模块库包括的主要模块如图 7.12 所示。

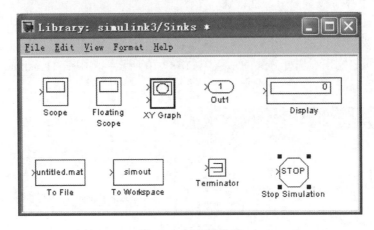

图 7.12 输出模块库

- 示波器模块（Scope）的作用是，显示在仿真过程中产生的输出信号，用于在示波器中显示输入信号与仿真时间的关系曲线，仿真时间为 x 轴。
- 二维信号显示模块（XY Graph）用于在 MATLAB 的图形窗口中显示一个二维信号图，并将两路信号分别作为示波器坐标的 x 轴与 y 轴，同时把它们之间的关系图形显示出来。
- 显示模块（Display）的作用是按照一定的格式显示输入信号的值。可供选择的输出格式包括：short,long,short_e,long_e,bank 等。
- 输出到文件模块（To File）按照矩阵的形式把输入信号保存到一个指定的 MAT 文件。矩阵的格式为：

$$\begin{bmatrix} t_1 & t_2 & \cdots & t_{\text{final}} \\ u_{11} & u_{12} & \cdots & u_{1\text{final}} \\ \vdots & \vdots & \ddots & \vdots \\ u_{n1} & u_{n2} & \cdots & u_{n\text{final}} \end{bmatrix} \quad (7\text{-}10)$$

即第一行为仿真时间，余下的行则是输入数据，一个数据点是输入矢量的一个分量。

- 输出到工作空间模块（To Workspace）用于把信号保存到 MATLAB 的当前工作空间，是另一种输出方式。
- 终止信号模块（Terminator）用于中断一个未连接的信号输出端口。
- 结束仿真模块（Stop Simulation）用于停止仿真过程。当输入为非零时，停止系统仿真。

7.3.8 信号源模块库（Sources）

信号源模块库包括的主要模块如图 7.13 所示。
- 输入常数模块（Constant）的运行结果是一个常数。该常数可以是实数，也可以是复数。
- 信号源发生器模块（Signal Generator）用于产生不同的信号，包括正弦波、方波、锯齿波信号。
- 从文件读取信号模块（From File）用于从一个 MAT 文件中读取信号，读取的信号为一个矩阵，矩阵的格式与 To File 模块中介绍的矩阵格式相同。如果矩阵在同一采样时间有两列或更多的列，则数据点的输出应该是首次出现的列。例如一个矩阵中的数据如下：

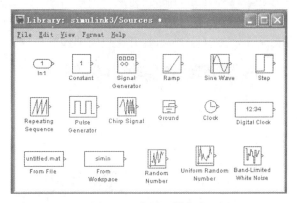

图 7.13　信号源模块库

时间采样：　0　1　2　2
数据点：　　2　3　4　5

则在时间采样 2 的输出应该是 4。
- 从工作空间读取信号模块（From Workspace）的作用是从 MATLAB 工作空间读取信号作为当前的输入信号。
- 随机数模块（Random Number）用于产生正态分布的随机数，默认的随机数是期望为 0、方差为 1 的标准正态分布量。
- 带宽限制白噪声模块（Band Limited White Noise）用于连续或者混杂系统的白噪声输入。

在信号源模块库中除以上介绍的常用模块外，还包括其他模块。如斜坡输入信号模块（Ramp）、正弦波输入信号模块（Sine Wave）、阶跃输入信号模块（Step）、时间信号模块（Clock）、脉冲信号模块（Pulse）等。其功能在这里不一一介绍，如果读者想进一步了解可以参考 Simulink 的 Help 文件。具体操作如下：先进入 Simulink 工作窗口，在菜单中执行 Help/simulink Help 命令，这时就会弹出 Help 界面。然后用鼠标展开 Using Simulink/Block Reference/Simulink Block Libraries，就可以看到 Simulink 的所有模块。查看相应模块的使用方法和说明信息即可。

7.4　仿真模型的建立和模块参数及属性的设置

要完成仿真，首先要建立仿真模型。当启动 Simulink 命令，建立了空的模块窗口"untitled"后，用户就可以根据自己所要仿真的系统，利用 Simulink 提供的模块库，在此窗口中创建自己需要的 Simulink 模型。下面重点介绍如何设置模块，以及模块的参数与属性的设置。

7.4.1　仿真模块的建立

建立仿真模块可利用 Simulink 模块库来实现，具体方法是在模块库浏览器中找到所需的模块，选中该模块后单击鼠标右键，把它加到一个模型窗口中，即可完成模块的建立。这里以介绍积分模块（Integrator）为例（其他模块的设置类似），选中积分模块，单击鼠标右键，把它加到一个名为"untitled"的模型窗口中，如图 7.14 所示。

7.4.2 参数与属性的设置

1. 模块参数的设置

查看和修改一个模块的参数与属性的方法是：在所建立的模型窗口中，选中相应的模块，单击鼠标右键，在弹出的快捷菜单中单击"Block parameters"选项（如图 7.15 所示），即可打开该模块的参数设置对话框，如图 7.16(a)所示。单击鼠标右键，在弹出的快捷菜单中单击"Block Properties"选项，即可打开该模块的属性设置对话框，如图 7.16(b)所示。

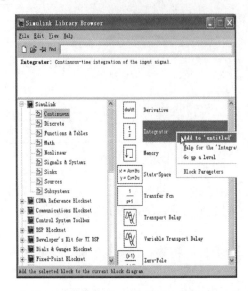

图 7.14　添加模块

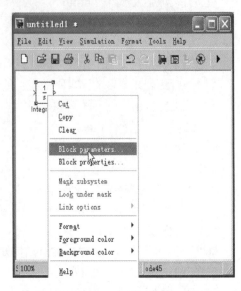

图 7.15　Block parameters 选项

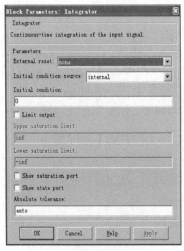

(a) 参数对话框

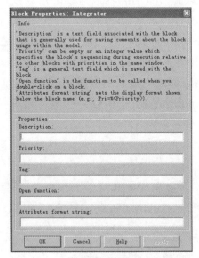

(b) 属性对话框

图 7.16　参数和属性对话框

下面通过一个实例，详细介绍如何建立一个仿真模型。实际上，许多复杂的仿真模型都是由一些功能简单的多个模块组成的。读者学会简单模型的建立方法后，就可以循序渐进地建立各种复杂的仿真模型。

【例 7-1】 试利用 Simulink 建立求解微分方程 $\dfrac{du}{dt}=\cos(\sin t)$，初始条件为 $u(0)=1$ 的仿真模型，并给出运行后的仿真结果。

从此方程可以看出，要得 u 的数值解比较困难。但我们可以通过仿真的方法，把它的波形（即变化形状）显示出来。

通常，建立仿真模型的过程由数学模型结构分析、模块复制、模块连接、模块参数设置以及运行仿真五个步骤来完成。

（1）仿真系统的数学模型结构分析

为了实现仿真，首先就要弄清仿真系统的数学结构，只有这样才能设计出正确的仿真模型。从数学角度看，要由 t 得到 u 的数值解，需要先对 $\sin t$ 取余弦运算，然后再积分。因此，该仿真模型由三角函数模块（Trigonometric Function）和积分模块（Integrator），以及输入（Source）、输出（Sinks）模块四部分组成。

（2）模块复制

在弄清楚数学模型的结构之后，接着就在 Simulink 的模块库中寻找相应的模块，并将找到的模块分别复制到自己需建立的仿真模型中。在本例中，假设已经建立一个为"untitled"的模型窗口，如图 7.3 所示。

① 输入模块：本例的输入模块是一个正弦波 Sine Wave，它在 Sources 信号源模块库中，如图 7.17 所示。选择该模块添加（或用鼠标拖动）到名为"untitled"的模型窗口中。

② 取余弦运算：由三角函数模块来完成，它位于 Math 数学模块库中。

③ 积分运算：由 Integrator 积分模块来完成，它位于 Continuous 连续模块库中。

④ 输出模块：由 Scope 示波器模块来完成，它位于 Sinks 输出显示模块库中。

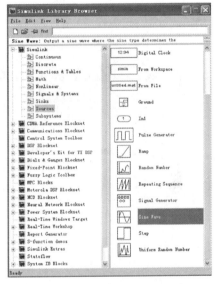

图 7.17 从模块库中找相应的模块

把这些模块找到分别拖入到"untitled"的模型窗口中，如图 7.18 所示。

（3）模块的连接

当把相应的模块复制到模型窗口中后，这时的模型还不具备什么功能，还需要把各个模块用信号线连接起来成为一个整体。

一般情况下，每个模块都有一个或多个输入口或者输出口。输入口通常是模块的左边的">"符号；输出口是右边的">"符号。

模块的连接是指用信号线把一个模块的输出口与另外的模块的输入口相连接起来。具体的操作方法是：把鼠标指针放到模块的输出口，这时，鼠标指针将变为十字形；然后，拖动鼠标至其他模块的输入口，这时信号线就变成了带有方向箭头的线段。说明这两个模块的连接成功，否则需要重新进行连接。

用此方法把模型中所有的模块按照一定的次序连接起来，就构成了一个完整的仿真模型。本例中各个模块的连接结果如图 7.19 所示。

图 7.18　复制模块到模型窗口　　　　　图 7.19　由模块连接成模型

（4）设置参数

设置仿真模型的参数是很重要和关键的一步。如果参数设置不正确，仿真的结果可能不准确；参数设置不同，仿真的结果也会不一样。

在本例中，虽然模块完全找到并连接好了，但是不难发现，第二个模块标记的运算是取正弦，而不是所需要的余弦运算。所以必须重新设置其各项参数。选择三角函数模块，打开参数设置，在下拉菜单中把函数 sin 替换成 cos，如图 7.20 所示。此时本例中仿真模型已经由原来的图 7.19 变换成如图 7.21 所示的模型。然后检查其他模块的参数设置是否正确，若不正确则做相应的修改。

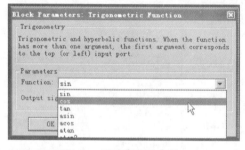
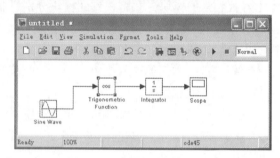

图 7.20　设置模块的参数　　　　　图 7.21　正确设置参数后的模型

（5）运行仿真

在运行仿真之前，首先保存步骤（4）所得的连接模型，这里保存其名为 FirstS1 的仿真模型。保存后就可以运行仿真。

运行仿真的具体操作是：首先，双击示波器——Scope 模块，这样便打开了空白的 Scope（示波器）窗口，如图 7.22(a)所示。然后在当前模型 FirstS1 窗口的菜单 Simulation 中，选择 Start 选项，或者按下快捷键〈Ctrl+T〉，或者单击图标 ▶，就开始运行仿真，并将仿真的结果在示波器窗口中显示出来，如图 7.22(b)所示。

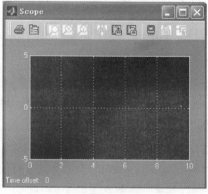
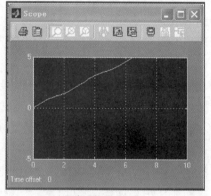

(a) 空白的 Scope 窗口　　　　　(b) 仿真后的 Scope 窗口

图 7.22　仿真前、后 Scope 窗口的变化

2. 仿真参数及 Scope 模块参数的设置

值得注意的是,在本例中,我们只对模块参数进行了设置,对仿真平台的仿真参数没有设置,而是采用了默认值。然而,在实际应用中,对仿真参数及 Scope 模块参数的设置却非常重要,下面仍然以例 7-1 为例,对这两种参数的设置做详细介绍。

(1) 设置仿真参数

通常,当设置完成各功能模块的属性参数后,在仿真启动前还需要完成仿真时间、仿真解算器等相关仿真参数的设置。

在仿真模型窗口中,如图 7.23(a)所示,单击 Simulation 项下的 Simulation Parameters 按钮,弹出一个名为"Simulation Parameters xxxx"的对话窗口,如图 7.23(b)所示。在该对话框中,主要涉及 Solver(仿真解算器)、Workspace I/O(工作空间接口)、Diagnostics(诊断方式)、Advanced(高级设置)及 Real-Time Workshop(实时工作)五个对话单元。由于受篇幅限制,这里只对 Solver(仿真解算器)对话单元进行讲解,其他几个单元读者可参考其他参考书。

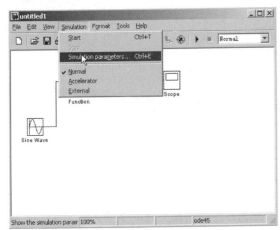
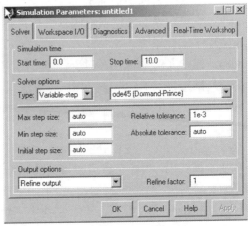

(a) Simulation 按钮下拉菜单　　　　(b) Simulation 仿真参数

图 7.23　仿真参数的设定对话框

在 Solver(仿真解算器)对话框中,涉及仿真时间、选择解算器类型、解算器参数及一些输出选项的选择,其使用方法说明如下。

Simulink time(仿真时间)的输入栏涉及两个参数:Start time(起始时间)、Stop time(结束时间);在 Solver options(解算器选项)对话框中,首先是两个下拉菜单:Type(仿真步长模式)和解算器类型选择。在 Type(仿真步长模式)下拉菜单中有两种选择:Variable-step(变步长)和 Fixed-step(固定步长)。变步长模式可以在仿真的过程中改变步长,提供误差控制和过零检测;固定步长模式在仿真过程中提供固定的步长,不提供误差控制和过零检测。在"解算器类型选择"下拉菜单中,根据仿真步长模式分为两大类型。

① 第一类:变步模式的解算器

变步模式解算器的类型如下。

ode45:它是仿真参数对话框的默认值,四/五阶龙格-库塔法,适用于大多数连续或离散系统,但不适用于刚性(stiff)系统。它是单步解算器,即在计算 $y(t_n)$ 时,它仅需要最近处理时刻的结果 $y(t_{n-1})$。一般来说,面对一个仿真问题最好首选 ode45 试试。

ode23:二/三阶龙格-库塔法,它在误差限要求不高和求解的问题不太难的情况下,可能会比

ode45 更有效。它不适用于刚性系统，也是一个单步解算器。

ode113：是一种阶数可变的解算器，它在误差容许要求严格的情况下通常比 ode45 有效。ode113 是一种多步解算器，即在计算当前输出时，它需要以前多个时刻的解。它不适用于刚性系统。

ode15s：是一种基于数字微分公式的解算器（NDFS），也是一种多步解算器，适用于刚性系统。当用户估计要解决的问题比较难，或者不能使用 ode45（或使用效果不好）的情况下，可以选用 ode15s。

ode23s：是一种单步解算器，专门应用于刚性系统，在弱误差允许下的效率优于 ode15s。它能解决某些 ode15s 所不能有效解决的刚性问题。

ode23t：是梯形规则的一种自由插值实现。这种解算器适用于求解适度刚性的问题而用户又需要一个无数字振荡的解算器的情况。

ode23tb：是 TR-BDF2 的一种实现。TR-BDF2 是具有两个阶段的隐式龙格-库塔公式。

discrete：当 Simulink 检查到模型没有连续状态时使用它。

② 第二类：固定模式的解算器

固定模式解算器的类型如下。

ode5：它是仿真参数对话框的默认值，是 ode45 的固定步长版本，适用于大多数连续离散系统，不适用于刚性系统。

ode4：四阶龙格-库塔法，具有一定计算精度。

ode3：固定步长的二/三阶龙格-库塔法。

ode2：改进的欧拉法。

ode1：欧拉法。

discrete：是一个实现积分的固定步长解算器，它适合于离散无连续状态的系统。

在变步模式下，用户可以设置最大的和推荐的初始步长参数，默认情况下，步长自动地确定，它由值 auto 表示。这些参数的具体含义如下。

Max step size：最大步长参数。它决定了解算器能够使用的最大时间步长，它的默认值为"仿真时间/50"，即整个仿真过程中至少取 50 个样点，但这样的取法对于仿真时间较长的系统则可能带来取样点过于稀疏，而使仿真结果失真。一般建议对于仿真时间不超过 15s 的采用默认值即可，对于超过 15s 的每秒至少保证 5 个采样点，对于超过 100s 的，每秒至少保证 3 个采样点。

Initial step size：初始步长参数。一般建议使用 "auto" 默认值即可。

Relative tolerance：相对误差。它指误差相对于状态的值，是一个百分比，默认值为 1e-3，表示状态的计算值要精确到 0.1%。

Absolute tolerance：绝对误差。它表示值的门限，或者是在状态值为零的情况下，可以接受的误差。如果它被设成 "auto"，那么 Simulink 为每一个状态设置初始绝对误差为 1e-6。

在固定步长模式下，用户只有"解算器类型"和"Mode（处理模型）"两项可供选择。

对于初学者来说，建议绝大部分使用 "Solver" 的默认设置。在 Simulink 的仿真参数设置对话框中，"Workspace I/O" 是一个较重要的设置参数，它主要用来设置 Simulink 仿真平台与 MATLAB 工作空间交换数据的有关选项，如图 7.24 的所示，各选项含义如下：

Load from workspace：从工作空间获取数据。选中前面的复选框即可从 MATLAB 工作空间获取时间和输入变量，一般时间变量定义为 t，输入变量定义为 u。Initial state 用来定义获取的状态初始值的变量名。

Save to workspace：将仿真数据存入工作空间。用来设置存入 MATLAB 工作空间的变量类型和变量名，选中变量类型前的复选框使相应的变量有效。一般存往工作空间的变量包括输出时间向量（Time）、状态向量（State）和输出变量（Output）。Final state 用来定义从 MATLAB 工作空间获得的变量名。

Save options：用来设置存往工作空间的相关选项。Limit data points to last 用来设定 Simulink 仿真结果存往 MATLAB 工作空间的数据点数；Decimation 设定从仿真数据中抽取数据的采样因子，它的默认值为 1，即对一个仿真数据都保存；若设为 2，则每间隔一个时刻提取仿真数据来保存。Format 用来说明返回数据的格式，包括数组（Array）、结构（structure）及带时间的结构（structure with time）。初次使用时，建议使用它的默认设置。其他对话框，在一般的仿真过程中很少使用到，建议使用它的默认设置。

例如在例 7-1 中，选用如图 7.24 所示的设置参数，则可将仿真时间向量和状态向量的数据保存到 MATLAB 的工作空间。若在 MATLAB 命令窗口发以下命令：

>>plot(tout, u);
>> grid; xlabel('t'); ylabel('u=\intcos(sin(t))dt')

可得到如图 7.25 所示的仿真结果。

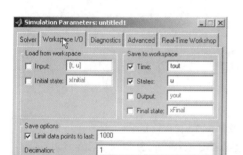

图 7.24 Wrokspace I/O 参数设置对话框

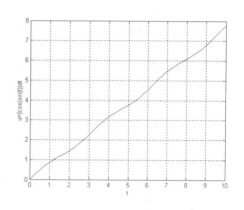

图 7.25 由仿真平台保存到工作空间数据绘制的图形

（2）Scope 模块参数

双击 Scope 模块，就可以打开 Scope 的显示界面，如图 7.26 所示，单击它的左上角的 "Parameters" 按钮，弹出它的属性参数对话框，如图 7.27 所示，在 Scope 模块的 General（通用）参数中，最重要的就是显示轴数 "Number of axes"。在 Simulink 中，显示轴的默认数为 "1"，如果要显示 2 个或 3 个参数的波形，就需要将显示轴数设为 2 或 3。

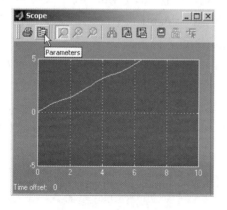

图 7.26 Scope 显示窗口

图 7.27 Scope 模块的 General 参数设置窗口

在 Scope 模块的 Data history（数据显示）参数中（如图 7.28 所示），如果要将仿真生成的数据保存到 MATLAB 中的工作空间（Workspace）中去，就需要选择"Save data to workspace"选择栏，且需要给这个变量取名，在 Simulink 中，该变量的默认名为"Scopedata"，读者可根据需要自行修改，但所取名需遵循变量命名原则，否则会出错。在例 7-1 中若按图 7.28 所示进行设置，当再次运行仿真模型后，Scope 模块中的数据将保存到 MATLAB 工作空间（Workspace）中去，其变量名为"ScopeData"，且为二维向量，如图 7.29 所示。此时，若在 MATLAB 命令窗口键入以下命令：

>> t=ScopeData(:,1); u=ScopeData(:,2);   %获取时间和状态数据
>> plot(t, u);   %绘制
>> grid; xlabel('t'); ylabel('u=\intcos(sin(t))dt')

也可得到如图 7.25 所示的仿真结果。

图 7.28 Data history 参数设置窗口

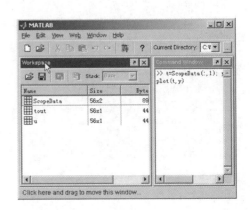

图 7.29 Workspace 显示传输的变量

7.4.3 Simulink 仿真注意与技巧

1. Simulink 仿真注意

（1）Simulink 的数据类型

Simulink 在仿真过程中，始终都要检查模型的类型安全性。模型的类型安全性是指从该模型产生的代码不出现上溢或者下溢现象。当产生溢出现象时，系统将出错误，因此了解 Simulink 支持的数据类型是必要的。与在 MATLAB 中使用的数据类型一样，Simulink 支持所有的 MATLAB 系统提供的数据类型。但最常用的是双精度浮点（double）型，它也是默认使用的数据类型。Simulink 提供的绝大部分函数都支持双精度矩阵和字符串的处理，其他几种数据类型用于特殊的场合，如 8 位、16 位、32 位无字符型用于图像处理，单元型和结构型一般用于编写大型软件。

Simulink 模块支持的数据类型一般来说不一定完全相同。关于模块的输入和输出信号支持的数据类型可参考该模块支持的数据类型的有关说明。如果一个模块没有说明它的支持类型，那么表示它仅仅支持 double 类型。

查看模块的数据类型的方法是：在模型窗口的菜单中执行 Format/Port Data Types 命令，这样每个模块支持的数据类型就显示出来了，如图 7.30 所示。要取消数据类型的查看方式，单击 Port Data Types 去掉其前面的钩号即可。

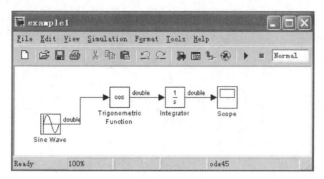

图 7.30　查看模块支持的数据类型

与在 MATLAB 中使用数据类型一样，Simulink 中也允许用户自己定义新的数据类型，并允许用户对已经存在的数据类型添加新的运算方法。在设置模块的参数时，可以为该模块指定合法的数据类型。例如对一个增益模块的输入参数由 double 型修改成 single 型。

（2）数据的传输

在仿真过程中，Simulink 首先查看有没有特别设置的信号的数据类型，以及检验信号的输入和输出端口的数据类型是否会产生冲突。如果有冲突，Simulink 将停止仿真，并给出一个出错提示对话框。在此对话框中将显示出错的信号及端口，并把信号的路径以高亮显示。遇到这种情形，必须改变数据类型以适应模块的需要。例如，图 7.31 所示的模型就是一个数据类型不匹配的例子。查看出错原因，问题出在中间两个模块的参数不匹配，如图 7.32 所示。经过分析数据类型可知，第 2 个增益模块 Gain 输出的是双精度复数信号，而第三个模块的输入和输出都是实数信号，可以打开模块 Trigonometric Function 的参数对话框，把 Output Signal Type 由实数改为 complex（复数），如图 7.33 所示。修改结束后，保存并运行仿真就可得到仿真结果如图 7.34 所示。

图 7.31　数据类型不匹配

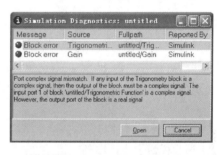

图 7.32　诊断出错原因

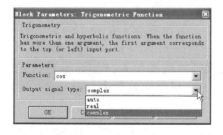

图 7.33　设置参数的数据类型

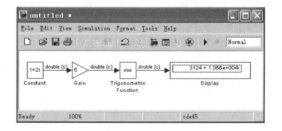

图 7.34　数据类型设置后正确仿真的结果

（3）提高仿真速度

Simulink 仿真过程的性能受诸多因素的影响，包括模型的设计和仿真参数的选择等。对于大多数问题，使用 Simulink 系统默认的解法和仿真参数值就能够比较好地解决。但是，对于特殊模型，必须选择适当的解法器和仿真参数，才能得到良好的仿真结果。

当模型的仿真速度明显过慢时，一般是由下面的一些因素造成的，针对不同因素应分别采取不同的解决方法。

① 仿真的时间步长太小。针对这种情况可以把最大仿真步长参数设置为默认值 auto。

② 仿真的时间过长。可酌情减少仿真的时间。

③ 选择了错误的解法。针对这种情况可以通过改变解法器来解决。

④ 仿真的精度要求过高。仿真时，如果绝对误差限度太小，则会使仿真在接近零状态附近耗费过多时间。通常，相对误差限为 0.1% 就已经足够了。

⑤ 模型包含一个外部存储块。尽量使用内置存储模块。

（4）改善仿真精度

检验仿真精度的方法是：通过修改仿真的相对误差限和绝对误差限，并在一个合适的时间跨度反复运行仿真，对比仿真结果有无大的变化。如果变化不大，表示解是收敛的，说明仿真的精度是有效的，结果是稳定的。

如果仿真结果不稳定，其原因可能是系统本身不稳定或仿真解法不适合。如果仿真的结果不精确，其原因很可能是：

① 模型有取值接近零的状态。如果绝对误差过大，会使仿真在接近零区域运行的仿真时间太小。解决的办法是修改绝对误差参数，或者修改初始状态。

② 如果改变绝对误差限还不能达到预期的误差限，则修改相对误差限，使可接受的误差降低，并减小仿真的步长。

2. Simulink 仿真技巧

（1）连接分支信号线

先连接好单根信号线，然后将鼠标指针放在已经连接好的信号线上，同时按住"Ctrl"键，拖动鼠标，连接到另一个模块。这样就可以根据需要由一个信号源模块，引出多条信号线，如图 7.35 所示。

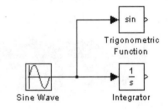

图 7.35 引出多条信号线示例

（2）模块的编辑技巧

① 调整模块大小。在仿真模型窗口中，选中需要调整大小的模块，这时模块的四个顶点都将出现黑色的小方块，单击其中一个小方块，拖动鼠标到适当位置，然后放开鼠标，这样就可调整模块的大小。对模块的调整只能改变模块的外观，而不会改变该模块的功能。

② 在同一窗口复制模块。在建立仿真模型时，有时候需要多个相同的模块，这时候可以采用模块复制的方法进行创建，而不需要逐个从模块库中进行复制。简便的操作方法是：按住"Ctrl"键，然后单击需要复制的模块，把该模块拖到适当位置，然后放开鼠标即可完成复制。利用该方法可以快速复制多个同样的模块。此时，模块的标签将自动更新，如图 7.36 所示。

③ 删除模块。当选定需要删除的一个或多个模块后，按下键盘上"Delete"键可将其删除。

④ 编辑模块标签。建立仿真时，系统会自动给每个模块加上一个标签。有时候为了增强模块的可读性，需要对标签作相应的修改，如改变名称、隐藏标签等。

改变名称的方法是：双击标签名称所在的位置，输入新的标签名即可，如图 7.37 所示。

图 7.36　复制模块　　　　　　　　　图 7.37　改变模块标签

隐藏标签的方法是：先选中模块，然后选择菜单命令 Format/Hide Name，就可达到隐藏模块标签的目的。但是模块的名称实际并没有被删除，只是不可见而已。

7.5　其他应用模块集和 Simulink 扩展库

在 MATLAB 的 Simulink 模块库中，除了前面所介绍的模块库外，还提供了大量不同领域的模块库。受篇幅的限制，下面仅对通信模块集、数字信号处理模块集、非线性控制系统模块集及 Simulink 扩展库进行简要介绍。

1. 通信模块集（Communications Blockset）

通信模块集如图 7.38 所示。各个模块库的作用如下。

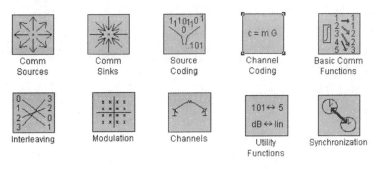

图 7.38　通信模块集中的模块库

- 通信信源模块库（Comm Sources）：在该模块库中包含各种通信信号输入模块和 I/O 演示模块。
- 通信输入模块库（Comm Sinks）：在该模块库中包含触发写模块、眼图和散射图模块、误差率计算模块及其相应的演示模块。
- 信源编码库（Source Coding）：在该模块库中包含标量量化编码/解码模块、DPCM 编码/解码模块、规则压缩/解压模块，以及相应的演示模块。
- 信道库（Channels）：在该模块库中包含加零均值高斯白噪声信道模块、加二进制误差信道模块、Rayleigh 衰减信道模块、Rician 噪声信道模块及其相应的演示模块。
- 调制库（Modulation）：在该模块库中包含数字基带调制模块、数字带通调制模块、模拟基带调制模块，以及模拟带通调制模块。
- 基本通信函数库（Basic Comm Functions）：在该模块库中包含各种基本的积分器模块和顺序操作模块。
- 实用函数库（Utility Functions）：在该模块库中包含单/双极转换模块、十进制整数标量与矢量互换转换器模块、dB 转换模块和数据地图制作模块等。
- 同步库（Synchronization）：在该模块库中包含锁相环 PLL 模块、基带 PLL 模块、演示模块、线性化基带 PLL 模块、进料泵 PLL 模块等。

- 信道编码库（Channel Coding）和交织库（Interleaving）：在这两个模块库中主要包含线性分组码、BCH编码、R-S编码、循环编码、卷积编码等模块。

2. 数字信号处理模块集（DSP Blockset）

数字信号处理模块集如图7.39所示，它提供了以下8个库。

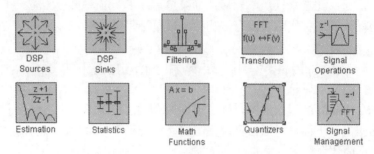

图7.39　数字信号处理的模块集

- DSP信源模块库（DSP Source）：该模块库中包含Chirp信号模块、常数对角矩阵模块、计算器模块、离散脉冲信号模块、正弦信号模块、触发信号模块和Windows函数模块等。
- DSP信号输出模块库（DSP Sinks）：该模块库包含Display显示模块、矩阵阅读器模块、谱显示模块、时间显示模块和声音输出模块等。
- 滤波器模块库（Filtering）：在该模块库中包含滤波器模块、滤波器实现模块、自适应滤波器模块、多级滤波器模块等。
- 信号操作模块库（Signal Operations）：在该模块库中包含信号卷积模块、采样与保持模块、信号展开模块等。
- 估计模块库（Estimation）：在该模块库中包含参数估计模块（Yule-Wallker AR估计模块、Burg AR估计模块、协方差AR估计模块和改进的协方差AR估计模块）和功率谱估计模块（FFT模块、Yule-Wallker AR估计模块、Burg AR估计模块、协方差AR估计模块和改进的协方差AR估计模块）。
- 统计模块库（Statistics）：在该模块库中包含信号相关和自相关模块、柱状图模块、最大最小模块、中值和均值模块、分类模块、方差和标准差模块等。
- 数学函数模块库（Math Function）：在该模块库中包含基本函数、矢量函数、矩阵函数、线性代数等模块。

3. 电力系统模块集（Power System Blockset）

电力系统模块集主要包含用于电路设计和电力系统设计方面的仿真模块，如图7.40所示。

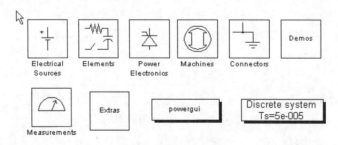

图7.40　电力系统模块集

- 电源模块库（Electrical Sources）：在该模块库中包含直流/交流电压源模块、可控电压电流源模块和交流电压源模块等。
- 元件模块库（Elements）：在该模块库中包含串/并联 RLC 支路模块与负载模块、线性与饱和变压器模块、互感器模块和断路器模块等。
- 电力电子元件模块库（Power Electronics）：在该模块库中包含理想开关模块、门电路模块、二极管模块、可控硅模块、金属氧化物模块和场效应晶体管模块等。
- 电机模块库（Machines）：在该模块库中包含简单的同步电机模块、异步和同步电机模块、恒磁同步电机模块及涡轮与调节器模块等。
- 连接器模块库（Connectors）：在该模块库中包含接地模块、局部接地模块，以及各种连接器模块等。

对电力系统模块集中各模块的功能及使用方法，将在 8.3 节中做进一步介绍。

4. Simulink 扩展库

在 Simulink 扩展库（Simulink extras）中包含如图 7.41 所示的子模块库。

图 7.41　Simulink 扩展库

- 扩展信号输出模块库（Additional Sinks）：在该模块库中包含功率谱密度模块、平均功率谱密度模块、平均谱分析模块、谱分析模块、互相关器模块和自相关模块等，如图 7.42 所示的子模块库。

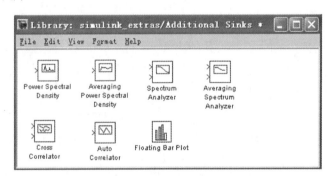

图 7.42　扩展信号输出模块库

- 扩展离散库（Additional Discrete）：在该模块库中包含两个离散传递函数模块和两个离散零极点模块，如图 7.43 所示。

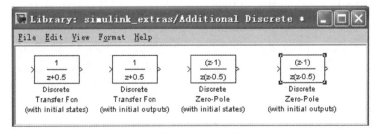

图 7.43　扩展离散库

- 扩展线性库（Additional Linear）：在该模块库中包含两个传递函数模块、两个零点模块、一个状态空间模块和两个 PID 控制器模块，如图 7.44 所示。

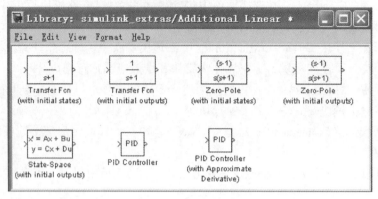

图 7.44　扩展线性库

- 转换库（Transformations）：在该模块库中包含极坐标与笛卡儿坐标的互换模块、球坐标与笛卡儿坐标的互换模块、华氏温度和摄氏温度的互换模块、度与弧度的互换模块，共 4 对 8 个模块，如图 7.45 所示。
- 触发模块库（Flip Flops）：在该模块库中包含时钟模块、D 锁存器模块、S-R 触发器、D 触发器和 J-K 触发器模块等，如图 7.46 所示。
- 线性化库（Linearization）：在该模块库中包含线性化转化导数模块和转化传递延迟模块等，如图 7.47 所示。

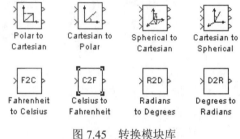

图 7.45　转换模块库

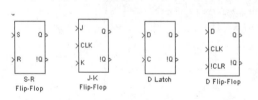

图 7.46　触发模块库

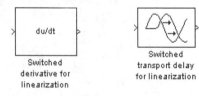

图 7.47　线性化库

- 宇航模块库（Airspace Blocks）：在该模块库中包含自由度分别为 3 和 6 的模块、大气状态模块、轴转换模块、使能模块和激励模块等，如图 7.48 所示。

以上这些模块的具体功能和应用，读者可通过鼠标，选中相应的模块，单击右击鼠标，在弹出的快捷菜单中单击"Help for '*****' block"选项（如图 7.14 所示），即可获得该模块的功能和使用说明。由于篇幅限制，就不一一介绍这些模块了。

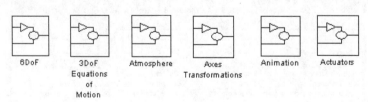

图 7.48　宇航模块库

7.6 其他应用模块及仿真实例

Simulink 采用模块化方式，每个模块都有自己的输入/输出端口，实现一定的功能。Simulink 的仿真模型则表现为若干个仿真模块的集合，以及这些模块之间的连接关系，从而使得仿真的设计和分析过程变得相对直观和便捷，同时有利于仿真模型的扩充。因此，MATLAB 在 Simulink 模块库中，为用户提供了大量各类仿真模块，使得这一可视化仿真工具广泛应用于线性系统、数字控制、通信系统、非线性系统及数字信号处理等领域的建模和仿真中。

仿真模型的运行既可以在模型窗口中进行，也可以在命令窗口中使用 sim 命令函数来实现。使用该命令进行仿真的最大优点是，所有仿真模块参数的设置可通过 MATLAB 工作空间变量来实现，使得仿真变得十分简单。另外，也可通过 linmod 函数来获取仿真模型的状态空间模型。

1. 获取仿真模型的状态空间模型函数 linmod

格式一：[A,B,C,D]= linmod ('SYS')

功能：获取线性系统的状态空间模型[A,B,C,D]。SYS 是 Simulink 生成的仿真方块图模型名。

格式二：[A,B,C,D]= linmod ('SYS',X,U)

功能：获取线性系统的状态空间模型[A,B,C,D]。X 为状态矢量，U 为输入矢量。

说明：当仿真模型是连续与离散混合的时变系统时，可用函数 dlinmod 来获取线性仿真模型的状态空间表达式。

2. 仿真模型运行函数 sim

格式一：[T,X,Y]=sim('model', timespan, options, ut)

功能：用指定的仿真模型 model 和参数运行仿真模型。model 表示 Simulink 所生成的模型名；timespan 可以表示仿真的终止时间值 TFinal，也可以表示时间范围，如[TStart, TFinal]，还可以表示[TStart, OutputTimes, TFinal]；options 是可选的输入参数；ut 为输入矢量，可以是一个输入变量表或一个 MATLAB 函数的函数名，若 ut 为一输入列表，其形式必须为 ut=[T, u_1, ..., u_n]。T 表示输出时间矢量，其格式为 T=[t_1, t_2, ..., t_m]；若 ut 为字符串，则它必须为一个返回输入变量的函数名；X 表示状态变量矩阵或者数组；Y 表示输出变量矩阵或者数组。

格式二：[T,X,Y1,...,Yn]=sim('model', timespan, options, ut)

功能：Y1,...,Yn 对应于仿真模型中各级的输出变量。

说明：函数 sim 常常与生成一个仿真模型的输入结构的函数 simset 和获取一个仿真模型的输入结构的函数 simget 配合使用。

【例 7-2】 试建立模型实现基带锁相环。其实现步骤如下。

① 建立模型。如图 7.49 所示，建立一个基带 PLL 仿真的简单模型。该模型由一个正弦信号发生器模块、一个基带 PLL 模块、一个显示模块构成。

② 设置参数。信号发生器的波形选择为 sine，幅度和频率都设置为 1。基带锁相环模块的低通滤波器的参数设置如下。

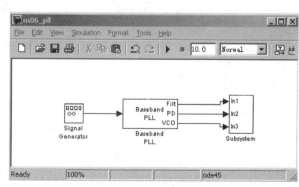

图 7.49　基带 PLL 仿真模型

分子为[3.0002　0　40002]

分母为[1　67.46　2270.9　40002]

③ 运行仿真。结果如图 7.50 所示。

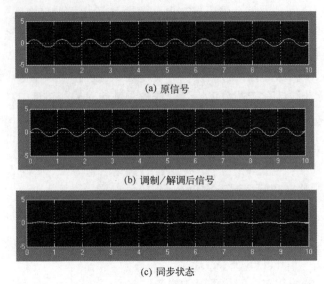

图 7.50　例 7-2 的结果

【例 7-3】 利用 Simulink 建立求解 $y = \int_0^1 e^{-x^2} dx$ 的仿真模型，并求其精确值。

首先，在 Simulink 的模块库中寻找相应的模块。在 Sources 模块库中调出 Clock 模块，在 Math 模块库中调出 Product、Gain、Mathfunction（指数函数 e^u）模块，在 Continuous 模块库中调出 Integrator 模块，在 Sinks 模块库中调出 Display 模块，建立如图 7.51 所示的仿真模型。然后，设置仿真参数，将 Simulink time 栏目中的 Start time 设为 0，Stop time 设为 1.0。最后，运行该仿真模型，所得结果在 Display 模块中显示为 0.7468，如图 7.51 所示。

若将该仿真模型以 exm7_3.mdl 文件名保存，则在命令窗口中键入以下命令后会得到相同结果。

>>sim('exm7_3',[0,1]);

或　>> [x,y]=sim('exm7_3',[0,1])；　　%获得 x 取不同值时的积分结果 y

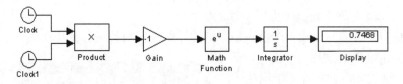

图 7.51　例 7-3 积分的仿真模型

【例 7-4】 已知某系统的开环传递函数为 $G(s) = \dfrac{15}{(s+6)(s+11)}$。（1）绘制系统的奈奎斯特（Nyquist）曲线，判断闭环系统的稳定性，并求出该系统的单位阶跃响应；（2）给系统增加一个开环极点 $p = 2$，求此时的奈奎斯特曲线，判断此种情况下闭环系统的稳定性，并绘制该系统的单位阶跃响应曲线。

由第 5 章介绍可知，奈奎斯特曲线是根据开环频率特性在复平面上给出的幅相轨迹。根据开环的奈奎斯特曲线，可以判断闭环系统的稳定性。系统稳定的充要条件是，奈奎斯特曲线按逆时针包围临界点(-1，j0)的圈数 R 等于开环传递函数位于 s 右半平面的极点数 P，否则闭环系统不稳定，闭环正实部特征根个数 $Z=P-R$。若刚好过临界点，则系统临界稳定。

图 7.52(a)给出了本例的 Simulink 仿真模型。将仿真时间设置为 Start time=0，Stop time=10，其他为默认参数，执行仿真后可获得该系统的单位阶跃响应，如图 7.53(a)所示。分析图 7.53(a)可知，该闭环系统是稳定的。若在图 7.52(a)所示的仿真模型中增加一个开环极点 $p=2$，则可构建如图 7.52(b)所示的仿真模型。同样，将仿真时间设置为 Start time=0，Stop time=10，其他为默认参数，执行仿真后可获得该系统的单位阶跃响应如图 7.53(b)所示。分析图 7.53(b)可知，该闭环系统不稳定。

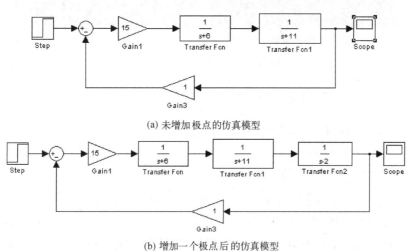

(a) 未增加极点的仿真模型

(b) 增加一个极点后的仿真模型

图 7.52 开环系统的 Simulink 仿真模型

对图 7.52(a)所示系统，以 exm_7_4.mdl 文件名保存，当执行下述命令语句时，还可以获得系统的状态空间表示式。

```
>> [a,b,c,d]=linmod('exm_7_4')
a = -11.0000    1.0000
    -15.0000   -6.0000
b =   Empty matrix：2-by-0
c =   Empty matrix：0-by-2
d =   []
```

当然，也可以通过以下 MATLAB 程序来验证开环系统在不同情况下的稳定性。限于篇幅，略去本例的仿真结果。MATLAB 源程序如下。

```
clear;clc;close all
%K=15;Z=[];P=[-6,-11];       %开环系统的零极点及增益
K=15;Z=[];P=[-6,-11,2];      %增加一个开环极点 p=2
[num,den]=zp2tf(Z,P,K);      %将零极点模型转换成传递函数模型
figure(1);subplot(2,1,1);
nyquist(num,den)             %绘制奈奎斯特曲线
subplot(2,1,2);pzmap(P,Z)    %绘制零极点
figure(2);
t=0:0.1:10;
[numc,denc]=cloop(num,den);
step(numc,denc,t)
```

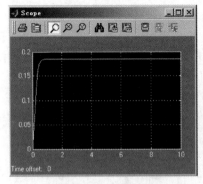
(a) 基于图7.52(a)模型的响应

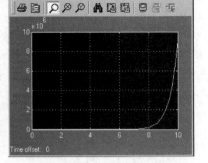
(b) 基于图7.52(b)模型的响应

图 7.53 系统的单位阶跃响应

【例 7-5】 已知延迟微分方程组为 $\begin{cases} x'(t)=1-3x(t)-y(t-1)-0.2x^3(t-0.5)-x(t-0.5) \\ y''(t)+3y'(t)+2y(t)=4x(t) \end{cases}$，其中在 $t \leqslant 0$ 时，$x(t)=y(t)=y'(t)=0$，试求出该方程的数值解。

方法一：从传递函数模型角度仿真。

将第一个方程中的 $-3x(t)$ 项移到等号左侧，即

$$x'(t)+3x(t)=1-y(t-1)-0.2x^3(t-0.5)-x(t-0.5)$$

这样，可以将该方程理解成 $x(t)$ 为传递函数模型 $1/(s+3)$ 的输出信号，而该函数的输入信号则为 $1-y(t-1)-0.2x^3(t-0.5)-x(t-0.5)$。第二个方程可以理解为：$y(t)$ 是传递函数模型 $4/(s^2+3s+2)$ 的输出信号，而该模型的输入信号为 $x(t)$。而信号 $x(t)$ 和 $y(t)$ 的延迟可用 Transport Delay 模块实现。因此，通过以上分析，可以搭建如图 7.54 所示的 Simulink 仿真模型，以 exm7_5.mdl 文件名保存。运行该仿真模型后，在示波器上会显示如图 7.55 所示结果。或在命令窗口中键入以下命令会得到相同的结果。

```
>> [t,x]=sim('exm7_5',[0,10]);plot(t,x(:,3))
```

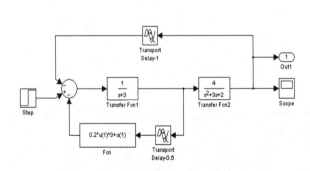
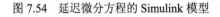
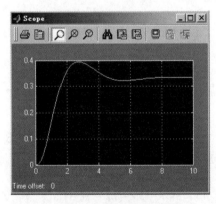

图 7.54 延迟微分方程的 Simulink 模型　　　　图 7.55 示波器显示结果

说明：(1) 在建立仿真模型时，传递函数模块（Transfer Fcn）、延迟模块（Transport Delay）位于连续模块库（Continuous）中，自定义函数模块（Fcn）位于函数与表格模块库（Function & Table）中；(2) 模块的翻转，只需用鼠标选中并单击鼠标右键，然后选择菜单命令 Format/Flip block 后就可实现翻转。

方法二：从一阶微分模型角度仿真。

若不习惯使用传递函数模型，也可以将微分方程改写成一阶微分方程组。设 $x_1(t)=x(t)$，$x_2(t)=y(t)$，$x_3(t)=y'(t)$，这样原微分方程组可改写为

$$\begin{cases} x_1'(t) = 1 - 3x_1(t) - x_2(t-1) - 0.2x_1^3(t-0.5) - x_1(t-0.5) \\ x_2'(t) = x_3(t) \\ x_3'(t) = 4x_1(t) - 2x_2(t) - 3x_3(t) \end{cases}$$

因此，根据一阶微分方程组，可以搭建如图 7.56 所示的 Simulink 仿真模型。运行该仿真模型后，在示波器 Scope2 上仍会显示如图 7.55 所示的相同结果。

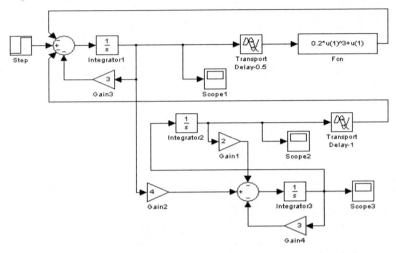

图 7.56 一阶微分方程组搭建的 Simulink 仿真模型

【例 7-6】 试利用 Simulink 仿真平台，建立脉幅调制（PAM）和正交幅度调制（QAM）的仿真模型，并对二者的抗噪声性能进行比较。

首先，利用 Communications Blockset、Math、Signals & System 等模块集建立如图 7.57 和图 7.58 所示仿真模型，其保存文件名分别为 T3_PAM.mdl 和 T3_AQM.mdl。

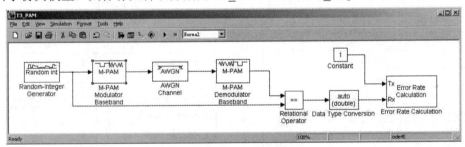

图 7.57 PAM 调制的仿真模型

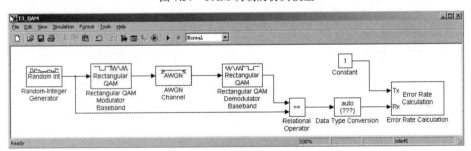

图 7.58 QAM 调制的仿真模型

在 PAM（或 QAM）调制的仿真模型中，首先由随机整数发生器（Random Integer Generator）产生一个八进制整数序列，输入到 PAM 基带调制器模块（M-PAM Modulator Baseband）（或 QAM

基带调制器模块（Rectangular QAM Modulator Baseband））中，获得 PAM（或 QAM）调制信号；调制信号通过加性高斯白噪声模块（AWGN Channel）后进行相应的解调（PAM 基带解调器（M-PAM Demodulator Baseband）或 QAM 基带解调器（Rectangular QAM Demodulator Baseband））；将调制信号送入相关比较器（Relational Operator）与原始信号进行比较；最后将比较结果通过数据类型转换（Data Type Conversion）后，由误码率统计模块（Error Rate Calculation）进行误码率统计，得到调制的误码率。

然后，对图 7.57 和图 7.58 中各模块，按表 7.1 至表 7.7 中所示的参数内容进行设置，实现利用 MATLAB 工作区中的变量对仿真模块参数的设置，以及将仿真结果保存在 MATLAB 工作区变量中。

表 7.1　Random Integer Generator 的参数设置

参　数　名　称	参　数　值
M-ary number	xSignalLevel
Initial seed	xInitialSeed
Sample time	xSampleTime
Frame-based outputs	Unchecked
Interpret vector parameters as 1-D	Unchecked

表 7.2　AWGN Channel 的参数设置

参　数　名　称	参　数　值
Initial seed	67
Mode	Signal to noise ratio(SNR)
SNR(dB)	xSNR
Input signal power(watts)	1

表 7.3　M-PAM Modulator Baseband 的参数设置

参　数　名　称	参　数　值
M-ary number	xSignalLevel
Input type	Integer
Normalization method	Min. distance between symbols
Minimum distance	2
Sample per symbol	1

表 7.4　M-PAM Demodulator Baseband 的参数设置

参　数　名　称	参　数　值
M-ary number	xSignalLevel
Input type	Integer
Normalization method	Min. distance between symbols
Minimum distance	2
Sample per symbol	1

表 7.5　Rectangular QAM Modulator Baseband 的参数设置

参　数　名　称	参　数　值
M-ary number	xSignalLevel
Input type	Integer
Normalization method	Min. distance between symbols
Minimum distance	2
Phase offset(rad)	0
Sample per symbol	1

表 7.6　Rectangular QAM Demodulator Baseband 的参数设置

参　数　名　称	参　数　值
M-ary number	xSignalLevel
Input type	Integer
Normalization method	Min. distance between symbols
Minimum distance	2
Phase offset(rad)	0
Sample per symbol	1

表 7.7　Error Calculation 的参数设置

参　数　名　称	参　数　值
Receive delay	0
Computation delay	0
Computation mode	Entire frame
Output data	Workspace
Variable name	xErrorRate
Reset port	Unchecked
Stop simulation	Unchecked

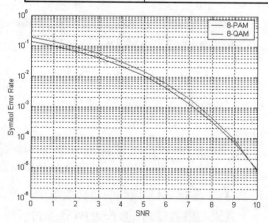

图 7.59　PAM 和 QAM 的误码率曲线

最后，编程运行。MATLAB 源程序为：

```
xSignalLevel=8;                %设置调制信号的相数（调制信号是介于 0 和 xSignalLevel-1 之间的整数）
xSampleTime=1/100000;          %设置调制信号的采样间隔
xSimulationTime=10;            %设置仿真时间的长度
xInitialSeed=37;               %设置随机数产生器的初始化种子
x=0:10;                        %表示信噪比的取值范围
y1=x;                          %y1 表示 PAM 调制的误码率
y2=x;                          %y2 表示 QAM 调制的误码率
for i=1:length(x)
    xSNR=x(i);                 %信噪比依次取向量 x 的数值
        sim('T3_PAM');         %执行 T3_PAM.mdl 仿真模型；
    y1(i)=xErrorRate(1);       %从 xErrorRate 中获得调制信号的误码率
end
for j=1:length(x)
    xSNR=x(j);                 %信噪比依次取向量 x 的数值
        sim('T3_QAM');         %执行 T3_QAM.mdl 仿真模型；
    y2(j)=xErrorRate(1);       %从 xErrorRate 中获得调制信号的误码率
end
semilogy(x,y1,'b',x,y2,'r');   %绘制信噪比与误码率的关系曲线
grid;  xlabel('SNR');  ylabel('Symbol Error Rate'); legend('8-PAM','8-QAM');
```

运行该程序，两种调制方式在不同信噪比条件下的误码率曲线如图 7.59 所示。

习题

1 一个仿真模型主要由哪几部分构成？

2 在每一个时间步中，Simulink 依次解决哪些主要问题？

3 已知 s，u 由下列微分方程确定：$\dfrac{\mathrm{d}^2 s}{\mathrm{d}u^2} = 0.5u + \sin u$

试建立仿真模型，并在示波器中显示 s 的波形。

4 已知数学模型为：$\int u \mathrm{d}t = 2.5\sin t$，$u = 2.5\sin t$，$u = \sin(t - \pi/4)$

利用信号混路模块同时显示多个仿真结果。

5 考虑简单的线性微分方程：$y''' + 3y''' + 3y''' + 4y' + 5y = \mathrm{e}^{-3t} + \mathrm{e}^{-5t}\sin(4t + \pi/3)$

其中，$y(0) = 1$，$y'(0) = y''(0) = 1/2$，$y'''(0) = 0.2$。试用 Simulink 搭建起系统的仿真模型，并绘制出仿真结果曲线。

6 已知线性微分方程：$\begin{cases} x_1' = x_1 + x_2 \mathrm{e}^{-t} \\ x_2' = -x_1 x_2 + \cos t \end{cases}$

试用 Simulink 搭建起系统的仿真模型，并绘制出仿真结果曲线。

7 仿真一个温度计放入水中显示的变化。仿真建立模型：惯性环节 $1/(T_s+1)$，T=10s，使用 Simulink 仿真这个模型。

第 8 章 MATLAB 在电子电路中的应用

电工原理、电路分析、电子线路、电子技术等课程是电子信息类专业的基础课程,在这些课程中,往往涉及电路的计算与分析、设计与仿真、优化参数与配置等,其目的有两个:一是通过改变电路中元器件的参数,使整个电路的性能达到最佳状态;二是为了验证所设计的电路是否达到设计要求。由于 MATLAB 所定义的运算符号既对复数运算有效,同时也对所有矩阵运算有效,它的 Simulink 仿真工具提供了模块化和动态仿真能力,这些功能和特点为电路的计算与分析、设计与仿真都带来了方便。

本章通过介绍一些编程和仿真技巧,使读者熟练掌握 MATLAB 在电工原理、电路分析、电子线路、电子技术等课程中的应用,提高利用 Simulink 进行电路仿真的能力。需要说明的是,有些例题的解法本身,不一定是最佳。另外,对大规模电路的设计和仿真,MATLAB 还存在一定的不足,读者可以使用 Multisim、Spice 等更专业的软件,在这些软件中,成千上万种的元器件特性可以直接调用,电路设计也更加灵活方便。

8.1 基本电气元件简介

通常,对于一个简单电路可能由这样一些元器件组成:电阻、电容、电感、晶体二极管、晶体三极管,以及电源等基本器件。而电源可由变压器、整流器和滤波器构成,也可由稳压器(芯片)及其外围电路(器件)构成。

1. 电阻

电阻在电路中用"R"加数字表示,如 R_6 表示编号为 6 的电阻器。电阻在电路中主要起分流、限流、分压、偏置等作用。衡量电阻的两个最基本的参数是阻值和功率。阻值用来表示电阻对电流阻碍作用的大小,单位用 Ω(欧姆)、kΩ(千欧)、MΩ(兆欧)表示。功率用来表示电阻所能承受的最大电流,单位用 W(瓦特)表示。

2. 电容

电容在电路中一般用"C"加数字表示,如 C_6 表示编号为 6 的电容器。电容器在电路中的主要作用是隔直流通交流,电容器的容量大小表示它能储存电能的能力。电容器对交流信号的阻碍作用称为容抗 X_C,其大小与交流信号的频率和电容量有关:$X_C = 1/(2\pi f C)$,f 表示交流信号的频率,C 表示电容容量。电容的基本单位用 F(法拉)表示,其他单位还有:mF(毫法)、nF(纳法)和 pF(皮法),$1F = 10^3 mF = 10^6 \mu F = 10^9 nF = 10^{12} pF$。

3. 晶体二极管

晶体二极管在电路中常用"VD"加数字表示,如 VD_3 表示编号为 3 的二极管。二极管的主要特性是单向导电性,也就是在正向电压的作用下,导通电阻小,在反向电压作用下导通电阻极大或无穷大。利用这一特性,二极管常被用于整流、开关、隔离、稳压、极性保护等功能电路中。因此,晶体二极管按用途分为整流二极管、开关二极管、续流二极管、稳压二极管及限幅二极管等。

4. 晶体三极管

晶体三极管（简称三极管）在电路中常用"VT"加数字表示，如 VT_9 表示编号为 9 的三极管。三极管有三个极，分别称为基极(b)、集电极(c)和发射极(e)，发射极上的箭头表示流过三极管的电流方向。三极管分为 NPN 型和 PNP 型，两种类型三极管中电流的流向是相反的，工作特性上可互相弥补。所谓 OTL 电路中的对管就是由 PNP 型和 NPN 型配对而成的。

5. MOS 场效应晶体管

MOS 场效应晶体管即金属-氧化物-半导体型场效应管，英文缩写为 MOSFET，其主要特性是在金属栅极与沟道之间有一层二氧化硅绝缘层，具有很高的输入电阻（最高可高达 $10^{15}\Omega$），所以 MOS 场效应晶体管属于绝缘栅型。从衬底（基板）分类，MOS 场效应晶体管可分为 N 沟道管和 P 沟道管；从导电方式上分，可分为增强型和耗尽型。所谓增强型是指，当电压 $U_{GS}=0$ 时，管子呈截止状态，加上正确的电压 U_{GS} 后，多数载流子被吸引到栅极，从而"增强"了该区域的载流子，形成导电沟道；所谓耗尽型是指，当电压 $U_{GS}=0$ 时，即形成沟道，加上正确的电压 U_{GS} 后，能使多数载流子流出沟道，因此，"耗尽"了载流子，使管子转向截止状态。

6. 电感线圈

电感线圈（又称电感器、电抗器，简称电感），它与电容器一样，也是一种储能元件。电感线圈能把电能转变为磁场能，并在磁场中储存能量。电感器用符号 L 表示，单位用 H（亨利）、mH（毫亨）和 μH（微亨）表示。它经常与电容器一起工作，构成 LC 滤波器、LC 振荡器等，同时人们还利用电感特性，制造了阻流圈、变压器、继电器等。电感线圈的重要特性参数有：

（1）电感量：电感量 L 表示线圈本身固有特性，与电流大小无关。

（2）感抗：感抗 X_L（单位为Ω）表示电感线圈对交流电流阻碍作用的大小，与电感量 L 和交流电频率 f 有关，$X_L = 2\pi f L$。

（3）品质因素 Q：品质因素 Q 是表示线圈质量的一个物理量，大小等于感抗 X_L 与其等效的电阻 R_L 的比值，即 $Q = X_L / R_L$。线圈的 Q 值越高，回路的损耗就越小。线圈的 Q 值与导线的直流电阻、骨架的介质损耗、屏蔽罩或铁心引起的损耗、高频趋肤效应的影响等因素有关。线圈的 Q 值通常为几十到几百不等。

（4）分布电容：线圈的匝与匝间、线圈与屏蔽罩间、线圈与底版间存在的电容被称为分布电容。分布电容的存在使线圈 Q 值减小，稳定性变差，因而线圈的分布电容越小越好。

7. 变压器

变压器是变换交流电压、电流和阻抗的器件，当初级绕组中通有交流电流时，铁心（或磁心）中便产生交流磁通，使次级线圈中感应出电压（或电流）。变压器由铁心（或磁心）和绕组组成，绕组有两个或两个以上的绕组，其中接电源的绕组叫初绕组，其余的绕组叫次绕组。按电源相数分类，可分为单相、三相和多相变压器。变压器的重要特性参数有：

（1）工作频率：是指在该频率工作时，变压器的铁心损耗较小，输入/输出的电压较稳定。
（2）额定功率：在规定的频率和电压下，变压器能长期工作，而不超过规定温升的输出功率。
（3）额定电压：指在变压器的绕组上所允许施加的电压，工作时不得大于该电压。
（4）电压比：指变压器初极电压和次级电压的比值，有空载电压比和负载电压比之分。
（5）空载电流：指变压器次级开路时，初级存在的电流。

（6）空载损耗：指变压器次级开路时，在初级测得的功率损耗。

（7）效率：指次级功率 P_2 与初级功率 P_1 比值的百分比。通常变压器的额定功率越大，效率就越高。

8.2 MATLAB 在电路及电子线路中的计算与分析

8.2.1 在电路中的应用

通过前面章节的学习，读者可以发现，MATLAB 在信号处理、自动控制及通信系统仿真中的应用时，有很多函数命令可以直接调用完成仿真。相反，将 MATLAB 应用于电子电路时，往往需要用户根据具体电路编程完成仿真。众所周知，在分析和计算电路中的各种问题时，有时要涉及解方程和复数运算，而矩阵运算和复数运算又是 MATLAB 优于其他语言的特色之一，因此，我们应充分利用 MATLAB 的这一特点来分析和计算电路中的各种问题。

【例 8-1】 如图 8.1 所示电路，已知 $R_1=2\Omega$，$R_2=4\Omega$，$R_3=12\Omega$，$R_4=4\Omega$，$R_5=12\Omega$，$R_6=4\Omega$，$R_7=2\Omega$。

（1）当 $u_s=10\text{V}$ 时，求 i_3，u_4，u_7；

（2）当 $u_4=6\text{V}$，求 u_s，i_3，u_7。

这是电阻电路求解问题。利用网孔法进行建模，按图 8.1 可列出以下网孔方程：

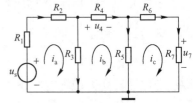

图 8.1 例 8-1 电路图

$$\begin{cases} (R_1+R_2+R_3)i_a - R_3 i_b = u_s \\ -R_3 i_a + (R_3+R_4+R_5)i_b - R_5 i_c = 0 \\ -R_5 i_b + (R_5+R_6+R_7)i_c = 0 \end{cases} \quad (8-1)$$

可将上述线性方程组改写成矩阵形式：

$$\begin{bmatrix} R_1+R_2+R_3 & -R_3 & 0 \\ -R_3 & R_3+R_4+R_5 & -R_5 \\ 0 & -R_5 & R_5+R_6+R_7 \end{bmatrix} \begin{bmatrix} i_a \\ i_b \\ i_c \end{bmatrix} = \begin{bmatrix} 1 \\ 0 \\ 0 \end{bmatrix} u_s \quad (8-2)$$

若令 $\boldsymbol{A} = \begin{bmatrix} R_1+R_2+R_3 & -R_3 & 0 \\ -R_3 & R_3+R_4+R_5 & -R_5 \\ 0 & -R_5 & R_5+R_6+R_7 \end{bmatrix}$, $\boldsymbol{I} = \begin{bmatrix} i_a \\ i_b \\ i_c \end{bmatrix}$, $\boldsymbol{B} = \begin{bmatrix} 1 \\ 0 \\ 0 \end{bmatrix}$

则式（8-2）可简写为

$$\boldsymbol{AI} = \boldsymbol{B}u_s \quad (8-3)$$

① 令 $u_s=10\text{V}$，利用关系 $i_3 = i_a - i_b$，$u_4 = R_4 i_b$，$u_7 = R_7 i_c$，即可得到问题（1）的解。

② 由电路的线性性质，可令 $i_3 = k_1 u_s$，$u_4 = k_2 u_s$，$u_7 = k_3 u_s$，于是可以通过以下关系式求得问题（2）的解。

$$u_s = \frac{u_4}{k_2}, \quad i_3 = k_1 u_s = \frac{k_1}{k_2} u_4, \quad u_7 = k_3 u_s = \frac{k_3}{k_2} u_4 \quad (8-4)$$

用 MATLAB 编程实现，源程序如下。

```
clear; close all; clc;
R1=2; R2=4; R3=12; R4=4; R5=12; R6=4; R7=2;        %给元件赋值
```

```
display('解问题（1）');                              %解问题（1）
us=input('us=?');                                  %输入求解问题（1）的已知条件
A=[R1+R2+R3,-R3,0; -R3,R3+R4+R5,-R5;0,-R5,R5+R6+R7];  %对系数矩阵 A 赋值
B=[1;0;0];                                         %对系数矩阵 B 赋值
I=A\B*us;                                          %求解电流 I=[ia; ib; ic]
ia=I（1）; ib=I（2）; ic=I（3）;
i3=ia-ib, u4=R4*ib, u7=R7*ic                       %解出所需变量
display('求解问题（2）');
u42=input('输入 u42=?');
k1=i3/us; k2=u4/us; k3=u7/us;
us2=u42/k2, i32=k1/k2*u42, u72=k3/k2*u42            %按比例方法求出所需量
```

程序运行结果为：

（1）输入 us=10 时，i3=0.3704，u4=2.2222，u7=0.7407。

（2）输入 ude=4 时，us2=27.0000，i32=1.0000，u72=2。

由此得出答案：

（1）$i_3 = 0.3704\text{A}$，$u_4 = 2.2222\text{V}$，$u_7 = 0.7407\text{V}$。

（2）$u_s = 27\text{V}$，$i_3 = 1\text{A}$，$u_7 = 2\text{V}$。

【例 8-2】 如图 8.2 所示电路，在 $t<0$ 时，开关 K 位于 "1"，电路已处于稳态。试求：

（1）$t=0$ 时，开关 K 闭合到 "2"，求 $u_c(t)$ 和 $i_{R_2}(t)$ 的响应，并画出它们的波形；

（2）若经 10s，开关 K 又复位到 "1"，求 $u_c(t)$ 和 $i_{R_2}(t)$ 的响应，并画出它们的波形。

这是一个分析电路动态过程的问题，可用三要素公式求解。首先求初值和终值。在 $t=0_-$ 时，开关位于 "1"，电路已达稳定，电容可看成开路状态，因此 $u_c(0_-) = -u_s R_3/(R_1+R_3) = -12\text{V}$，$i_c(0_-) = 0$；当 $t=0_+$ 时，根据换路时电容电压不变定律，电容器端电压不可能突变，因此电容初始电压为 $u_c(0_+) = u_c(0_-) = -12\text{V}$，电流源向两个电阻和一个电容的并联系统供电，两个电阻的电流应等于电容电压除以电阻，即

$$i_{R_2}(0_+) = \frac{u_c(0_+)}{R_2} = -1\text{A}, \quad i_{R_3}(0_+) = \frac{u_c(0_+)}{R_3} = -2\text{A} \tag{8-5}$$

然后，求稳态值。达到稳态后，电容中将无电流，电流源的全部电流将在两个电阻之间分配，其端电压应相同，它也就是电容上的终电压，结果应为

$$u_c(\infty) = \frac{R_2 R_3}{R_2 + R_3} i_s, \quad i_{R_2}(\infty) = \frac{R_3}{R_2 + R_3} i_s \tag{8-6}$$

由于时间常数 $\tau_1 = \frac{R_2 R_3}{R_2 + R_3} C$，因此，用三要素公式得

$$u_c(t) = u_c(\infty) + [u_c(0_+) - u_c(\infty)] e^{-t/\tau_1}, \quad t \geq 0 \tag{8-7}$$

$$i_{R_2}(t) = i_{R_2}(\infty) + [i_{R_2}(0_+) - i_{R_2}(\infty)] e^{-t/\tau_1}, \quad t \geq 0 \tag{8-8}$$

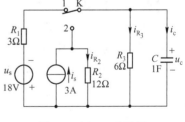

图 8.2 例 8-2 电路图

用 MATLAB 编程实现，程序如下。

```
clear; clc; close all
R1=3; us=18; is=3; R2=12; R3=6; C=1;               %给出原始数据
%求解问题（1）
uc0=-12; ir20=uc0/R2; ir30=uc0/R3;                 %求初值 ir20 和 uc0
ic0=is-ir20-ir30; ir2f=is*R3/(R2+R3);              %求终值 ir2f 和 ucf
ir3f=is*R2/(R2+R3); ucf=ir2f*R2; icf=0;
%注意时间数组的设置，在 t=0 及 10 附近设两个点
```

```
t=[-1, 0-eps, 0+eps, 0:9, 10-eps, 10+eps, 11:20];
figure（1）; plot(t); grid
uc(1:3)=-12; ir2(1:3)=3;                          %t＜0 时的值
T1=R2*R3/(R2+R3)*C;                               %求充电时间常数
uc(4:19)=ucf+(uc0-ucf)*exp(-t(4:19)/T1);
ir2(4: 19)=ir2f+(ir20-ir2f)*exp(-t(4: 19)/T1);     %用 3 要素法求输出
%求解问题（2）
uc(15)=uc(14); ir2(15)=is;                        %求 t=10+eps 时的各初值
ucf2=-12; ir2f=is;                                %求 uc 和 ir2 在新区间终值 ucf2 和 ir2f
T2=R1*R3/(R2+R3)*C;                               %求充电时常数
uc(15:25)=ucf2+(uc(15)-ucf2)*exp(-(t(15:25)-t(15))/T2); %用 3 要素法求输出
ir2(15: 25)=is; figure（2）;
subplot(2, 1, 1); h1=plot(t, uc);                 %绘电压 uc 波形
grid; set(h1, 'linewidth', 2);                    %加大线宽
subplot(2, 1, 2); h2=plot(t, ir2);                %绘电流 ir2 波形
grid; set(h2, 'linewidth', 2)
```

程序运行结果如图 8.3 所示。

(a) 时间与数组下标的关系　　　　　　(b) u_c 及 i_{R_2} 的暂态波形

图 8.3　例 8-2 电路动态响应结果

【例 8-3】 电路如图 8.4 所示，$R=14\Omega$，$L=0.2H$，$C=0.47\mu F$。初始状态为：电感电流 $i_L(0)=0$，电容电压 $u_c(0)=0.5V$。$t=0$ 时刻接入 10V 的电压 U_s，求 $0<t<0.15s$ 时，$i_L(t)$，$u_C(t)$ 的值，并画出电流与电容电压之间的关系曲线。

这是一个分析电路动态过程的问题。首先，根据电路图列写电路方程：

$$U_s = Ri(t) + L\frac{di(t)}{dt} + \frac{1}{C}\int i(t)dt \quad (8-9)$$

$$u_L(t) = L\frac{di(t)}{dt} \quad (8-10)$$

$$u_c(t) = \frac{1}{C}\int i(t)dt \quad (8-11)$$

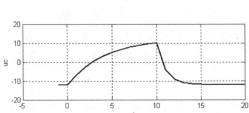

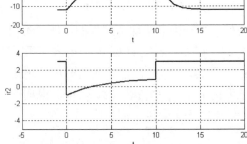

图 8.4　RLC 电路原理图

若以电容器端电压为变量，可得微分方程：

$$U_s = LCu_c''(t) + RCu_c'(t) + u_c(t) \quad (8-12)$$

为了求解微分方程，令 $x_1 = u_c(t)$，$x_2 = i(t)$，式（8-12）可简化为

$$\begin{cases} \dfrac{\mathrm{d}x_1}{\mathrm{d}t} = \dfrac{x_2}{C} \\ \dfrac{\mathrm{d}x_2}{\mathrm{d}t} = \dfrac{1}{L}(U_\mathrm{s} - x_1 - Rx_2) \end{cases} \qquad (8\text{-}13)$$

将式（8-13）写成矩阵形式：

$$\boldsymbol{x}' = \begin{bmatrix} x_1' \\ x_2' \end{bmatrix} = \begin{bmatrix} 0 & 1/C \\ -1/L & -R/L \end{bmatrix} \begin{bmatrix} x_1 \\ x_2 \end{bmatrix} + \begin{bmatrix} 0 \\ 1 \end{bmatrix}\dfrac{U_\mathrm{s}}{L} = \begin{bmatrix} 0 & 1/C \\ -1/L & -R/L \end{bmatrix}\boldsymbol{x} + \begin{bmatrix} 0 \\ 1 \end{bmatrix}\dfrac{U_\mathrm{s}}{L} \qquad (8\text{-}14)$$

变量 $\boldsymbol{x}$ 的初始条件为 $\boldsymbol{x} = \begin{bmatrix} 0.5 \\ 0 \end{bmatrix}$，从而得到微分方程组的标准求解形式。

然后，将式（8-13）的右端写成一个函数程序（RLC.m），内容如下：

```
function xdot=RLC(t, x)
Us=10; R=14; L=0.2; C=0.47e-6;
xdot=[x(2)/C; 1/L* (Us-x(1)-R*x(2))];   %xdot=[x1'; x1"]
```

最后，编写主程序，调用 MATLAB 中已有的数值积分函数进行积分，源程序如下。

```
clear; close all; clc
t0=0; tfinal=0.15;
x0=[0.5; 0];    %初始化，电容电压为 0.5V，电感电流为 0
[t, x]=ode45('RLC', t0, tfinal, x0); figure（1）
subplot(2, 1, 1);plot(t, x(:, 1)); title('电容端电压波形 uc/V'); xlabel('时间 t/s');
subplot(2, 1, 2); plot(t, x(:, 2)); title('电感电流 iL/A'); xlabel('时间 t/s')
figure（2）; uc=x(:, 1); i=x(:, 2); plot(uc, i);
title('电感电流与电容端电压波形'); xlabel('电容端电压波形 uc/V');
ylabel('电感器电流 iL/A')
```

运行结果如图 8.5 和图 8.6 所示。

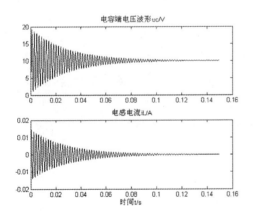

图 8.5　电容端电压波形和电感电流波形

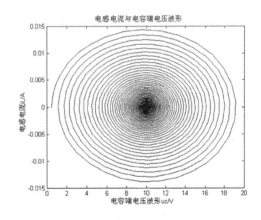

图 8.6　电感电流与电容端电压的变化波形

【例 8-4】 如图 8.7 所示电路，已知 $R=5\Omega$，$\omega L=3\Omega$，$1/\omega C=2\Omega$，$\dot{U}_\mathrm{c}=10\angle 30°$，求 $\dot{I}_\mathrm{R}$、$\dot{I}_\mathrm{c}$、$\dot{I}$、$\dot{U}_\mathrm{L}$ 以及 $\dot{U}_\mathrm{s}$，并画其相量图。

这是求普通交流稳态电路问题。设 $Z_1 = \mathrm{j}\omega L$，$Z_2 = R$，$Z_3 = 1/\mathrm{j}\omega C$，R 和 C 并联后的阻抗为 $Z_{23} = Z_3 Z_2/(Z_2 + Z_3)$，总阻抗为 $Z = Z_1 + Z_{23}$，因此，由电路图可得

$$\dot{I} = \dot{U}_\mathrm{s}/Z, \quad \dot{U}_\mathrm{L} = \dot{I} \cdot Z_1, \quad \dot{I} = \dot{I}_\mathrm{R} + \dot{I}_\mathrm{c}, \quad \dot{I}_\mathrm{R} = \dot{U}_\mathrm{c}/Z_2, \quad \dot{I}_\mathrm{c} = \dot{U}_\mathrm{c}/Z_3 \qquad (8\text{-}15)$$

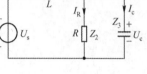
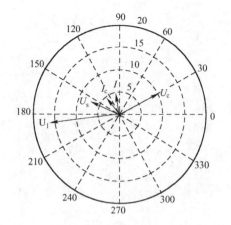

图 8.7　例 8-4 电路图　　　　　　　　图 8.8　例 8-4 所得的相量图

用 MATLAB 编程，源程序如下（注意它的复数运算）。

```
clear; close all; clc;
Z1=3*j; Z2=5; Z3=-2j; Uc=10*exp(30j*pi/180);      %给定参数
Z23=Z2*Z3/(Z2+Z3); Z=Z1+Z23;
Ic=Uc/Z3; Ir=Uc/Z2; I=Ic+Ir; U1=I*Z1; Us=I*Z;
disp('  Us    Ir    Ic    I    U1    Us')
disp('幅度'); disp(abs([Uc, Ir, Ic, I, U1, Us]));
disp('相角'); disp(angle([Uc, Ir, Ic, I, U1, Us])*180/pi)
%compass 是 MATLAB 中绘制复数相量图的命令,用它画相量图特别方便
ha=compass([Uc, Ir, Ic, I, U1, Us]);              %ha 是本图的图柄,如不需改变线宽,可省去它
set(ha, 'linewidth', 2);                          %把向量线条加粗至 2mm
```

程序运行结果为：

	Us	Ir	Ic	I	U1	Us
幅度	10.0000	2.0000	5.0000	5.3852	16.1555	7.8102
相角	30.0000	30.0000	120.0000	98.1986	-171.8014	159.8056

画出的相量图见图 8.8。

说明：在 MATLAB 中，任何一个变量的元素，都可以是复数，它可以代表电压和电流相量，也可以表示复数阻抗，无须特别注明，所以程序中没有（也不允许有）字母上的"点"号，以后不再向读者说明。

【例 8-5】　如图 8.9 所示电路，已知 $U_s = 10 + 10\cos t$，$I_s(t) = 5 + 5\cos 2t$，试求 b、d 两点之间的电压 $\dot{U}(t)$。

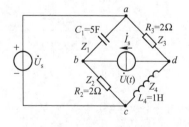
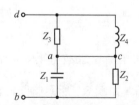

图 8.9　例 8-5 的电路　　　　　　　　图 8.10　求等效内阻的电路

这是一个含有 3 个频率分量的稳态交流电路问题，可以按每个频率成份分别计算，再叠加起来。但是，最好利用 MATLAB 的元素群计算特性，把多个频率分量及相应的电压、电流、阻抗

等都看作多元素的行数组,每一元素对应于一种频率分量的值,这样实现比较方便。

(1) 求 $\dot{U}_s$ 对 b、d 点产生的等效电压 $\dot{U}_{oc}$。令电流源开路,即 $\dot{I}_s = 0$,由电桥电路可得

$$\dot{U}_{oc} = \left[\frac{Z_2}{Z_1 + Z_2} - \frac{Z_4}{Z_3 + Z_4} \right] \dot{U}_s \tag{8-16}$$

根据戴维南定理,$\dot{U}_s$ 的等效电流源的内阻应将 U_s 短路(其等效电路见图 8.10),可得由 b、d 向网络看的阻抗为

$$Z_{eq} = \frac{Z_3 Z_4}{Z_3 + Z_4} + \frac{Z_1 Z_2}{Z_1 + Z_2} \tag{8-17}$$

因此,若令 $\dot{U}_s = 0$,则电流源在 b、d 间产生的电压为 $\dot{I}_s Z_{eq}$。

(2) 根据叠加原理有:$\dot{U} = \dot{I}_s Z_{eq} + \dot{U}_{oc}$

MATLAB 源程序如下。

```
clear; clc; format compact;
w=[eps, 1, 2]; Us=[10, 10, 0]; Is=[5, 0, 5];   %按3种频率依次设定输入信号数组
%对直流分量,不用零作为其频率而用 eps(相对精度)
Z1=1./(0.5*w*j); Z4=1*w*j;            %电抗分量是频率的函数,故自动成为数组
Z2=[2, 2, 2]; Z3=[2, 2, 2];           %对电阻分量也列写成常数数组
Uoc=(Z2./(Z1+Z2)-Z4./(Z3+Z4)).*Us;    %列出电路的复数方程
Zeq=Z3.*Z4./(Z3+Z4)+Z1.*Z2./(Z1+Z2);  %列出等效阻抗
U=Is.*Zeq+Uoc;                         %求解
disp(' w    um    phi ');              %显示
disp([w',abs(U'), angle(U')*180/pi]);
```

程序运行结果为:
```
        w         um        phi
   0.0000    10.0000         0
   1.0000     3.1623   -18.4349
   2.0000     7.0711    -8.1301
```

由此可以写出 $U(t)$ 的表示式为

$$U(t) = 10 + 3.1623\cos(t - 18.4349) + 7.0711\cos(2t - 8.1301)$$

【例 8-6】 图 8.11(a)所示为一个双电感并联单调谐网络,求回路的通频带 B 及满足回路阻抗大于 50kΩ 的频率范围。

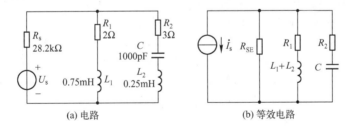

图 8.11 例 8-6 图

这是一个复杂谐振电路计算问题。首先,把回路变换为一个等效单电感谐振回路,把信号源的内阻 R_s 变为并接在该单电感回路上的等效内阻 R_{SE},如图 8.11(b)所示。若设 $m = L_1/(L_1 + L_2)$,根据等效电路可写出电路方程:

$$R_{SE} = \frac{R_s}{m^2}, \quad \dot{I}_s = m\frac{\dot{U}_s}{R_s} \tag{8-18}$$

其他两支路的等效阻抗分别为

$$Z_{1E} = R_1 + s(L_1 + L_2), \quad Z_{2E} = R_2 + \frac{1}{sC} \tag{8-19}$$

其中 s 为拉普拉斯算子,将它换成 $j\omega$ 就得出频率响应。总阻抗是 3 个支路阻抗的并联,即

$$Z_E = \left(\frac{1}{R_{SE}} + \frac{1}{R_{1E}} + \frac{1}{Z_{2E}} \right)^{-1} \tag{8-20}$$

其谐振曲线可按 Z_E 的绝对值直接画出。MATLAB 源程序如下。

```
clear; clc; close all;
r1=2; r2=3; L1=0.75e-3; L2=0.25e-3; C=1000e-12; rs=28200;
L=L1+L2; r=r1+r2; rse=rs*(L/L1)^2;       %折算内阻
f0=1/(2*pi*sqrt(C*L));                    %谐振频率
Q0=sqrt(L/C)/r; r0=L/C/r;                 %空载(即不接信号源时)的回路 Q0 值
re=r0*rse/(r0+rse);                       %折算内阻与回路电阻的并联
Q=Q0*re/r0; B=f0/Q;                       %实际 Q 值和通频带
s=log10(f0); f=logspace(s-0.1, s+0.1, 501);
w=2*pi*f;                                 %设定计算的频率范围及数组
z1e=r1+j*w*L;z2e=r2+1./(j*w*C);           %等效单回路中两个电抗支路的阻抗
ze=1./(1./z1e+1./z2e+1./rse);             %等效单回路中 3 个支路的并联阻抗
subplot(2, 1, 1); loglog(w, abs(ze)); grid  %画对数幅频特性
axis([min(w), max(w), 0.9*min(abs(ze)), 1.1*max(abs(ze))]);
subplot(2,1,2); semilogx(w, angle(ze)*180/pi); %画相频特性
axis([min(w), max(w), -100, 100]); grid;
fh=w(find(abs(1./(1./z1e+1./z2e))>5e4))/2/pi;   %幅频特性大
                                                %于50kΩ的频带
fhmin=min(fh), fhmax=max(fh)
```

运行程序所得结果为

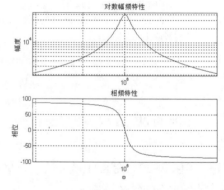

谐振频率 f0=159.15kHz
空载品质因数 Q0=200
等效信号源内阻 rse=5.0133e+004
考虑内阻后的品质因数 Q=40.0853
通频带 B=3.9704e+003
回路阻抗大于 50 kΩ 的频率范围:
fhmin=157.7kHz,fhmax=160.63kHz。

图 8.12 谐振频率附近的幅频和相频特性

谐振频率附近的幅频和相频特性曲线如图 8.12 所示。

【例 8-7】 图 8.13 所示电路,$R_1 = 1\Omega$,$R_2 = 2\Omega$,$C_2 = 0.5F$,$L = 1H$,求分别以 $\dot{U}_L$ 和 $\dot{U}_{C2}$ 为输出时的频率响应。如把电感 L 换成容量为 0.25F 的电容,再求上述特性。

这是一个频率响应电路求解问题。若设 Z_{21}、Z_{C2} 分别为 L 和 C_2 的电抗,Z_{22} 为 R_2 与 C_2 串联的阻抗,Z_2 为 Z_{21} 与 Z_{22} 并联的阻抗,则可写出电路方程:

$$\dot{U}_L = \frac{Z_2}{R_1 + Z_2} \dot{U}_s, \quad \dot{U}_{C2} = \frac{Z_{C2}}{R_2 + Z_{C2}} \dot{U}_L = \frac{Z_{C2}}{Z_{22}} \dot{U}_L \tag{8-21}$$

MATLAB 源程序如下。

```
clear; close all; clc
dw=0.1; w=[0.02: dw: 20]; s=j*w; us=1;
r1=1; r2=2; C2=0.5;
e=input('输入元件类型:电感,键入 1;电容,键入 2\n');
if e==1 L=input('输入电感量(H)'); z21=s*L;
```

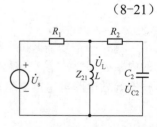

图 8.13 例 8-7 的电路图

```
elseif e==2 C1=input('输入电容量(F)'); z21=1./(s*C1);
else disp('元件类型错误,程序结束'); break;
end
zc2=(1./s*C2); z22=r2+zc2;z2=z21.*z22./(z21+z22);   %串并联计算
uL=us.*z2./(r1+z2);                                  %计算电感上的电压
uC2=uL.*zc2./z22;                                    %计算电容上的电压
subplot(2, 2, 1); loglog(w, abs(uL)); grid;          %绘图,注意 subplot 用法
subplot(2, 2, 3); semilogx(w, angle(uL)); grid;
subplot(2, 2, 2); loglog(w, abs(uC2)); grid;
subplot(2, 2, 4); semilogx(w, angle(uC2)); grid
```

运行此程序,若输入电感为 1H,可得如图 8.14 所示的 $\dot{U}_L$ 与 $\dot{U}_{C2}$ 的频率响应曲线。若换成电容,输入电容为 0.5F,将得如图 8.15 所示的结果。

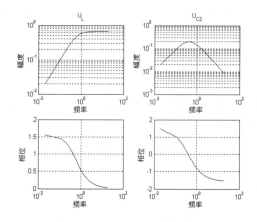

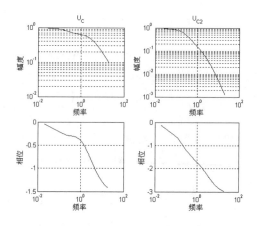

图 8.14　输入为电感时网络的频率响应　　　　图 8.15　输入为电容时网络的频率响应

【例 8-8】 图 8.16 所示的二端口网络电路,$R=100\Omega$,$L=0.02\text{H}$,$C=0.01\text{F}$,频率 $\omega=300\text{rad/s}$,求其 Y 参数及 H 参数。

这是一个关于二端口电路(如图 8.17 所示)网络参数的计算问题。通常,二端口电路参数的互相转换和网络函数的计算较为复杂,且易出错,特别是当参数为复数时,更是如此。一个很好的办法是把这些公式列写出来,然后利用 MATLAB 编程以备复制和调用。

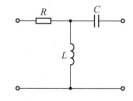

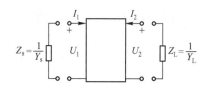

图 8.16　例 8-8 的电路　　　　　　　　图 8.17　二端口电路参数

1. Z、Y、A、B、H、G 六种网络参数间的 MATLAB 语句

虽然 Z、Y、A、B、H、G 六种网络参数之间应该有 30 种转换关系,但用 MATLAB 语句来表示时,可以简化为 3 类。

(1) Z 与 Y,H 与 G,A 与 B 的关系

$$Z=\text{inv}(Y),\quad Y=\text{inv}(Z)\qquad H=\text{inv}(G),\quad G=\text{inv}(H)$$

（2）由 Z 求 A 或 H

    A=[Z(1,1), det(Z); 1, Z(2, 2)]/Z(2, 1)　　H=[det(Z), Z(1, 2); -Z(2, 1), 1]/Z(2, 2)

（3）由 A 求 Z 或 H

    Z=[A(1, 1), det(A); 1, A(2, 2)]/A(2, 1)　　H=[A(1, 2), det(A); -1, A(2, 1)]/A(2, 2)

（4）由 H 求 Z 或 A

    Z=[det(H), H(1, 2); -H(2, 1), 1]/H(2, 2)　　A=-[det(H), H(1, 1); H(2, 2), 1]/H(2, 1)

有了这些关系，则任意一种参数都可相互转换。

2. 网络函数及其 MATLAB 语句

若令 $Z_L(=1/Y_L)$ 为负载阻抗，$Z_s(=1/Y_s)$ 为输入端接阻抗，$\Delta_z = z_{11}z_{22} - z_{12}z_{21}$。

（1）输入阻抗，负载端接 Z_L，即有 $U_2 = -Z_L I_2$

$$Z_{\text{in}} = \frac{U_1}{I_1} = \frac{\Delta_z + z_{11}Z_L}{z_{22} + Z_L} = \frac{a_{11}Z_L + a_{12}}{a_{21}Z_L + a_{22}} \tag{8-22}$$

MATLAB 实现：Zin=U1/I1=(A(1, 1)*ZL+A(1, 2))/(A(2, 1)*ZL+A(2, 2))

（2）输出阻抗，输入端接 Z_s，即有 $U_1 = -Z_s I_1$

$$Z_{\text{out}} = \frac{U_2}{I_2} = \frac{\Delta_z + z_{22}Z_s}{z_{11} + Z_s} = \frac{a_{22}Z_s + a_{12}}{a_{21}Z_s + a_{11}} \tag{8-23}$$

MATLAB 实现：Zout=U2/I2=(A(2, 2)*ZS+A(1, 2))/(A(2, 1)*ZS)+A(1, 1))

（3）电压比（负载端接 Z_L）

$$A_u = \frac{U_2}{U_1} = \frac{z_{21}Z_L}{\Delta_z + z_{11}Z_L} = \frac{Z_L}{a_{11}Z_L + a_{12}} \tag{8-24}$$

MATLAB 实现：Au=U2/U1=Z(2, 1)*ZL/(det(Z)+Z(1, 1)*ZL)=ZL/(A(1, 1)*ZL+A(1, 2))

（4）电流比（负载端接 Z_L）

$$A_i = \frac{I_2}{I_1} = \frac{-z_{21}}{z_{22} + Z_L} = \frac{-1}{a_{21}Z_L + a_{22}} \tag{8-25}$$

MATLAB 实现：Ai=I2/I1=-Z(2, 1)/(Z(2, 2)+ZL)=-1/(A(2, 1)*ZL+A(2, 2))

（5）转移阻抗（负载端接 Z_L）

$$Z_T = \frac{U_2}{I_1} = \frac{z_{21}Z_L}{z_{22} + Z_L} = \frac{Z_L}{a_{21}Z_L + a_{22}} \tag{8-26}$$

MATLAB 实现：ZT=U2/I1=Z(2, 1)*ZL/(Z(2,2)+ZL)=ZL/(A(2, 1)*ZL+A(2, 2))

（6）转移导纳（负载端接 Z_L）

$$Y_T = \frac{I_2}{U_1} = \frac{-z_{21}}{\Delta_z + z_{11}Z_L} = \frac{-1}{a_{11}Z_L + a_{12}} \tag{8-27}$$

MATLAB 实现：YT=I2/U1=-Z(2, 1)/(det(Z)+Z(1, 1)*ZL)=-1/(A(1, 1)*ZL+A(1,2))

由于在本例中，Z 参数可以直接写出，然后求逆即可得 Y，因此 MATLAB 源程序为

```
clear; clc; format long
R=100; L=0.02; C=0.01; w=300;
z1=R; z2=j*w*L; z3=1/(j*w*C);
Z(1, 1)=z1+z2; Z(1,2)=z2; Z(2, 1)=z2; Z(2, 2)=z2+z3;
Y=inv(Z);
H=[det(Z), Z(1, 2); -Z(2, 1), 1]/Z(2, 2)
```

程序执行的结果为：

Y = 0.00999987543408 + 0.00003529367800i   −0.01058810340079−0.00003736977671i
    −0.01058810340079−0.00003736977671i   0.01121093301260−0.17643102023643i
H = 99.99999999999999−0.35294117647059i   1.05882352941176
    −1.05882352941176   0−0.17647058823529i

8.2.2 在电子线路中的应用

晶体管放大电路是高频电子线路、模拟电子技术等课程中的重要教学内容，但是把 MATLAB 语言应用于晶体管放大电路分析却比较少，可能有两个方面的原因：一是在分析晶体管放大电路时，通常采用图解和近似估算的方法比较多，而且往往与各型号的晶体管和集成电路实际特性相联系，不着重单级电路而偏重集成电路，MATLAB 在这方面只有较少的用武之地；二是对于晶体管电路，包括模拟电路和数字电路，已经开发了大量的高水平 CAD 软件，有成千上万种的元器件特性可以直接调用，为大规模的电路设计和仿真带来很大方便。

【例 8-9】 设将一个二极管与一电阻 R_f 串接，在此电路的两端加上正向直流电压 U_0，如图 8.18 所示，试求出此电路中的电流 I_{dx} 和电压 U_{dx}。

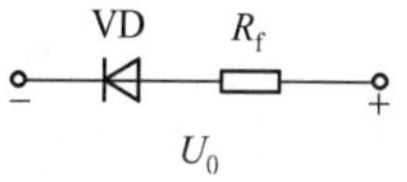

由于二极管正向电流与电压的关系为

$$I_d = I_s \left[\exp\left(\frac{U_d q}{KT} - 1\right) \right] \quad (8-28)$$

图 8.18 例 8-9 电路

式中，I_s 为漏电流，大小可设为 10^{-2}A，$K = 13.8 \times 10^{-23}$ 为玻耳兹曼常数，T 为热力学温度，$q = 16 \times 10^{-19}$C 为电子电荷。负载电阻 R_f 中的电流 I_{d1} 随 U_d 变化的关系为

$$I_{d1} = \frac{U_0 - U_d}{R_f} \quad (8-29)$$

其中 $U_d - I_d$ 曲线为二极管特性曲线，$U_d - I_{d1}$ 曲线称为负载线，两者的交点 U_{dx} 和 I_{dx} 确定了二极管的工作点。MATLAB 源程序如下。

```
clear; close all; clc
%二极管特性的计算和绘制
K=1.38e-23; T=300; q=1.6e-19;                %给定常数
KT=K*T/q; Is=10e-12; Ud=0: 0.01: 3.5;         %给定输入电压数组
Id=Is* (exp(Ud/KT)−1);                        %求特性曲线上对应电流
plot(Ud, Id); grid on;
axis([0, max(Ud), 0, 100]); hold on;          %规定绘图范围,去除太大的电流
%线路图的绘制
line([1.5, 1.8], [76,76]); fill([1.8, 2, 2, 1.8], [76, 72, 80, 76], 'K') ;   %画二极管
line([1.8, 1.8], [72, 80], 'linewidth', 2); line([2, 2.5], [76, 76]);
line([2.5, 2.8, 2.8, 2.5, 2.5], [74, 74, 78, 78, 74], 'linewidth', 2);      %画电阻
line([2.8, 3.1], [76,76]); plot([1.5, 2.2, 3.1], [76, 76, 76], 'o');
text(1.4, 70, 'o'); text(2.1, 70, 'Ud'); text(2.6, 68, 'Rf'); text(3, 70, 'U0'); %标注符号
%负载线的绘制
U0=input('U0=[伏]'); Rf=input('Rf=[欧姆]');
Id1=1000* (U0-Ud)./Rf;                        %用负载线方程求 Id1[毫安]
plot(Ud, [Id; Id1]); grid on;
%寻找两曲线差为最小的点作为交点,即工作点
[di, nI]=min(abs(Id-Id1));                    %找 Id 与 Id1 数组中差为最小的元素值 dI 及序号 nI
Udx=Ud(nI), Idx=Id1(nI); disp('Udx, Idx='); [Udx,Idx], hold off;
legend('二极管特性及工作点确定');             %画图中标题
```

运行上述程序,输入:U0=4(V),Rf=51(Ω),所得图形见图 8.19。
工作点数据为:Udx=0.760(V),Idx=63.5294(mA)。

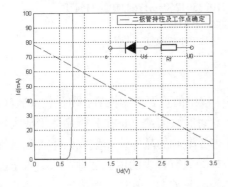

图 8.19　二极管特性和工作点的确定特性　　　　图 8.20　放大器低频等效电路

【例 8-10】 典型放大器低频等效电路如图 8.20 所示,其元件参数为:$C_1=10\mu F$,$R_s=100\Omega$,$R_b=10k\Omega$,$h_{ie}=1000\Omega$,$h_{fe}=100\Omega$,$R_e=200\Omega$,$C_e=100\mu F$,$R_c=1000\Omega$,$C_2=10\mu F$,$R_L=2000\Omega$。试求频率响应,并探讨 C_2、C_e 对幅频特性的影响。

首先,利用节点电位法列写其方程。设 U_1、U_2、U_3、U_4 如图 8.20 所示,这 4 个 KCL 方程为

$$\begin{cases} U_s/R_s = U_1/R_s + (U_1-U_2)sC_1 \\ (U_1-U_2)sC_1 = U_2/R_b + (U_2-U_3)/h_{ie} \\ (U_2-U_3)/h_{ie} + h_{fe}(U_2-U_3)/h_{ie} = U_3(1/R_e + sC_e) \\ h_{fe}(U_2-U_3)/h_{ie} - U_4/R_c - U_4sC_2/(R_LC_2s+1) = 0 \end{cases} \tag{8-30}$$

式中,s 为拉普拉斯算子,将式(8-30)整理成矩阵形式:

$$\begin{bmatrix} \dfrac{1}{R_s}+sC_1 & -sC_1 & 0 & 0 \\ -sC_1 & sC_1+\dfrac{1}{R_b}+\dfrac{1}{h_{ie}} & -\dfrac{1}{h_{ie}} & 0 \\ 0 & \dfrac{1+h_{fe}}{h_{ie}} & -\left(\dfrac{1+h_{fe}}{h_{ie}}+\dfrac{1}{R_e}+sC_e\right) & 0 \\ 0 & \dfrac{h_{fe}}{h_{ie}} & -\dfrac{h_{fe}}{h_{ie}} & -\left(\dfrac{1}{R_c}+\dfrac{sC_2}{R_LC_2s}\right) \end{bmatrix} \begin{bmatrix} U_1 \\ U_2 \\ U_3 \\ U_4 \end{bmatrix} = \begin{bmatrix} \dfrac{U_s}{R_s} \\ 0 \\ 0 \\ 0 \end{bmatrix} \tag{8-31}$$

即
$$\boldsymbol{A}\cdot\boldsymbol{U}=\boldsymbol{B} \tag{8-32}$$

因此,当给定输入 $U_s=1$ 和一个频率 ω,从这个方程组就可解得输出的复数解 $\boldsymbol{U}=\boldsymbol{A}\backslash\boldsymbol{B}$,它的 4 个分量分别为 U_1、U_2、U_3、U_4。

为了讨论频率响应(包括幅度特性和相位特性),在 MATLAB 编程时,可利用频率作为循环变量。在探讨 C_2 和 C_e 的影响时,在程序中可以 C_2 和 C_e 为循环变量,再加两个外循环来实现。MATLAB 源程序如下。

```
clear; close all; clc
w=logspace(0, 3);            %规定频率范围及数组值(从 100~103,按等比取 50 点)
C1=1e-5; rs=100; rb=1e4;     %给元件赋值
hie=1000; hfe=100; us=1;
re=200; rc=1000; C2=1e-5; rL=2000;
for C2=[C2, 10*C2]           %对 C2 及 10*C2 分别循环计算
```

```
            Ce=1e-4;
            for Ce=[Ce, 10*Ce]            %对 Ce 及 10*Ce 分别循环计算
                for i=1:length(w)          %对各个频率计算各点输出
                    s=j*w(i); a11=1/rs+s*C1; a12=-s*C1;        %给 a 矩阵元素赋值
                    a21=-s*C1; a22=s*C1+1/rb+1/hie; a23=-1/hie;
                    a32=(1+hfe)/hie; a33=-((1+hfe)/hie+1/re+s*Ce);
                    a42=hfe/hie; a43=-a42; a44=-(1/rc+s*C2./(rL*C2*s+1));
                    a=[a11, a12, 0, 0; a21, a22, a23, 0; 0, a32, a33, 0; 0, a42, a43, a44];
                    b=[us/rs; 0; 0; 0];      %给 b 矩阵元素赋值
                    x=a\b; u(:, i)=x;        %求与第 i 个频率对应的 4 个输出电压
                end
                s1=j*w; uL=u(4, :).*rL./(rL+1./(C2*s1));      %求负载电压
                loglog(w, abs(uL));   grid on; hold on;       %绘对数幅频特性图
            end
        end
    hold off
```

执行此程序所得的结果如图 8.21 所示，可以看出，在所给的参数下，把 C_2 加大 10 倍可把低频区低端的幅频特性提高到将近原来的 10 倍，把 C_e 加大 10 倍可能在低频区的高端提高其幅频特性。

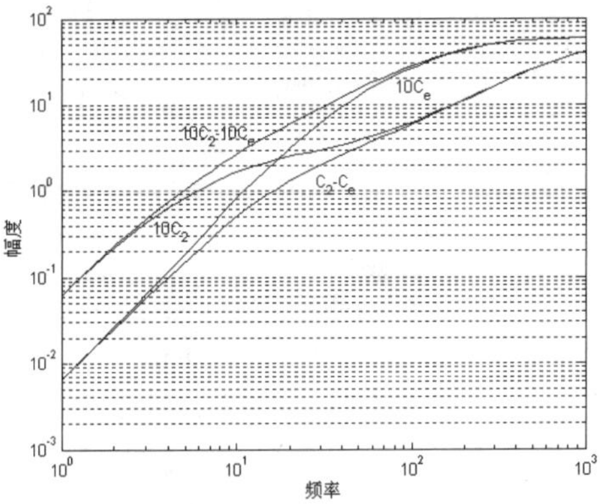

【例 8-11】 运算放大器电路如图 8.22 所示，试分析放大器开环增益和频率响应对整个电路闭环频率响应的影响，并绘出曲线。

设运算放大器的开环增益为 A，它是频率的函数，则闭环输出与输入电压之比为

$$H = \frac{U_o}{U_i} = -\frac{Z_2/Z_1}{1+(1+Z_2/Z_1)/A} \quad (8-33)$$

在增益 A 很大时，分母上的第二项可以忽略不计，因而得出理想运放的闭环传递函数

$$H(s) = \frac{U_o(s)}{U_i(s)} = \frac{Z_2(s)}{Z_1(s)} \quad (8-34)$$

图 8.21 C_2 及 C_e 对放大器低频幅频特性的影响

式中的 s 为拉普拉斯算子，将它换成 $j\omega$，就得出频率响应，所以这两个式子都是复数方程。

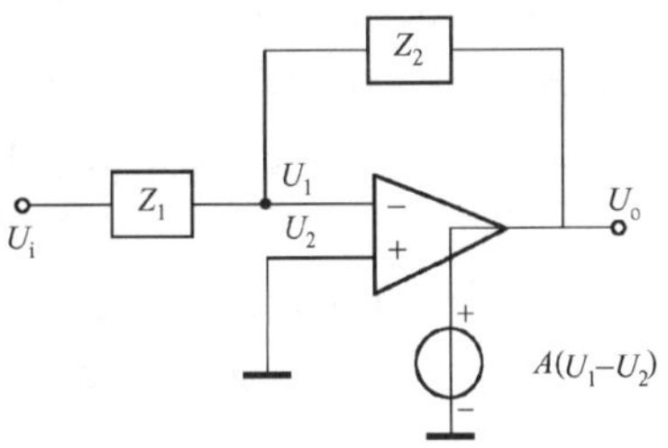

通常，运算放大器的开环传递函数中包括 3 个实极点，即

$$A(s) = \frac{A_0}{\left(1+\dfrac{s}{\omega_1}\right)\left(1+\dfrac{s}{\omega_2}\right)\left(1+\dfrac{s}{\omega_3}\right)} = \frac{A_0\omega_1\omega_2\omega_3}{(s+\omega_1)(s+\omega_2)(s+\omega_3)} = \frac{b}{a(s)}$$

$$(8-35)$$

式中，$\omega_1 < \omega_2 < \omega_3$，取负号后为其 3 个极点，$A_0$ 为直流增益。

图 8.22 运算放大等效电路

为了避免自激，通常使 ω_1 与 ω_2、ω_2 与 ω_3 的值相差较大。现设 $\omega_1 = 500$，$\omega_2 = 2\times 10^6$，$\omega_3 = 5\times 10^7$，并设 $Z_1 = 2\text{k}\Omega$，Z_2 取值分别为 $20\text{k}\Omega$、$100\text{k}\Omega$、$500\text{k}\Omega$，求 $H(\omega)$ 并绘出曲线。

MATLAB 源程序如下。

```
clear; close all; clc
Z2=[20, 100, 500]*1000; Z1=2000;       %设定元件参数
A0=2e+6;   w1=500, w2=2e+6;   w3=5e+7;
```

```
w=logspace(2, 8);           %设定频率数组
b=A0*w1*w2*w3; a=poly([-w1, -w2, -w3]);     %列出运算放大器分子、分母系数向量
A=polyval(b, j*w)./polyval(a, j*w);         %求放大器开环频率响应
for i=1: 3          %循环计算 3 种 Z2 的闭环响应
    Z12(i)=Z2(i)/Z1;
    H(i, :)=-Z12(i)./(1+(1+Z12(i))./A);     %放大器闭环响应
    semilogx(w, abs(H(i, :))); hold on;     %画出频率-增益曲线
end
v=axis; axis(v);                            %保持 w 坐标
semilogx(w, abs(A))                         %画出开环频率-增益响应
hold off
```

运行此程序可得到如图 8.23 所示的曲线。可以看出,此运放在低频区较宽的一个频带内具有平坦的增益 Z_1/Z_2。但在高频区却出现了谐振峰,这也就容易造成运算放大器的自激现象。为了消除自激,可以减小 ω_1 或加大 ω_2、ω_3。由于 ω_2、ω_3 是由放大器型号的性能确定的,在放大器已经选定的情况下,通常只能用加消振电容的方法减小 ω_1。例如本例中可把 ω_1 由 500 减小为 50,其他参数不变,则所得的频率响应见图 8.24,可见,它大大减少了自激的可能。

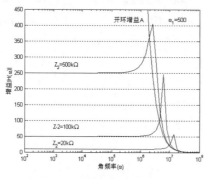

图 8.23 运算放大器的闭环增益

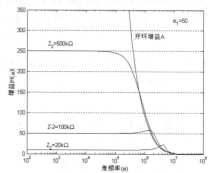

图 8.24 将 ω_1 减小 10 倍时的闭环增益

8.3 基于 Simulink 的电路设计与仿真

为了实现用户的电路仿真,在 MATLAB 6.X 以上版本中,Simulink 专门设置了一个名为"Power System Blockset"的电力系统模块集,它包括了电源模块库(Electrical Sources)、元件模块库(Elements)、电力电子元件模块库(Power Electronics)、电机模块库(Machines)、连接器模块库(Connectors)、测量模块库(Measurements)以及附加元件模块库(Extras Library)等 10 个模块库,如图 7.40 所示。在这些模块库中,为用户提供了基本的元器件模块。因此,对于初学者来说,要掌握 MATLAB 软件在电路方面的仿真,首当其冲的就是要对这些电气元件的认识、调用和参数设置等基本知识进行了解和掌握,理解它们的封装特点,为深入分析与理解它们在各个单元电路的工作原理、作用以及关键信号在其中的变化规律奠定必要的基础。

为了实现基本电路的设计仿真,下面我们将通过例子,简要介绍电源模块库、元件模块库以及电力电子元件库等相关元件集的功能和使用方法。

8.3.1 电子元件功能模块库简介

1. 电源模块库(Electrical Sources)

电源模块库包含了产生电信号的各种元件,其中有直流电压源、交流电压源、交流电流源、受控

电压源、三相电源以及三相可编程电压源等7种电源功能模块，封装形式如图 8.25 所示。

（1）直流电压源（DC Voltage Source）

直流电压源是理想直流电压源，常用在电路仿真模型中。双击该功能模块，便可弹出它的属性参数设置对话框，如图 8.26 所示，Amplitude 输入栏表示它的幅值，单位为伏特（V）。Measurements 栏表示是否需要输出它的测量信号（电压值），用户可根据实际需要进行选择。

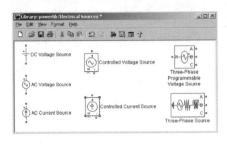

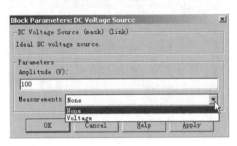

图 8.25　电源元件库　　　　　　　　图 8.26　直流电压源属性参数对话框

（2）交流电压源（AC Voltage Source）

交流电压源是理想交流电压源，它的表达式为 $u = U_m \sin(2\pi ft + \varphi)$。双击该功能模块，便可弹出它的属性参数设置对话框，如图 8.27 所示。Peak amplitude 栏表示它的幅度 U_m（伏特），Phase 栏表示它的相角 φ（单位为度），Frequency 栏表示它的频率 f（单位为赫兹）。注意：在对话框中，均给出了各输入参数的单位要求，用户在进行这些参数设置时必须按要求的单位赋值。

（3）交流电流源（AC Current Source）

交流电流源是理想交流电流源，它的表达式为 $i = I_m \sin(2\pi ft + \varphi)$。它的参数设置方法与交流电压源类似，如图 8.28 所示，此处不再赘述。

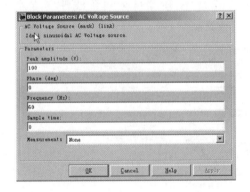

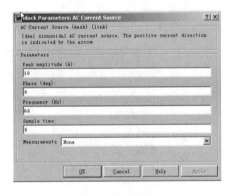

图 8.27　交流电压源属性参数对话框　　　图 8.28　交流电流源属性参数对话框

（4）受控电压源（Controlled Voltage Source）

受控电压源含有两种电源：受控交流电压源、受控直流电压源。当为受控交流电压源时，其属性参数对话框如图 8.29 所示，它要求输入三个初始化特性参数，即 Initial amplitude（初始化幅值）、Initial phase（初始相位）和 Initial frequency（初始化频率）。当为受控直流电压源时，只需将图 8.29 中的 Source type（电源类型）选择为"DC"即可，这时它要求输入一个特性参数即 Initial amplitude（初始化幅值）。

（5）受控电流源（Controlled Current Source）

受控电流源含有两种电源：受控交流电流源、受控直流电流源。其属性参数对话框与受控电压源的对话框类似，如图 8.30 所示，此处不再赘述。

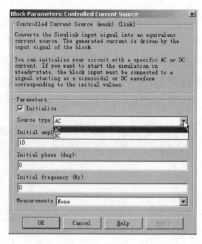

图 8.29 受控交流电压源属性参数对话框   图 8.30 受控直流电流源属性参数对话框图

2. 元件模块库（Elements）

在元件模块库中，基本上涵盖了绝大多数电路所需要的元器件，如电阻、电容、电感、输电线、变压器、断路器等重要器件，其符号、名称和封装形式如图 8.31 所示。该库中又将这些元件分为四大类：元器件、线型、电路断路器以及变压器。元器件部分包含了串联 RLC 支路（Series RLC Branch）、并联 RLC 支路（Parallel RLC Branch）、串联 RLC 负载（Series RLC Load）、并联 RLC 负载（Parallel RLC Load）、三相-串联 RLC 支路（3-Phase Series RLC Branch）、并联 RLC 支路（3-Phase Parallel RLC Branch）等元器件；线型部分包含了 π 型输电线（pi-Section Line）、分布参数式输电线（Distributed Parameters Line）等；断路器部分包含断路器（Breaker）、三相-断路器（3-Phase Breaker）以及三相-故障器（3-Phase Fault）；变压器部分包含线性变压器（Linear Transformer）、饱和变压器（Saturable Transformer）等变压器。

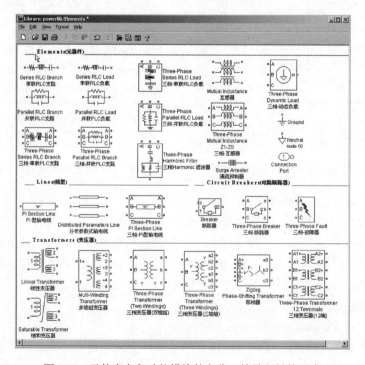

图 8.31 元件库中各功能模块的名称、符号和封装形式

（1）串联/并联 RLC 支路模块（Series/Parallel RLC Branch）

串联 RLC 支路模块（Series RLC Branch）提供了一个由电阻、电感和电容串联连接构成的功能模块；并联 RLC 支路模块（Parallel RLC Branch）提供了一个由电阻、电感和电容并联连接构成的功能模块。用户可以通过改变串联或并联 RLC 支路功能模块中的属性参数（如 Resistance R（电阻（Ω））、Inductance L（电感（H））和 Capacitance C（电容（F））的具体值）来改变该并联支路的等效阻抗。由于 MATLAB 中没有提供单独的电阻、电感和电容元件，因此，要获得单个电阻、电感和电容元件，只有通过改变串联或并联 RLC 支路功能模块中的属性参数来实现。

（2）串联/并联 RLC 负载模块（Series/Parallel RLC Load）

从理论上来说，串联/并联 RLC 负载模块与串联/并联 RLC 支路模块没有区别，但由于它们的功能不同，因此其属性参数设置存在一定差别。在串联/并联 RLC 负载模块的属性参数设置中主要涉及 Nominal voltage（工作电压）、Nominal frequency（工作频率）、Active power（有效功率）、Inductive reactive power（电感无效功率）和 Capacitance reactive power（电容无效功率）。

3. 电力电子元件模块库（Power Electronic）

在电力电子元件模块库中，基本上涵盖了绝大多数电路所需要的开关元器件，如 Diode（二极管）、Gto（门极可关断晶闸管）、IGBT（绝缘门双极晶体三极管）、MOSFET（MOS 场效应晶体管）、Thyristor（晶闸管）、Ideal Switch（理想开关）、三电平变换桥（Tree-Level Bridge）和 Universal Bridge（通用桥）等重要器件，其符号、名称和封装形式如图 8.32 所示。

（1）晶闸管（Thyristor）

晶闸管的特点是可以通过门极信号控制开通，其仿真等效模型由等效电阻 R_{on}、等效电感 L_{on}、直流电压 V_f、串联开关 SW 以及附加逻辑控制单元构成，其符号、封装和等效电路如图 8.33 所示。开关的控制是由电压 V_{ak}、电流 I_{ak} 和门极信号 g 三者作用形成的逻辑信号决定的。晶闸管模块包括两个输入端和两个输出端。第一个输入和输出是晶闸管模块各自连接到阳极(a)和阴极(k)的终端。第二个输入(g)是其门极的逻辑信号输入，第二个输出(m)是一个 Simulink 测量输出向量端 $[I_{ak}, V_{ak}]$，返回晶闸管的电流和电压值。晶闸管模型内部还含有一个串联的 R_s、C_c 吸收回路，它被并联在阳极(a)和阴极(k)两端之间。

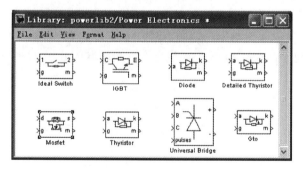

图 8.32 电力电子元件库

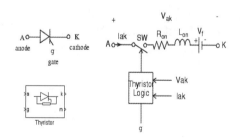

图 8.33 晶闸管的符号、封装和等效电路

在电力电子元件模块库中，有两种晶闸管模型：简化模型（Thyristor）和详细模型（Detailed Thyristor）。它们的区别在于，在简化模型中，无 Latching current I_1（阻塞电流）和 Turn off time T_q（恢复时间）两参数的设置要求。晶闸管属性参数的含义如下。

【Resistance Ron】晶闸管的导通电阻 Ron（单位Ω）。当电感 Lon 被设定为零时，电阻 Ron 不能设定为零。

【Inductance Lon】晶闸管的导通电感 Lon（单位 H）。当电阻 Ron 被设定为零时，电感 Lon 不能设定为零。

【Forward voltage Vf】晶闸管的正向导通压降，单位伏特(V)。

【Initial current Ic】当导通电感 Lon 设定为大于零时，仿真时可以设置一个电流初始值流过开关管。为了获得开关管阻塞时的仿真情形，常常设定其初始电流为零。当然，用户也可以依据电路的特殊状态设定初始电流 I_c。一旦设定初电流的始值，此时，电路的其他初始值也必须做相应的设定。

【Snubber resistance Rs 和 Snubber capacitance Cs】分别为吸收电阻（单位Ω）和电容（单位 F）。当电阻设定为无穷大（inf）时，可以消除吸收电路；当电容设定为零时也可以消除吸收电路，反之，当设定为无穷大可得到一个纯电阻吸收电路。

【Latching current I_l 和 Turn off time T_q】这两个参数是晶闸管详细模型中才有的，依据实际情况可以选取不同的值。

需要说明的是，含有晶闸管电路的仿真必须采用适合刚性问题的算法，如 de23tb 或者 ode15s；当读者要对电路进行离散化处理时，晶闸管的导通电感 Lon 应被设定为 0。

（2）二极管（Diode）

二极管的符号、封装以及等效电路如图 8.34 所示。它的基本构成与晶闸管非常类似，唯一不同的是其逻辑控制单元。二极管的开关控制由电压 V_{ak} 和电流 I_{ak} 决定。当二极管处于正向偏置时（即 $V_{ak} > 0$），二极管导通，并且还有一个很小的通态电压降 V_f；当流过的电流为零时，二极管会断开；当二极管处于反向偏置时（即 $V_{ak} < 0$），它就会保持断开状态。二极管的阳极标识符号为 a，阴极标识符号为 k。在 Simulink 中，它的测量输出端(m)输出的是测量向量$[I_{ak}, V_{ak}]$，即返回二极管的电流和电压值。与晶闸管类似，二极管内部也含有一个串联的 R_s、C_c 吸收回路，它们被并联在阳极(a)和阴极(k)两端。二极管参数的设置方法与晶闸管的非常类似，不再赘述。

（3）门极可关断晶闸管（Gto）

门极可关断晶闸管的特点是既可以通过门极信号控制开通，也可以通过门极信号控制关断。类似于传统晶闸管，Gto 可以通过一个正门极信号($g > 0$)来驱动导通。但是，Gto 不像晶闸管那样仅在电流过零点时才能关断，可以在门极信号为零的任意时刻关断。其仿真等效模型与晶闸管相似，区别在于逻辑控制单元。Gto 模型中的开关信号是由电压 V_{ak}、电流 I_{ak} 和门极信号 g 三者作用形成的逻辑信号决定的。Gto 的符号、封装以及等效电路如图 8.35 所示，V_f、R_{on} 和 L_{on} 为导通时的正向压降、正向导通电阻和正向导通电感。在 Gto 模型中也含有一个串联的 R_s、C_c 吸收回路，它们被并联在阳极(a)和阴极(k)两端。

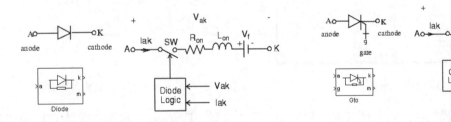

图 8.34 二极管的符号、封装和等效电路　　图 8.35 Gto 的符号、封装和等效电路

Gto 导通条件是，正负极的电压大于电压 V_f，且门极有正的脉冲($g > 0$)。当门极的信号为零时，Gto 开始关断，但是电流不会立即变为零。因为 Gto 关断时电流消失的过程对关断损耗有很大的影响，因此，建立模型时也就要考虑其关断特性。Gto 参数对话框与普通晶闸管类似，只是

增加了两个参数：Current 10% fall time Tf（幅值的 10%下降时间）和 Current tail time Tt（电流拖尾时间），其他参数的意义与晶闸管相同，此处不再赘述。

（4）MOS 场效应晶体管（MOSFET）

MOS 场效应晶体管的仿真等效模型由一个可变电阻 R_t、等效电感 L_{on}、直流电压 V_f、串联开关 SW 以及附加逻辑控制单元构成，其符号、封装和等效电路如图 8.36 所示。开关 SW 的控制是由电压 V_{DS}、电流 I_d 和门极信号 g 三者作用形成的逻辑信号决定的。

MOSFET 的导通条件是，漏极和源极的电压差为正，且有一个正的门极信号（$g>0$）。当正向电流通过，但门极信号变为零时，MOSFET 关断；如果电流 I_d 反向（流过内部二极管）并且没有门极信号，当电流 I_d 变为零时，MOSFET 关断。MOSFET 的参数设置与晶闸管类似，只是增加了一个内部二极管的电阻（R_d）参数。

需要指出的是，在通态时，电阻 R_t 取决于漏极电流方向。如果 $I_d>0$ 时，$R_t=R_{on}$，R_{on} 代表 MOSFET 正向导通时电阻的典型值；如果 $I_d<0$ 时，$R_t=R_d$，R_d 代表内部二极管的电阻值。

（5）绝缘门双极晶体三极管（IGBT）

绝缘门双极晶体三极管（IGBT）的特点是，通过控制门极信号开通来仿真晶体三极管工作原理，其仿真等效模型由等效电阻 R_{on}、等效电感 L_{on}、直流电压 V_f、串联开关 SW，以及附加逻辑控制单元构成，其符号、封装和等效电路如图 8.37 所示。IGBT 模块含有集电极(c)、发射极(e)、控制极(g)，以及一个测试输出端(m)，测试端(m)输出集电极电流和集电极与发射极之间的电压 $[I_c, V_{ce}]$。IGBT 的导通/断开条件是，当集电极与发射极之间的电压为正，并且大于 V_f，同时门极信号 g 大于零（$g>0$）时，IGBT 导通；当集电极与发射极之间的电压为正，门极信号 g 为零（$g=0$）时，IGBT 断开。当集电极与发射极之间的电压为负时，IGBT 始终处于断开状态。在 IGBT 模型中也含有一个串联的 R_s、C_c 吸收回路，它们被并联在集电极(c)和发射极(e)两端。IGBT 的属性参数设置与 Gto 完全相同，此处不再赘述。

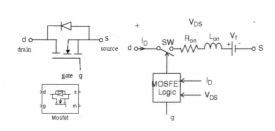

图 8.36　MOSFET 的符号、封装和等效电路

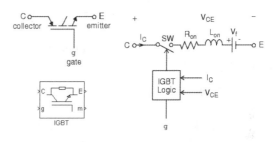

图 8.37　IGBT 的符号、封装和等效电路

4．测量模块库（Measurement）

测量模块库中包括 Voltage Measurement（电压测量模块）、Current Measurement（电流测量模块）、Impedance Measurement（阻抗测量模块）以及 Multimeter（万用表）等功能模块，如图 8.38 所示。

（1）电流测量模块（Current Measurement）

电流测量模块的功能是用来测量流经任何电气模块或连接线中的电流。它的属性参数对话框中只有 Out-put signal 一项参数设置要求，该选项用于设置输出

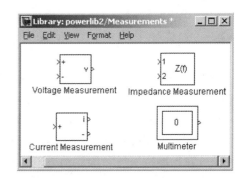

图 8.38　测量模块库中的功能模块

信号的形式，可供选择的输出形式有以下几种：Magnitude（幅值）、Complex（复数）、Real-Imag（实况-虚部）、Magnitude-Angle（幅值-相角），它的默认值为 Magnitude（幅值）。

（2）电压测量模块（Voltage Measurement）

电压测量模块的功能是用来测量两电气节点的电压，其属性参数设置与电流测量模块类似，此处不再赘述。

（3）阻抗测量模块（Impedance Measurement）

阻抗测量模块的功能是用来测量两电气节点之间的阻抗，其属性参数设置只有 Multiplication factor（倍增系数）一项。

由于受篇幅限制，没有对电源模块库、元件模块库以及电力电子元件模块库的很多模块的功能、使用方法进行介绍，并不意味着它们不重要。读者要了解各模块的功能以及属性参数设置，只需用鼠标双击该模块，然后单击对话框中"Help"按钮，MATLAB 将提供该模块的详细使用说明，这对初学者来说是非常有用的。下面以一些典型电路的设计为例，将它们中的最常用器件的使用方法逐一进行分析讲解，以便读者能熟悉和灵活运用这些功能模块进行仿真。

8.3.2 电路设计与仿真

【例 8-12】 LC 整流滤波电路的原理示意图如图 8.39 所示，已知输入正弦电压为 $u_1=120\sin 50t$ 伏特，变压器的电压比为 $120/24$，整流器参数分别为 $L_0=10\text{mH}$，$C_0=4700\mu\text{F}$，负载电阻 $R=1\Omega$。试利用 MATLAB 建立仿真模型，观察：（1）流过负载的电流波形；（2）整流器输出电压的波形；（3）流过四个整流二极管的电流波形；（4）加在四个整流二极管的电压波形。

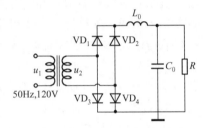

图 8.39 LC 整流滤波电路原理图

1. 需要的功能模块分析及仿真模型的建立

① 交流电压源"AV Voltage Source"：在 Power System Blockset 模块集中的 Electrical Sources 模块库中调用。

② 线性变压器"Linear Transformer"：在 Power System Blockset 模块集中的 Elements 模块库中调用。

③ 二极管"Diode"：在 Power System Blockset 模块集中的 Power Electionics 模块库中调用。

④ 电阻器、电容器和电感器：在 Power System Blockset 模块集中的 Elements 模块库中调用"Series RLC Branch"（串联性分支）模块。

⑤ 电压测量模块"Voltage Measurement"和电流测量模块"Current Measurement"：在 Power System Blockset 模块集中的 Measurement 模块库中调用，并按照图 8.40 中所示名称 Vlod 和 Ilod 进行命名。

⑥ Demux 模块：在 Simulink 模块库中的 Signals & Systems 模块库中调用。由于需要观察流过二极管的电流以及加在它两端的电压，因此，需要两种输出信号，在 MATLAB 中，可由 Demux 模块完成。Demux 模块可以从一个信号中分解、提取并输出矢量信号，连接方式如图 8.40 所示，即将二极管的测量端(m)流出的信号拉入 Demux 的输入端，Demux 的两个输出端中一个输出端为流过二极管的电流大小，另一端为二极管的端电压。由于要观察四只二极管的工作情况，所以需调用四次 Demux 模块，并按图 8.40 所示进行命名。

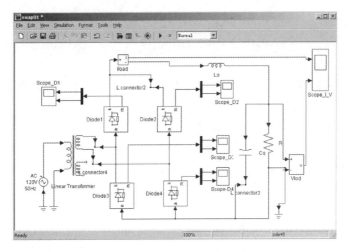

图 8.40　Simulink 建立的 LC 整流滤波电路仿真模型

⑦ Scope 模块：用于观察电流和电压波形，在 Simulink 模块库中的 Sinks 模块库中调用，并按照图 8.40 中所示名称分别命名。

⑧ 接地模块：在电路仿真模型中，若没有"零电位"的参考点，计算机将无法进行仿真计算，所以必须放置地线。在 Power System Blockset 模块集中的 Connectors 模块库中调用。需要说明的是，在 MATLAB 中，有两种类型的接地方法：input Ground 和 output Ground，它们的区别在于连线的方向不一样。

根据以上分析，复制相应的功能模块到新建的仿真模型窗口，用连接线将这些模块连接后就可建立好该电路的仿真模型，如图 8.40 所示。值得注意的是，在连接各功能模块时，可能要用 L Connector（两个头）连接模块或 T Connector（三个头）连接模块，这些模块可到在 Power System Blockset 模块库中的 Connectors 模块库中调用。

2. 设置功能模块参数

① AC Voltage Source：单击 AC Voltage Source 模块名称框，将它重新命名为"120V/50Hz"，然后双击该模块，弹出它的属性参数对话框，同时也给出了各参数的单位要求，按照图 8.41 所示的参数进行设置。

② Linear Transformer：双击该模块，弹出如图 8.42 所示的对话框，各参数含义如下。

图 8.41　AC Voltage Source 模块参数设置　　图 8.42　Linear Transformer 模块参数设置

【Nominal Power and frequency[Pn(VA), fn(Hz)]】为额定功率和频率；

【Windings 1 parameters[V1(Vrms), R1(pu), L1(pu)]】为一次绕组的电压有效值、等效电阻和电感参数；

【Windings 2 parameters[V2(Vrms), R2(pu), L2(pu)]】为二次绕组的电压有效值、等效电阻和电感参数；

【Windings 3 parameters[V3(Vrms), R3(pu), L3(pu)]】为三次绕组的电压有效值、等效电阻和电感参数；

【Magnetization resistance reactance[Rm(pu), Lm(pu)]】为磁化电阻和电抗。

由于在本例中需要的二绕组变压器，因此在连接时只需连接一个次绕组，相关参数设置如图8.42所示。

③ Diode：单击 Diode 模块名称框，将它改名为"Diode1"，然后，双击该模块，弹出它的属性参数对话框，按照图8.43所示的参数进行设置。其他三只二极管的设置与此类似。

④ 电阻器、电容器和电感器：由于 Series RLC Branch（串联分支）模块是由电阻、电容和电感串联构成的，因此，用户需要根据具体情况进行选择性设置。在本例中，对电阻器的设置，双击 Series RLC Branch 模块，弹出它的属性参数对话框，在 Resistance R（电阻 R）栏中输入"1"，在 Inductance L（电感 L）栏中输入"0"，在 Capacitance C（电容 C）栏中输入"inf"（无穷大），如图8.44所示。采用类似的方法，对电容器的参数设置为：Resistance R(Ohms)栏输入"0"，Inductance L(H)栏输入"0"，Capacitance C(F)栏输入"4700e-6"；对电感器的参数设置为：Resistance R(Ohms)栏输入"0"，Inductance L(H)栏输入"10e-03"，Capacitance C(F)栏输入"inf"。

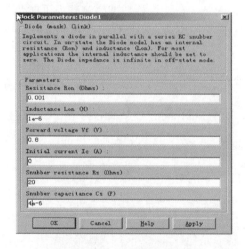
图8.43　Diode 模块参数设置

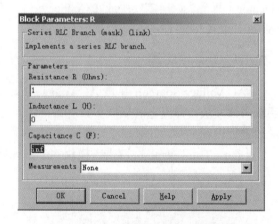
图8.44　负载电阻的属性参数对话框

⑤ Scope 模块的参数设置：双击名称为"Scope_I_U"的模块，弹出它的显示窗口，然后单击 parameter 图标，打开它的属性参数对话框，在 general 的下拉菜单中的 Number of axes 栏中键入"2"即可。其他 Scope 模块参数的设置与此类似。

3．设置仿真参数

在仿真模型窗口中，单击"Simulation Parameters"，在 Start time 栏中键入"0"，在 Stop time 栏中键入"0.05"，其他为默认参数。

4. 启动仿真程序

单击仿真快捷键图标 ▶，启动仿真程序。

5. 获取仿真结果

① 观察流过负载的电流和滤波输出电压的变化情况：双击 Scope_I_V 模块，便可以看到如图 8.45 所示的流过负载的电流 Iload 和滤波输出电压 Uload 的仿真波形。

② 观察流过整流二极管 Diode_1 和 Diode_4 的电流及加在它们两端的电压波形：由于流过整流二极管 Diode_1 和 Diode_4 的电流及加在它们两端的电压变化情况相同，因此，可用流过整流二极管 Diode_1 的电流和加在它两端的电压变化情况为例进行分析。双击 Scope_D1 模块，便可以看到如图 8.46 所示的流过二极管 Diode_1 的电流 Iak_D1 和滤波器输出电压 Vak_D1 的仿真波形。

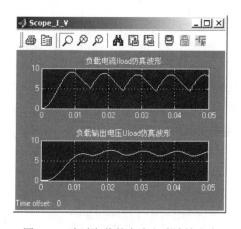
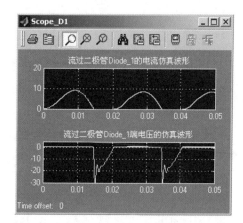

图 8.45 流过负载的电流和滤波输出电压　　图 8.46 Diode_1 的电流和加在它两端的电压

③ 观察流过整流二极管 Diode_2 和 Diode_3 的电流及加在它们两端的电压波形：由于流过整流二极管 Diode_2 和 Diode_3 的电流及加在它们两端的电压变化情况相同，因此，可用流过整流二极管 Diode_2 的电流和加在它两端的电压变化情况为例进行分析。双击 Scope_D2 模块，便可以看到如图 8.47 所示的流过二极管 Diode_2 的电流 Iak_D2 和滤波器输出电压 Vak_D2 的仿真波形。

需要特别指出的是，关于利用四个二极管搭建整流桥电路问题。在 MATLAB 中，已经为用户设计了单相和三相整流桥模块，并命名为通用桥（Universal

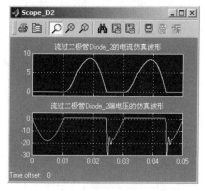

图 8.47 Diode_2 的电流和加在它两端的电压

Bridge），共有以下几种拓扑结构：①由二极管构成的不可控整流电路/逆变桥电路，如图 8.48(a) 所示；②可控硅整流桥（Thyristor）电路/逆变桥电路，如图 8.48(b)所示；③Gto-Diode 式可控整流电路/逆变桥电路，如图 8.48 (c)所示；④MOSFET-Diode 式可控整流电路/逆变桥电路，如图 8.48 (d)所示；⑤IGBT-Diode 式可控整流电路/逆变桥电路，如图 8.48 (e)所示；⑥理想开关器件（Ideal switch）式整流电路/逆变桥电路，如图 8.48 (f)所示。

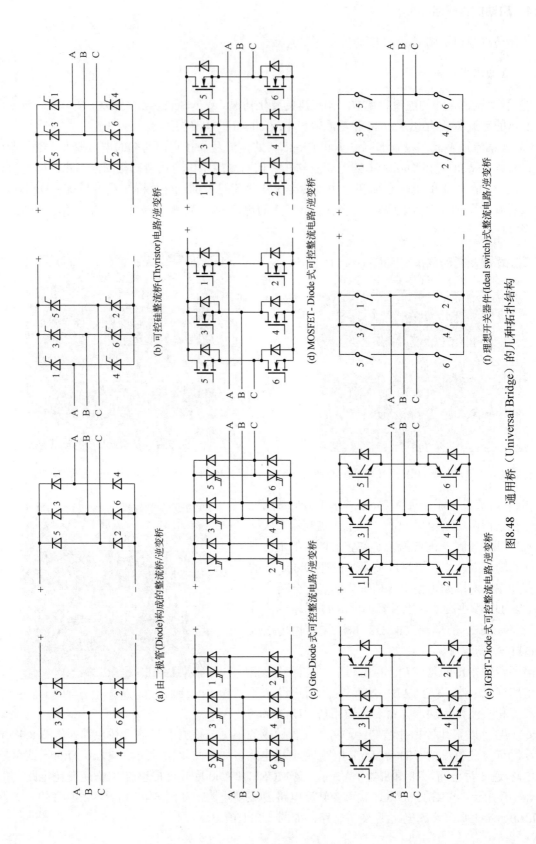

图8.48 通用桥（Universal Bridge）的几种拓扑结构

当 A、B、C 三个引脚分别表示输入脚时，上述六种整流桥/逆变桥电路拓扑结构所对应的封装结构如图 8.49 所示；反之，当 A、B、C 三个引脚分别表示输出脚时，上述六种整流桥/逆变桥电路拓扑结构所对应的封装结构如图 8.50 所示。当然，上面分析的是三相整流桥/逆变桥电路的拓扑结构，单相整流器拓扑结构及其封装形式类似于三相的。

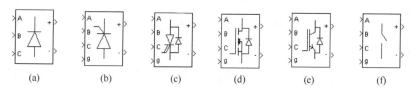

图 8.49 当 A、B、C 三个引脚为输入脚时 Universal Bridge 的几种封装结构

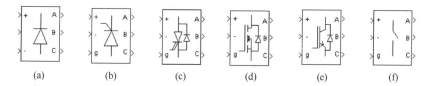

图 8.50 当 A、B、C 三个引脚为输出脚时 Universal Bridge 的几种封装结构

Universal Bridge 模块的参数对话框如图 8.51 所示，在 Number of bridge arms（整流桥臂数）输入栏的下拉菜单中，数值 1、2 和 3 分别表示单、双和三相桥臂整流电路拓扑结构；在 Port configuration 输入栏的下拉菜单中，"ABC as output terminal" 表示 A、B、C 三个引脚为输出端；"ABC as input terminal" 表示 A、B、C 三个引脚为输入端；在 Power Electronic device 输入栏的下拉菜单中，它表示组成整流桥的电子器件的种类，即前面讲述的六种整流桥拓扑结构。

因此，在例 8-12 的滤波整流中，可将图 8.40 仿真模型中的 Diode 模块用 Universal Bridge 模块替代，如图 8.52 所示。

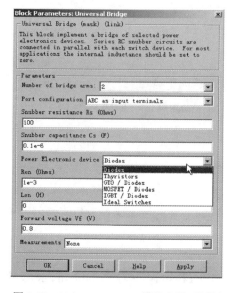

图 8.51 Universal Bridge 模块参数对话框

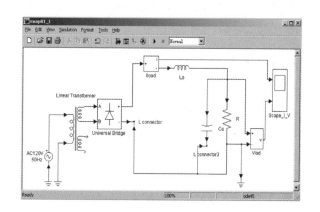

图 8.52 基于 Universal Bridge 模块的仿真模型

【例 8-13】 利用 Breaker 功能模块设计如图 8.53 所示的控制仿真电路，已知 $R = 10\Omega$，$L = 0.1H$，观察：(1) 控制信号；(2) 负载电流波形；(3) 负载电压波形。

1. 需要的功能模块分析及仿真模型的建立

① 交流电压源"AV Voltage Source"：在 Power System Blockset 模块集中的 Electrical Sources 模块库中调用。

② Voltage Measurement 和 Current Measurement 模块：在 Power System Blockset 模块集中的 Measurements 模块库中调用，按照图 8.54 中所示命名为 I_load 和 U_T。

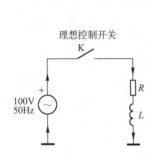

图 8.53 理想控制开关电路

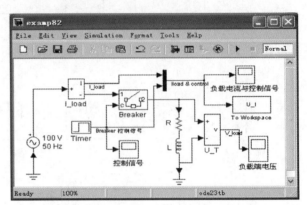

图 8.54 Breaker 模块设计的控制电路仿真模型

③ 串联分支模块"Series RLC Branch"：在 Power System Blockset 模块集中的 Elements 模块库中调用，构建负载 ZL（电阻10Ω、电感器100mH）。

④ Breaker 模块：在 Power System Blockset 模块集中的 Elements 模块库中调用。

⑤ Timer 模块：用于设计 Breaker 模块的控制波形参数，在 Power System Blockset 模块集中的 Extra Library 里面的 Control Blocks 中调用。

⑥ Mux 模块：在 Simulink 模块库中的 Signal & System 模块库中调用。

⑦ Scope 模块：在 Simulink 模块库中的 Sinks 模块库中调用，并按照图 8.54 中所示名称分别命名。

⑧ To Workspace 模块：在 Simulink 模块库中的 Sinks 模块库中调用。

根据以上分析，复制相应的功能模块并连接，即可建立好仿真模型，如图 8.54 所示。

2. 设置功能模块参数

① AC Voltage Source：按照图 8.54 中所示参数进行设置。

② To Workspace 模块：将其 Variable name 命名为 U_I，Save format 设置为 Array。

③ Timer 模块：按照图 8.55 所示设置它的 Transition Time（开关导通或者关断的时刻）和与之对应的状态 State（控制开关输出的幅值）。

④ Breaker 模块：按照图 8.56 中所示参数进行设置。

⑤ 名称为"控制信号"的 Scope 模块的参数设置为：Data history 中的 Variable name 设置为 U_contr，Save format 设置为 Array；将名称为"负载端电压"的 Scope 模块的参数设置为：Data history 中的 Variable name 设置为 U_T，Save format 设置为 Array；将名称为"负载电流与控制信号"的 Scope 模块的参数设置为默认参数。

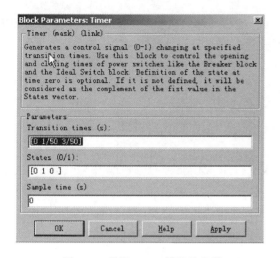

图 8.55 设置 Timer 模块的参数

图 8.56 Breaker 模块参数设置

3. 设置仿真参数

Start time: 0，Stop time: 80e-3，解算器选为"ode23tb(TR-BDF2)"，其他为默认参数。

4. 启动仿真程序

单击仿真快捷键图标，启动仿真程序。

5. 分析负载电流与控制信号的仿真波形

可直接单击"负载电流与控制信号" Scope 模块，或在 MATLAB 的命令窗口中键入以下命令语句，就可得到如图 8.57 所示的仿真结果。

>>plot(U_I); xlabel('时间 t/ms'), ylabel('负载电流 I/A 和控制信号 UC/V')
>>title('负载电流与控制信号波形')

6. 分析负载电压波形

只需在 MATLAB 的命令窗口中键入以下命令语句，就可得到如图 8.58 所示的仿真结果。
>>plot(U_T); xlabel('时间 t/ms'); ylabel('负载电压 UT/V'); title('负载电压波形')

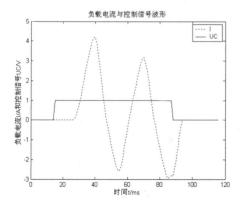

图 8.57 负载电流与控制信号波形

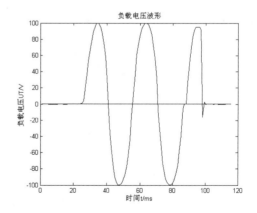

图 8.58 负载电压波形

【例 8-14】 利用 Linear Transformer 功能模块设计的变压器仿真电路如图 8.59 所示，通过仿真电路观察：（1）变压器原绕组电流和次绕组电流波形；（2）变压器次绕组电压波形。

1. 需要的功能模块分析及仿真模型的建立

① 交流电压源"AV Voltage Source"：调用方法同前，按图 8.59 所示参数进行设置。

② Voltage Measurement 和 Current Measurement 模块：调用同前，按照图 8.59 中所示名称进行命名。

③ 并联负载模块"Parallel RLC Load"：在 Power System Blockset 模块集中的 Elements 模块库中调用。

④ Linear Transformer 模块：在 Power System Blockset 模块集中的 Elements 模块库中调用。

⑤ Mux 模块：调用方法同前。

⑥ Scope 模块：调用方法同前，并按照图 8.59 中所示名称分别命名。

⑦ To Workspace 模块：调用方法同前，将其 Variable name 命名为 U_1_2，save format 设置为 Array。

⑧ Neutral 模块：在 Power System Blockset 模块集中的 Connectors 模块库中调用，按图 8.59 所示参数进行设置。

根据以上分析，复制相应的功能模块建立好仿真模型，如图 8.59 所示。

2. 设置功能模块参数

① Linear Transformer 模块：按图 8.60 所示参数进行设置。

② To Workspace 模块：将其 Variable name 命名为 U_1_2，Save format 设置为 Array。

③ 名称为"I_in"的 Scope 模块的参数设置为：Data history 中的 Variable name 设置为 I_in，Save format 设置为 Array；将名称为 I_out 的 Scope 模块的参数设置为：Data history 中的 Variable name 设置为 I_out，Save format 设置为 Array；将名称为"U-1"和"U-2"的 Scope 模块的参数设置为默认参数。

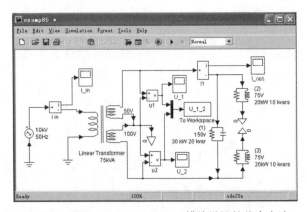

图 8.59　利用 Linear Transformer 模块设计的仿真电路

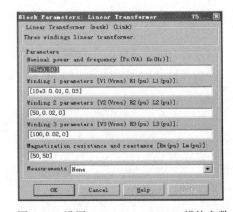

图 8.60　设置 Linear Transformer 模块参数

④ Parallel RLC Load：按照图 8.61(a)和(b)所示参数进行设置，所涉及的参数有：【Nominal voltage Vn(Vrms)】为额定电压有效值、【Nominal frequency fn(Hz)】为额定频率、【Active power P(W)】为有功、【Inductive reactive power QL(positive var)】为正无功和【Capacitive reactive power Qc(negative var)】为负无功。

 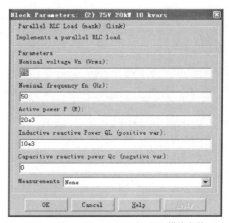

(a) Parallel RLC Load（1）模块参数　　　　　　(b) Parallel RLC Load（2）和（3）模块参数

图 8.61　三个 Parallel RLC Load 模块参数的设置

3．设置仿真参数

Start time: 0，Stop time: 80e-3，解算器选为"ode15s(stiff/NDF)"，其他为默认参数。

4．启动仿真程序

单击仿真快捷键图标，启动仿真程序。

5．分析变压器次绕组电压的仿真结果

需要在 MATLAB 的命令窗口中键入以下命令语句，其执行结果如图 8.62 所示。

>>plot(U_1_2); xlabel('时间 t/ms'); ylabel('变压器次绕组电压 U1 和 U2'); title('变压器次绕组电压')

6．分析变压器原/次绕组电流的仿真结果

① 需要在 MATLAB 的命令窗口中键入以下命令语句，其执行结果如图 8.63 所示。

>>plot(I_in); xlabel('时间 t/ms'); ylabel('变压器原绕组电流 I1'); title('变压器一次电流')

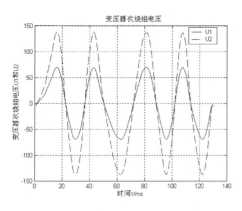 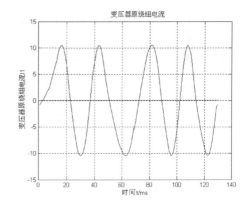

图 8.62　变压器次绕组电压　　　　　　　　图 8.63　变压器原绕组电流

② 需要在 MATLAB 的命令窗口中键入以下命令语句，其执行结果如图 8.64 所示。

>>plot(I_out); xlabel('时间 t/ms'); ylabel('变压器次绕组电流 I2/A'); title('变压器次绕组电流')

【例 8-15】　利用 Ideal Switch（理想开关）功能模块设计理想开关工作仿真电路如图 8.65 所示，通过仿真电路观察：（1）流过理想开关的电流和端电压波形；（2）负载电流和端电压波形。

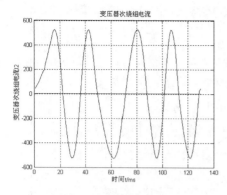

图 8.64 变压器次绕组电流

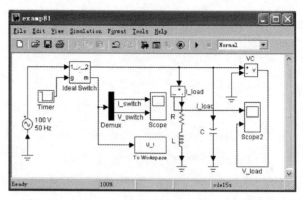

图 8.65 利用 Ideal Switch 功能模块设计的仿真电路图

1. 需要的功能模块分析及仿真模型的建立

① 交流电压源"AV Voltage Source":调用方法同前,按图 8.65 所示参数进行设置。

② Voltage Measurement 和 Current Measurement 模块:调用同前,按照图 8.65 中所示名称进行命名。

③ 串联分支模块"Series RLC Branch":在 Power System Blockset 模块集中的 Elements 模块库中调用,按图 8.65 所示参数进行设置(R=100, L=0.02, C=inf; R=0, L=0, C=100e-6)。

④ Timer 模块:用于设计 Ideal Switch 模块的控制波形参数,在 Power System Blockset 模块集中的 Extra Library 里面的 Control Blocks 中调用。

⑤ Ideal Switch 模块:在 Power System Blockset 模块集中的 Power Electronics 模块库中调用。

⑥ Deux 模块:在 Simulink 模块库中的 Signal & System 模块库中调用。

⑦ Scope 模块:调用方法同前,并按照图 8.65 中所示名称分别命名;

⑧ To Workspace 模块:调用方法同前,将 Variable name 命名为:U_I, Save format 设置为 Array。

根据以上分析,复制相应的功能模块建立好仿真模型,如图 8.65 所示。

2. 设置功能模块参数

① Ideal Switch 模块:本例直接利用它的默认参数,即按照图 8.66 所示参数设置它。

② Timer 模块:按照图 8.67 所示参数进行设置。

图 8.66 设置 Ideal Switch 模块参数

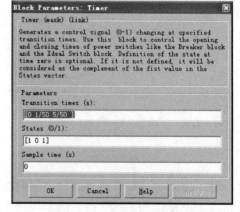

图 8.67 设置 Timer 模块参数

③ 对于 Scop1 和 Scope2 模块:均将 Number of Axes 设置为 2,其他为默认参数。

3．设置仿真参数

Start time: 0，Stop time: 200e-3，其他为默认参数。

4．启动仿真程序

单击仿真快捷键图标，启动仿真程序。

5．分析流过 Ideal Switch 功能模块的电流 I_switch 和端电压 U_switch 的仿真结果

双击 Scope1 模块，便可以看到如图 8.68 所示的结果。

6．分析负载电流 I_load 和端电压 U_load 的仿真结果

双击 Scope2 模块，便可以看到如图 8.69 所示的结果。

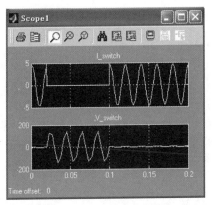
图 8.68 流过 Ideal Switch 模块的电流和端电压

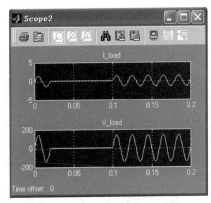
图 8.69 负载电流和端电压

【例 8-16】 由可控晶体三极管(Q_1)构成的电路如图 8.70 所示，$R_1=10\Omega$，$L=400$mH，$R_2=100\Omega$，$C=250\mu$F，试利用 IGBT 功能模块设计如图 8.71 所示的仿真电路，观察：（1）流过二极管的电流 I_d 的波形；（2）流过电感 L 的电流 I_L 的波形；（3）IGBT 集电极电流 I_C 的波形；（4）集电极与发射极之间电压 U_{ce} 的波形；（5）负载端电压 U_load 的波形；（6）Pulse Generator 模块输出的控制波形。

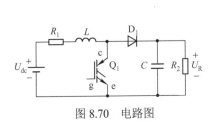
图 8.70 电路图

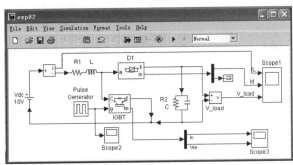
图 8.71 利用 IGBT 功能模块设计的电路的仿真模型

1．需要的功能模块分析及仿真模型的建立

① 直流源 "DC Voltage Source"：调用方法同前，按图 8.71 所示参数进行设置。

② 串联分支模块 "Series RLC Branch"：在 Power System Blockset 模块集中的 Elements 模块库中调用，按图 8.71 所示参数进行设置并命名为 L。

③ Voltage Measurement 和 Current Measurement 模块：调用同前，按照图 8.71 中所示名称进行命名。

④ Diode 模块：在 Power System Blockset 模块集中的 Power Electronics 模块库中调用，命名为 D1。

⑤ IGBT 模块：在 Power System Blockset 模块集中的 Power Electronics 模块库中调用。

⑥ Mux 模块：调用方法同前。

⑦ Scope 模块：调用方法同前，并按照图 8.71 中所示名称分别命名。

⑧ 并联分支模块"Parallel RLC Branch"：在 Power System Blockset 模块集中的 Elements 模块库中调用，命名为 R2 和 C；

⑨ Pulse Generator 模块：在 Simulink 模块库中的 Source 模块库中调用；

根据以上分析，复制相应的功能模块建立好仿真模型，如图 8.71 所示。

2．设置功能模块参数

① IGBT 模块：按照图 8.72 所示参数进行设置，包括：【Resistance Ron(Ohms)】为导通电阻、【Inductance Lon】为导通电感、【Forward voltage Vf(V)】为正向电压降、【Current 10％ fall time Tf(s)】为电流幅值 10％的下降时间、【Current tail time Tt(s)】为电流波尾时间、【Initial current Ic(A)】为电流起始值、【Snubber resistance Rs(ohms)】为吸收电阻和【Snubber capacitance Cs(F)】为吸收电容。

② Pulse Generator（脉冲发生器）模块：按照图 8.73 所示参数设置：【Amplitude】为幅值、【Period】为周期、【Pulse Width(％ of period)】为脉冲宽度即占空比、【Phase delay】为相位延迟。

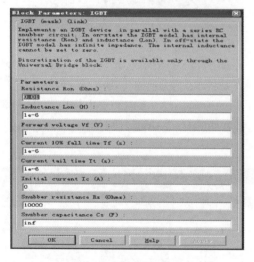

图 8.72　设置 IGBT 模块参数

图 8.73　设置 Pulse Generator 模块参数

③ 将 Scope1 模块的参数 Number of Axes 设置为 3，其他参数不做改动，将 Scope2 模块的参数不做改动。

3．设置仿真参数

Start time: 0，Stop time: 80e-3，其他为默认参数。

4．启动仿真程序

单击仿真快捷键图标，启动仿真程序。

5．分析仿真结果

① 分析 Pulse Generator 模块输出的控制波形，如图 8.74 所示。

② 分析 IGBT 集电极电流 I_c、集电极与发射极之间电压 U_{ce} 如图 8.75 所示，流过电感 L1 的电流 I_L、流过二极管的电流 I_d，以及负载端端电压 U_load 等的仿真波形，如图 8.76 所示。

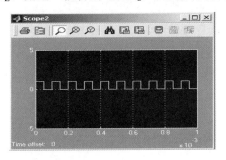

图 8.74　Pulse Generator 模块输出的波形

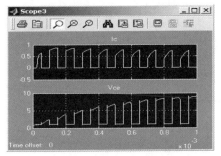

图 8.75　集电极电流和集电极与发射极之间电压

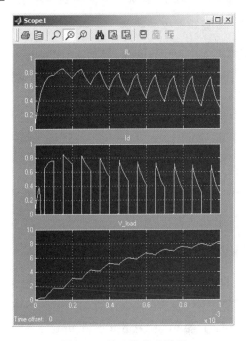

图 8.76　输出的仿真波形

【例 8-17】　若 RC 充电电路如图 8.77 所示，电阻 $R = 1\Omega$，$C = 500\mu F$，试利用 Simulink 仿真 RC 充电过程，观察：（1）流过电阻的电流波形；（2）电容器端电压波形。

1．分析需要的功能模块及仿真模型的建立

① 直流源"DC Voltage Source"：在 Power System Blockset 模块集中的 Electrical Sources 模块库中调用。

② Breaker 模块：在 Power System Blockset 模块集中的 Elements 模块集中调用。

③ 串联分支模块"Series RLC Branch"：在 Power System Blockset 模块库中的 Elements 模块库中调用，需要连续调用两次，分别构建电阻器 R 和电容器 C，其参数如图 8.78 所示。

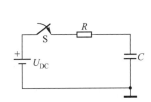

图 8.77　RC 充电电路

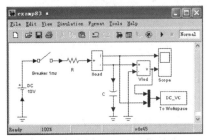

图 8.78　RC 充电电路仿真模型

④ Voltage Measurement 和 Current Measurement 模块：在 Power System Blockset 模块集中的 Measurement 模块库中调用，按照图 8.78 中所示名称进行命名。

⑤ Mux 模块：在 Simulink 模块库中的 Signal & System 模块库中调用。
⑥ To Workspace 模块：在 Simulink 模块库中的 Sinks 模块库中调用。
⑦ Input Ground 和 Output Ground：在 Power System Blockset 模块集中的 Connectors 模块库中调用。

根据以上分析，复制相应的功能模块建立好仿真模型，如图 8.78 所示。

2．设置功能模块参数

① DC Voltage Source：将其 Amplitude（幅值）设置为 10。
② Breaker 模块：最重要的参数是 Switching time（开关时间）参数；其他参数可以直接利用它的默认参数，Breaker 模块参数设置如图 8.79 所示。
③ 构建电阻 R 和电容 C，按照图 8.78 所示参数设置。
④ To Workspace 模块：将 Variable 命名为 DC_VC，将 Save format 设置为 Array。

3．设置仿真参数

Start time: 0，Stop time: 40e-3，其他为默认参数。

4．启动仿真程序

单击仿真快捷键图标，启动仿真程序。

5．分析 RC 模块中充电电流和电容器端电压的仿真结果

需要在 MATLAB 的命令窗口中键入以下命令语句，其执行结果如图 8.80 所示。
>>plot(DC_VC); xlabel('时间 t/ms'); ylabel('负载电流 I/A 和电压 Uc/V');
>>title('RC 电路中充电电流和电容器端电压波形'); grid

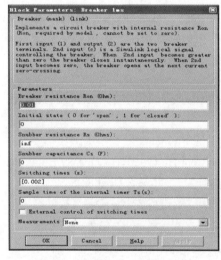

图 8.79　设置 Breaker 模块参数

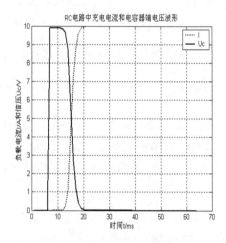

图 8.80　RC 电路中充电电流和电容器端电压波形

【例 8-18】　串联电容器试验是一个欠阻尼的振荡放电过程，其等效电路如图 8.81 所示，其中 R 为放电回路等效电阻，L 为放电回路的等效电感。试利用 MATLAB 软件构建串联电容器试验电流仿真模型，观察串联电容器试验电流仿真波形。

1．分析需要的功能模块及仿真模型的建立

根据电路分析理论，当电容器充电到电容器放电时的电压 U_0 后，合上开关 S，该回路放电电流为：

$$i_1(t) = \frac{U_0}{\omega L} e^{-\delta t} \sin \omega t \qquad (8-36)$$

其中 $\omega = (\omega_0^2 - \delta^2)^{-0.5}$ 为回路放电时的角频率，$\omega_0 = (LC)^{-0.5}$ 为回路的固有角频率，$\delta = 0.5 R_L/L$ 为阻尼系数。因此，仿真模型中需要以下功能模块。

① 时间模块"Clock"：在 Simulink 模块库中的 Source 模块库中调用，为构建串联电容器试验电流模型提供时间 t。

② 增益模块"Gian"：在 Simulink 模块库中的 Math 模块库中调用。

③ 指数函数模块"e^u"和正弦函数模块"Sine Wave"：在 Simulink 模块库中的 Math 模块库和 Source 模块库中调用。

④ 乘法器模块"Product"：在 Simulink 模块库中的 Math 模块库中调用。

⑤ 电流测量模块"Current Measurement"：在 Power System Blockset 模块集中的 Measurement 模块库中调用。

⑥ 受控电流源模块"Controlled Current Source"：在 Power System Blockset 模块集中的 Electrical Source 模块库中调用。

⑦ Scope 模块：在 Simulink 模块库中的 Sinks 模块库中调用。

根据以上分析，复制相应的功能模块建立好仿真模型，如图 8.82 所示。

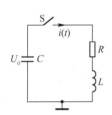

图 8.81 串联电容器试验等效电路

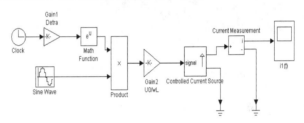

图 8.82 串联电容器试验电流仿真模型

2. 设置功能模块参数

假设仿真参数 $U_0 = 30\text{kV}$，$R_L = 0.9\Omega$，$\omega_0 \approx 3.3976 \times 10^3 \text{Rad/s}$，$\delta \approx 51.4$，$\omega_0 \approx \omega$，$\omega L \approx 29.7529\Omega$，则相关功能模块的参数应分别设如下。

① 增益模块：对增益模块 Gain1，单击 Gain，对它重命名为 Delta，然后双击 Delta 模块，弹出它的属性参数对话框，在 Gain 的输入栏中键入"-51.4"，完成阻尼系数 δ 的设置，以便获得 $-\delta t$；对增益模块 Gain2，其作用是实现公式中的比例系数 $U_0/\omega L$，因此，单击 Gain，对它重命名为 Uo/wL，然后双击 Uo/wL 模块，弹出它的属性参数对话框，在 Gain 的输入栏中键入"30e3/29.7529"，实现增益大小的设置。

② Sine Wave 模块：双击 Sine Wave 模块，弹出它的属性参数对话框，在它的 Amplitude 输入栏中键入"1"，在 Bias 输入栏中键入"0"，在 Frequency(rad/sec) 输入栏中键入"3.3976e+003"（即 $\omega_0 \approx \omega$），在 Phase(rad) 输入栏中键入"0"，在 Sample time 输入栏中键入"1e-5"，实现 Sine Wave 模块的参数设置，获得 $\sin \omega t$。

③ Product 模块：放置乘法器模块是为了实现模块 $e^{-\delta t}$ 和 $\sin \omega t$ 相乘。因此，双击 Product 模块，弹出它的属性参数对话框，在"Number of inputs"的输入栏中键入"2"，完成 Product 模块的设置操作，以便获得 $e^{-\delta t} \sin \omega t$。

3. 设置仿真参数

首先，单击"Simulation Parameters"，在 Start time 输入栏中键入"0"，在 Stop time 输入栏中

键入"80e-3",然后单击 Solver 右边的下拉滚动条,选取"ode23tb"(Stiff/TR-BDF2),其他为默认参数。

4．启动仿真程序

单击仿真快捷键图标,启动仿真程序,所得仿真结果如图 8.83。

总之,我们在将 MATLAB 应用于电路求解问题时,有时既可以使用 MATLAB 编程实现,也可使用 MATLAB 的 Simulink 仿真平台来实现。

【例 8-19】 如图 8.84 所示电路,$L_p = 0.1\text{H}$,$L_s = 0.2\text{H}$,$R_p = 1\Omega$,$R_s = 2\Omega$,$R_1 = 1\Omega$,$M_i = 0.1\text{H}$,$C = 1\mu\text{F}$,$V_D = 10\text{V}$。试求当开关闭合后,电流 i_1,i_2 和 V_c 的响应曲线。

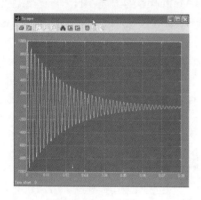
图 8.83 串联电容器试验电流仿真波形

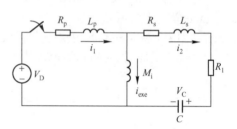
图 8.84 例 8-19 电路图

方法一:利用 MATLAB 编程实现

```
clear; close all;clc;   %给出电路的已知参数
Lp=0.1; Ls=0.2; Mi=0.1; Rp=1; Rs=2; R1=1; C=1e-6; VD=10; alpha=0.1;
R=[-Rp,0,0; 0,-(Rs+R1),-1; 0,1,0]; D=[1;0;0];L=[(Lp+Mi),-Mi,0;-Mi,(Ls+Mi),0;0,0,C];
Linv=inv(L); A=Linv*R; B=Linv*D;
X=[0;0;0]; U=VD; T=0.0001;        %时间步长
for n=1:10000                     %梯形积分(Trapezoidal Integration)
    n1(n)=n; Xest=X+T*(A*X+B*U);
    Xdotest=A*Xest+B*U; alpha1=1+alpha; alpha2=1-alpha;
    term1=alpha1*Xdotest; termint=A*X+B*U;
    term2=alpha2+termint; X=X+(T/2)*(term1+term2);
    i1(n)=X(1); i2(n)=X(2); Vc(n)=X(3);
end
subplot(3,1,1); plot(n1*T,i1);    %绘制 i1(t)的波形
grid on; xlabel('t'); ylabel('i1(t)/A'); title('i1(t)波形');
subplot(3,1,2); plot(n1*T,i2);    %绘制 i1(t)的波形
axis([0,1,-0.01,0.01]); grid on; xlabel('t'); ylabel('i2(t)/A'); title('i2(t)波形');
subplot(3,1,3); plot(n1*T,Vc);    %绘制 Vc(t)的波形
axis([0,1,-5,10]); grid on; xlabel('t'); ylabel('Vc(t)/V'); title('i1(t)波形');
```

程序运行后即可获得如图 8.85 的仿真结果。

方法二:使用 MATLAB 的仿真平台 Simulink 来实现

1．分析仿真平台所需模块和仿真模型的建立

① DC Voltage Source:在 Power System Blockset 模块集中的 Electronic Source 模块库中调用,

并将其参数设置为 10。

② Ideal Switch：在 Power System Blockset 模块集中的 Power Electronic 模块库中调用，属性参数设置如图 8.86 所示。

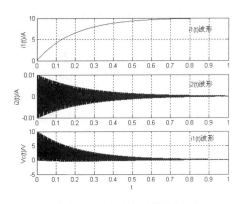

图 8.85 电流电压仿真波形

图 8.86 Ideal Switch 模块属性参数设置

③ 电阻、电容和电感模块：在 Power System Blockset 模块集中的 Elements 模块库中调用，需要连续调用七次，分别将它们命名为 Rp、Lp、Rs、Ls、C、Mi 和 R1。将 Rp、Rs 和 R1 模块中的 Resistance 栏中分别输入各自的电阻值，Inductance 栏设置为"0"，Capacitance 栏设置为"inf"；将 Lp、Ls 和 Mi 模块中的 Resistance 栏中设置为"0"，Inductance 栏分别输入各自的电感值，Capacitance 栏设置为"inf"；将 C 模块中的 Resistance 栏中设置为"0"，Inductance 栏输入"0"，Capacitance 栏设置为电容值。

④ Current Measurement 和 Voltage Measurement：在 Power System Blockset 模块集中的 Measurements 模块库中调用。

⑤ Step（阶跃信号）模块：在 Simulink 的模块库中的 Sources 模块库中调用，属性参数设置如图 8.87 所示。

⑥ Scope 模块：在 Simulink 模块库中的 Sinks 模块库中调用，将其 Number of Axes 栏设置为"3"，将其 Limit data points to last（限制输出数据点数）栏不被选中（即不限制输出数据点数）。

⑦ 接地模块和连线模块：在 Power System Blockset 模块集中的 Connectors 模块库中调用。

根据以上分析，复制相应的功能模块建立好仿真模型，如图 8.88 所示。

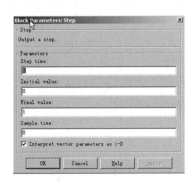

图 8.87 Step 模块属性参数设置

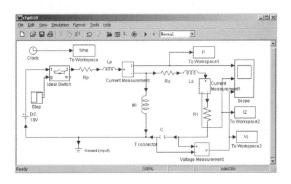

图 8.88 利用 Simulink 构建的仿真模型

2. 设置仿真参数

在仿真窗口，单击 Simulation Parameters 图标，在 Solver 右边下拉滚动条中，选取 ode23tb

(Stiff/TR-BDF2)，其他为默认参数。

3．启动仿真程序

单击仿真快捷键图标，启动仿真程序，即可获得如图 8.85 所示的仿真结果。

值得说明的是，虽然观察仿真结果可以直接双击 Scope 模块，但也可采用 plot 命令将仿真结果绘制出来。为了实现这一目的，需要将仿真结果"传输"到工作空间中，即通过工作空间传输 To Workspace 模块来实现，如图 8.88 所示。

To Workspace 模块在 Simulink 模块库中的 Sinks 模块库中调用。由于涉及四个变量 time、i1、i2 和 Vc，因此需要调用四次，并在属性参数设置栏中，将 Variable name 栏分别设置为 time、i1、i2 和 Vc，如图 8.88 所示，将 Save format 栏选择为 Array，其他为默认参数。

当启动仿真程序后，可在 MATLAB 的命令窗口中分别键入以下命令语句，即可获得仿真波形。

>>plot(i1); plot(i2); plot(Vc)

习题

1 已知如图 8-89 所示电路中，$L_p = 0.5H$，$L_s = 0.8H$，$R_p = 10\Omega$，$R_s = 20\Omega$，$R_l = 10\Omega$，$M_i = 0.1H$，$C = 10\mu F$，$V_D = 100V$。求电流 i_{exe}。

2 如图 8-90 所示电路，$R_1 = 1k\Omega$，$R_2 = 10\Omega$，$L = 500mH$，$C = 10\mu F$，$u = 100\sin(314t)V$，求各支路电流波形。

3 如图 8-91 所示电路，$R_1 = R_3 = 100\Omega$，$R_2 = R_4 = 50\Omega$，$R_5 = 10\Omega$，$R_6 = 5\Omega$，$u_{s1} = 10\sin(314t + 60°)V$，$u_{s2} = 100\sin(314t - 30°)V$，求图中各环路电流 i_1、i_2、i_3 及支路电流 i_s 的波形。

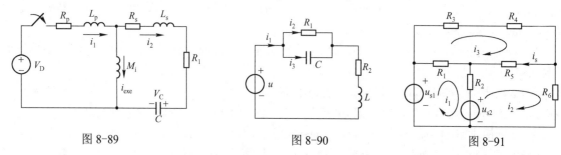

图 8-89　　　　　　　　图 8-90　　　　　　　　图 8-91

4 如图 8-92 所示电路，$R_1 = R_3 = 4\Omega$，$R_2 = 3\Omega$，$R_4 = 4\Omega$，$R_5 = 2\Omega$，$R_6 = 6\Omega$，$U_s = 45V$，$I_s = 15A$，求图中电流 I。

5 如图 8-93 所示含受控源电路，$R_1 = R_2 = R_3 = 4\Omega$，$R_4 = 2\Omega$，控制常数 $k_1 = 0.5$，$k_2 = 4$，$i_s = 2A$，求 i_1 和 i_2。

6 如图 8-94 所示电路，已知 $R_1 = 4\Omega$，$R_2 = 2\Omega$，$R_3 = 4\Omega$，$R_4 = 8\Omega$，$i_{s1} = 2A$，$i_{s2} = 0.5A$，试求：（1）负载 R_L 为何值时获得最大功率？（2）研究 R_L 在 $0 \sim 10\Omega$ 范围变化时，其吸收功率的情况。

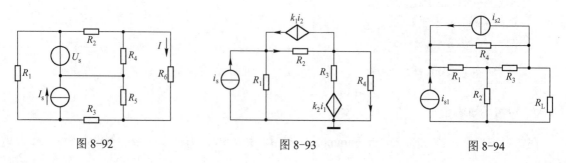

图 8-92　　　　　　　　图 8-93　　　　　　　　图 8-94

7 正弦激励的一阶电路如图 8-95 所示，已知 $R=2\Omega$，$C=0.5\text{F}$，电容初始电压 $u_c(0_+)=4\text{V}$，激励的正弦电压 $u_s(t)=10\cos 2t$。当 $t=0$ 时，开关 S 闭合。求电容电压的全响应、暂态响应和稳态响应。

8 二阶动态电路如图 8-96 所示，已知 $L=0.5\text{H}$，$C=0.02\text{F}$，若初值 $u_c(0)=1\text{V}$，$i_L(0)=0$。

（1）当 $R=12.5\Omega$ 时，求 $t \geqslant 0$ 时的 $u_c(t)$ 和 $i_L(t)$ 的零输入响应，并画出波形；

（2）试研究 R 分别为 1Ω、2Ω、3Ω、$\cdots$、10Ω 时，$u_c(t)$ 和 $i_L(t)$ 的零输入响应，并画出波形。

9 如图 8-97 所示电路，$R_1=R_2=1\Omega$，$R_3=0.5\Omega$，$C_1=1\text{F}$，$C_2=0.5\text{F}$，求电压比 $A=U_o/U_1$。

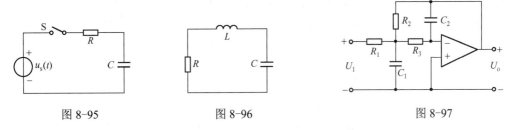

图 8-95　　　　　　　图 8-96　　　　　　　图 8-97

10 如图 8-98 所示的含互感电路，已知 $X_{L1}=10\Omega$，$X_{L2}=6\Omega$，$X_M=4\Omega$，$X_{L3}=4\Omega$，$R_1=8\Omega$，$R_3=5\Omega$，$U=100\text{V}$，求 I_1 和 I_2。

11 已知 T 形网络电路如图 8-99 所示，$C_1=C_2=2\text{F}$，$L_2=1\text{H}$，$C_3=4/3\text{F}$，$L_4=1\text{H}$，$R=1\Omega$。试求网络函数 $H(\text{j}\omega)=U_2/U_1$ 和输入阻抗 Z_{in}，并画出幅度和相位响应以及输入阻抗。

12 如图 8-100 所示二端口电路，已知 $L/C=R^2$，求其输入阻抗 $Z_{\text{in}}=U_1/I_1$。

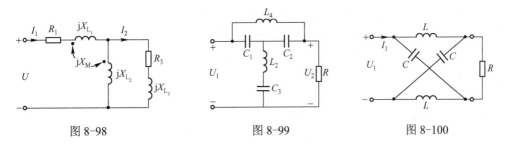

图 8-98　　　　　　　图 8-99　　　　　　　图 8-100

参 考 文 献

1. 伯晓晨，李涛，刘路等．MATLAB 工具箱应用指南——信息工程篇．北京：电子工业出版社，2000
2. 王立宁，乐光新，詹菲．MATLAB 与通信仿真．北京：人民邮电出版社，2000
3. 邹锟，袁俊泉，龚享铱．MATLAB 6.X 信号处理．北京：清华大学出版社，2002
4. （美）G.Recktenwald．伍卫国，万群，张辉译．数值方法和 MATLAB 实现与应用．北京：机械工业出版社，2004
5. 王洪元，石澄贤，郑明芳等．MATLAB 语言及其在电子信息工程中的应用．北京：清华大学出版社，2004
6. 陈怀琛，吴大正，高西全．MATLAB 及在电子信息课程中的应用．北京：电子工业出版社，2004
7. 王正林，王胜开，陈国顺．MATLAB/Simulink 与控制系统仿真．北京：电子工业出版社，2005
8. 程佩青．数字信号处理教程．北京：清华大学出版社，2001
9. 唐向宏，方志刚，毕岗等．数字信号处理．杭州：浙江大学出版社，2006
10. 陈桂明，张明照，戚红雨．应用 MATLAB 语言处理数字信号数字图像．北京：科学出版社，2000
11. 陈怀琛．MATLAB 及其在理工课程中的应用指南．西安：西安电子科技大学出版社，2000
12. 徐昕，李涛，伯晓晨等．MATLAB 工具箱应用指南——控制工程篇．北京：电子工业出版社，2000
13. 曹志刚，钱压生．现代通信原理．北京：清华大学出版社，1992
14. J.G.Proakis．Digital Communications．McGraw-Hill，2004
15. 胡寿松．自动控制原理．北京：科学出版社，2001
16. 谢克明．自动控制原理．北京：电子工业出版社，2004
17. 黄忠霖．控制系统 MATLAB 计算与仿真．北京：国防工业出版社，2001
18. A.V.Oppenheim，A.S.Willsky，S.Hamid Nawab．Signal and Systems(Second Edition)．北京：电子工业出版社，2002
19. 程相君，陈生潭．信号与系统．西安：西安电子科技大学出版社，1990
20. 楼顺天，陈生潭，雷虎民．MATLAB5.X 程序设计语言．西安：西安电子科技大学出版社，2003
21. 苏晓生．掌握 MATLAB6.0 及其工程应用．北京：科学出版社，2004
22. 邓华等．MATLAB 通信仿真及应用实例详解．北京：人民邮电出版社，2003
23. 刘敏，魏玲．MATLAB 通信仿真与应用．北京：国防工业出版社，2001
24. 李维波．MATLAB 在电气工程中的应用．北京：中国电力出版社，2007
25. 胡翔骏．电路分析．北京：高等教育出版社，2001
26. 童诗白，华成英．模拟电子技术基础（第 3 版）．北京：高等教育出版社，2001
27. 张肃文，陆兆熊．高频电子线路（第 4 版）．北京：高等教育出版社，2004
28. 邱关源．电路（第 4 版）．北京：高等教育出版社，2004
29. 唐向宏，孙闽红，应娜．数字信号处理实验教程——基于 MATLAB 仿真．杭州：浙江大学出版社，2017